Gerüche, Feinstaub und Gefahrstoffe in der Bauleitplanung
und bei der Zulassung von Bauvorhaben

# BERLINER SCHRIFTEN ZUR STADT- UND REGIONALPLANUNG

Herausgegeben von Stephan Mitschang

Band 18

PETER LANG
Internationaler Verlag der Wissenschaften

Stephan Mitschang (Hrsg.)

# Gerüche, Feinstaub und Gefahrstoffe in der Bauleitplanung und bei der Zulassung von Bauvorhaben

PETER LANG
Frankfurt am Main · Berlin · Bern · Bruxelles · New York · Oxford · Wien

**Bibliografische Information der Deutschen Nationalbibliothek**
Die Deutsche Nationalbibliothek verzeichnet diese Publikation in der Deutschen Nationalbibliografie; detaillierte bibliografische Daten sind im Internet über http://dnb.d-nb.de abrufbar.

Gedruckt auf alterungsbeständigem,
säurefreiem Papier.

ISSN 1861-762X
ISBN 978-3-631-62095-3



www.peterlang.de

# Vorwort

Seit geraumer Zeit tauchen Gerüche, Feinstäube sowie auch Gefahrstoffe zunehmend im Zusammenhang mit der Aufstellung, Änderung, Ergänzung und Aufhebung von städtebaulichen Planungen, insbesondere von Flächennutzungs- und Bebauungsplänen, aber auch im Rahmen der Beurteilung von Bauvorhaben als zu prüfende und eine Bewältigung ihrer Anforderungen fordernde Belange auf. Soweit es etwa um sog. „Störfallbetriebe“ geht, liegt ein Vorlagebeschluss des BVerwG (EuGH-Vorlage vom 3.12.2009 – 4 C 4.09 -, BauR 2010, S. 726) an den EuGH vor, der allerdings erst im Herbst 2011 abgeschlossen sein dürfte (hierzu liegt schon vor: Schlussanträge der Generalanwältin Eleanor Sharpston vom 14.4.2011 in der Rechtssache C-53/10 (Land Hessen ./. Franz Mücksch OHG). Die Planungs- und Genehmigungspraxis tut sich schwer im Umgang mit Gerüchen, Feinstäuben und Gefahrstoffen. Einerseits mag dies daran liegen, dass hier sehr spezifische Fragestellungen im Vordergrund stehen, die vielfach von den einzelnen kommunalen Verwaltungen auf Grund des fehlenden technischen „Know-hows“ sowie vor dem Hintergrund finanzieller, aber auch personeller Unzulänglichkeiten gar nicht bewältigt werden können. Andererseits dürften aber auch die im Schnittfeld von zwei Rechtsbereichen, in erster Linie des Immissionsschutzrechts und des Städtebaurechts, angelegten Probleme eine maßgebliche Rolle spielen. Jedenfalls machen die vermehrt im planungspraktischen Aufgabenfeld auftretenden Fragen deutlich, dass eine tiefer gehende Befassung mit Gerüchen, Feinstäuben und Gefahrstoffen angezeigt ist und für eine einheitliche Planungs- und Genehmigungspraxis hilfreich wäre.

Dem hat sich die am 14. und 15. März 2011 an der Technischen Universität Berlin durchgeführte wissenschaftliche Fachtagung anhand des Themas „Gerüche, Feinstaub und Gefahrstoffe in der Bauleitplanung und bei der Zulassung von Bauvorhaben“ angenommen. Vorliegend sind die im Einzelnen gehaltenen Vorträge in ihrer schriftlichen Fassung zusammengestellt. Sie geben einen weitreichenden und vor allem aktuellen Überblick zu den vielfältigen Fragestellungen, denen sich die mit Gerüchen, Feinstaub und Gefahrstoffen befassten Planer und Juristen tagtäglich gegenübergestellt sehen. Ihnen soll diese Abhandlung eine Hilfestellung bieten.

Berlin, im Mai 2011

Universitätsprofessor Dr.-Ing. habil. Stephan Mitschang

am Institut für Stadt- und Regionalplanung der TU Berlin
Fachgebiet Städtebau- und Siedlungswesen
– Orts-, Regional- und Landesplanung –
Hardenbergstraße 40 a
10623 Berlin

# Inhaltsverzeichnis

**Auswirkungen der Seveso-II-RL auf die Bauleitplanung**

Univ.-Prof. Dr.-Ing. habil. Stephan Mitschang, Technische Universität Berlin ........ 1

**Zulassung von Bauvorhaben in der Nachbarschaft von Störfallbetrieben**

Dr. Renate Philipp, Richterin am Bundesverwaltungsgericht, Leipzig ........ 47

**Luftreinhalteplanungen nach der neuen Luftqualitäts-RL 2008/50/EG und ihre Auswirkungen auf die Bauleitplanung und Zulassung von Bauvorhaben**

Prof. Dr. Reinhard Sparwasser, Sparwasser & Heilshorn Rechtsanwälte Partnerschaft, Freiburg ........ 57

**Feinstaub und seine Berücksichtigung bei der Bauleitplanung und bei der Zulassung von Bauvorhaben**

Prof. Dr. Christian-W. Otto, Technische Universität Berlin ........ 71

**Luftverunreinigungen und Gefahrstoffe als Auslöser von FFH-Verträglichkeitsprüfungen und artenschutzrechtlichen Prüfungen**

Dr. Ulrich Storost, Vorsitzender Richter am Bundesverwaltungsgericht, Leipzig ........ 89

**Verfahren zur Beteiligung der Europäischen Kommission nach § 34 Abs. 4 und Abs. 5 BNatSchG**

Prof. Dr. Olaf Reidt, Redeker Sellner Dahs Rechtsanwälte, Berlin ........ 107

**Inhalt, Bedeutung und Rechtswirkungen der Geruchsimmissions-RL sowie der VDI-RL 3471, 3472 und 3473**

Dr.-Ing. Tim Schwarz, Technische Universität Berlin ........ 121

**Zulassung von Tierhaltungsbetrieben im Außenbereich und ihre planerische Steuerung durch die Gemeinden**

Dr. Wolfgang Schrödter, Rechtsanwalt, Wedemark ........ 163

**Die Bewältigung von Geruchsbelästigungen im unbeplanten Innenbereich**

Prof. Dr. Wilhelm Söfker, Ministerialdirigent a. D., Bonn ........ 179

**Dorfgebiete nach § 5 BauNVO und landwirtschaftliche Betriebe**

Prof. Dr. Gerd Schmidt-Eichstaedt, Plan und Recht GmbH, Berlin ........................................ 191

**Einsatzfelder städtebaulicher Verträge für die planerische Konfliktbewältigung**

Prof. Dr. Michael Krautzberger, Ministerialdirektor a. D., Bonn/ Berlin ................................. 205

**Rechtsprechung des Bundesverwaltungsgerichts zu Gerüchen, Feinstaub und Gefahrstoffen**

Helmut Petz, Richter am Bundesverwaltungsgericht, Leipzig ................................................... 219

# I Auswirkungen der Seveso-II-RL auf die kommunale Bauleitplanung

*Stephan Mitschang*

## Vorbemerkungen

Auf Grund von chemischen Reaktionen ist aus einer Fabrikanlage im italienischen Meda eine Gaswolke mit giftigen Substanzen ausgetreten. Im Ausbreitungsbereich dieser Giftwolke lag die Gemeinde Seveso, deren Bevölkerung in erheblichem Maße unter den verheerenden Folgen dieses Unfalls zu leiden hatte. Der Unfall ereignete sich am 10. Juli 1976.

Weitere Unglücke ähnlicher Art waren in den folgenden Jahren dann im Zusammenhang mit einer Pestizidfabrik in Indien (Stadt Bhopal) sowie einer Flüssiggasanlage in Mexico-City, beide im Jahr 1984, und einer Feuerwerkskörperfabrik in Holland (Stadt Enschede) im Jahr 2001 zu verzeichnen. Insbesondere die Vorkommnisse in Seveso waren Auslöser für die im Jahr 1982 erlassene und unter der Bezeichnung „Seveso-Richtlinie (Seveso-RL)" bekannt gewordene Richtlinie 82/501/EWG des Rates über die Gefahren schwerer Unfälle bei bestimmten Industrietätigkeiten[1], mit der ein Schutz der Bevölkerung vor Störfällen von Betrieben angestrebt wurde. Mit dem Unglück im indischen Bhopal ist dann die vorliegend in den Mittelpunkt dieser Abhandlung gesetzte Abstandspolitik näher ins Blickfeld gerückt, wonach zwischen einer schutzbedürftigen Wohnbebauung und gefährlichen Betrieben ein räumlicher Abstand eingehalten werden soll, um eine Gefährdung der Wohnbevölkerung auszuschließen. Dies zum Anlass nehmend, wurde im Jahr 1996 die auch heute noch maßgebliche „Seveso-II-RL"[2] erlassen.

In der Bundesrepublik Deutschland wurde die Richtlinie durch das 5. BImSchG-ÄndG[3] im Jahr 1998 und insbesondere durch eine insoweit vorgenommene Erweiterung von § 50 BImSchG[4] sowie durch den Erlass der 12. BImSchV[5] (sog.

---

1 V. 24.6.1982, ABl. EG 1982 Nr. L 230, S. 1, zul. geänd. durch die RL 91/692/EWG v. 23.12.1991, ABl. EG 1991 Nr. L 377, S. 48.

2 Richtlinie 96/82/EG des Rates zur Beherrschung der Gefahren bei schweren Unfällen v. 9.12.1996, ABl. EG 1997 Nr. L 10, S. 13, zul. geänd. durch RL 2003/105/EG v. 16.12.2003, ABl. EG Nr. L 345, S. 97.

3 Fünftes Gesetz zur Änderung des Bundes-Immissionsschutzgesetzes v. 19.10.1998, BGBl. I S. 3178.

4 Gesetz zum Schutz vor schädlichen Umwelteinwirkungen durch Luftverunreinigungen, Geräusche, Erschütterungen und ähnliche Vorgänge (BImSchG) i. d. F. der Bek. v. 26.9.2002, BGBl. I S. 3830, zul. geänd. durch Gesetz v. 11.8.2010, BGBl. I S. 1163.

„Störfall-Verordnung“) umgesetzt. Trotz der schon vor über zehn Jahren erfolgten Umsetzung der Anforderungen der Seveso-II-RL in das nationale Recht, werden erst in den letzen Jahren[6] die damit verbundenen tatsächlichen Auswirkungen deutlich. Dies gilt einerseits für Beurteilung der Zulassungsfähigkeit von Bauvorhaben, vor allem im unbeplanten Innenbereich nach § 34 BauGB[7], andererseits aber auch für die Aufstellung, Änderung, Ergänzung und Aufhebung von Plänen der Raumordnung und insbesondere für Bauleitpläne. Sie stehen im Mittelpunkt dieses Beitrages.

Vor diesem Hintergrund wird im Folgenden genauer untersucht, welche Anforderungen die Seveso-II-RL und ihre Umsetzung in das nationale Recht an die Aufstellung, Änderung, Ergänzung und Aufhebung von Bauleitplänen stellt und wie diesen Anforderungen gegebenenfalls planungsinstrumentell Rechnung getragen werden kann. In einem ersten Schritt werden die Seveso-II-RL mit ihren planungsbezogenen Anforderungen und deren Umsetzung in das nationale Recht in den Blick genommen.[8] Dazu werden zunächst die wichtigsten Fallgestaltungen im Verhältnis von örtlicher Bauleitplanung und Störfallschutz näher dargestellt, um die thematischen Schnittfelder deutlich zu machen.[9] Schwerpunkt des Beitrags ist schließlich ein Überblick zu den Auswirkungen auf die Bauleitplanung.[10] Dabei findet eine differenzierte Betrachtung in Bezug auf den Flächennutzungsplan, den Bebauungsplan und seinen Unterfall den vorhabenbezogenen Bebauungsplan statt. Außerdem wird das planungsrechtliche Instrumentarium dargestellt[11], das zur Bewältigung der Anforderungen der Seveso-II-RL zur Verfügung steht und dabei auch die vorhabenbezogene Planung sowie schließlich auch die besonders komplexe Situation bei der Überplanung von Gemengelagen in den Blick genommen.

## A. Die Seveso-II-Richtlinie

Für das bessere Verständnis werden zunächst die Entstehung der Seveso-II-RL und sodann der in Art. 12 Seveso-II-RL enthaltene planerische Bezug, der in spezifischen Anforderungen an die Ausweisung von Flächen zum Ausdruck gebracht wird, genauer betrachtet.

---

5 Zwölfte Verordnung zur Durchführung des Bundes-Immissionsschutzgesetzes (Störfall-Verordnung) i. d. F. der Bek. v. 8.6.2005, BGBl. I S. 1598.

6 So auch: Moench/Hennig, DVBl. 2009, S. 807.

7 Baugesetzbuch (BauGB) i. d. F. der Bek. v. 23.9.2004, BGBl. I S. 2414, zul. geänd. durch Gesetz v. 31.7.2009, BGBl. I S. 2585.

8 Vgl. unten B.

9 Vgl. unten C.

10 Vgl. unten D.

11 Vgl. unten E.

## I. Anlass, Zweck und Entstehung

Für das Störfallrecht maßgeblich ist heute die Seveso-II-RL.[12] Ihr voran ging die Seveso-RL, welche nach dem Vorbild der deutschen Störfall-Verordnung konzipiert[13] wurde und im Übrigen als erste europäische Richtlinie Vorgaben zum Schutz vor den Auswirkungen schwerer Unfälle enthielt. Mittlerweile liegt sogar ein Vorschlag für eine Richtlinie „zur Beherrschung der Gefahren bei schweren Unfällen mit gefährlichen Stoffen vor"[14]. Mit diesem neuen Richtlinienentwurf soll in erster Linie eine Harmonisierung mit dem geänderten EU-System zur Einstufung gefährlicher Stoffe herbeigeführt werden.[15]

Mit dem Erlass der Seveso-II-RL am 3. Februar 1997 war vor allem die Zielsetzung verbunden, aus den schlimmen Unglücken, die sich zwischenzeitlich ereignet hatten, zu lernen und so im Laufe der Zeit erkannte Schwachpunkte der Seveso-RL zu beseitigen, um einen noch effektiveren Schutz von Mensch und Umwelt zu erreichen. Während die Seveso-RL in stärkerem Maße technische Anforderungen[16] enthielt, sollte die Seveso-II-RL eher den „Faktor Mensch" als mögliche Unglücksursache (z. B. Fehler bei Anlagensteuerung, Managementfehler) als inhaltlichen Gegenstand bekommen.[17] In diesem Sinne bestimmt Art. 1 der Seveso-II-RL den Zweck der Richtlinie als „die Verhütung schwerer Unfälle mit gefährlichen Stoffen und die Begrenzung der Unfallfolgen für Mensch und Umwelt, um auf abgestimmte und wirksame Weise in der ganzen Gemeinschaft ein hohes Schutzniveau zu gewährleisten." Daneben stellten aber auch eine Fortentwicklung des eher anlagenbezogenen Ansatzes, der eine Berücksichtigung kumulativer Gefahren ausschloss[18] sowie das Erfordernis eines weiter gehenden Informationsaustausches[19] wichtige Gesichtspunkte dar, die eine Fortschreibung der Seveso-RL notwendig machten. Außerdem sollten Gefahren, die von gefährlichen Anlagen in der Nähe von Wohnvierteln ausgehen, insbesondere durch Abstandshaltung zurückgedrängt werden.[20]

Zuletzt geändert wurde die Seveso-II-RL durch die „Richtlinie 2003/105/EG des Europäischen Parlaments und des Rates zur Änderung der Richtlinie 96/82/EG"[21], wiederum aus Anlass verheerender Unglücke wie in Bhopal oder Enschede, auf die einleitend schon hingewiesen wurde. Ziel dieser erneuten Richtlinienänderung war

---

12 Zur Entstehung genauer: Sellner, in: Rengeling (Hrsg.), EUDUR, 2003, Band 21. Teilband, § 49 Rn. 84.

13 Hansmann, in: Landmann/Rohmer (Hrsg.), Umweltrecht, Band 2, Loseblattsammlung Stand: Juni 2010, 12. BImSchV, Vorb. Rn. 15.

14 KOM(2010) 781 endg. gl. BR-Drs. 873/10 v. 22.12.2010.

15 Vgl. unten A. II. 2.3.

16 Mit der Zielsetzung der „technischen Anlagensicherheit" und der „Katastrophenabwehr", vgl. Louis/Wolf, NuR 2007, S. 1.

17 Vgl. hierzu Erwägungsgrund 15 der Seveso-II-RL.

18 Vgl. Erwägungsgrund 11 der Seveso-II-RL.

19 Siehe die Erwägungsgründe 3, 6 und 19 der Seveso-II-RL.

20 Vgl. die Erwägungsgründe 4 und 22 der Seveso-II-RL.

21 Vom 16.12.2003, ABl. EU 2003 Nr. L 345, S. 97.

eine Erweiterung des Anwendungsbereiches. Besonders deutlich wird dies durch Art. 12 der Seveso-II-RL,[22] der die Überwachung von Ansiedlungen zum Gegenstand hat. So waren etwa noch nach der ursprünglichen Fassung der Seveso-RL lediglich Wohngebiete sowie öffentlich genutzte Gebiete sowie auch besonders wertvolle oder empfindliche Naturschutzgebiete von der Abstandsverpflichtung erfasst, während sodann auf der Grundlage der Änderungsrichtlinie eine Präzisierung des Anwendungsbereichs vorgenommen wurde und ausdrücklich auch öffentlich genutzte Gebäude und wichtige Verkehrswege[23] einbezogen wurden.

Im Übrigen stellt die Seveso-II-RL in ihrer heute geltenden Fassung eine deutliche Weiterentwicklung der Seveso-RL dar. Maßgeblich hierfür sind außer der angeführten Neuregelung zur „Überwachung der Ansiedlung" in Art. 12 der Seveso-II-RL, insbesondere: [24]

- Erweiterung des Anwendungsbereiches der Richtlinie, allerdings bei gleichzeitiger Erhöhung der Mengenschwellen für gefährliche Stoffe.
- Ausgestaltung eines Systems für das Sicherheitsmanagement.
- Darstellung des betrieblichen Sicherheitsmanagements einschließlich eines Unfallverhütungskonzeptes in einem auszuarbeitenden Sicherheitsbericht.
- Verbreiterung der Information der Öffentlichkeit.
- Ausgestaltung von Vorschriften über die behördliche Überwachung.

## II. Anforderungen an die Ausweisung von Flächen

Im vorliegenden Zusammenhang von besonderem Interesse ist die Ausgestaltung von Art. 12 der Seveso-II-RL, der die Überschrift „Überwachung der Ansiedlung" trägt. Die deutsche Übersetzung der Überschrift zu dieser Bestimmung ist missglückt,[25] denn sie bringt – anders als die englische Bezeichnung „Land-Use-Planning" oder die französische Sprachfassung „Maitrise de L´Urbanisation" – den räumlichen Aspekt im Verhältnis von gefährlichen Betrieben und sensiblen Nutzungen nicht so deutlich zum Ausdruck, wie es einerseits richtig und andererseits auch möglich gewesen wäre, um die Maßgeblichkeit der Bestimmung für das Städtebaurecht und damit für eine planerische Bewältigung von gegebenenfalls eintretenden Gefahrensituationen klarer erkennbar werden zu lassen. Denn es geht weniger um die Überwachung der Ansiedlung als vielmehr darum, eine Vereinbar-

22 Genauer hierzu: A II.

23 Diese allerdings nur „so weit wie möglich", also einschränkend gegenüber den anderen angeführten Nutzungen.

24 Vgl. Art. 5, 7, 9, 11, 13 und 18 der Seveso-II-RL. Aus dem Schrifttum: Feldhaus, UPR 2000, 121 ff.; Rebentisch, NVwZ 1997, 6 ff.; Koch/Kahle, NVwZ 2006, 1006 ff.

25 Moench/Hennig (Fn. 6), S. 807; Berkemann, ZfBR 2010, S. 18.

keit der Planung für solche Störfallbetriebe mit den benachbarten Nutzungen zu gewährleisten.[26]

Art. 12 Abs. 1 UAbs. 1 der Seveso-II-RL lautet:

> *„Die Mitgliedstaaten sorgen dafür, dass in ihren Politiken der Flächenausweisung oder Flächennutzung und/oder anderen einschlägigen Politiken das Ziel, schwere Unfälle zu verhüten und ihre Folgen zu begrenzen, Berücksichtigung findet. Dazu überwachen sie*
>
> *a) die Ansiedlung neuer Betriebe,*
>
> *b) Änderungen bestehender Betriebe im Sinne des Artikels 10,*
>
> *c) neue Entwicklungen in der Nachbarschaft bestehender Betriebe wie beispielsweise Verkehrswege, Örtlichkeiten mit Publikumsverkehr, Wohngebiete, wenn diese Ansiedlungen oder Maßnahmen das Risiko eines schweren Unfalls vergrößern oder die Folgen eines solchen Unfalls verschlimmern können."*

Art. 12 Abs. 1 UAbs. 2 der Seveso-II-RL lautet:

> *„Die Mitgliedstaaten sorgen dafür, dass in ihrer Politik der Flächenausweisung oder Flächennutzung und/oder anderen einschlägigen Politiken sowie deren Verfahren für die Durchführung dieser Politiken langfristig dem Erfordernis Rechnung getragen wird, dass zwischen Störfallbetrieben einerseits und Wohngebieten, öffentlich genutzten Gebäuden und Gebieten, wichtigen Verkehrswegen (so weit wie möglich), Freizeitgebieten und unter dem Gesichtspunkt des Naturschutzes besonders wertvollen und empfindlichen Gebieten andererseits ein angemessener Abstand gewahrt bleibt und dass bei bestehenden Betrieben zusätzliche technische Maßnahmen nach Artikel 5 ergriffen werden, damit es zu keiner Zunahme der Gefährdung der Bevölkerung kommt."*

### 1. Anwendungsbereich und Adressat der Bestimmung

Art. 12 Abs. 1 der Seveso-II-RL bestimmt den sachlichen Anwendungsbereich der Bestimmung. Erfasst werden:

- Politiken der Flächenausweisung und Flächennutzung (nach Art. 12 Abs. 1 UAbs. 1 Seveso-II-RL),
- andere einschlägige Politiken (nach Art. 12 Abs. 1 UAbs. 1 Seveso-II-RL),
- Verfahren für die Durchführung dieser Politiken (nach Art. 12 Abs. 1 UAbs. 2 Seveso-II-RL).

---

26 Zu Recht: Louis/Wolf (Fn. 16), S. 1, 2.

Die „Politiken" sind in einem weiten Sinne[27] zu verstehen, denn einbezogen sind nicht nur die konkreten „Politiken der Flächenausweisung und Flächennutzung", sondern generalklauselartig auch „andere einschlägige Politiken".[28] Umfasst werden alle auf die Nutzung von Bodenflächen abstellenden Planungs- und Gestaltungsmaßnahmen. Das bedeutet, dass die kommunale Bauleitplanung[29] hiervon auf jeden Fall erfasst wird, denn durch sie werden rechtlich verbindliche Vorgaben für die Inanspruchnahme einer Fläche und ihre Nutzung getroffen.[30] Insoweit fallen jedenfalls auch die Aufstellung von Flächennutzungs- und Bebauungsplänen einschließlich der vorhabenbezogenen Bebauungspläne in den Anwendungsbereich von Art. 12 Abs. 1 Seveso-II-RL.[31]

Adressat der Bestimmung sind die Mitgliedstaaten,[32] mithin auch die Kommunen als Träger der Bauleitplanung. Sie werden in Art. 12 Seveso-II-RL sogar ausdrücklich angesprochen und sind dazu verpflichtet, ihr jeweiliges Recht an die Vorschrift anzupassen.[33]

## 2. Inhaltliches Anforderungsprofil

Nach der Überschrift „Überwachung der Ansiedlung" könnte Art. 12 Seveso-II-RL dahingehend interpretiert werden, dass es sich inhaltlich lediglich um die „Überwachung" von gefährlichen Betrieben oder Anlagen und ihrer Nachbarschaft geht. Die Vorschrift entspricht dem nur in Teilen. Vielmehr geht es in dieser Bestimmung darum, den Mitgliedstaaten Maßgaben an die Hand zu geben, um einen Schutz vor schweren Unfällen[34] gewährleisten, also eine Vereinbarkeit zwischen Störfallbetrieb und schutzwürdiger benachbarter Nutzung herstellen zu können. Zu

---

27 Zu Recht: Berkemann (Fn. 25), S. 18, 25.

28 Ausführlich zum Anwendungsbereich: Grüner, Planerischer Störfallschutz, in: Jarass (Hrsg.), Beiträge zum Raumplanungsrecht, Band 241, Berlin, 2010, S. 58 ff.

29 Nach der Rechtsprechung des BVerwG, Beschl. v. 3.12.2009 – 7 C 5.09 -, ZUR 2010, S. 139, 142 gilt dies auch für Baugenehmigungen im Innen– und Außenbereich. Anderer Auffassung: Hellriegel/Schmitt, NuR 2010, S. 98, 102.

30 Daneben werden aber auch Raumordnungspläne, und zwar sowohl Pläne der Landesebene als auch Regionalpläne sowie Raumordnungsverfahren, erfasst.

31 Siehe auch: VGH Kassel, Urteil vom 4.12.2008 – 4 A 882.08 -, GewArch 2009, S. 217, 221.

32 Sellner/Scheidmann, NVwZ 2004, S. 267, 268.

33 Vgl. unten B.

34 Eine entsprechende Legaldefinition findet sich in Art. 3 Nr. 5 Seveso-II-RL. Danach handelt es sich bei einem schweren Unfall um „ein Ereignis – z. B. eine Emission, einen Brand oder eine Explosion größeren Ausmaßes, das sich aus unkontrollierten Vorgängen in einem unter diese Richtlinie fallenden Betrieb ergibt, das unmittelbar oder später innerhalb oder außerhalb des Betriebs zu einer ernsten Gefahr für die menschliche Gesundheit und/ oder die Umwelt führt und bei dem ein oder mehrere gefährliche Stoffe beteiligt sind." Siehe hierzu auch § 2 Nr. 3 StörfallVO.

unterscheiden sind drei Gebote, nämlich das Berücksichtigungs-, das Überwachungs- und das Abstandsgebot.[35]

## 2.1 Berücksichtigungsgebot

Das Berücksichtigungsgebot ist in Art. 12 Abs. 1 UAbs. 1 S. 1 Seveso-II-RL enthalten. Es verlangt von den Mitgliedstaaten einerseits schwere Unfälle zu verhüten und damit eine Risikominimierung in Bezug auf den Eintritt eines Unfalls zu betreiben, andererseits sollen die Folgen von dennoch stattfindenden Unfällen begrenzt werden.[36] Beide Verpflichtungen richten sich an die räumliche Planung und können gewissermaßen als eine Zielvorgabe[37] verstanden werden, die dann in Art. 12 Abs. 1 UAbs. 2 Seveso-II-R dahingehend konkretisiert[38] wird, durch welche Maßnahmen sie erreicht werden kann. Der Schutz vor schweren Unfällen sowie die Begrenzung von dennoch sich ereignenden Unfällen sind jedenfalls in zu treffende Planungsentscheidungen einzustellen.[39]

## 2.2 Überwachungsgebot

Das Überwachungsgebot ist in Art. 12 Abs. 1 UAbs. 1 S. 2 Seveso-II-RL enthalten und bezieht sich auf die Überwachung von Störfallbetrieben im Sinne von Art. 3 Nr. 1 Seveso-II-RL[40], und zwar in drei Fällen: Der Ansiedlung neuer Betriebe, der Änderung bestehender Betriebe im Sinne von Art. 10 Seveso-II-RL[41] sowie bei Entwicklungen in der Nachbarschaft bestehender Betriebe. In der zuletzt genannten Fallgestaltung greift die Überwachungspflicht in einer zweifachen Ausrichtung, nämlich wenn durch eine Ansiedlung in der Nachbarschaft bestehender Betriebe das Unfallrisiko erhöht wird[42] oder die Auswirkungen eines sich ereignenden Unfalls größer werden.[43]

---

35 So Sellner/Scheidmann (Fn. 32), S. 267, 268.

36 Ebenda.

37 Ebenda sowie Weidemann, DVBl. 2006, S. 1143, 1145.

38 VGH Kassel, Urt. v. 24.10.2006 – 12 A 2216.05 -, NVwZ 2007, S. 597, 599.

39 Grüner (Fn. 28), S. 67 f.

40 Danach versteht man unter einem Betrieb „den gesamten unter der Aufsicht eines Betreibers stehenden Bereich in dem gefährliche Stoffe in einer oder mehreren Anlagen, einschließlich gemeinsamer oder verbundene Infrastrukturen und Tätigkeiten vorhanden sind."

41 Gemeint sind hier Änderungen bestehender Betriebe, aus denen sich erhebliche Auswirkungen auf die Gefahren im Zusammenhang mit schweren Unfällen ergeben können (vgl. Art. 10 Seveso-II-RL), also das Unfalleintrittsrisiko betreffen.

42 Z. B. durch den vierspurigen Ausbau einer am Störfallbetrieb vorbeiführenden Straße, durch den die Unfallgefahr auf der Straße steigt.

43 Z. B. durch eine heranrückende Wohnbebauung. Ausführlich: Grüner (Fn. 28), S. 68 ff.

## 2.3 Abstandsgebot

Art. 12 Abs. 1 UAbs. 2 Seveso-II-RL enthält das für die räumliche Planung wichtige Abstandsgebot. Die Kernaussage, die dieser Bestimmung entnommen werden kann, betrifft die Notwendigkeit einer planerischen Konfliktbewältigung,[44] die sich aus der räumlichen Nähe von Gebieten mit schutzbedürftigen Nutzungen, insbesondere von Wohngebieten und Gebieten mit Störfallbetrieben oder -anlagen ergibt und die durch räumliche Trennung oder Zuordnung bewältigt werden kann. Zwar werden durch eine räumliche Trennung keine Unfälle verhindert, denn dass ein solcher passiert, kann nie vollends ausgeschlossen werden, aber die Folgen eines Unfalls können dem Vorsorgegrundsatz gemäß abgemildert, vielleicht sogar, wenn der Abstand groß genug ist, auf Null reduziert werden.[45] Die Auswirkungen eines schweren Unfalls werden demnach durch das Abstandsgebot begrenzt, nicht aber wird das Unfallrisiko minimiert, denn dieses bleibt, auch wenn ein Abstand eingehalten wird. Aufgabe der Mitgliedstaaten ist es, die Erreichbarkeit dieser Zielsetzung bei ihren Politiken langfristig, und zwar über die Betreiberpflichten zur Anlagensicherheit hinaus, zu gewährleisten. Gerade Planungsverfahren, insbesondere Raumordnungspläne sowie Flächennutzungspläne, kommt es zu, unter einer zeitlich größeren Perspektive räumliche Entwicklungen zu steuern.

Diskussionen[46] bestehen nun darüber, inwieweit das in Art. 12 Abs. 1 UAbs. 2 Seveso-II-RL enthaltene Abstandsgebot eine strikte Anwendung erfordert, also im Sinne einer starren Vorgabe anzusehen ist. Auf der einen Seite wird von den Befürwortern einer strikten Anwendungspflicht zunächst der Wortlaut der Bestimmung selbst angeführt, denn die Bezugnahme auf das Wort „Erfordernis“ vermittelt zwingend sowohl die Einhaltung eines angemessenen Abstandes als auch die Ergreifung technischer Maßnahmen.[47] Für ein solches Ergebnis spricht auch, dass allein bei wichtigen Verkehrswegen ein angemessener Abstand nur „so weit wie möglich“ einzuhalten ist.[48] Schließlich kann auch noch angeführt werden, dass die Gefährdung der Bevölkerung sowohl bei Störfallereignissen in bestehenden Betrieben und in neu angesiedelten gleich ist und auch von daher eine Differenzierung nicht geboten ist. Folge dieses Umstandes ist, dass die Mitgliedstaaten im Hinblick auf die Umsetzung der Anforderungen in Art. 12 Abs. 1 UAbs. 2 Seveso-II-RL an die europarechtlichen Maßgaben zur Einhaltung angemessener Abstände und zur Ergreifung zusätzlicher technischer Maßnahmen gebunden sind. Für das Abstandsgebot hat der europäische Richtliniengeber bereits eine Abwägung durchgeführt, so dass im Planungsfall auftretende konfligierende Belange, auch wenn sie noch so gewichtig sind, außer Acht zu bleiben haben. Auf der anderen

---

44 Hierzu genauer unten: D. II. 2.

45 In diesem Sinne auch: Weidemann (Fn. 38), S. 1143, 1145.

46 Zum Streitstand, vgl. ausführlich: Grüner (Fn. 28), S. 70 ff.

47 Sellner/Scheidmann (Fn. 32), S. 267, 269; Mager, in: Kotulla (Hrsg.): Bundes-Immissionsschutzgesetz, Kommentar, Band 2, Stuttgart, Loseblattsammlung Stand: Dezember 2010, § 50 Rn. 26.

48 Berkemann (Fn. 25), S. 18, 27; Mager (Fn. 47), § 50 Rn. 52.

Seite haben die Mitgliedstaaten nach der Rechtsprechung des BVerwG,[49] dem Erfordernis, dass ein angemessener Abstand gewahrt bleibt, lediglich „Rechnung zu tragen“. Dies überlässt nach Auffassung des Gerichts dem Mitgliedstaat einen Entscheidungsspielraum. Insbesondere ist eine Angabe darüber, was als „angemessener Abstand“ heranzuziehen ist, weder in Art. 12 Seveso-II-RL noch in sonst einer Bestimmung oder in einem Anhang zu dieser RL enthalten.[50] Soweit neue Standorte von Störfallbetrieben oder Änderungen von Störfallbetrieben an schon bestehenden Standorten vorgenommen werden, ist nach der Seveso-II-RL einer „angemessenen“ räumlichen Trennung zwischen konfligierenden Nutzungen Rechnung zu tragen. Nach den EU-Leitlinien[51], die für eine richtlinienkonforme Interpretation von Art. 12 Seveso-II-RL herangezogen werden können, werden diesbezüglich als Schlussfolgerung in Bezug auf das allgemeine System der Flächen- (oder Raum-)nutzungsplanung unter Anderem zwei wichtige Gesichtspunkte hervorgehoben:

1. Die Anforderungen von Art. 12 Seveso-II-RL können durch Planung und/oder technische Lösungen erfüllt werden.
2. Bei Art. 12 Seveso-II-RL handelt es sich um eine Muss-Vorschrift, die nicht von anderen Erwägungen außer Kraft gesetzt werden darf.

Für die Frage, ob die Einhaltung eines Mindestabstands in Art. 12 Seveso-II-RL strikt, und zwar in dem Sinne normiert ist, dass jedenfalls ein numerisch festgelegter Mindestabstand[52] eingehalten werden muss, ergeben sich aus den vorangehend dargestellten Schlussfolgerungen der EU-Leitlinien klare Anhaltspunkte. Danach spielt bei der Erweiterung bereits bestehender Betriebe die ebenfalls heranziehbare Möglichkeit von technischen Lösungen[53] eine entscheidende Rolle, denn es kann durchaus der Fall eintreten, dass einer räumlichen Trennung durch Abstandshaltung in der konkreten planerischen Situation gerade nicht entsprochen werden kann. Der „Angemessenheit“ im Sinne von Art. 12 Seveso-II-RL kann deshalb nicht nur durch Abstandshaltung, sondern ergänzend auch durch die Ergreifung technischer Lösungen Rechnung getragen werden.[54] Allerdings müssen

---

49 BVerwG (Fn. 29), S. 139, 142 f. Rn. 14.

50 Moench/Hennig (Fn. 6), S. 807.

51 Christou/Struckl/Biermann (Hrsg.), Leitlinien für die Flächennutzungsplanung im Rahmen von Art. 12 der Seveso-II-Richtlinie 96/82/EG, geändert durch die Richtlinie 2003/105/EG, Brüssel, 2006, S. 8.

52 Zu Recht verneinend: Hess. VGH, Urt. v. 21.8.2009 – 11 C 305.08.T -, BeckRS 2010, 45360; ders. (Fn. 31), GewArch 2009, S. 217, 219.

53 Gemeint sind hier in erster Linie technische Maßnahmen (vgl. hierzu unten: E. II.), aber auch andere Maßnahmen, die zu einer Verringerung der Unfallfolgen beitragen können, wie etwa Frühwarnsysteme, Alarmanlagen, Notfallpläne oder Evakuierungsräumlichkeiten.

54 Ebenso: Schlussanträge der Generalanwältin Eleanor Sharpston v. 14.4.2011 in der Rechtssache C-53/10 (Land Hessen/Franz Mücksch OHG), Rn. 39 und 47; Hennig/Moench (Fn. 6), S. 807, 809; Hellriegel/Schmitt (Fn.29), S. 98, 99 sowie neuerdings auch Kuschnerus, BauR 5/2011, S. 761, 763 f.; anderer Auffassung: Berkemann (Fn. 25), S. 18, 24 ff.; Sellner/Scheidmann (Fn. 32), S. 267, 269.

diese technischen Maßnahmen einem ansonsten einzuhaltenden Abstand gleichwertig sein.[55] Dies ergibt sich aus der Definition dieser technischen Maßnahmen in Kap. 6.1 der EU-Richtlinien[56], denn diese verringern die Wahrscheinlichkeit und/ oder begrenzen die Folgen eines schweren Unfalls so wirksam, als würde sich der betreffende empfindliche Rezipient in einer bestimmten Entfernung von der Anlage aufhalten. Denn nach den EU-Leitlinien[57] handelt es sich bei Art. 12 Seveso-II-RL in Bezug auf die Vermeidung oder Verminderung des Risikos und der Folgen schwerer Unfälle um eine „Muss-Vorschrift, die nicht von anderen Erwägungen außer Kraft gesetzt werden kann." Angesichts des konkreten Planungsfalles widerstreitende Belange müssen insoweit unberücksichtigt bleiben, auch wenn sie noch so gewichtig sind.

Schließlich spricht für die hier vertretene Auffassung auch der „Vorschlag für eine Richtlinie des Europäischen Parlaments und des Rates zur Beherrschung der Gefahren bei schweren Unfällen mit gefährlichen Stoffen"[58]. Danach sollen die Mitgliedstaaten gemäß Art. 12 Abs. 1 UAbs. 2 Seveso-II-RL-Entwurf dafür sorgen, „dass dem Erfordernis Rechnung getragen wird, dass zwischen den unter diese Richtlinie fallenden Betrieben einerseits und Wohngebieten, öffentlich genutzten Gebäuden und Gebieten, Hauptverkehrswegen und Erholungsgebieten soweit möglich ein angemessener Abstand gewahrt bleibt". Ein angemessener Abstand soll hiernach bei der Nachbarschaft von Störfallbetrieben und schutzbedürftigen Nutzungen insgesamt[59] nur „soweit möglich" gewahrt bleiben. Dies stellt gerade keine Verschärfung, sondern eine Relativierung in dem Sinne dar, dass auch andere als nur auf eine Abstandseinhaltung abstellende Belange bei der Ermittlung des „angemessenen" Abstandes einbezogen werden dürfen.

Zu den vom Abstandsgebot erfassten Schutzgegenständen gehören spezifische Nutzungen einschließlich des Schutzgutes Mensch und die Umwelt, nicht aber die Störfallbetriebe und ihre Belegschaft oder ihre Besucher.[60] Einen Schutz für gefährliche Betriebe vor heranrückenden sensiblen Nutzungen wird durch das Abstandsgebot gerade nicht gewährt.[61] Die durch Abstandswahrung zu schützenden Nutzungen beziehen sich auf solche Gebiete und Orte, wo sich typischerweise viele Menschen aufhalten oder sogar wohnen, wie Wohngebiete, öffentlich genutzte Gebäude und Gebiete, wichtige Verkehrswege und Freizeitgebiete. Darü-

55 Zu Recht: Kuschnerus (Fn. 54), S. 761, 763, der insoweit von einer „Versagungsfestigkeit" der zusätzlichen technischen Maßnahmen ausgeht.

56 Christou/Struckl/Biermann (Fn. 51), S. 21.

57 Ebenda, S. 8.

58 Vgl. BR-Drs. 873/10 v. 22.12.2010, S. 31.

59 Nach dem geltenden Richtlinienwortlaut bezieht sich das „so weit wie möglich" nur auf wichtige Verkehrswege und nicht auf alle schutzbedürftigen Nutzungen insgesamt. So Berkemann (Fn. 25), S. 18, 27.

60 Wie hier: VGH Kassel (Fn. 38), S. 597, 599 f. sowie Berkemann (Fn. 25), S. 18, 32; anderer Auffassung: Sellner/Scheidmann (Fn. 32), S. 267, 269 f., die dies mit dem umfassenden Schutzziel der Seveso-II-RL begründen.

61 Berkemann (Fn. 25), S. 18, 32 sowie VGH Kassel (Fn. 52), ZUR 2010, S. 198, 201.

ber hinaus sind in umweltbezogener Hinsicht aber auch zu für den Naturschutz besonders wertvollen bzw. empfindlichen Gebieten[62] Abstände einzuhalten.

## B. Umsetzung in deutsches Recht

Die Seveso-II-RL war bis zum 3.2.1999 in das nationale Recht umzusetzen. Eine Umsetzung der europäischen Richtlinienanforderungen erfolgte in der Bundesrepublik Deutschland im Rahmen zweier Rechtsakte, einerseits durch die 12. BimSchV[63], andererseits durch eine Änderung des BImSchG, um auch den planungsbezogenen Anforderungen von Art. 12 Seveso-II-RL umzusetzend nachzukommen. Eine Umsetzung im Städtebaurecht fand demgegenüber nicht statt.

### I. Störfallverordnung – 12. BImSchV

Die Aufgaben von Betreibern immissionsschutzrechtlich genehmigungspflichtiger (vgl. §§ 5 ff. BImSchG) und nicht genehmigungspflichtiger Anlagen (vgl. §§ 22 ff. BImSchG) in Bezug auf spezifische Schutz- und Vorsorgepflichten sind im Rahmen des BImSchG lediglich allgemein geregelt. Daher enthalten die §§ 7 Abs. 1 und 23 Abs. 1 S. 1 BImSchG Ermächtigungen an die Bundesregierung durch Rechtsverordnung konkretere Anforderungen an die Betreiber von immissionsschutzrechtlich genehmigungs- und nichtgenehmigungsbedürftigen Anlagen sowie auch in Bezug auf den Schutz vor schweren Unfällen bzw. der Begrenzung von deren Auswirkungen zu stellen. Dem ist die Bundesregierung mit dem Erlass der 12. BImSchV – der Störfallverordnung – nachgekommen.

Sie wurde bereits im Jahr 1980 als zwölfte Verordnung zur Durchführung des Bundes-Immissionsschutzgesetzes (12. BImSchV[64]) erlassen. In ihr wurden die Pflichten von Anlagenbetreibern auf dem Gebiet der Anlagensicherheit konkretisiert. Der Grund für die Umsetzung der Seveso-II-RL durch die Störfallverordnung ist darin zu sehen, dass sich fast alle Regelungen der Seveso-II-RL auf betriebsbezogene Anforderungen von Störfallbetrieben, also auf die Anlagensicherheit beziehen. Vor diesem Hintergrund erfolgte die Umsetzung der Richtlinie

---

62 Allerdings gilt dies nur dann, wenn sich das Abstandsgebot auf die Neuplanung von Störfallbetrieben bezieht, weil in Art. 12 Abs. 1 UAbs. 1 Seveso-II-RL im letzten Satzteil für die Ergreifung zusätzlicher technischer Maßnahmen allein eine Verhinderung der Zunahme der Gefährdung der Bevölkerung als maßgeblich angesehen wird. Hierzu genauer: Louis/Wolf (Fn. 16), S. 1, 5 ff.

63 Im Einzelnen: Müggenborg, NVwZ 2000, 1096 ff.

64 V. 27.6.1980, BGBl. I S. 772.

nicht durch ein Gesetz[65], sondern lediglich durch eine immissionsschutzrechtliche Verordnung.

§ 3 Abs. 1 und 2 StörfallVO enthalten die Verpflichtung des Betreibers zur Verhinderung von Gefahren durch Störfallereignisse[66]. Im Wesentlichen geht es dabei um die Störfallverhütung. Dem Anlagenbetreiber obliegt so die Verpflichtung, die nach Art und Ausmaß erforderlichen Maßnahmen zu treffen, um Störfälle zu verhindern. Der Anlagenbetreiber hat aber darüber hinaus noch vorbeugend Maßnahmen zu treffen, um die Auswirkungen von Störfällen so gering wie möglich zu halten (vgl. § 3 Abs. 3 StörfallVO). Da das Risiko eines Störfallereignisses bei technischen Anlagen auch durch jedwede Maßnahmen des Anlagenbetreibers nicht völlig ausgeschlossen werden kann, besteht die Betreiberpflicht nach § 3 Abs. 3 StörfallVO unabhängig davon, ob beim Störfallrisiko einer Anlage eine Eintrittswahrscheinlichkeit oberhalb der Gefahrenschwelle festgestellt werden kann.[67] Zur Begrenzung der Auswirkungen eines Störfallereignisses enthalten die §§ 4 und 5 StörfallVO eine Auflistung von Maßnahmen, die der Anlagenbetreiber in Bezug auf seine Anlage vorzunehmen hat. Insbesondere angeführt werden hier technische[68] und organisatorische Maßnahmen. Im vorliegenden Zusammenhang spielen allerdings in erster Linie die planungsbezogenen Anforderungen der Seveso-II-RL und ihre Umsetzung in das nationale Recht eine Rolle. Erfolgt ist dies durch eine Änderung des § 50 BImSchG.

## II. Immissionsschutzrechtlicher Planungsgrundsatz § 50 BImSchG

Außerdem hat der deutsche Gesetzgeber Art. 12 Seveso-II-RL durch eine Änderung von § 50 S. 1 BImSchG umgesetzt[69], um so den Anforderungen an einen planerischen Störfallschutz Rechnung tragen zu können. In ihrer heute geltenden Fassung lautet diese Bestimmung:

> *„Bei raumbedeutsamen Planungen und Maßnahmen sind die für eine bestimmte Nutzung vorgesehenen Flächen einander so zuzuordnen, dass schädliche Umweltein-*

---

65 Insoweit kritisch etwa: Spindler, UPR 2001, 81, 82 sowie Berkemann (Fn. 25), S. 18, 19.

66 Nach § 2 Nr. 3 StörfallVO versteht man darunter „ein Ereignis, wie z. B. eine Emission, ein Brand oder eine Explosion größeren Ausmaßes, das sich aus einer Störung des bestimmungsgemäßen Betriebs in einem unter diese Verordnung fallenden Betriebsbereich oder in einer unter diese Verordnung fallenden Anlage ergibt, das unmittelbar oder später innerhalb oder außerhalb des Betriebsbereichs oder der Anlage zu einer ernsten Gefahr oder zu Sachschäden nach Anhang VI Teil 1 Ziffer I Nr. 4 führt und bei dem ein oder mehrere gefährliche Stoffe beteiligt sind."

67 Vgl. BT-Drs. 269/94, S. 126.

68 Hiervon werden auch bauliche Maßnahmen erfasst.

69 Die Umsetzung der Richtlinie 96/82/EG erfolgte durch Gesetz v. 19.10.1998, BGBl. I S. 3178, die der Änderungsrichtlinie aus dem Jahr 2003 durch Gesetz v. 25.6.2005, BGBl. I S. 1865. Die insoweit vorgenommene Neufassung von § 50 S. 1 BImSchG trat am 1.7.2005 in Kraft.

*wirkungen und von schweren Unfällen im Sinne des Art. 3 Nr. 5 der Richtlinie 96/82/EG in Betriebsbereichen hervorgerufene Auswirkungen auf die ausschließlich oder überwiegend dem Wohnen dienenden Gebiete sowie auf sonstige schutzbedürftige Gebiete, insbesondere öffentlich genutzte Gebiete, wichtige Verkehrswege, Freizeitgebiete und unter dem Gesichtspunkt des Naturschutzes besonders wertvolle oder besonders empfindliche Gebiete und öffentlich genutzte Gebäude, so weit wie möglich vermieden werden.“*

§ 50 BImSchG wurde dabei um den Satzteil „und von schweren Unfällen im Sinne des Art. 3 Nr. 5 der Richtlinie 96/82/EG in Betriebsbereichen hervorgerufene Auswirkungen“ erweitert und insoweit der planerische Störfallschutz in die Systematik dieser Vorschrift integriert. Zuvor hatte diese Bestimmung lediglich den „Schutz vor schädlichen Umwelteinwirkungen“ zum Gegenstand.

## C. Örtliche Raumplanung und Störfallbetriebe – zur Bedeutung für die Bauleitplanung

Im Gegensatz zu den meisten anderen europäischen Staaten handelt es sich bei der Bundesrepublik Deutschland um ein relativ verdichtetes Land. Im Bereich des Städtebaus, aber auch des Umweltrechts orientieren sich seit einigen Jahrzehnten die Gesetzgebungsvorhaben des Bundes und der Länder am Ziel der Reduzierung des Flächenverbrauchs. Insbesondere noch naturhafte Flächen des Außenbereichs sollen zu Gunsten der Inanspruchnahme von Innenbereichspotenzialen im Sinne eines Leitbildes der Innenentwicklung geschont werden. § 13a BauGB[70] und das insoweit ausgestaltete beschleunigte Verfahren bei Bebauungsplänen der Innenentwicklung sind im Bereich des Städtebaurechts planungsinstrumentelle Ausprägungen dieser Entwicklung. Auch bei der für das Jahr 2012 anstehenden neuerlichen Novellierung von Baugesetzbuch und Baunutzungsverordnung[71] soll nach den Ergebnissen der „Berliner Gespräche“[72] dieser Zielsetzung erneut und in noch stärkerem Maße Rechnung getragen werden als bisher.[73]

Die Frage, inwieweit auch die Seveso-II-RL mit ihren Anforderungen, insbesondere jener, räumlichen Abstand zu halten, hiermit vereinbar ist, hat mittlerweile nicht nur aus der zulassungsrechtlichen Perspektive der Errichtung, Änderung und Erweiterung eines einzelnen Störfallbetriebes eine schon den Europäischen Ge-

---

70 Ausführlich hierzu etwa: Krautzberger, in: Ernst/Zinkahn/Bielenberg/Krautzberger, BauGB, München, Loseblattsammlung Stand: September 2010, § 13a Rn. 1 ff. m. w. N.

71 Verordnung über die bauliche Nutzung der Grundstücke (Baunutzungsverordnung – BauNVO) i. d. F. der Bek. v. 22.4.1990, BGBl. I S. 132, zul. geänd. durch Gesetz v. 22.4.1993, BGBl. I S. 466.

72 Vgl. Deutsches Institut für Urbanistik, Berliner Gespräche zum Städtebaurecht, Band I: Bericht und Band II: Dokumentation Festveranstaltung/ Materialien, Berlin, Bonn, 2010.

73 Vgl. (Fn. 72), Band 1, S. 47 ff.

richtshof befassende Dimension erreicht,[74] sondern verlangt auf Grund der mit ihnen verbundenen räumlichen Auswirkungen auf die städtebauliche Entwicklung und Ordnung auch unter planungsrechtlichen Gesichtspunkten nach einer weiter gehenden Beschäftigung. Gerade in den dicht besiedelten Ballungsräumen, die durch ein in erster Linie gewachsenes Nebeneinander von unterschiedlichen Nutzungen industrieller oder gewerblicher Art auf der einen und wohnnutzungs- oder erholungsbezogener Art auf der anderen Seite gekennzeichnet sind, stellt sich die Frage nach einem Schutz empfindlicher Nutzungen vor den Auswirkungen von gegebenenfalls stattfindenden schweren Unfällen im Zusammenhang mit Störfallbetrieben. Für die Beantwortung der Frage spielen sowohl die mit der Planung verfolgten Zielsetzungen als auch die räumliche Situation, in die bauleitplanerisch eingegriffen wird, eine wichtige Rolle. Von daher erweist es sich als sinnvoll, unterschiedliche planerische Fallgestaltungen in die gedanklichen Erwägungen einzubeziehen. Zu unterscheiden sind in Bezug auf die Anwendung bauleitplanerischer Instrumente vor allem drei Fälle:

1. Zunächst angesprochen ist Flächennutzungsplanung, die sich auf das gesamte Gemeindegebiet erstreckt. Auf dieser Planungsebene spielen vor allem zwei wichtige Fragestellungen eine Rolle. Sie betreffen einerseits den Fall, dass bereits bestehende Störfallbetriebe planerisch erfasst und mit einem neuen oder auf eine Änderung oder Ergänzung bezogenen Flächennutzungsplan überplant werden. Andererseits können durch die Aufstellung, Änderung oder Ergänzung eines Flächennutzungsplans auch neue Bauflächen für die Errichtung von solchen Betrieben geschaffen werden, für die dann auf einer nachfolgenden Planungsstufe im Rahmen einer verbindlichen Bauleitplanung neue Baugebiete für die gewerbliche oder industrielle Nutzung entwickelt werden und insoweit auch die Errichtung von Störfallbetrieben zulassen.

2. In der Aufstellung, Änderung oder Ergänzung von Bebauungsplänen besteht der zweite für die Planungspraxis wichtige Fall. Planerisch von Bedeutung ist hier sowohl der Fall der Angebotsplanung, sowohl in Bezug auf eine an einen Störfallbetrieb heranrückende schutzempfindliche Nutzung als auch umgekehrt in Bezug auf die Errichtung oder Erweiterung eines Störfallbetriebes in der Nachbarschaft einer schutzempfindlichen Nutzung. Daneben spielt noch eine weitere Fallgestaltung eine wichtige Rolle, wenn nämlich eine Gemengelage überplant werden soll.

3. Da auf Grund der nach wie vor finanziell schlechten Lage der Gemeinden vielfach der Anlass für die Aufstellung, Änderung oder Ergänzung eines Bebauungsplans von außen an die Gemeinde herangetragen wird, muss auch die Fallgestaltung des vorhabenbezogenen Bebauungsplanes heute eigenständig neben der Angebotsplanung betrachtet werden. Im Unterschied zur

74 Vgl. die vom BVerwG (Fn. 29), ZUR 2010, S. 139, 142 ff. dem EuGH vorgelegten Fragen zur Anwendbarkeit der Seveso-II-RL im unbeplanten Innenbereich.

Angebotsplanung ist in diesen Fällen das Vorhaben, für das die bauplanungsrechtliche Grundlage geschaffen werden soll, meistens schon in fast allen Details bekannt, so dass insoweit die Auswirkungen eines gegebenenfalls stattfindenden Störfalls schon weitgehend ermittelt und beurteilt werden können.

Vergegenwärtigt man sich diese unterschiedlichen Fallkonstellationen, so wird deutlich, dass in vielen Planungsfällen die Bewältigung von störfallbezogenen Anforderungen eine Aufgabe der kommunalen Bauleitplanung darstellt. Insbesondere die Frage nach dem strikten Einhalten von spezifischen Abständen würde für die Planungspraxis in vielen Fällen das Erfordernis auslösen, bestehende und noch nicht realisierte Planungen zu überdenken und gegebenenfalls erneut planerisch tätig werden zu müssen. Diese verschiedenen planerischen Fallkonstellationen verdeutlichen aber auch, dass durch die bloße Forderung nach dem Einhalten von bestimmten Abständen, eine Problembewältigung nicht zufriedenstellend herbeigeführt werden kann. Dies schon allein deshalb, weil etwa in bestehenden Gemengelagen bereits eine direkte Nachbarschaft von Störfallbetrieb und schutzempfindlicher Nutzung besteht und in diesen Fällen oftmals die Forderung nach der Einhaltung von Abständen schon auf Grund der vorhandenen Situation nicht oder jedenfalls regelmäßig nicht ausreichend Rechnung getragen werden kann.

## D. Berücksichtigung der Anforderungen der Seveso-II-RL in der Bauleitplanung

Auf der örtlichen Planungsebene ist es Aufgabe der gemeindlichen Bauleitplanung, die bauliche und sonstige Nutzung der Grundstücke nach Maßgabe des BauGB in der Gemeinde vorzubereiten und zu leiten. Bauleitpläne sind der sich auf das gesamte Gemeindegebiet beziehende Flächennutzungsplan als vorbereitender Bauleitplan sowie der lediglich einzelne Teilflächen beanspruchende Bebauungsplan als der verbindliche Bauleitplan (vgl. § 1 Abs. 2 BauGB). Ein Unterfall des Bebauungsplans ist der vorhabenbezogene Bebauungsplan (vgl. § 12 BauGB). Die Gemeinden haben die Bauleitpläne aufzustellen, sobald und soweit es für die städtebauliche Entwicklung und Ordnung erforderlich ist (vgl. § 1 Abs. 3 S. 1 BauGB).

Zur Erfüllung dieser Aufgabe haben die Gemeinden eine Vielzahl von Vorschriften zu berücksichtigen. Dazu zählen auch das Gemeinschaftsrecht und seine Umsetzung in nationales Recht.

## I. Störfallschutz als bauleitplanerische Aufgabe

Die bauleitplanerischen Ziele sind in § 1 Abs. 5 BauGB enthalten.[75] Hervorzuheben ist in diesem Zusammenhang vor allem die Zielsetzung einer „nachhaltigen städtebaulichen Entwicklung", der die Gemeinden mit ihrer Bauleitplanung Rechnung tragen sollen. Nach dem vorliegend einschlägigen S. 2 sollen sie außerdem dazu beitragen, eine menschenwürdige Umwelt zu sichern und die natürlichen Lebensgrundlagen zu schützen und zu entwickeln. Gleichwohl ist unabhängig von der Einbeziehung dieses Nachhaltigkeitsgedankens in die Oberziele der Bauleitplanung und der insoweit vorgenommenen Verdeutlichung dahin gehend, dass die Umweltbelange nicht nur gleichgewichtig neben den anderen bauleitplanerischen Oberzielen stehen, sondern dass der Umweltschutz selbst vielmehr auch als ein Ziel der Bauleitplanung anzusehen ist,[76] ein spezifischer Umweltbezug schon seit der umweltbezogenen Erweiterung[77] der Bauleitplanung im Rahmen der BBauG-Novelle 1976[78] in dem bauleitplanerischen Oberziel „Sicherung einer menschenwürdigen Umwelt" deutlich zum Ausdruck gebracht worden.[79] Der Gesetzgeber hat durch die Aufnahme dieses Oberziels schon damals klargestellt, dass einer allein auf wirtschaftliche Gesichtspunkte ausgerichteten Bauleitplanung Grenzen gesetzt sind.[80] Die „Sicherung" einer menschenwürdigen Umwelt erfordert eine an der Umweltvorsorge orientierte Bauleitplanung.[81] Bei der Bewältigung dieser Anforderung steht die Zuordnung von Flächen im Vordergrund. Insoweit geht es in Bezug auf die Umsetzung des Störfallschutzes um die räumliche Zuordnung von schutzbedürftigen, sensiblen Nutzungen zu solchen mit Störpotenzial. Nichts anderes verlangt § 50 S. 1 BImSchG, wenn gefordert wird, dass die für eine bestimmte Nutzung vorgesehenen Flächen einander so zuzuordnen sind, dass schädliche Umwelteinwirkungen und von schweren Unfällen hervorgerufene Auswirkungen auf schutzbedürftige Gebiete so weit wie möglich vermieden werden.

## II. Wahrung gesunder Wohn- und Arbeitsverhältnisse

Die abstrakt und generell gehaltenen Oberziele der Bauleitplanung werden durch Planungsgrundsätze konkretisiert, und zwar in der Weise, dass jeder Planungsgrundsatz einem oder mehreren bauleitplanerischen Oberzielen zugeordnet werden

75 Hierzu im Einzelnen: Gaentzsch, in: Berliner Kommentar zum BauGB, 3. Aufl., Köln, 2002, Loseblattsammlung Stand: September 2010, § 1 Rn. 48 ff.

76 Vgl. Kuschnerus, Die „Nachhaltigkeit" im Abwägungsprozess und in der gerichtlichen Überprüfung, in: Spannowsky/Mitschang (Hrsg.), Nachhaltige städtebauliche Entwicklung, Köln, 2000, S. 160 f.

77 Vgl. z. B. Stich, VDI-Zeitschrift „Umwelt" 1977, S. 66.

78 Bundesbaugesetz i. d. F. der Bek. v. 18. August, BGBl. I S. 2221, ber. S. 3617.

79 Gaentzsch (Fn. 75), § 1 Rn. 53.

80 Ebenda.

81 Grundlegend: BVerwG, Urt. v. 5.7.1974 – IV C 50.72 , BVerwGE 45, 309, 327.

kann.[82] Ansatzpunkte für die Berücksichtigung des Störfallschutzes finden sich innerhalb der Auflistung in § 1 Abs. 6 vor allem in § 1 Abs. 6 Nr. 1 BauGB, durch den die allgemeinen Anforderungen an gesunde Wohn- und Arbeitsverhältnisse und die Sicherheit der Wohn- und Arbeitsbevölkerung angesprochen werden sowie auch aus § 1 Abs. 6 Nr. 7 BauGB, dem für die Berücksichtigung des Umweltschutzes insgesamt maßgeblichen Planungsgrundsatz. Insbesondere die in § 1 Abs. 6 Nr. 1 BauGB angesprochenen allgemeinen Anforderungen an gesunde Wohn- und Arbeitsverhältnisse und die Sicherheit der Wohn- und Arbeitsbevölkerung korrelieren unmittelbar mit dem bauleitplanerischen Oberziel der „Sicherung einer menschenwürdigen Umwelt" in § 1 Abs. 5 Satz 2 BauGB und verlangen eine Berücksichtigung des Störfallschutzes im Rahmen der Bauleitplanung, und zwar insbesondere in Bezug auf die in die Zukunft gerichtete Komponente des planerischen Gestaltungsauftrages. Sie sind zusammen mit den anderen abwägungserheblichen Belangen die bauleitplanerische Abwägung einzustellen.

### 1. Die planerische Bedeutung von § 50 BImSchG

§ 50 S. 1 BImSchG verlangt eine räumliche Trennung von schutzbedürftigen und störenden Nutzungen, so dass schädliche Umwelteinwirkungen „so weit wie möglich" vermieden werden. Ausdrücklich angesprochen sind raumbedeutsame Planungen[83] und Maßnahmen, worunter letztlich sowohl die Landes- und Regionalplanung als auch die Bauleitplanung fallen.[84] Zur Anwendung wird der Trennungsgrundsatz schon zu einem sehr frühen Zeitpunkt der Planung, nämlich in der konzeptionellen Phase, gebracht, wenn planerische Verfestigungen noch nicht stattgefunden haben, sondern erst anfängliche entwerferisch-konzeptionelle Gedanken zu Papier oder in die Diskussion eingebracht werden.[85] Insbesondere wenn es dann um die grundlegende Zuordnung von Bauflächen oder Baugebieten geht, ist die räumliche Trennung von störenden Nutzungen und schutzbedürftigen Nutzungen zu berücksichtigen, um dem Vorsorgegrundsatz entsprechend bereits dem Entstehen von Konflikten bei den zu treffenden Raumnutzungsentscheidungen Rechnung zu tragen und diesen so weit wie möglich vorzubeugen. Regelmäßig handelt es sich dabei einerseits um die Darstellung oder Festsetzung von gewerblich/ industriellen Bodennutzungen in räumlicher Nachbarschaft von Wohnnutzungen. Erfasst werden aber auch emissionsträchtige Sport- und Freizeitanlagen sowie das Nebeneinander von wichtigen Verkehrswegen und schutzbedürftigen Nutzungen.

82 Eine Ausnahme bildet hier § 1 Abs. 6 Nr. 11 BauGB, wonach sog. „informelle Planungen" bei der Bauleitplanung Berücksichtigung finden sollen, da dieser Bestimmung lediglich klarstellender Charakter beizumessen ist.

83 Differenziert: Grüner (Fn. 28), S. 105 ff.

84 Ebenda, S. 108.

85 Auch: Kuschnerus, BauR 2011, S. 602, 610.

## 2. Die rechtliche Bedeutung von § 50 BImSchG

Nach § 50 S. 1 BImSchG sind schutzbedürftige und störende Nutzungen einander so zuzuordnen, dass schädliche Umwelteinwirkungen und die Auswirkungen schwerer Unfälle auf sensible Gebiete „so weit wie möglich" vermieden werden. Eine Differenzierung zwischen „schädlichen Umwelteinwirkungen" und „den Auswirkungen schwerer Unfälle" wird dabei nicht vorgenommen. Beides ist so weit wie möglich zu vermeiden.

In den zurückliegenden Jahren hat vor allem die Rechtsprechung zur Konkretisierung der allgemeinen Abwägungsanforderungen einige zentrale Planungsgrundsätze entwickelt. Von Bedeutung sind insoweit insbesondere das Gebot der planerischen Konfliktbewältigung und dieses konkretisierend, das Gebot der räumlichen Trennung von unverträglichen Nutzungen, wie es in § 50 S. 1 BImSchG im Sinne eines „Konfliktvermeidungsprinzips" zum Ausdruck gebracht und über § 1 Abs. 6 Nr. 1 BauGB inhaltlicher Gegenstand der Bauleitplanung wird.

### 2.1 Das Konfliktbewältigungsgebot

Das Gebot der Konfliktbewältigung[86], das eigentlich im Zusammenhang mit der Fachplanung entwickelt wurde, leistet für die zu treffenden Abwägungsentscheidungen im Rahmen von kommunalen Bauleitplanungen eine wesentliche Hilfestellung.[87] Es beruht auf zwei maßgeblichen Gesichtspunkten:

- Erstens ist es nicht Aufgabe einer städtebaulichen Planung, den Änderungen beim Stand der Technik – anders als im Immissionsschutzrecht üblich und ohne weiteres auch möglich – durch regelmäßige Planänderungen nachzufolgen.[88] Die städtebauliche Planung schafft immer nur den rechtsverbindlichen Rahmen für die nachfolgende Beurteilung eines Vorhabens im Baugenehmigungs- oder einem sonstigen Zulassungsverfahren, etwa dem immissionsschutzrechtlichen Genehmigungsverfahren.
- Zweitens ist es sachfremd, im Rahmen von städtebaulichen Planungen schon auf einen solchen Genauigkeitsgrad abzustellen, wie er im nachgeordneten Genehmigungsverfahren für das jeweilige Vorhaben üblich ist. Dies würde zu einer nicht vertretbaren Belastung des

86 Zur Entwicklung ausführlich: Sendler, WiVerw 1985, 212 ff. sowie Pfeifer, DVBl. 1989, S. 339 ff.

87 Dziallas, NZBau 2008, S. 9.

88 Im Bebauungsplan werden regelmäßig nur die standortbezogenen Umweltfragen geregelt. Eine Ausnahme hiervon stellt der vorhabenbezogene Bebauungsplan, bei dem die Gemeinde nach § 12 Abs. 3 Satz 2 BauGB nicht an die Festsetzungen des § 9 BauGB, die BauNVO sowie die PlanzV 90 (Verordnung über die Ausarbeitung der Bauleitpläne und die Darstellung des Planinhalts (Planzeichenverordnung 1990 – PlanzV 90) v. 18.12.1990, BGBl. I S. 58) gebunden ist.

Planungsverfahrens selbst beitragen, auch die Planentscheider, also den Gemeinderat, weitgehend überfordern.[89]

Das Gebot der planerischen Konfliktbewältigung verlangt, dass die Lösung planerisch zu bewältigender Konflikte grundsätzlich auf der Planungsebene[90] angestrebt und nicht auf ein nachfolgendes Genehmigungsverfahren[91] und damit zu Lasten der Betroffenen verlagert wird.[92]

Eng mit dem Gebot der planerischen Konfliktbewältigung korrespondiert das Gebot der planerischen Zurückhaltung.[93] Dieses bietet die Möglichkeit, solche Konflikte, die auf der Vollzugsebene bewältigt werden können, nicht schon auf der planerischen Ebene lösen zu müssen. Bei einer so vorgenommenen Konfliktbewältigung kommen vor allem bauliche und technische Schutzvorkehrungen im Zusammenhang mit der Erteilung der Baugenehmigung in Frage. Möglich ist es auch, bspw. bei der Aufstellung eines vorhabenbezogenen Bebauungsplans, die Konfliktbewältigung ganz aus dem Bebauungsplan auszuklammern und einem zwischen den Parteien abzuschließenden städtebaulichen Vertrag, hier dem Durchführungsvertrag zu überlassen[94] oder flankierend zu den Festsetzungen eines Bebauungsplans auch vertragliche Verpflichtungen vorzusehen.[95] Aus der Be-

89 Vgl. BVerwG, Beschl. v. 17.2.1984 – 4 B 191.83 -, NVwZ 1984, S. 235.

90 Eine besondere Relevanz kommt dieser Rechtsprechung für solche Planungen zu, bei denen abschließend auch über die Zulässigkeit des Vorhabens selbst entschieden wird. Insoweit angesprochen sind bspw. straßenrechtliche Planfeststellungsverfahren, aber auch bei planfeststellungsersetzenden Bebauungsplänen ist dies oftmals der Fall. Vgl. auch BVerwG, Urt. v. 6.3.1989 – 4 NB 8.89, NVwZ 1989, S. 960 ff.

91 Meistens auf ein Baugenehmigungsverfahren, bei dem dann ergänzend über § 15 BauNVO eine Nachsteuerung, aber keine Plankorrektur erfolgen kann. Vgl. BVerwG (Fn. 90), NVwZ 1989, S. 960 ff.

92 Schon frühere Rechtsprechung: BVerwG (Fn. 81), BVerwGE 45, 309; Urt. v. 17.5.1995 4 NB 30.94, NVwZ 1995, S. 1098; Urt. v. 14.7.1994 – 4 NB 25.94 -,NVwZ-RR 1995, S. 130 ff.; Urt. v. 1.9.1999 – 4 BN 25.99 -, NVwZ-RR 2000, S. 146 ff.

93 Hierzu: BVerwG (Fn. 89), NVwZ 1984, S. 235 ff.; Urt. v. 11.3.1988 – 4 C 56.84 -, NVwZ 1989, S. 659 ff.; Beschl. v. 15.9.1995 – 11 VR 16/95 -, NVwZ 1996, S. 396 ff.; Urt. v. 18.9.2003 – 4 CN 3/02 -, BVerwGE 119, 45.

94 Siehe hierzu: OVG Hamburg, Beschl. v. 28.2.2007 – 2 Es 1/07 -, NVwZ-RR 2007, S. 455. In diesem Falle eines vorhabenbezogenen Bebauungsplanes hatte der Bebauungsplan keine Konfliktbewältigungsmaßnahmen festgesetzt, der Durchführungsvertrag enthielt aber diesbezüglich klare Regelungen. Diesbezüglich ist anerkannt, dass auch durch vertragliche Verpflichtungen wie durch Festsetzungen eines Bebauungsplanes die Wahrung von gesunden Wohn- und Arbeitsverhältnissen erfüllt werden kann. Vgl. BVerwG, Beschl. v. 9.5.1997 – 4 N 1.96 -, BVerwGE 104, 353 sowie Beschl. v. 18.11.1997 – 4 BN 26.97 -, NVwZ-RR 1998, S. 552 ff. Allerdings muss insoweit eine hinreichende Sicherung der vertraglichen Verpflichtungen gewährleistet werden. Ist die Gemeinde selbst Adressat der Maßnahmen, kann auch eine Selbstbindung der Gemeinde für die Sicherstellung der Durchführung ausreichen. Demgegenüber nicht ausreichend ist es, wenn ein betroffener Privater auf die Konfliktlösung verzichtet, auch wenn dieser dinglich gesichert ist. Vgl. BVerwG, Beschl. v. 23.1.2002 – 4 BN 3.02 -, NVwZ-RR 2002, S. 371 ff.

95 OVG Hamburg (Fn. 94), NVwZ-RR 2007, S. 455.

gründung zum Bebauungsplan müssen sich dann die dafür maßgeblichen Aspekte entnehmen lassen.

Dem Gebot der planerischen Zurückhaltung sind allerdings dort Schranken gesetzt, wo eine sachgerechte Konfliktbewältigung nicht sichergestellt werden kann[96], einerseits weil eine nachfolgende Genehmigung an rechtlichen Hindernissen scheitert[97] und die Bauleitplanung dadurch vollzugsunfähig wird, andererseits weil sich die Gemeinde keine Gewissheit darüber verschafft hat, dass die für eine Konfliktbewältigung erforderlichen Informationen und Angaben[98] im nachfolgenden Genehmigungsverfahren auch vorliegen, damit sie zu Recht auf eine planerische Konfliktbewältigung verzichtet hat.[99] Gefordert ist insoweit eine prognostische Einschätzung.[100] Soweit es sich um eine Angebotsplanung handelt, müssen dieser Prognose all diejenigen baulichen Nutzungen zu Grunde liegen, die bei einer vollständigen Ausnutzung der im Bebauungsplan getroffenen Festsetzungen möglich sind.[101]

Gleichwohl werden durch das Gebot der Konfliktbewältigung oder der Konfliktlösung die Anforderungen des Abwägungsgebots nicht eingeschränkt, sondern vielmehr in der Sache lediglich auf die Grundsätze der Abwägung verwiesen, und zwar in dem Sinne, dass die durch die Planung berührten Belange zu einem gerechten Ausgleich gebracht werden müssen.[102] Die Abwägung wird gesteuert, und zwar dergestalt, dass solange im Planungsverfahren der gerechte Ausgleich der berührten Belange noch nicht erreicht ist, solche „Konflikte" eben bestehen, die entweder auf der Planungsebene selbst oder in einem nachfolgenden Verfahren gelöst werden müssen.

## 2.2 Der Trennungsgrundsatz

Der Gesetzgeber stellt im Hinblick auf den Trennungsgrundsatz klar, dass dieser der planerischen Disposition und damit der Abwägung mit anderen abwä-

96 BVerwG (Fn. 93), BVerwGE 119, 45; Urt. v. 26.5.2004 – 9 A 6/03 -, BVerwGE 121, 57; VGH Kassel, Urt. v. 12.3.2008 – 3 N 1907/05 -, BeckRS 2008, 36497.

97 Z. B. am europäischen Artenschutz: Vgl. hierzu Mitschang/Wagner, DVBl. 2010, S. 1457 ff.

98 Bei vorhabenbezogenen Planungen ist dieser Gesichtspunkt besonders wichtig.

99 BVerwG (Fn. 99), Beschl. v. 16.3.2010 – 4 BN 66.09 -, NVwZ 2010, S. 1246 Rn. 26 ff. Auch Kuschnerus (Fn 85), S. 602, 607 ff.

100 BVerwG (Fn. 92), NVwZ-RR 1995, S. 130 ff. Danach ist ein Bebauungsplan nicht zulässig, der Verkehrsprobleme aufwirft, die nur durch den Ausbau einer vorhandenen Landstraße gelöst werden können, wenn der Bebauungsplan diese Lösung einem künftigen Planfeststellungsverfahren überlässt, obwohl nicht absehbar ist, ob eine Planfeststellung ergehen kann und wird.

101 Nach der Rechtsprechung des OVG Münster, Beschl. v. 15.2.2005 – 10 B 517/04 – BeckRS 2005, 23925) gilt dies auch dann, wenn der Plangeber bereits während des Bebauungsplanverfahrens die Verwirklichung einer bestimmten baulichen Nutzung des Plangebietes, die die getroffenen Festsetzungen nicht vollständig ausnutzt, als sicher ansieht.

102 BVerwG (Fn. 92), NVwZ-RR 1995, S. 130 ff.

gungserheblichen Belangen unterliegt und insoweit keine strikte Beachtung erfordert. Gleichwohl ist die planerische Gestaltungsfreiheit eingeschränkt, so dass der Trennungsgrundsatz zwar einer Abwägung zugänglich ist, aber diesem darin „so weit wie möglich" Rechnung zu tragen ist. Entwickelt wurde die im nachfolgenden noch genauer in den Blick zu nehmende Rechtsprechung für die räumliche Zuordnung von Nutzungen unterschiedlicher Schutzbedürftigkeit in Bezug auf schädliche Umwelteinwirkungen, also für von einem bestimmten Industriebetrieb ausgehende Emissionen. Zwar sind schädliche Umwelteinwirkungen den von schweren Unfällen gleichgestellt, doch bietet sich mit Blick auf die Darlegungen[103] zum Abstandsgebot in Art. 12 Seveso-II-RL an, für den Trennungsgrundsatz zu differenzieren.[104]

## a. Schädliche Umwelteinwirkungen

In der Rechtsprechung sowie im wissenschaftlichen Schrifttum[105] ist diese Bestimmung zunächst als Planungsgrundsatz in der Form eines Optimierungsgebots[106], auf Grund der diesbezüglich aber bestehenden begrifflichen Schwierigkeiten, dann als Abwägungsdirektive[107] bezeichnet worden.[108] Doch bleibt es wie schon für Optimierungsgebote dabei, dass der Trennungsgrundsatz auch nach der

103 Vgl. oben.

104 Grüner (Fn. 28), S. 183 ff.; Kuschnerus (Fn 54), S. 761.

105 Vgl. z. B. Hoppe, in: Hoppe/Bönker/Grotefels, Öffentliches Baurecht, 4. Aufl., München, 2010, § 7 Rn. 31.

106 BVerwG, Urt. v. 22.3.1985 – 4 C 73.82 -, BVerwGE 71, 763; Urt. v. 4.5.1988 – 4 C 2.85 -, NVwZ 1989, S. 151; Beschl. v. 20.8.1992 – 4 NB 20.91 -, BVerwGE 90, 329, 331 f.; Beschl. v. 4.5.1993 – 4 NB 3.91 -, DVBl. 1993, S. 662, 664. Die Bedeutung eines solchen Optimierungsgebotes besteht darin, der in ihr enthaltenen Zielvorgabe ein besonderes Gewicht zuzumessen und insoweit die planerische Gestaltungsfreiheit einzuschränken. Ein Optimierungsgebot ist daher nicht dem strikten Recht zuzuordnen, sondern unterliegt der Abwägung und kann, wenn gewichtige Gründe dies rechtfertigen, im Wege der Abwägung überwunden werden. Das besondere Gewicht des Optimierungsgebots führt im Falle einer Zurückstellung des Belangs zu einem erhöhten Rechtfertigungs- und Begründungsaufwand.

107 Vgl. BVerwG, Urt. v. 28.1.1999 – 4 CN 5.98 -, BVerwGE 108, 248, 256; Beschl. v. 11.1.2001 – 4 B 37.00 -, NVwZ 2001, S. 1398, 1399; Urt. v. 22.3.2007 – 4 CN 2.06 -, BVerwGE 128, 238; Beschl. v. 5.12.2008 – 9 B 28.08 -, NVwZ 2009, 320; dass. (Fn. 99), NVwZ 2010, S. 1246 Rn. 46. Abwägungsdirektiven dienen der Konkretisierung von in der Abwägung zu berücksichtigenden Belangen. Derzeit streitig ist die rechtliche Bedeutung einer Abwägungsdirektive, insbesondere im Verhältnis zum Optimierungsgebot (vgl. hierzu: Hoppe (Fn. 105), § 7 Rn. 29 ff.). Jedenfalls beansprucht auch die Abwägungsdirektive keine zwingende Geltung, sondern kann im Rahmen der Abwägung überwunden werden. Insgesamt ist ihnen wohl eine schwächere Steuerungskraft im Rahmen der Abwägung zuzuerkennen als Optimierungsgeboten.

108 Kritische Betrachtung der Begrifflichkeiten „Optimierungsgebot" und „Abwägungsdirektive" bei Berkemann (Fn. 25), S. 18, 20 f.

neuen Rechtsprechung[109] in der Form einer Abwägungsdirektive durch Belange von hohem Gewicht überwunden werden kann.[110] Für die Gemeinde bedeutet dies allerdings, dass je weniger schädliche Umwelteinwirkungen durch das Einhalten von Abständen auf der einen Seite vermieden werden können, desto mehr gewichtige städtebauliche Belange muss sie auf der anderen Seite aufbieten, um dies zu rechtfertigen. Das BVerwG[111] hat insoweit zu Recht dargelegt, dass der Trennungsgrundsatz im Sinne einer Abwägungsdirektive zwar zu berücksichtigen ist, seine Durchsetzung aber auch auf Grenzen stößt.[112] Dies gilt sowohl im Falle von Neuplanungen als auch bei Überplanungen des baulichen Bestandes. Scheidet insoweit das Einhalten größerer Abstände aus, ist durch geeignete bauliche und technische Vorkehrungen dafür zu sorgen, dass keine ungesunden Wohnverhältnisse entstehen. Eine Zurückstellung des Trennungsgrundsatzes im Rahmen der Abwägung erfolgt deshalb regelmäßig nicht durch einen vollständigen Verzicht auf räumliche Trennung, sondern im Sinne einer Relativierung, bei der eben ein geringeres Maß an Trennung hinzunehmen ist.[113] Daraus ergibt sich, dass § 50 S. 1 BImSchG keine strikte Pflicht enthält, also keine zwingend einzuhaltende gesetzliche Vorgabe darstellt.

### b. Auswirkungen schwerer Unfälle

In Bezug auf den Schutz vor schweren Unfällen im Sinne von Art. 12 Abs. 1 UAbs. 2 Seveso-II-RL führen diese Darlegungen nicht wirklich weiter, denn sie beziehen sich auf schädliche Umwelteinwirkungen und behandeln insbesondere die Frage des im Rahmen einer Planung zu gewährleistenden Lärmschutzes, gleichwohl aber auch anderer schädlicher Umwelteinwirkungen.[114] Für den Störfallschutz kommt es zu einer bislang noch nicht endgültig geklärten Situation, denn § 50 S. 1 BImSchG unterscheidet im Hinblick auf das Schutzmaß nicht zwischen schädlichen Umwelteinwirkungen und den Auswirkungen von schweren Unfällen. Erstere fußen auf einer nationalen Umweltanforderung, letztere auf einer europäischen und sollen der Umsetzung von Art. 12 Abs. 1 UAbs. 2 Seveso-II-RL

---

109 Für Optimierungsgebote, vgl. BVerwG, Beschl. v. 12.6.1990 – 7 B 72.90 -, NVwZ 1990, S. 962; für Abwägungsdirektiven, vgl. BVerwG, Urt. v. 16.3.2006 – 4 A 1075.04 -, BVerwGE 125, 116, 172.

110 Siehe hierzu auch: Hess. VGH, Urt. v. 22.4.2010 – 4 C 306.09 -, ZfBR 2010, S. 588, 596.

111 (Fn. 107), BVerwGE 128, 238. Außer der Bodenschutzklausel nennt das BVerwG noch andere Belange, die zu einer Überwindung des Trennungsgrundsatzes beitragen können, etwa das berechtigte Interesse Baugebiete auszuweisen, um Abwanderungen ins ländliche Umfeld zu verhindern, ein städtebauliches Interesse, einen vorhandenen Ortsteil zu erweitern und damit dessen Infrastruktur mit zu nutzen oder auch das Ziel kostensparendes Bauen zu ermöglichen sowie auch eigentumsrechtliche Gesichtspunkte, bspw. wenn eine Gemeinde Grundstücke in einem als Wohnbaufläche im Flächennutzungsplan dargestellten Bereich erworben hat, um sie Bauinteressenten zu Eigentum zu überlassen.

112 Z. B. in dicht besiedelten Gebieten.

113 Zu Recht: Moench/Hennig (Fn. 6), S. 807, 808.

114 Grüner (Fn. 28), S. 183 ff.

dienen. Nach dieser vorangehend[115] schon erörterten Bestimmung besteht im Sinne einer Stufenfolge zunächst zwar ein Abstandsgebot, welches aber bei Ergreifung technischer Maßnahmen um ein spezifisches Maß zurückgeführt werden kann. Allerdings müssen diese technischen Maßnahmen einem ansonsten einzuhaltenden Abstand im Sinne eines Kompensationsmodells[116] gleichwertig sein. Auch § 50 S. 1 BImSchG sieht – jedenfalls in Bezug auf die Vermeidung schädlicher Umwelteinwirkungen – eine Zurückstellung des Trennungsgrundsatzes im Sinne eines Gesamtbilanzmodells vor. Anders als für schädliche Umwelteinwirkungen kommt dem Abstandsgebot nach Art. 12 Abs. 1 UAbs. 2 Seveso-II-RL aber ein höheres Gewicht zu.[117] Statt eines Gesamtbilanzmodells kommt hier das Kompensationsmodell zur Anwendung. Zwar dürfen auch danach gleichwertige technische Maßnahmen ergriffen werden, um eine Kompensation zu dem eingeschränkten Abstandsgebot zu gewährleisten, aber das Schutzniveau wird dadurch gerade nicht abgesenkt.[118] Trotz der ergriffenen technischen Maßnahmen muss der eingehaltene Abstand immer noch „angemessen" sein. Darüber ist – wiederum in Ermangelung konkreter Maßgaben darüber, was unter einem „angemessenen Abstand" zu verstehen ist, abwägend zu entscheiden, wobei sich die Grenze über den im Atomrecht[119] herangezogenen Maßstab praktischer Vernunft erschließt.[120] Störfälle, die danach auszuschließen sind, dürfen außer Betracht bleiben. Sie sind von der Allgemeinheit als sozialadäquat hinzunehmen.[121] Vorsorge vor solchen Unfällen zu treffen, würde im Übrigen auch am Grundsatz der Verhältnismäßigkeit scheitern.[122]

---

115 Vgl. oben A. II. 2.3

116 Die begriffliche und inhaltliche Nähe des Kompensationsmodells zur naturschutzrechtlichen Eingriffsregelung für Außenbereichsvorhaben oder Fachplanungsvorhaben ist nicht zufällig.

117 Das BVerwG (Fn. 29), ZUR 2010, S. 139, 143 Rn. 14 geht in dieser Entscheidung davon aus, dass dem Ziel der Abstandswahrung eine „gewichtige Bedeutung" zukommt, die über einen beliebigen Abwägungsbelang deutlich hinausgeht. Ähnlich OVG Münster, Urt. v. 3.9.2009 – 10 D 121.07.NE -, NuR 2009, S. 801 Rn. 173; Urt. v. 6.3.2008 – 10 D 103.06.NE -, ZUR 2008, S. 434, 436, jedenfalls soweit ausgeführt wird, dass das Trennungsgebot zwar nicht zwingend die Einhaltung eines räumlichen Abstandes vorsieht, jedoch im Regelfall. Neben der räumlichen Trennung kann dem Störfallschutz außerdem auch durch die planerische Sicherung anderer wirksamer Schutzvorkehrungen Rechnung getragen werden.

118 Im Ergebnis ebenso: Kuschnerus (Fn 54), S. 761, 763 f.

119 Vgl. etwa BVerfG, Beschl. v. 8.8.1978 – 2 BvL 8.77, BVerfGE 49, 89, 143 f. oder BVerwG, Urt. v. 19.12.1985 – 7 C 65.82 -, BVerwGE 72, 300, 315 sowie auch Bayerischer VGH, Urt. v. 14.7.2006 – 1 BN 03.2179, 1 BV 03.2180, 1 BV 03.2181, 1 B 04.1 -, ZfBR 2007, S. 362, 366.

120 So zu Recht: Moench/Hennig (Fn. 6), S. 807, 811 sowie auch Kuschnerus, (Fn 54), S. 761, 763.

121 Moench/Hennig (Fn. 6), S. 807, 811.

122 So etwa VGH Kassel (Fn. 38), NVwZ 2007, S. 597, 601 zu den Auswirkungen eines Flugzeugabsturzes auf eine chemische Industrieanlage.

## III. Leitfaden der KAS

Weder der Seveso-II-RL noch dem nationalen Recht können demnach allgemein verbindliche Vorgaben zur Einhaltung von Abständen zwischen Störfallbetrieben und schutzbedürftigen Nutzungen oder zu ihrer Berechnung entnommen werden. Verwaltungsvorschriften, die dies zum Inhalt haben könnten, existieren auch nicht.[123] Ebenso finden sich auch auf europäischer Ebene keine weiterführenden Guidelines bzw. Empfehlungen zur Ermittlung dieser Abstände. Fündig wird man allerdings im Leitfaden[124] der Kommission für Anlagensicherheit beim Bundesministerium für Umwelt, Naturschutz und Reaktorsicherheit. Hierdurch wird den Gemeinden eine Orientierungshilfe zur Verfügung gestellt, mit der zwar Abstände nicht zwingend vorgegeben werden, dennoch aber eine Umsetzung der störfallbezogenen Anforderungen des § 50 BImSchG im Rahmen von Bauleitplanungen möglich machen.[125] Die in dem Leitfaden gegebenen Abstandsempfehlungen beziehen sich nur auf den Menschen, nicht auf andere schutzbedürftige Bereiche wie etwa europäische oder nationale Naturschutzgebiete. Sie gehen von einem deterministischen Ansatz aus, nach dem sie auf der Annahme gründen, dass sich ein Dennoch-Störfall nach einem bestimmten als Konvention festgelegten Muster ereignet. Erfasst werden aber ausdrücklich nur Planungsentscheidungen und nicht Zulassungsentscheidungen bei Einzelvorhaben[126]. Der Leitfaden wendet sich deshalb in erster Linie an die Fachbehörden des Immissionsschutzes, die dann nach § 4 Abs. 2 BauGB an der Bauleitplanung zu beteiligen sind.

Im Zusammenhang mit der Bauleitplanung von Gemeinden wird grundlegend zwischen zwei Fallgestaltungen unterschieden:

1. Abstandsempfehlungen für Neuplanungen von Flächen für Betriebsbereiche ohne Detailkenntnisse („Grüne Wiese") sowie deren Erweiterung

   Eine derartige Planung ist dadurch gekennzeichnet, dass die zu realisierenden industriellen bzw. gewerblichen Nutzungen auf den geplanten Flächen Zeit-

123 Klassischer Ausdruck der räumlichen Trennung von gegenseitig unverträglichen Nutzungen ist der nordrhein-westfälische Abstandserlass (Runderlass des Ministeriums für Umwelt und Naturschutz, Landwirtschaft und Verbraucherschutz – V 3-8804.25.1 – v. 6.6.2007, NWMBl. 2007, S. 659 ff.), der weit über die Landesgrenzen hinaus Anwendung in der Planungspraxis gefunden hat und auch noch findet. Doch beziehen sich die dort angegebenen „Abstände zwischen Industrie- bzw. Gewerbegebieten und Wohngebieten im Rahmen der Bauleitplanung und sonstige für den Immissionsschutz bedeutsame Abstände" ausdrücklich auf Abstände zum Schutz vor Luftverunreinigungen und Lärm.

124 Leitfaden der Kommission für Anlagensicherheit (KAS) beim Bundesministerium für Umwelt, Naturschutz und Reaktorsicherheit vom November 2010 „Empfehlungen für Abstände zwischen Betriebsbereichen nach der Störfall-Verordnung und schutzbedürftigen Gebieten im Rahmen der Bauleitplanung – Umsetzung § 50 BImSchG" erarbeitet von der Arbeitsgruppe „Fortschreibung des Leitfadens SFK/TAA-GS-1".

125 Bayerischer VGH (Fn. 119), ZfBR 2007, S. 362, 366 f.

126 Bayerischer VGH (Fn. 119), ZfBR 2007, S. 362, 366 für eine auch ausnahmsweise Erstreckung auf Vorhaben nach § 34 BauGB.

punkt der Planung noch unbekannt sind (Planung ohne Detailkenntnisse). Folglich können im Rahmen einer solchen Angebotsplanung auch noch keine sicherheitstechnischen Maßnahmen, Schutzflächen oder aktive bzw. passive Schutzmaßnahmen bei der Bewertung der Abstandsermittlung berücksichtigt werden. Bild 1 Anhang 1 des Leitfadens enthält die für die Bauleitplanung ohne Detailkenntnisse maßgeblichen Abstandsempfehlungen als sog. „Achtungsabstände".[127] Sie liegen zwischen 200 und 1500 Metern. Zu bemessen sind die Abstandsempfehlungen ab den Grenzen des Betriebsbereichs.[128] Befinden sich keine weiteren schutzbedürftigen Gebiete/ Nutzungen innerhalb der Grenzen der Abstandsempfehlungen, so kann nach dem Leitfaden davon ausgegangen werden, dass mit planungsrechtlichen Mitteln hinreichend Vorsorge getroffen wurde, um dem Schutzziel von § 50 BImSchG zu entsprechen. Sie bieten insoweit einen Anhaltspunkt dafür, ob durch ein weiteres Zusammenrücken von Betriebsbereich und schutzbedürftigem Gebiet der Planungsgrundsatz in § 50 S. 1 BImSchG gefährdet sein kann.

2. Planungen im Umfeld von Betriebsbereichen

   Werden Planungen im Umfeld von bestehenden Betriebsbereichen vorgenommen, ist anders als in der vorangehenden Fallgestaltung das von dem Betriebsbereich ausgehende stoffliche Gefahrenpotenzial bekannt und infolgedessen auch beurteilbar (Planung mit Detailkenntnissen). Es wird dabei davon ausgegangen, dass die im Betriebsbereich befindlichen Anlagen nach den einschlägigen Vorgaben des BImSchG, der StörfallVO und anderen Vorschriften errichtet und betrieben werden und dem Stand der Sicherheitstechnik entsprechen. Zwar sollen in diesen Fällen grundsätzlich auch die Achtungsabstände gewahrt werden, doch soll im Falle einer Unterschreitung im Rahmen einer Einzelfallbetrachtung[129], ausgehend von der konkreten Lage und Beschaffenheit des Betriebsbereiches systematisch beurteilt werden, welcher Abstand im konkreten Planungsfall angemessen ist.

Rechtlich verbindlich sind die Abstandsempfehlungen der KAS zwar nicht, aber sie liefern den planenden Gemeinden Anhaltspunkte für die Ermittlung von angemessenen Abständen bei ihrer Bauleitplanung.[130] Auch nach der Rechtsprechung[131]

---

127 Die Berechnungsgrundlagen sind in den Anhängen 1 und 3 des Leitfadens aufgeführt. Anhang 2 enthält für die einzelnen in Bild 1 Stoffe die Ergebnisse der Abstandsberechnungen zu verschiedenen Leckflächen.

128 Der Begriff entspricht § 3 Abs. 5a BImSchG also dem gesamten unter der Aufsicht eines Betreibers stehende Bereich, in dem gefährliche Stoffe nach Anhang I der StörfallVO in einer Menge oberhalb der dort genannten Mengenschwelle nach Spalte 4 vorhanden oder vorgesehen sind oder vorhanden sein können.

129 Regelmäßig erfolgt dies durch die Vergabe von Gutachten, zu deren inhaltlicher Reichweite der Leitfaden Vorschläge unterbreitet. Jedenfalls soll das Gutachten dazu beitragen, einen angemessenen Abstand zu finden.

130 Hellriegel/Schmitt (Fn. 29), S. 98, 100; Moench/Hennig (Fn. 6), S. 807, 810; Steiff, NZBau 2007, S. 363, 366; Kuschnerus, (Fn 54), S. 761, 763; kritisch, allerdings noch zur vormaligen

kann der Leitfaden zur Beantwortung der Frage, was im Einzelfall der geforderte angemessene Abstand zwischen einem Störfallbetrieb und schutzbedürftigen Gebieten ist herangezogen werden. Bei Einhaltung sowie bei Überschreitung der Abstände, kann davon ausgegangen werden, dass Auswirkungen schwerer Unfälle im Regelfall zu keiner ernsthaften Gefahr für Menschen werden können. Bei Unterschreitung der Abstände muss sich die planende Gemeinde allerdings mit den Belangen des Störfallschutzes auseinandersetzen und stets dabei eine Einzelfallbetrachtung vornehmen, um das spezifische Gefahrenpotenzial eines Störfallbetriebs zu ermitteln.[132] Hierbei spielt die frühzeitige Zusammenarbeit mit den, für Fragen des Immissionsschutzes zuständigen Behörden, eine maßgebliche Rolle. Es ist den Gemeinden zu empfehlen, deren Kompetenz und Wissen schon im Vorfeld der Planaufstellung abzurufen. Der richtige Zeitpunkt hierfür ist dann gegeben, wenn erste Gedanken zur räumlichen Zuordnung von Flächen und Nutzungen gemacht werden, also schon in der planerisch-konzeptionellen Phase, auf die auch § 50 S. 1 BImSchG mit seinen Anforderungen abstellt.[133]

## E. Planerische Instrumente zur Bewältigung der Anforderungen der Seveso-II-RL

Die Anforderungen der Seveso-II-RL an die Bauleitplanung verlangen ihre Berücksichtigung in der bauleitplanerischen Abwägung, konkretisiert durch den Planungsgrundsatz in § 1 Abs. 6 Nr. 1 BauGB. Insoweit zu differenzieren ist in den Flächennutzungsplan sowie den Bebauungsplan mit ihren unterschiedlichen Möglichkeiten diesen Anforderungen Rechnung zu tragen.

### I Störfallschutz und Flächennutzungsplanung

Im Flächennutzungsplan ist nach § 5 Abs. 1 BauGB für das gesamte Gemeindegebiet die sich aus der beabsichtigten städtebaulichen Entwicklung ergebende Art der Bodennutzung nach den voraussehbaren Bedürfnissen der Gemeinde in Grundzügen darzustellen. Es geht mithin um ein gesamtgemeindliches Bodennutzungskonzept, bei dem unter Berücksichtigung der städtebaulichen Entwicklungsvorstellungen der Gemeinde, bestehende und zu entwickelnde Bodennutzungen einander zugeordnet werden. Wenngleich dies in Bezug auf die Umsetzung der Anforderungen von § 50 S. 1 BImSchG zunächst darauf hinweisen könnte, dass

---

Fassung des Leitfadens, Berkemann (Fn. 25), S. 18, 27 f. Auch: OVG Münster (Fn. 117), NuR 2009, S. 801 Rn. 175.

131 OVG Münster (Fn. 117), NuR 2009, S. 801 Rn. 175; Hess. VGH (Fn. 110), ZfBR 2010, S. 588, 596.

132 So VGH Kassel, Urt. v. 23.1.2001 – 2 UE 2899.96 -, ZUR 2002, S. 47,50.

133 Zur planerischen Bedeutung von § 50 BImSchG schon oben D. II. 1.

gerade für die räumliche Zuordnung von Flächen mit unterschiedlichen Nutzungen die entscheidende Planungsebene angesprochen ist, so ist im Hinblick auf die Auswirkungen von schweren Unfällen doch regelmäßig Detailkenntnis erforderlich, die auf der gesamtgemeindlichen Planungsstufe nur für bereits bestehende Betriebsbereiche vorliegt. Gleichwohl bedarf dies der Prüfung im Einzelfall.

Der Flächennutzungsplan wird nach der herrschenden Auffassung[134] für einen Zeitraum von 10-15 Jahren aufgestellt, tatsächlich aber für weit länger. Dies entspricht der Forderung in Art. 12 Abs. 1 UAbs. 2 Seveso-II-RL nach einer langfristigen Einhaltung von Abständen.[135] Danach kann gerade bei Neuplanungen von gewerblichen/ industriellen Nutzungen und schutzbedürftigen Nutzungen der Einhaltung von Abständen auf dieser Planungsstufe am ehesten Rechnung getragen werden.

Der in § 5 Abs. 2 BauGB enthaltene Darstellungskatalog gibt einen weit reichenden Überblick darüber, welche Darstellungen im Flächennutzungsplan regelmäßig getroffen werden. Fast alle dieser Darstellungen können durch Darstellung einer entsprechenden Flächennutzung im Sinne einer „Abstandsfläche" zumindest mittelbar zu einer Reduzierung, gegebenenfalls sogar für eine völlige Vermeidung von Auswirkungen eines schweren Unfalls herangezogen werden. Die Bandbreite solcher Darstellungsmöglichkeiten darzulegen, ist nicht erforderlich. Daher sollen im Folgenden diejenigen Darstellungsmöglichkeiten näher betrachtet werden, mit denen unmittelbar dem Störfallschutz Rechnung getragen werden kann:

### 1. Art der baulichen Nutzung (§ 5 Abs. 2 Nr. 1 BauGB)

Nach dieser Bestimmung können die für die Bebauung vorgesehenen Flächen nach der allgemeinen Art ihrer baulichen Nutzung (Bauflächen) und nach der besonderen Art ihrer baulichen Nutzung (Baugebiete) dargestellt werden. Nach den diese Darstellungsmöglichkeiten konkretisierenden Bestimmungen der BauNVO (vgl. § 1 Abs. 1 und 2 BauNVO) ist im Einzelfall zu entscheiden, ob von der Darstellung der allgemeinen oder der besonderen Art der baulichen Nutzung Gebrauch gemacht wird. Um den Anforderungen des Störfallschutzes Rechnung tragen zu können, besteht insoweit schon die Möglichkeit, auf der Ebene der Flächennutzungsplanung eine Differenzierung in gewerblich/ industriell geprägte Gebiete und andere Gebiete (z. B. der Misch- oder Wohnnutzung) vorzunehmen. Für die Berücksichtigung des Störfallschutzes auf der nachfolgenden Stufe der Bebauungsplanung ist dies gewissermaßen vorprägend, da Störfallbetriebe regelmäßig nur in Industriegebieten oder in eigens festgesetzten Sondergebieten im Sinne von § 11 BauNVO[136] zulässig sind.[137] Handelt es sich um eine Angebotsplanung, können für

134 Vgl. nur W. Schrödter, in: Schrödter (Hrsg.), BauGB, 7. Aufl., München, 2004, § 5 Rn. 11.
135 Christou/Struckl/Biermann (Fn. 51), S. 18.
136 Vgl. unten E. I. 2.1.

die künftig vorgesehenen Industriegebiete die Abstandsempfehlungen des Leitfadens der KAS herangezogen werden. Das hierbei zu verfolgende Ziel ist in einer nutzungsverträglichen Zuordnung der Bodennutzungen zu sehen.

Außerdem ist zu berücksichtigen, dass es, insbesondere bei bereits vorhandenen gewerblichen Bauflächen gegebenenfalls sogar erforderlich sein kann, für die nachfolgende Ebene der Bebauungsplanung Vorgaben im Hinblick auf die zulässigen Arten der baulichen Nutzungen zu machen, um gewährleisten zu können, eine Konfliktbewältigung überhaupt. Gerade im Rahmen von derart groben Flächenzuordnungen kann auch der Leitfaden der KAS[138] zum Einsatz gebracht werden, und zwar um die notwendigen Achtungsabstände für bestehende Betriebsbereiche zu ermitteln und daraus resultierende Einschränkungen für die zulässigen Arten von baulichen Nutzungen auf der Ebene der nachfolgenden verbindlichen Bauleitplanung festlegen zu können.

### 2. Flächen für Nutzungsbeschränkungen oder Nutzungsvorkehrungen (§ 5 Abs. 2 Nr. 6 BauGB)

Die Vorschrift ermöglicht es im Flächennutzungsplan „Flächen für Nutzungsbeschränkungen oder für Vorkehrungen zum Schutz gegen schädliche Umwelteinwirkungen im Sinne des Bundes-Immissionsschutzgesetzes" darzustellen.[139] Mit ihnen wird der Zweck verfolgt, direkt oder indirekt den Belangen des Umweltschutzes auf der Ebene der Flächennutzungsplanung Rechnung zu tragen. So ist zunächst anzuführen, dass es sich bei den Auswirkungen schwerer Unfälle nicht um „schädliche Umwelteinwirkungen" im Sinne des BImSchG[140] handelt und insoweit die Darstellungsmöglichkeit in § 5 Abs. 2 Nr. 6 BauGB zur Bewältigung der Anforderungen des Störfallschutzes nicht weiter herangezogen werden dürfte. Doch handelt es sich bei dem Katalog in § 5 Abs. 2 BauGB – anders als bei § 9 Abs. 1 BauGB um einen offenen Katalog, der aufgrund seiner nicht abgeschlossenen Auflistung durch den Plangeber modifiziert und ergänzt werden kann.[141] Daher kann auch Einwirkungen, die auf schweren Unfällen im Sinne des

137 Dies ergibt sich daraus, dass für den Störfallschutz davon auszugehen ist, dass auch bei regelgerechter Nutzung der Störfallanlage ein sog. „Dennoch-Unfall" mit gefährlichen Stoffen passieren und erhebliche Auswirkungen auf die Gesundheit und das Leben der in der Umgebung lebenden und arbeitenden Bevölkerung haben kann. Siehe hierzu auch: Gaentzsch/Philipp, in: Berliner Kommentar zum BauGB, 3. Aufl., München, 2002, Loseblattsammlung Stand: September 2010, § 5 Rn. 24.

138 Hierzu oben: D. III.

139 Vgl. Nr. 15.6 der Anlage zur PlanzV 90.

140 Vgl. § 3 Abs. 1 BImSchG.

141 Vgl. Löhr, in: Battis/Krautzberger/Löhr, BauGB, 11. Aufl., München, 2009, § 5 Rn. 11; Söfker, in: Ernst/Zinkahn/Bielenberg/Krautzberger, BauGB, Loseblattsammlung Stand: September 2010, § 5 Rn. 20; W. Schrödter (Fn. 134), § 5 Rn. 18, Reidt, in: Gelzer/Bracher/Reidt, Bauplanungsrecht, 7. Aufl., Köln, 2004, Rn. 125 sowie Gaentzsch/-Philipp (Fn. 137), § 5 Rn. 19.

Störfallschutzes beruhen, durch die Darstellung von Flächen für Nutzungsbeschränkungen oder Schutzvorkehrungen begegnet werden.

Möglich sind sowohl flächenbezogene Nutzungsbeschränkungen als auch Schutzvorkehrungen. Hierbei handelt es sich neben den zu treffenden grundlegenden Raumnutzungsentscheidungen durch Darstellungen über die allgemeine oder besondere Art der baulichen Nutzung um das wirkungsvollste Instrument, eine Harmonisierung zwischen schutzbedürftigen Nutzungen und potenziellen Störfallbetrieben herbei. Es ist nicht zwingend erforderlich,[142] bereits im Flächennutzungsplan die konkreten Einzelheiten darzustellen. Hier geht es zunächst vielmehr um die Sicherung der insoweit erforderlichen Flächen und nur in zweiter Linie entsprechend den im Flächennutzungsplan darzustellenden Grundzügen der Bodennutzungen, um die Darstellung der konkreten Nutzungsbeschränkungen. Regelmäßig können auf der Ebene des Bebauungsplans in besserer Kenntnis von Art und Umfang der zu erwartenden Auswirkungen von schweren Unfällen dann die ins Einzelne gehenden Festsetzungen getroffen werden.[143]

Nutzungsbeschränkungen werden als überlagernde Darstellungen[144] getroffen und beinhalten eine Reduzierung der an sich auf der betreffenden Bodenfläche im Gemeindegebiet zulässigen Nutzungen, vorliegend verbunden mit dem Ziel, die Auswirkungen von Unfallereignissen von Störfallbetrieben entweder völlig zu vermeiden oder möglichst gering zu halten. Die Flächen für Nutzungsbeschränkungen zum Schutz vor den Auswirkungen von schweren Unfällen müssen sich nicht zwingend auf oder überlagert mit für die bauliche Nutzung vorgesehenen Flächen befinden[145], sie können auch und insbesondere für eine Überlagerung mit Flächen für die nichtbauliche Nutzung in Frage kommen.[146]

Auch Schutzvorkehrungen werden in der Planungspraxis regelmäßig als überlagernde Darstellungen dargestellt, können aber auch als selbstständige Darstellungen getroffen werden, weil ihnen ohne Weiteres ein räumlicher Bezug beigemessen werden kann.[147] Meistens sind Vorkehrungen zum Schutz vor Auswirkungen

---

142 Löhr (Fn. 141), § 5 Rn. 25; Mitschang, Der Flächennutzungsplan, Bonn, 2003, Rn. 543; Söfker (Fn. 141), § 5 Rn. 46.

143 Vgl. hierzu insbesondere die Ausführungen zu § 9 Abs. 1 Nr. 24 BauGB, unten E. II. 2.

144 Anders: Söfker (Fn. 141), § 5 Rn. 46, der auch selbstständige Darstellungen für möglich hält.

145 Dies bezieht sich insbesondere auf für die gewerbliche/ industrielle Nutzung vorgesehenen Flächen, auf denen ein räumlicher Abstand zu einem Betriebsbereich gewährleistet werden soll s gilt aber ebenso für alle anderen Bauflächen im Sinne von § 1 Abs. 1 und 2 BauNVO.

146 Z. B. überlagernd mit Grünflächen oder Flächen für Wasserflächen, Flächen für Aufschüttungen, Abgrabungen, die Landwirtschaft und Wald sowie Verkehrs- und Versorgungsflächen. In diesen Fällen liegen die Abstandsflächen nicht auf den gewerblich/ industriell genutzten Bodenflächen, sondern außerhalb. Mit ihnen kann eine räumliche Abpufferung eines benachbarten Betriebsbereiches beabsichtigt sein, indem auf diesen Flächen keine schutzbedürftigen Nutzungen stattfinden dürfen.

147 Gierke, in: Brügelmann (Hrsg.), BauGB-Kommentar, Stuttgart, Loseblattsammlung Stand: Juli 2010, § 5 Rn. 175 sowie Löhr (Fn. 141), § 5 Rn. 25.

schwerer Unfälle mit den für die gewerbliche/ industrielle Nutzung dargestellten Flächen überlagert, weil die Schutzvorkehrungen regelmäßig von Seiten der Betreiber vorzunehmen sind.[148]

## II. Störfallschutz und Bebauungsplanung

Der Bebauungsplan enthält die rechtsverbindlichen Festsetzungen für die städtebauliche Ordnung und ist aus dem Flächennutzungsplan gemäß § 8 Abs. 2 S. 1 BauGB zu entwickeln. Anders als die Darstellungen des Flächennutzungsplans, die in § 5 Abs. 2 BauGB in einem offenen Katalog ihren Niederschlag gefunden haben, handelt es sich bei dem in § 9 Abs. 1 BauGB enthaltenen Festsetzungskatalog um eine abgeschlossene Auflistung von Festsetzungen eines Bebauungsplans. Nach der Rechtsprechung[149] steht der Gemeinde ein eigenes „Festsetzungsfindungsrecht" nicht zu. Dies ergibt sich daraus, dass ein Bebauungsplan mit seinen Festsetzungen die auf einem Grundstück zulässige Nutzung bestimmt und insoweit für die einzelnen Grundstücke in seinem Geltungsbereich Inhalt und Schranken des Eigentums regelt. Gesetzliche Grundlagen hierfür stellen der Festsetzungskatalog des § 9 BauGB ergänzt um die BauNVO dar. Vor dem Hintergrund dieser gesetzlichen Maßgaben lassen sich eine große Anzahl von Festsetzungsmöglichkeiten entwickeln, um dem Störfallschutz Rechnung tragen zu können. Um auch hier eine überschaubare Eingrenzung vorzunehmen, werden im Folgenden wiederum nur diejenigen Festsetzungsmöglichkeiten näher betrachtet, mit denen unmittelbar ein Schutz vor den Auswirkungen eines schweren Unfalls angestrebt werden kann.

### 1. Art der baulichen Nutzung – Baugebiete (§ 9 Abs. 1 i. V. m. §§ 1 bis 15 BauNVO)

Was die Festsetzung der Art der baulichen Nutzung im Sinne von § 9 Abs. 1 Nr. 1 BauGB angeht, so stellen die §§ 1 bis 15 BauNVO eine Konkretisierung dieser Festsetzungsmöglichkeit dar. § 1 Abs. 2 BauNVO enthält insoweit eine Auflistung aller grundsätzlich in Frage kommenden Baugebiete, welche dann in den §§ 2 bis 11 BauNVO hinsichtlich der in ihnen zulässigen Arten von Nutzungen sowie weiterer spezifischer gebietsbezogener Anforderungen näher ausgestaltet werden.[150] In Bezug auf den Störfallschutz sind insoweit mehrere Gesichtspunkte zu berücksichtigen.

Zunächst trifft eine Gemeinde durch Festsetzung der Art der baulichen Nutzung im Bebauungsplan bereits eine Raumnutzungsentscheidung, nämlich über die

148 Reidt (Fn. 141), Rn. 149.

149 Vgl. nur BVerwG, Beschl. v. 31.1.1995 – 4 NB 48.93 -, NVwZ 1995, S. 696, 697; Beschl. v. 25.8.1997 – 4 BN 4.97 -, UPR 1998, S. 33.

150 Vgl. nur W. Schrödter (Fn. 134), § 9a Rn. 1.

zulässige Bodennutzung auf den betreffenden Grundstücksflächen. Sie entscheidet damit auch über die Schutzbedürftigkeit eines Baugebiets. Wird ein reines Wohngebiet im Sinne von § 3 BauNVO festgesetzt, so bringt sie hierdurch zum Ausdruck, dass dieses Baugebiet einen anderen Grad an Schutzbedürftigkeit gegenüber den Auswirkungen eines schweren Unfalls aufweisen soll, als etwa ein Gewerbegebiet.

Soweit es um den Aspekt der räumlichen Zuordnung der einzelnen Baugebiete geht, kommen zwei weitere Aspekte im Zusammenhang mit der Festsetzung von Baugebieten zum Tragen. Zur Gewährleistung des Störfallschutzes bietet es sich so an, die einzelnen Baugebiete abgestuft nach dem Grad ihrer Schutzbedürftigkeit auszuweisen.[151] Schon hierdurch kann ein Nebeneinander von unverträglichen Nutzungen vermieden werden. Allerdings ist dabei zu berücksichtigen, dass dieser nicht auf alle Baugebiete bezogen ist, sondern nur auf spezifisch in § 50 S. 1 BImSchG aufgeführte Gebiete. Aufgrund der ihnen zuzuschreibenden hohen Schutzwürdigkeit fallen darunter zunächst und uneingeschränkt die ausschließlich sowie überwiegend dem Wohnen dienenden Gebiete (§§ 2 bis 4a BauNVO) sowie auch Sondergebiete, die der Erholung (z.B. Wochenendhaus-, Ferienhaus- und Campingplatzgebiete) dienen (§ 10 BauNVO). Soweit planungsrechtliche Vorgaben nicht vorhanden sind, ist auf die tatsächlichen Verhältnisse abzustellen (z.B. bei Dorf- und Mischgebieten).[152] Da § 50 S. 1 BImSchG über einen unbestimmten Rechtsbegriff auch „sonstige schutzbedürftige Gebiete" einbezieht und die in der Vorschrift enthaltene Aufzählung außerdem auch nicht abschließender Natur ist,[153] fallen jedenfalls auch öffentlich genutzte Gebiete, wichtige Verkehrswege[154], Freizeitgebiete unter dem Gesichtspunkt des Naturschutzes besonders wertvolle oder besonders empfindliche Gebiete und öffentlich genutzte Gebäude darunter. Vor diesem Hintergrund werden nahezu alle Gebietsarten der BauNVO – mit Ausnahme von Industriegebieten – in Abhängigkeit von der jeweils zu schützenden Nutzung erfasst.

Außerdem kann im Rahmen der räumlichen Zuordnung schon vorsorgend, nämlich durch räumliche Trennung der einzelnen Baugebiete, Konflikten in Bezug auf den Störfallschutz vorgebeugt[155] werden. Freilich bezieht sich dies auf die grundlegende räumliche Zuordnung neuer Baugebiete und stellt diesbezüglich eine

---

151 Hellriegel/Schmitt (Fn. 29), S. 98, 100.

152 Hansmann (Fn. 13), § 50 Rn. 39. Der Leitfaden der KAS (vgl. Fn. 124, S. 5) enthält als Erfassungskriterium „Gebiete, mit dauerhaftem Aufenthalt von Menschen", aber auch „Gebäude und Anlagen zum nicht dauerhaften Aufenthalt von Menschen oder sensible Einrichtungen" sowie „wichtige Verkehrswege". Ausführlich zur Abgrenzung: Grüner (Fn. 28), S. 144 ff.).

153 Gemeint sind Gebiete oder Bereiche, die Wohngebieten vergleichbar, einen Schutz vor Auswirkungen von schweren Unfällen benötigen. Zu Recht: Grüner (Fn. 28), S. 147/148.

154 Zum Begriff, vgl. Bundesministerium für Wirtschaft, Familie und Jugend (Hrsg.), Richtlinie 96/82/EG (Seveso II), Auslegungsfragen und Antworten, 2008, S. 19. Zu finden unter: www.bmwfj.gv.at.

155 Hellriegel/Schmitt (Fn. 29), S. 98, 100.

optimale Lösung im Spannungsfeld von Trennungsgebot und Störfallschutz dar. Zur Ermittlung der einzuhaltenden Abstände kann der Leitfaden der KAS[156] herangezogen werden. Dass eine solche Abstandshaltung unter den Gesichtspunkten des Störfallschutzes zwar eine ideale Lösung darstellt, braucht nicht weiter vertieft zu werden, doch wird dies im planerischen Regelfall nicht verwirklicht werden können. Dagegen stehen andere Aspekte wie einerseits Bodenverbrauch, Zersiedelung oder auch andererseits Flächenknappheit.

Soll eine bauplanungsrechtliche Grundlage für die Zulässigkeit von Störfallbetrieben geschaffen werden, kommen regelmäßig – schon aus der Zweckbestimmung in § 9 Abs. 1 BauNVO ableitbar nur Industriegebiete oder eigens festgesetzte Sondergebiete im Sinne von § 11 BauNVO[157] in Betracht. In Sondergebieten nach § 11 BauNVO besteht keine Bindung an einen Zulässigkeitskatalog wie in anderen Baugebieten (vgl. jeweils die Abs. 2 und 3 der §§ 2 bis 9 BauNVO), so dass eine besonders weitgehende Festsetzungsfreiheit besteht, die von der Gemeinde auch dazu genutzt werden kann, Sondergebiete für solche industrielle Nutzungen[158] festzusetzen, in denen gefährliche Stoffe weder verwendet noch gelagert oder umgekehrt nur Betriebe mit einem bestimmten Störpotenzial angesiedelt werden dürfen.[159] Das BVerwG[160] hat ausdrücklich hervorgehoben, dass bei der Ausweisung von Sondergebieten nach § 11 BauNVO sogar Festsetzungen im Sinne von § 1 Abs. 10 BauNVO[161] getroffen werden dürfen. Für die grundlegende Zuordnung der Baugebiete zueinander stellt dies einen wichtigen Gesichtspunkt dar, weil insbesondere bei Neuplanungen dadurch eine Berücksichtigung der angemessenen Abstände und damit auch des Leitfadens der KAS stattfinden kann.

Im Zusammenhang mit der Festsetzung der Art der baulichen Nutzung ist auch auf die Wechselwirkungen mit dem Immissionsschutzrecht hinzuweisen, die sich im Hinblick auf die Zulassungsfähigkeit der einzelnen baulichen Anlagen ergeben. Störfallbetriebe bedürfen regelmäßig einer immissionsschutzrechtlichen Genehmigung. Hierbei handelt es sich um eine Entscheidung mit Konzentrationswirkung, mit der Konsequenz, dass die für das Vorhaben erforderliche baurechtliche Genehmigung von der immissionsschutzrechtlichen Genehmigung mit umfasst ist. Das Immissionsschutzrecht enthält in § 5 Abs. 1 BImSchG sog. „Betreiberpflichten", die sich an die Errichtung und den Betrieb von immissionsschutzrechtlich genehmigungspflichtigen Anlagen richten. Sie fordern unter anderem,

156 Hierzu schon oben: D. III.

157 Vgl. auch Kuschnerus, (Fn. 85), S. 602, 605 f., der als Anwendungsfall auf den in der Planungspraxis häufiger anzutreffenden Fall der Absicherung eines bestehenden Betriebsbereichs hinweist.

158 Z. B. SO-Kraftwerk.

159 Siehe hierzu auch: Reidt (Fn. 141), Rn. 1608 ff.

160 BVerwG, Urt. v. 3.4.2008 – 4 CN 3.07 -, NVwZ 2008, S. 902. Danach sind konkrete Vorgaben zum Emissionsverhalten eines bestehenden Störfallbetriebs zulässig, z. B. Vorgaben über Betriebsmodalitäten.

161 Vgl. genauer unten: E. II. 1.3.

dass schädliche Umwelteinwirkungen und sonstige Gefahren, erhebliche Nachteile und erhebliche Belästigungen für die Allgemeinheit und die Nachbarschaft nicht hervorgerufen werden dürfen[162] und dass Vorsorge gegen schädliche Umwelteinwirkungen und sonstige Gefahren, erhebliche Nachteile und erhebliche Belästigungen getroffen wird, insbesondere durch die dem Stand der Technik entsprechenden Maßnahmen.[163] Zur Umsetzung dieser allgemeinen Betreiberpflichten enthält § 6 BImSchG spezifische Genehmigungsvoraussetzungen, zu denen nach § 6 Abs. 1 Nr. 1 BImSchG auch gehört, dass die Pflichten, die sich aus § 5 BImSchG und einer aufgrund von § 7 BImSchG erlassenen Rechtsverordnung ergeben erfüllt werden. Zu diesen Verordnungen rechnet auch die StörfallVO, so dass die störfallschutzbezogenen Anforderungen Gegenstand der Prüfung der immissionsschutzrechtlichen Genehmigungsfähigkeit eines Vorhaben sind. Hat eine Gemeinde also ein Industriegebiet in einem Bebauungsplan festgesetzt, sind Störfallbetriebe zwar nach § 9 BauNVO grundsätzlich als Gewerbebetriebe zulässig. Gleichwohl verlangt dies, dass auch die störfallrechtlichen Anforderungen als Genehmigungsvoraussetzungen der erforderlichen immissionsschutzrechtlichen Genehmigung erfüllt sind. Die nachfolgend näher betrachteten Gliederungs-, Differenzierungs- sowie sonstigen Festsetzungsmöglichkeiten im Rahmen eines Bebauungsplans gehen vor diesem Hintergrund davon aus, dass eine Gemeinde eine aktive Steuerung der in ihrem Gemeindegebiet zulässigen Störfallbetriebe vornehmen möchte.

## 1.1 Horizontale Gliederung (§ 1 Abs. 4 BauNVO)

Angesichts dessen empfiehlt es sich, auf die Möglichkeiten der Gliederung und Modifizierung von Baugebieten nach den §§ 1 Abs. 4 bis 10 BauNVO zurückzugreifen. Einschlägige Regelung ist dabei § 1 Abs. 4 BauNVO. Nach dieser Bestimmung besteht die Möglichkeit, ein Baugebiet nach den in ihm zulässigen Nutzungen räumlich zu gliedern.[164] § 1 Abs. 4 BauNVO erlaubt es den planenden Gemeinden, für die Baugebiete nach den §§ 4 bis 9 BauNVO, das Baugebiet nach der Art der zulässigen Nutzung (Nr. 1) sowie nach der Art der Betriebe und Anlagen und deren besonderen Bedürfnisse und Eigenschaften (Nr. 2) zu gliedern.[165] Daraus lassen sich insgesamt vier unterschiedliche Anwendungsbereiche der Vorschrift ableiten. Sie sollen in ihrer praktischen Bedeutung für den Störfallschutz kurz skizziert werden:

---

162 Vgl. § 5 Abs. 1 Nr. 1 BImSchG.

163 Vgl. § 5 Abs. 1 Nr. 2 BImSchG.

164 Nach § 1 Abs. 8 BauNVO kann dies auch nur für Teile eines Gebiets erfolgen. Schließlich kann die Gemeinde nach § 1 Abs. 4 S. 3 BauNVO auch von der Möglichkeit nach § 1 Abs. 5 BauNVO Gebrauch machen. Nach dieser Bestimmung kann im Bebauungsplan festgesetzt werden, dass bestimmte Arten von Nutzungen, die nach den §§ 2, 4 bis 9 und 13 allgemein zulässig sind, nicht zulässig sind oder nur ausnahmsweise zugelassen werden können, sofern die allgemeine Zweckbestimmung des Baugebiets gewahrt bleibt.

165 Hellriegel/Schmitt (Fn. 29), S. 98, 100.

### a. Gliederung nach der Art der zulässigen Nutzung,

Eine Gliederung nach der Art der zulässigen Nutzung (In-Sich-Gliederung) basiert auf der Rechtsgrundlage von § 1 Abs. 4 S. 1 Nr. 1 BauNVO.[166] Durch eine Verteilung der Nutzungen innerhalb des Baugebiets oder in Teilen davon ist es möglich, Auswirkungen von schweren Unfällen in benachbarten Bereichen zu vermindern oder gänzlich zu vermeiden, denn § 1 Abs. 4 S. 1 Nr. 1 BauNVO kann dazu herangezogen werden, die einzelnen in einem Baugebiet zulässigen Arten der baulichen Nutzung nach ihrer Schädlichkeit räumlich innerhalb des Baugebiets so anzuordnen, dass eine möglichst weitgehende Abstandshaltung zu schutzbedürftigen Nutzungen erreicht wird. Für die Planungspraxis wichtig ist dabei zunächst, dass alle Arten von zulässigen Nutzungen bei einer In-Sich-Gliederung an irgendeiner Stelle des Baugebiets zulässig sein müssen, denn diese Gliederungsmöglichkeit ist wie alle anderen auch – daran gebunden, dass die Zweckbestimmung des Baugebiets gewahrt bleibt. Nur wenn von § 1 Abs. 4 S. 2 BauNVO Gebrauch gemacht wird, dürfen verschiedene Industrie- und Gewerbegebiete im Verhältnis zueinander gegliedert werden und damit die Nutzungspalette über die gesamten Industrie- und Gewerbegebiete verteilt werden.[167] Die Festsetzungsmöglichkeit kann sowohl für das Industriegebiet als auch für ein anderes Baugebiet getroffen werden. Der Leitfaden der KAS[168] kann zur Ermittlung der angemessenen Abstände eingesetzt werden. Erfolg versprechende Einsatzfelder einer solchen Baugebietsgliederung sind natürlich in erster Linie im Rahmen von Neuplanungen im Zusammenhang mit bereits bekannten Störfallbetrieben zu sehen. Sie können aber auch für den Fall zum Einsatz gebracht werden, dass noch nicht bekannt ist, welche Nutzungen sich im Einzelnen niederlassen werden, gleichwohl aber die schutzbedürftigen Nutzungen, die einschränkende Festsetzungen verlangen entweder bereits vorhanden sind oder zumindest bekannt sind.

### b. Gliederung nach Art der Betriebe und Anlagen

Rechtsgrundlage für eine solche Gliederung ist § 1 Abs. 4 S. 1 Nr. 2 BauNVO. Für den Störfallschutz dürfte dieser Gliederungsmöglichkeit kaum Praxisrelevanz beizumessen sein, denn dadurch wird es der planenden Gemeinde erlaubt, nach konkreten Nutzungstypen und Betriebsformen[169] zu gliedern. Dies setzt Detailkenntnisse voraus, die regelmäßig einer Gemeinde im Rahmen einer Angebots-

---

166 Allerdings kann diese Gliederungsmöglichkeit nicht in allen Baugebieten zur Anwendung gebracht werden. Ausgeschlossen sind Kleinsiedlungs- und reine Wohngebiete, weil diese eine zu homogene Nutzungsstruktur aufweisen sowie Sondergebiete, weil hier für eine Gliederung kein Bedarf besteht, da die Gemeinde ohnehin die zulässigen bzw. ausnahmsweise zulassungsfähigen Nutzungen bestimmt. Vgl. Reidt (Fn. 141), Rn. 1654.

167 Der Ausschluss einer bestimmten Nutzungsart darf nur auf der Grundlage von § 1 Abs. 5 BauNVO erfolgen. Dem darf durch § 1 Abs. 4 BauNVO nicht vorgegriffen werden.

168 Siehe D. III.

169 Reidt (Fn. 141), Rn. 1660.

planung nicht bekannt sind und auch – anders als bei einer vorhabenbezogenen Planung – einer Angebotsplanung fremd sind.

### c. Gliederung nach besonderen Bedürfnissen,

Nach § 1 Abs. 4 S. 1 Nr. 2 BauGB kann neben einer Gliederung nach der Art der Betriebe und Anlagen auch eine Gliederung nach den besonderen Bedürfnissen[170] von Betrieben und Anlagen getroffen werden. Hierbei geht es um spezifische Erfordernisse oder Belange[171], die Betrieben und Anlagen einer bestimmten Art zugeschrieben werden können, für diese typisch sind, und gerade nicht für Betriebe und Anlagen insgesamt gelten. Für den Störfallschutz hat diese Gliederungsmöglichkeit insbesondere in Bezug auf § 1 Abs. 4 S. 2 BauNVO Bedeutung, wenn eine Gemeinde davon Gebrauch macht, ihre in der Gemeinde vorhandenen oder beabsichtigten Gewerbe- und Industriegebiete im Verhältnis zueinander zu gliedern. Dann kann ein Bedürfnis eines Betriebs oder einer Anlage auch die Schutzbedürftigkeit gegenüber Unfallereignissen sein und insoweit eine räumliche Gliederung nach diesem Kriterium vorgenommen werden. Gegenwärtig ist dem wohl in der Planungspraxis noch keine Relevanz beizumessen.[172] Bei der Gliederung innerhalb eines Baugebiets setzt dies wiederum tiefer gehende Kenntnisse in Bezug auf den einzelnen Betrieb oder die Anlage voraus, die im Rahmen der Bebauungsplanung regelmäßig noch nicht vorliegen.

### d. Gliederung nach besonderen Eigenschaften.

Die noch verbleibende Gliederungsmöglichkeit nach § 1 Abs. 4 S. 1 Nr. 2 BauNVO, die sich auf die besonderen Eigenschaften von Betrieben und Anlagen bezieht, findet demgegenüber in der Planungspraxis schon häufiger einen Anwendungsbereich, nämlich auf den Feldern des Lärmschutzes.[173] In der neueren Rechtsprechung[174] anerkannt ist zum Zwecke der Konfliktbewältigung, auf der Grundlage der TA-Lärm auch die Festsetzung von sog. „flächenbezogenen Schallleistungspegeln (FSP)“ und von sog. „immissionswirksamen flächenbezogenen Schallleistungspegeln (IFSP)“[175] im Sinne der Festlegung von Emissionskontingenten zum Zwecke der Steuerung des Immissionsschutzes.[176] Nach der hier

170 Z. B. Bedürfnisse in Bezug auf den Betriebsstandort, wie wasser- oder hafengebundene Betriebe.

171 Söfker (Fn. 141), § 1 BauNVO Rn. 58.

172 Undifferenziert Grüner (Fn. 28), S. 259 f.

173 Neben den Belangen des Lärmschutzes sowie Umweltbelangen allgemein können unter die besonderen Eigenschaften aber auch etwa der Arbeitskräftebedarf oder das durch den Betrieb verursachte Verkehrsaufkommen fallen. Vgl. insbesondere Porger, Immissionsschutz in Bebauungsplänen, Düsseldorf, 1995, S. 192 ff.

174 BVerwG, Beschl. v. 27.1.1998 – 4 NB 3/97 -, NVwZ 1998, S. 1067 ff.; Urt. v. 28.2.2002 – 4 CN 5/01 -, NVwZ 2002, S. 1114 ff.; VGH Mannheim, Urt. v. 24.3.2005 – 8 S 595/04 -, NVwZ-RR 2006, S. 14 ff.

175 BVerwG (Fn. 175), NVwZ 1998, S. 1067 ff.

176 Hierzu ausführlich: Tegeder/Heppekausen, BauR 1999, S. 1098 ff.

vertretenen Auffassung steht einer Verwendung der Festsetzungsmöglichkeit in § 1 Abs. 4 S. 1 Nr.2 BauGB in Bezug auf eine Gliederung nach den besonderen Eigenschaften von Betrieben eine Bezugnahme auf den Störfallschutz nichts entgegen.[177]

Ebenso wie die Emissionseigenschaft[178] eines Betriebs oder einer Anlage ist außerdem auch die Störfallqualität eines Betriebs eine besondere[179] Eigenschaft.[180] Gerade im Rahmen von Neuplanungen kann dies dazu eingesetzt werden, um eine räumliche Gebietsgliederung nach Störfallqualitäten vorzunehmen und etwa innerhalb der Achtungsabstände bestimmte Störfallbetriebe auszuschließen.[181] Eine Gliederung eines Baugebiets sowie verschiedener Industriegebiete einer Gemeinde im Verhältnis zueinander in Bezug auf die Verwendung oder Lagerung von gefährlichen Stoffen könnte insoweit in einem Bebauungsplan getroffen werden.

Schon lange Zeit wird – vor allem in Nordrhein-Westfalen – bei Festsetzungen in Bebauungsplänen auf der Grundlage der Abstandsliste nach Maßgabe des nordrhein-westfälischen Abstandserlasses[182] eine Gliederung nach den besonderen Eigenschaften von Betrieben und Anlagen dergestalt vorgenommen, dass in bestimmten Bereichen bestimmte Betriebe und Anlagen bestimmter Abstandsklassen zulässig oder umgehrt unzulässig sind.[183] Für die wichtigsten störintensiven Betriebe und Anlagen enthält der nordrhein-westfälische Abstandserlass Schutzabstände, bei deren Einhaltung Gefahren, erhebliche Nachteile und erhebliche Belästigungen für benachbarte schutzbedürftige Nutzungen nicht zu erwarten sind, sofern der Stand der Technik eingehalten ist. Da dem Abstandserlass nicht bestimmte Emissionen oder Immissionen zu Grunde liegen, sondern generelle Störwirkungen von Betrieben und Anlagen, der Leitfaden der KAS insoweit aber speziell unter dem Aspekt des Störfallschutzes konzipiert wurde, auch auf die durch ihn ermittelten Abstände durch Festsetzungen in Bebauungsplänen Bezug genommen werden.[184]

---

177 Ebenso: Kuschnerus, Der sachgerechte Bebauungsplan, 4. Aufl., Bonn, 2010, Rn. 541 unter Hinweis auf die Festsetzung von sog. „Stoffmengenkontingenten". Dies ist allerdings gegenwärtig erst in der Diskussion und noch keine etwa durch die Rechtsprechung abgesicherte Vorgehensweise.

178 Grundlegend: BVerwG, Beschl. v. 18.12.1990 – 4 N 6.88 -, NVwZ 1991, S. 881.

179 Auch hier besteht die „besondere" Eigenschaft darin, dass sie nicht bei allen Betrieben und Anlagen auftritt. Vgl. Porger (Fn. 174), S. 194.

180 Zu Recht: Kuschnerus (Fn. 178), Rn. 540; Louis/Wolf (Fn. 16), S. 1, 4.

181 Darauf weist Kuschnerus (Fn. 178), Rn. 540 ausdrücklich hin.

182 Vgl. oben D. III.

183 Vgl. OVG Münster, Urt. v. 13.11 1992 – 11 a D 48.91.NE -, UPR 1993, 227; Urt. v. 16.9.1985 – 11 a 14.85.NE -, BRS 44 Nr. 11, S. 35f; Urt. v. 30.1.2009 – 7 D 11.08.NE -, ZfBR 2009, 583. Aus der Literatur: Porger (Fn. 174), S. 201; Strauch, BauR 1989, S. 420 f.

184 Grüner (Fn. 28), S. 262.

## 1.2 Allgemeine oder ausnahmsweise Zulässigkeit oder Unzulässigkeit bestimmter Arten von Nutzungen (§ 1 Abs. 9 BauNVO)

Nach § 1 Abs. 9 BauNVO können bestimmte Unterarten baulicher Nutzungen für allgemein oder ausnahmsweise zulässig oder unzulässig im Bebauungsplan festgesetzt werden. Voraussetzung hierfür ist, dass besondere städtebauliche Gründe[185] dies rechtfertigen. Der Störfallschutz fällt hierunter. Bei einer derartigen Festsetzung darf es sich nicht um eine einzelfallbezogene[186] Regelung handeln, sondern es müssen stets Anlagentypen gesteuert werden, die von anderen Anlagentypen derselben Nutzungsart deutlich unterscheidbar sind.[187] Als ein solches Differenzierungskriterium derselben Nutzungsart kommt die Verwendung oder Lagerung von gefährlichen Stoffen in Frage.[188]

## 1.3 Bestandsschutzregelung (§ 1 Abs. 10 BauNVO)

Für den Störfallschutz kommt dieser in § 1 Abs 10 BauNVO enthaltenen Bestimmung eine weitreichende Bedeutung zu. Gerade in Gemengelagen kann hierfür durch diese Festsetzungsmöglichkeit[189] ein wichtiger Beitrag geleistet werden, denn danach kann für einen schon bestehenden Betrieb eine Reduzierung des Gefahrenpotenzials für den Fall eines Dennoch-Unfalls herbeigeführt werden. § 1 Abs. 10 BauNVO erlaubt eine planungsrechtliche Absicherung sowie gleichermaßen eine zukünftige Erweiterung, Änderung, Nutzungsänderung oder Erneuerung vorhandener Anlagen im Rahmen der Aufstellung, Änderung und Ergänzung von Bebauungsplänen festzusetzen. Dabei können auch nähere Bestimmungen über die Zulässigkeit getroffen werden.[190] Das bedeutet, dass auch Regelungen zum Schutz vor Auswirkungen eines Störfallereignisses getroffen werden können.[191] Vor allem in Bezug auf die Festlegung von technischen Vorkehrungen[192] zum

---

185 Vgl. BVerwG, Urt. v. 22.5.1987 – 4 C 77.84 -, BVerwGE 77, 317, 320 f.; Reidt (Fn. 141), Rn. 1685.

186 Reidt (Fn. 141), Rn. 1682.

187 Vgl. BVerwG (Fn. 186), BVerwGE 77, 317, 320 f.; Porger (Fn. 174), S. 214 f.

188 Im Ergebnis auch: Grüner (Fn. 28), S. 272.

189 § 1 Abs. 10 BauNVO setzt voraus, dass ein Baugebiet nach den §§ 2 bis 9 BauNVO wird und gilt somit nicht für den erweiterten Bestandsschutz in Sondergebieten, da insoweit die Gemeinde ohnehin die zulässigen und ausnahmsweise zulässigen Nutzungen bestimmt. Eine weitere Voraussetzung besteht darin, dass das Gebiet überwiegend bebaut ist. Notwendigkeit ist hierfür eine gesamträumliche Betrachtung und nicht die Bebauung der einzelnen Grundstücke. Vgl. Söfker (Fn. 141), § 1 BauNVO Rn. 107 unter Hinweis auf BVerwG, Beschl. v. 6.3.2002 – 4 BN 11.02 -, ZfBR 2002, S. 687. Einschränkend: OVG Münster, Urt. v. 7.9.2001 – 7 a D 111.99.NE -, NVwZ-RR 1999, S. 715. Schließlich muss die Anlage zuvor errichtet worden und nach den Bestimmungen des Bebauungsplans unzulässig sein.

190 Vgl. § 1 Abs. 10 S. 2 BauNVO.

191 Hierunter können z. B. Vorgaben zu spezifischen Betriebsmodalitäten fallen. Vgl. auch E. III.

192 Porger, Umweltschutz durch öffentliches Baurecht, in: Hansmann/Sellner (Hrsg.), Grundzüge des Umweltrechts, Berlin, 2007, S. 355, 404.

Störfallschutz ist dies interessant. Aber auch das Emissionsverhalten[193] oder der Ausschluss der Verwendung oder Lagerung von gefährlichen Stoffen ist hiernach möglich.[194] Dabei muss die allgemeine Zweckbestimmung des Baugebiets gewahrt bleiben. Durch Festsetzungen nach § 1 Abs. 10 BauNVO, durch die ein im Baugebiet nicht mehr zulässiger Betrieb einen erweiterten Bestandsschutz erfährt, dürfen die dem Betrieb räumlich benachbarten Nutzungen in ihrer Situation nicht verschlechtert werden. Es gilt also ein Verbesserungsgebot,[195] wodurch das Potenzial dieser Bestimmung für den Störfallschutz deutlich erkennbar wird.

### 2. Schutzflächen und Schutzvorkehrungen (§ 9 Abs. 1 Nr. 24 BauGB)

Nach § 9 Abs. 1 Nr. 24 BauGB kann eine planende Gemeinde im Bebauungsplan

- von der Bebauung freizuhaltende Schutzflächen und ihre Nutzung
- Flächen für besondere Anlagen und Vorkehrungen zum Schutz vor schädlichen Umwelteinwirkungen und sonstigen Gefahren im Sinne des Bundes-Immissionsschutzgesetzes
- Sowie die zum Schutz vor solchen Einwirkungen oder zur Vermeidung oder Minderung solcher Einwirkungen zu treffenden baulichen und sonstigen technischen Vorkehrungen

festsetzen.[196] Mit dieser Festsetzungsmöglichkeit soll ausdrücklich[197] der Berücksichtigung der Störanfälligkeit von Betrieben im Sinne der Seveso-II-RL Rechnung getragen werden, denn sie wurde durch das EAG Bau im Jahr 2004 insoweit erweitert, dass sie nunmehr als Schutzzweck auch die Vermeidung von Gefahren im Sinne des BImSchG als inhaltlichen Gegenstand erfasst.[198]

#### 2.1 Schutzflächen und ihre Nutzung (§ 9 Abs. 1 Nr. 24, Alt. 1 BauGB)

Mit der ersten Festsetzungsalternative, die sich auf die Ausweisung von Schutzflächen und ihre Nutzung bezieht, wird als Zweck die räumliche Trennung von Gebieten, die sich gegenseitig beeinträchtigen oder ein spezifisches Gefahrenpotenzial (z. B. Feuer- oder Explosionsgefahr) aufweisen, das unterschiedliche Schutzwürdigkeiten erfordert, verfolgt.[199] Derlei Festsetzungen dienen der Einhaltung von Abständen. Als festzulegende Flächennutzung steht der Gemeinde ein weiter Spielraum zur Verfügung. Sie kann all jene Nutzungen festlegen, die dem

193 Hierzu schon oben: E. II. 1.1 d.
194 Grüner (Fn. 28), S. 275.
195 Söfker (Fn. 141), § 1 BauNVO Rn. 110 sowie Grüner (Fn. 28), S. 276.
196 Zur Entstehungsgeschichte, vgl. insbesondere Söfker (Fn. 141), § 9 Rn.198 ff.; Porger (Fn. 193), S. 407 ff.
197 Vgl. BT-Drs. 15/2250, 48.
198 Hellriegel/Schmitt (Fn. 29), S. 98, 101.
199 W. Schrödter (Fn. 134), § 9 Rn. 140.

Schutzzweck Rechnung tragen und zu keiner Verschärfung der bestehenden Situation beitragen. Regelmäßig in Frage kommen insoweit Festsetzungen von privaten und öffentlichen Grünflächen (§ 9 Abs. 1 Nr. 15 BauGB), Wasserflächen (§ 9 Abs. 1 Nr. 16 BauGB), Flächen für Aufschüttungen und Abgrabungen (§ 9 Abs. 1 Nr. 17 BauGB) und von Flächen für die Landwirtschaft und Wald (§ 9 Abs. 1 Nr. 18 BauGB) sowie auch Überlagerungen dieser Flächen mit Festsetzungen nach § 9 Abs. 1 Nr. 20 und 25 BauGB.[200] Schutzflächen sind von Bebauung freizuhalten. Sollen ergänzend etwa auch Anlagen oder Vorkehrungen im Sinne von § 9 Abs. 1 Nr. 24, Alt. 2 und 3 BauGB festgesetzt werden, so bedarf es auch diesbezüglich einer überlagernden Festsetzung.

Schutzflächen sind – wie es auch der Seveso-II-RL entspricht - in der Regel zwar dem Störfallbetrieb im Sinne einer Veranlassung zuzurechnen, doch handelt es sich dabei um eine selbstständige Festsetzung, mit der Folge, dass es sich hierbei um eine eigenständige Flächenfestsetzung handelt, die nicht Teil etwa des Industriegebiets oder umgekehrt des schutzbedürftigen reinen oder allgemeinen Wohngebiets ist.[201] Die Ausweisung solcher Flächen kommt insbesondere dann in Frage, wenn es sich um große Abstandsflächen handelt. Oft tauchen dann in der Praxis auch noch andere Gesichtspunkte auf, die dazu führen, dass Anwendungsfälle der Vorschrift recht selten sind. Schutzflächen erstrecken sich daher auf Bereiche außerhalb des Betriebsbereichs, doch befinden diese sich regelmäßig in privatem Eigentum, so dass erstens ein Übernahmeanspruch nach § 40 Abs. 1 S. 1 Nr. 4 BauGB besteht[202] und zweitens ein relativ hoher Flächenbedarf damit einhergeht, der vor dem Hintergrund des Leitbildes der Innenentwicklung eher zu einer Zersiedlung als zur kompakten Stadt einen Beitrag leistet. Dabei ist auch zu berücksichtigen, dass die als Schutzflächen ausgewiesenen Bereiche, jedenfalls soweit sie zur Reduzierung oder Vermeidung der Auswirkungen von schweren Unfällen im Sinne der Seveso-II-RL festgesetzt werden sollen, auch ein städtebauliches Problem mit sich bringen, und zwar dergestalt, dass sie als „Zwischenräume“[203] zwischen verschiedenen baulichen Nutzungen unterschiedlicher Schutzbedürftigkeit ebenfalls belastet oder gefährdet sind und sich insoweit eine städtebauliche Verwendung dieser Flächen im Regelfall nicht ohne weiteres anbietet.

---

200 Porger (Fn. 193), S. 408; ders. (Fn. 174), S. 263, der in diesem Zusammenhang zu Recht darauf hinweist, dass eine Anpflanzungsfestsetzung allerdings für landwirtschaftliche Flächen ausgeschlossen ist nach § 9 Abs. 1 Nr. 25 BauGB.

201 Zu Recht: Porger (Fn. 174), S. 261; Löhr (Fn. 141), § 9 Rn. 87; W. Schrödter (Fn. 134), § 9 Rn. 142. Anderer Auffassung: Söfker (Fn. 141), § 9 Rn. 202.

202 Vgl. Porger (Fn. 174), S. 261; Bracher, in: Gelzer/Bracher/Reidt, Bauplanungsrecht, 7. Aufl., Köln, 2004, Rn. 340.

203 Porger (Fn. 193), S. 408; ders. (Fn. 174), S. 262.

## 2.2 Flächen für Anlagen und Vorkehrungen (§ 9 Abs. 1 Nr. 24, 2. Alt. BauGB)

Die zweite Alternative des § 9 Abs. 1 Nr. 24 BauGB ermöglicht der Gemeinde im Bebauungsplan „Flächen für besondere Anlagen und Vorkehrungen zum Schutz vor schädlichen Umwelteinwirkungen und sonstigen Gefahren im Sinne des Bundes-Immissionsschutzgesetzes" festzusetzen. Als solche Anlagen oder Vorkehrungen[204] kommen in Bezug auf den Störfallschutz vor allem Schutzwände oder Schutzwälle, Tunnel oder auch Abschirmeinrichtungen in der Form von baulichen Anlagen in Frage. Es geht bei dieser Festsetzung, die ergänzend oder auch anstelle von § 9 Abs. 1 Nr. 24, 1. Alt. BauGB getroffen werden kann, aber gerade nicht um die Festsetzung der konkreten Anlage und Vorkehrung[205], sondern vielmehr um die bauplanungsrechtliche Absicherung der für diese Anlagen und Vorkehrungen erforderlichen Flächen,[206] die entsprechenden baulichen Anlagen hergestellt werden können. Auch für diese Festsetzungsmöglichkeit besteht ein Übernahmeanspruch nach § 40 Abs. 1 S. 1 Nr. 4 BauGB.[207]

## 2.3 Vorkehrungen (§ 9 Abs. 1 Nr. 24, 3. Alt. BauGB)

Die dritte Alternative in § 9 Abs. 1 Nr. 24 BauGB bietet den planenden Gemeinden die Möglichkeit, bauliche und sonstige technische Vorkehrungen zum Schutz vor schädlichen Umwelteinwirkungen und sonstigen Gefahren oder zur Vermeidung oder Minderung solcher Einwirkungen zu treffen. Festsetzungen nach § 9 Abs. 1 Nr. 24, 3. Alt. BauGB sind regelmäßig erforderlich, um dem Störfallschutz, insbesondere auf den nach § 9 Abs. 1 Nr. 24, Alt. 2 BauGB festgesetzten Flächen, Rechnung tragen zu können. Erfasst werden sowohl aktive[208] wie auch passive[209] Maßnahmen.[210] Es muss sich aber um bauliche[211] oder

---

204 Gemeint sind in Bezug auf den Begriff der „Anlagen" bauliche Anlagen und ihnen gleichgestellte Anlagen nach dem Bauordnungsrecht der Länder. Unter „Vorkehrungen" sind Einrichtungen zu verstehen, die für Zwecke des Immissionsschutzes eingesetzt werden können, unabhängig davon, ob sie bauliche Anlagen sind oder nicht. Vorkehrungen stellen somit gegenüber Anlagen den Oberbegriff dar. So zu Recht differenzierend Porger (Fn.174), S. 266 ff. Einschränkend: Grüner (Fn. 28), S. 265, der bei Vorkehrungen nicht auf bauliche Anlagen abstellt, sondern lediglich das Anbringen oder Verbinden mit diesen vom Begriff der Vorkehrungen erfasst sieht. Ebenso: Söfker (Fn. 141), § 9 Rn. 205.

205 Dies erfolgt dann auf der Grundlage von § 9 Abs. 1 Nr. 24, 3. Alt. BauGB.

206 Porger (Fn. 193), S. 264.

207 Bracher (Fn. 203), Rn. 341.

208 Z. B. Schutzwände oder -wälle sowie bauliche Vorkehrungen an der Emissionsquelle wie besondere Wandstärken bei Außenwänden, keine Wandöffnungen oder Grundrissgestaltungen.

209 Z. B. bauliche Vorkehrungen an den schutzwürdigen Nutzungen, die sich ebenfalls auf die Ausgestaltung der baulichen Anlage oder die Grundrissgestaltung beziehen können, doch ist dies für den Störfallschutz von untergeordneter Bedeutung.

210 Porger (Fn. 193), S. 408; Söfker (Fn. 141), § 9 Rn. 208; W. Schrödter (Fn. 134), § 9 Rn. 144; Löhr (Fn. 141), § 9 Rn. 89 sowie auch Hellriegel/Schmitt (Fn. 29), S. 98, 101.

technische Vorkehrungen handeln. Dies wurde mit der BauGB-Novelle 1986 klargestellt.[212] Damit scheiden verhaltens- oder betriebsbezogene[213] Maßnahmen ebenso aus wie die Festsetzung von isolierten Grenzwerten.[214] Zulässig ist es aber zum Zwecke des Störfallschutzes die baulichen und technischen Eigenschaften von Baustoffen und Bauteilen festzusetzen[215], um damit etwa das Brandverhalten[216] dieser zu konkretisieren.[217] Im Rahmen von textlichen Festsetzungen eines Bebauungsplans kann dies umgesetzt werden.

### 3. Befristete und bedingte Baurechte (§ 9 Abs. 2 BauGB)

§ 9 Abs. 2 BauGB enthält das Instrumentarium zur Festsetzung befristeter und bedingter Baurechte. Zwar sind Fälle denkbar, in denen die Möglichkeit der Festsetzung befristeter Baurechte für eine Bewältigung des Störfallschutzes herangezogen werden kann, doch dürfte dies praktisch nur selten relevant werden. Ein solcher Fall kann etwa darin bestehen, dass Regelungen nach § 1 Abs. 10 BauNVO[218] zeitlich befristet festgelegt werden, um einem bestehenden, aber mit einer absehbaren Betriebsaufgabe behafteten Störfallbetrieb auf der Grundlage einer Vereinbarung mit dem Betriebsinhaber eine Absicherung der Produktionsmöglichkeit bis zur Betriebsaufgabe zusichern zu können.

Demgegenüber praxisnäher ist die Festsetzung von bedingten Baurechten zur Bewältigung der Anforderungen des Störfallschutzes. In diesem Sinne besteht etwa die Möglichkeit auf der Grundlage von § 9 Abs. 2 BauGB in einem Bebauungsplan festzusetzen, dass schutzbedürftige Nutzungen nur zugelassen und verwirklicht werden dürfen, wenn die beabsichtigte Betriebsaufgabe eines Störfallbetriebes stattgefunden hat. Ebenso ist es wohl möglich zu bestimmen, dass die Errichtung von bspw. Wohnhäusern erst begonnen werden darf, wenn bestimmte technische Schutzvorkehrungen wie Wände oder Wälle hergestellt sind.

---

211 Geht es dabei etwa um die Errichtung von Schutzwänden oder -wällen, so empfiehlt sich der planenden Gemeinde auch Angaben zu deren Dimensionierung zu machen, etwa zu Länge, Grundfläche und Höhe der Anlagen.

212 Vgl. Porger (Fn. 174), S. 271 f.

213 Z. B. Produktionsbeschränkungen, Betriebszeitenregelungen oder Sicherheitsvorgaben.

214 Porger (Fn. 193), S. 409. W. Schrödter (Fn. 134), § 9 Rn. 146; Löhr (Fn. 141), § 9 Rn. 90. BVerwG (Fn. 179), NVwZ 1991, S. 881, 882; Urt. v. 16.12.1999 – 4 CN 7.98, NVwZ 2000, S. 815, 817.

215 Bei passiven Maßnahmen muss sich die Qualität der Schutzvorkehrungen aus der Festsetzung selbst ergeben.

216 Hellriegel/Schmitt (Fn. 29), S. 98, 101.

217 In diesem Sinne auch Porger (Fn. 193), S. 409 unter Hinweis auf BVerwG, Beschl. v. 2.3.1994 – 4 NB 3.94, NVwZ 1994, S. 1009, 1010. So auch: Söfker (Fn. 141), § 9 Rn. 206, Gaentzsch (Fn. 75), § 9 Rn. 64.

218 Hierzu schon oben: E. II. 1.3.

## I. Störfallschutz und vorhabenbezogene Bebauungsplanung

Für den Störfallschutz kommt dem vorhabenbezogenen Bebauungsplan[219] (vgl. § 12 BauGB) im Vergleich zum klassischen Bebauungsplan eine größere Bedeutung zu, denn mit diesem Planungsinstrument lassen sich vor dem Hintergrund eines konkretisierten Vorhabens eigens darauf zugeschnittene Zulässigkeitsmaßstäbe festlegen.[220] Der vorhabenbezogene Bebauungsplan stellt im Verhältnis zum klassischen Bebauungsplan in Bezug auf seine Inhalte ein flexibleres und auch erweitertes Planungsinstrument dar.

Nach § 12 Abs. 1 BauGB kann die Gemeinde durch einen vorhabenbezogenen Bebauungsplan die Zulässigkeit von Vorhaben bestimmen, wenn der Vorhabenträger auf der Grundlage eines mit der Gemeinde abgestimmten Plans zur Durchführung der Vorhaben und der Erschließungsmaßnahmen (Vorhaben- und Erschließungsplan) bereit und in der Lage ist und sich zur Durchführung innerhalb einer bestimmten Frist und zur Tragung der Planungs- und Erschließungskosten ganz oder teilweise vor dem Beschluss nach § 10 Abs. 1 verpflichtet (Durchführungsvertrag). Grundlage eines vorhabenbezogenen Bebauungsplans ist ein konkretes Vorhaben[221], denn es handelt sich um eine „objektbezogene Vorhabenplanung", bei der ein Bebauungsplan mit einer Durchführungsverpflichtung sowie einer Kostentragungsregelung verknüpft wird. Der vorhabenbezogene Bebauungsplan ist folglich dadurch gekennzeichnet, dass durch Kooperation von Gemeinde und Vorhabenträger eine Rechtsnorm in der Form der Satzung mit einer vertraglichen Regelung in der Form eines städtebaulichen Vertrages verbunden wird. Es besteht also die Möglichkeit, aufgrund der Detailkenntnisse über das Vorhaben dem Störfallschutz weitest gehend Rechnung zu tragen und einzelfallbezogene Lösungen im Rahmen einer Feinabstimmung umzusetzen. Es besteht mithin die Möglichkeit, Regelungen in einem solchen Detaillierungsgrad zu treffen, wie es ansonsten nur im Baugenehmigungsverfahren oder im immissionsschutzrechtlichen Verfahren machbar ist.[222] Hilfreich hierfür ist eine weitere Besonderheit des vorhabenbezogenen Bebauungsplans. Für diesen besteht nämlich nach § 12 Abs. 3 S. 2 BauGB im Bereich des Vorhaben- und Erschließungsplans für die Bestimmung der Zulässigkeit des Vorhabens keine Bindung sowohl an den Festsetzungskatalog des § 9 BauGB als auch an die Baunutzungsverordnung sowie die Planzeichenverordnung. Vorhabenträger und Gemeinde können demzufolge die zulässigen Nutzungen individuell bestimmen, ohne sich dabei den inhaltlichen

---

219 Zurückgehend auf § 55 der Bauplanungs- und Zulassungsverordnung (BauZVO) v. 20.6.1990, GBl. DDR I Nr. 45, 439. Zur Entstehungsgeschichte, vgl. Krautzberger (Fn. 70), § 12 Rn. 1 ff. Vgl. zu dieser Thematik neuerdings: Kuschnerus, (Fn. 85), S. 602, 605 ff. sowie (Fn. 54), S. 761 ff.

220 OVG Münster, Urt. v. 6.4.2001 – 7 a D 143.00.NE -, BRS 64 Nr. 227.

221 Vgl. hierzu: BVerwG (Fn. 93), NVwZ 2004, S. 329; Beschl. v. 10.8.2004 – 4 BN 29.04 -, ZfBR 2005, S. 72 einerseits sowie OVG Münster, Urt. v. 3.12.2003 – 7 a D 42.01.NE -, ZfBR 2004, S. 473 andererseits.

222 Ebenso: Kuschnerus, (Fn. 85), S. 602, 605 ff.

Einschränkungen insbesondere von § 9 Abs. 1 BauGB sowie der BauNVO beugen zu müssen. Das bedeutet, dass der vorhabenbezogene Bebauungsplan auch solche Festlegungen enthalten kann, die inhaltlich über den abgeschlossenen Festsetzungskatalog des § 9 Abs. 1 BauGB und die BauNVO hinausgehen und insoweit eine Erweiterung des zulässigen Inhalts eines herkömmlichen Bebauungsplans darstellen. Im Hinblick darauf ist es möglich, konkrete Festlegungen zum Störfallschutz zu treffen, etwa über betriebsbezogene Regelungen, Sicherheitsanforderungen oder die Lagerung bzw. Verwendung von Stoffen zu treffen wie sie sonst auf der konkreteren Vorhabenzulassungsebene, also im Baugenehmigungsverfahren getroffen werden.[223]

## II. Störfallschutz in der bauleitplanerischen Gemengelage

Gemengelagen stellen für den Störfallschutz die schwierigste Fallgestaltung[224] dar. Sie sind durch ein gewachsenes Nebeneinander von sich gegenseitig beeinträchtigenden Nutzungen – meistens industrielle und wohnbauliche - gekennzeichnet.[225] Für den Störfallschutz bleibt dies nicht ohne Bedeutung. So ist die insoweit bestehende städtebauliche Konfliktsituation aufgrund der räumlichen Nähe der unterschiedlich schützbedürftigen Gebiete grundsätzlich zwar für beide Seiten nicht unproblematisch, führt faktisch aber dazu, dass die in einer solchen Gemengelagensituation lebende Bevölkerung nicht nur einer grundsätzlich höheren Belastungssituation, sondern aufgrund des geringeren Abstands in der Gemengelage auch in Bezug auf die Auswirkungen von Unfallereignissen einem größeren Risiko ausgesetzt ist, als dies der Fall wäre, wenn von einer räumlichen Trennung im Sinne von § 50 S. 1 BImSchG sachgerecht Gebrauch gemacht werden könnte. Zur Entschärfung von solchen Konfliktsituationen ist regelmäßig die Aufstellung eines Bebauungsplanes erforderlich.[226] Für die Überplanung von Gemengelagen gelten grundsätzlich die gleichen Vorschriften wie für die Neuplanung und damit auch § 50 S. 1 BImSchG. Allerdings stößt die räumliche Trennung konfligierender Nutzungen oftmals an Grenzen, ist also nur eingeschränkt heranziehbar, um Nutzungskonflikte zu bewältigen. Rechtsprechung[227] und Literatur[228] sind sich darin einig. Das schließt allerdings das räumliche Nebeneinander von konfligierenden Nutzungen in solchen gewachsenen Gemengelagen nicht grundsätzlich

223 In diesem Sinne auch: Hellriegel/Schmitt (Fn. 29), S. 98, 101; Moench/Hennig (Fn. 6), S. 807, 813; Kuschnerus (Fn. 178), Rn. 121.

224 Ausführlich zu Überplanungen von Gemengelagen: Heilshorn, NVwZ 2009, 137 ff.; Spiegels, BauR 2007, S. 315 ff.

225 Vgl. Söfker (Fn. 141), § 1 Rn. 236.

226 Zu Recht: Ebenda, Rn. 238.

227 BVerwG, Beschl. v. 29.1.1992 – 4 NB 22/90 -, NVwZ 1992, S. 663 ff.; VGH Kassel (Fn. 31), GewArch 2009, S. 217, 219 f.; OVG Berlin-Brandenburg, Beschl. v. 15.1.2009 – 10 S 17/08 -, BeckRS 2009, 31036.

228 Mitschang, ZfBR 2009, 538, 552 f.; Moench/Hennig (Fn. 6), S. 807, 813 sowie Heilshorn (Fn. 225), S. 198, 201.

aus.[229] Vielmehr ist dann gemäß Art. 12 Abs. 1 UAbs. 2 Seveso-II-RL bei bestehenden Betrieben eine Zunahme der Gefährdung der Bevölkerung durch zusätzliche technische Maßnahmen nach Art. 5 Seveso-II-RL auszuschließen. Gerade in räumlich beschränkten Lagen ebenso wie in Gemengelagen besteht als anerkannter Ansatz auch die Möglichkeit, durch Nutzungsbeschränkungen eine Konfliktbewältigung herbeizuführen.[230] Insoweit kann auf die dargelegten Festsetzungsmöglichkeiten hingewiesen[231] werden, die gegebenenfalls auch in Gemengelagen herangezogen werden können.

Entscheidend für den Störfallschutz bei der Überplanung von Gemengelagen ist das Risiko eines schweren Unfalls und inwieweit die damit verbundenen Folgen hingenommen werden können. Deshalb kann anders als bei der Frage nach den schädlichen Umwelteinwirkungen, bei denen durch das Rücksichtnahmegebot ein Konfliktbewältigungsansatz zur Verfügung steht und bei dem ausgehend davon, dass die Nutzungen insgesamt mit einer spezifischen gegenseitigen Pflicht zur Rücksichtnahme belastet sind, im Bereich etwa von Lärmbelastungen die sog. „Mittelwertrechtsprechung“[232] anerkannt ist, diese Möglichkeit der Konfliktbewältigung nicht auf den Störfallschutz übertragen werden.[233] Denn der hier in Bezug genommene Mittelwert, der kein arithmetischer Wert ist, sondern anhand einer wertenden Betrachtung ermittelt wird, nur eine Art Mittelwert ist,[234] markiert vielmehr die maximale Duldungspflicht der von der jeweiligen Nutzung betroffenen Nachbarn.[235] Beim Störfallschutz trägt dies nicht, denn es geht hierbei nicht darum, welche tatsächlichen Belastungen hingenommen werden müssen, sondern allein um das Risiko eines Störfalls und inwieweit seine Auswirkungen hingenommen werden können.[236]

Oftmals geht es bei der Überplanung von Gemengelagen auch nicht um das nachträgliche Heranrücken einer schutzwürdigen Nutzung an einen Störfallbetrieb oder umgekehrt die Errichtung eines Störfallbetriebs in der Nähe von schutzwürdigen Nutzungen, sondern vielmehr darum, dass bei schon vorhandene Betriebe eine

229 Krautzberger, in: Battis/Krautzberger/Löhr, BauGB, 11. Aufl., München, 2009, § 1 Rn. 110.

230 Siehe insoweit auch: BVerwG (Fn. 107), BVerwGE 128, 238; Urt. v. 7.7.2004 – 4 BN 16/04 -, BeckRS 2004, 23937.

231 Vgl. oben E. II.

232 BVerwG, Urt. v. 12.12.1975 – IV D 71.73 -, BVerwGE 50, 49.

233 Zu Recht: Grüner (Fn. 28), S. 285 f., 288 ff.

234 Er ist aus dem konkreten Einzelfall abzuleiten und liegt z. B. unter Heranziehung der TA-Lärm zwischen den darin für zwei Gebiete bestimmten Richtwerten. Anhaltspunkte können sich dabei aus der Prägung des Einwirkungsbereiches (Umfang der sich gegenseitig beeinträchtigenden Nutzungen), der Ortsüblichkeit des Geräuschs und der zeitlichen Priorität ergeben. Vgl. OVG Berlin-Brandenburg (Fn. 228), BeckRS 2009, S. 31036.

235 BVerwG (Fn. 179), NVwZ 1991, S. 881 ff.

236 Grüner (Fn. 28), S. 289 f. Anderer Auffassung: Moench/Hennig (Fn. 6), S. 807, 811, die davon ausgehen, dass in Anlehnung an Mittelwertrechtsprechung im Ergebnis auch ein niedrigeres Schutzniveau hinzunehmen ist.

Zunahme der Gefährdung der Bevölkerung schlichtweg verhindert wird.[237] Eine Einhaltung von Abständen ist in diesen Fällen regelmäßig nicht möglich. Gleichwohl besteht die Anforderung, durch die Überplanung einer Gemengelage das Gefährdungsniveau zu verbessern,[238] es jedenfalls nicht zu verschlechtern.[239] Dies entspricht einerseits Art. 1 Seveso-II-RL, denn danach ist das Erreichen eines hohen Schutzniveaus für Mensch und Umwelt das allgemeine Ziel der Richtlinie, andererseits verlangt auch § 50 S. 1 BImSchG, dass der Vermeidung von Auswirkungen von schweren Unfällen so weit wie möglich Rechnung getragen wird. Sichergestellt werden kann das vorhandene Gefährdungsniveau dann nur durch entsprechende Festsetzungen im Bebauungsplan.[240] Anders als bei der Neuplanung von Störfallbetrieben oder von schutzwürdigen Nutzungen in gegenseitiger Nachbarschaft ist bei Baurecht schaffenden Bebauungsplänen für Betriebserweiterungen oder Betriebsänderungen von bereits bestehenden Betriebsbereichen gerade nicht die Einhaltung bestimmter Abstände erforderlich.[241]

---

237 Privatrechtliche Vereinbarungen über den Verzicht von Abwehrrechten reichen anders als die Übernahme von Schutzvorkehrungen durch Vereinbarungen nicht für eine Konfliktbewältigung aus. Zu Recht: Hellriegel/Schmitt (Fn. 29), S. 98, 101.

238 Jarass, BImSchG, 8. Aufl., München, 2010, § 50 Rn. 22; Moench/Hennig (Fn. 6), S. 807, 811; Hellriegel/Schmitt (Fn. 29), S. 98, 100; W. Schrödter (Fn. 134), § 9 Rn. 154; Heilshorn (Fn. 225), S. 1137, 140; Söfker (Fn. 141), § 1 Rn. 240; Grüner (Fn. 28), S. 290 f.

239 Hess. VGH, Urt. v. 13.1.2011 – 3 A 1987.09 -, BeckRS 2011, 48054, in Bezug auf die Fort- und Festschreibung einer Gemengelage.

240 Vgl. oben E. II., insbesondere E. II. 1.3. sowie E. II. 2.

241 Moench/Hennig (Fn. 6), S. 807/811.

# II Zulassung von Bauvorhaben in der Nachbarschaft von Störfallbetrieben

*Renate Philipp*

## 1. Die Seveso-II-Richtlinie und ihre Umsetzung

Am 10. Juli 1976 ereignete sich in einer chemischen Fabrik nördlich von Mailand ein Störfall. Die Gemeinde Seveso wurde mit Dioxin verseucht.[1] Sechs Jahre später erließ der Rat der Europäischen Gemeinschaften die Richtlinie 82/501/EWG vom 24. Juni 1982 über die Gefahren schwerer Unfälle bei bestimmten Industrietätigkeiten[2], die sogenannte Seveso-Richtlinie. Ihr Ziel war es, schwere Unfälle zu verhüten sowie die Unfallfolgen für Mensch und Umwelt zu begrenzen (Art. 1). Zu diesem Zweck sollte insbesondere die Information der Behörden durch die Betreiber und – im Falle eines Störfalls – die Information der Betroffenen verbessert werden.

Am 3. Dezember 1984 traten in einer Fabrik für Schädlingsbekämpfungsmittel im indischen Bhopal mehrere Tonnen giftiger Stoffe in die Atmosphäre aus.[3] In einem Umkreis von einem Kilometer rund um die Fabrik lebten etwa 100.000 Menschen. Angesichts dieses Unfalls kamen die EU-Mitgliedstaaten überein, in die Seveso-Richtlinie Bestimmungen über die Überwachung der Flächennutzungsplanung im Fall der Genehmigung neuer Anlagen und des Entstehens von Ansiedlungen in der Nähe bestehender Anlagen aufzunehmen.[4] Das geschah in der Richtlinie 96/82/EG vom 9. Dezember 1996 zur Beherrschung der Gefahren bei schweren Unfällen mit gefährlichen Stoffen (ABl. L 10 S. 13), der Seveso-II-Richtlinie. Art. 12 Abs. 1 der Richtlinie in der Fassung der Richtlinie 2003/105/EG lautet:

> *Art. 12 Überwachung der Ansiedlung*
>
> *(1) Die Mitgliedstaaten sorgen dafür, dass in ihren Politiken der Flächenausweisung oder Flächennutzung und/oder anderen einschlägigen Politiken das Ziel, schwere Unfälle zu verhüten und ihre Folgen zu begrenzen, Berücksichtigung findet. Dazu überwachen sie*
> *a) die Ansiedlung neuer Betriebe*
> *b) Änderungen bestehender Betriebe im Sinne des Artikels 10,*

1 Wikipedia, Stichwort: Sevesounglück.
2 ABl. L 230, S. 1.
3 Hier und zum folgenden: Wikipedia, Stichwort „Katastrophe von Bhopal".
4 RL 96/82/EG, 4. Erwägungsgrund.

*c) neue Entwicklungen in der Nachbarschaft bestehender Betriebe wie beispielsweise Verkehrswege, Örtlichkeiten mit Publikumsverkehr, Wohngebiete, wenn diese Ansiedlungen oder Maßnahmen das Risiko eines schweren Unfalls vergrößern oder die Folgen eines solchen Unfalls verschlimmern können.*

Die Mitgliedstaaten sorgen dafür, dass in ihrer Politik der Flächenausweisung oder Flächennutzung und/ oder anderen einschlägigen Politiken sowie den Verfahren für die Durchführung dieser Politiken langfristig dem Erfordernis Rechnung getragen wird, dass zwischen den unter diese Richtlinie fallenden Betrieben einerseits und Wohngebieten, öffentlich genutzten Gebäuden und Gebieten, wichtigen Verkehrswegen (so weit wie möglich), Freizeitgebieten und unter dem Gesichtspunkt des Naturschutzes besonders wertvollen bzw. besonders empfindlichen Gebieten andererseits ein angemessener Abstand gewahrt bleibt und dass bei bestehenden Betrieben zusätzliche technische Maßnahmen nach Artikel 5 ergriffen werden, damit es zu keiner Zunahme der Gefährdung der Bevölkerung kommt.

Was unter einem angemessenen Abstand zu verstehen ist, regelt die Richtlinie nicht. Die Kommission wurde lediglich ersucht, in enger Zusammenarbeit mit den Mitgliedstaaten Leitlinien zur Definition einer technischen Datenbank einschließlich Risikodaten und Risikoszenarien aufzustellen (Art. 12 Abs. 1a).[5] Zur Erfüllung dieses Auftrags hat die Kommission im September 2006 „Leitlinien für die Flächennutzungsplanung im Rahmen von Artikel 12 der Seveso-II-Richtlinie 96/82/EG, geändert durch Richtlinie 2003/105/EG“ herausgegeben. Eine EU-weite Harmonisierung der Berechnung angemessener Abstände wird auch durch diese Leitlinien nicht angestrebt.[6] Sie erläutern die Grundbegriffe von Art. 12 Abs. 1 der Richtlinie sowie Zweck, Inhalt und Struktur der Datenbank.

Die Bundesrepublik Deutschland hat zur Umsetzung von Art. 12 der Seveso-II-Richtlinie durch das Fünfte Gesetz zur Änderung des Bundes-Immissionsschutzgesetzes vom 19. Oktober 1998 (BGBl I S. 3178) § 50 BImSchG, den sogenannten Trennungsgrundsatz, ergänzt. Nach dieser Vorschrift waren bei raumbedeutsamen Planungen und Maßnahmen die für eine bestimmte Nutzung vorgesehenen Flächen ursprünglich einander nur so zuzuordnen, dass schädliche Umwelteinwirkungen auf schutzbedürftige Gebiete so weit wie möglich vermieden werden. Nun sind auch die Auswirkungen von schweren Unfällen im Sinne der Richtlinie 82/96/EG so weit wie möglich zu vermeiden. Der Bundesgesetzgeber war der Auffassung, dass Art. 12 der Seveso-II-Richtlinie planerische Elemente in das EU-Störfallrecht einfüge.[7] Aus seiner Sicht konnte sich die Umsetzung auf den mit „Planung“ überschriebenen § 50 BImSchG beschränken. Einen Umsetzungsbedarf für die unbeplanten Gebiete, insbesondere für den unbeplanten Innenbereich im Sinne des § 34 BauGB sah er nicht.

5 Art. 12 Abs. 1a RL 82/96/EG i. d. F. der RL 2003/105/EG.

6 Leitlinien S. 28.

7 BTDrucks. 13/11118, S. 9.

Wie die angemessenen Abstände zu bestimmen sind, ist auch auf der Ebene des nationalen Rechts nicht normativ verbindlich geregelt. Die Störfall-Kommission beim Bundesministerium für Umwelt, Naturschutz und Reaktorsicherheit – Technischer Ausschuss für Anlagensicherheit hat einen „Leitfaden – Empfehlungen für Abstände zwischen Betriebsbereichen nach der Störfall-Verordnung und schutzbedürftigen Gebieten im Rahmen der Bauleitplanung – Umsetzung § 50 BImSchG" vom 18. Oktober 2005 veröffentlicht. Der Leitfaden enthält Abstandsempfehlungen für die Bauleitplanung mit und ohne Detailkenntnisse. Bei der Bauleitplanung ohne Detailkenntnisse geht es um die Festsetzung von Industrie-/ Gewerbegebieten, deren konkrete Nutzung noch nicht bekannt ist, die jedoch als planungsrechtliche Grundlage für die Zulässigkeit von Betriebsbereichen nach dem BImSchG von der Gemeinde vorgesehen sind. Bei der Bauleitplanung mit Detailkenntnissen geht es um Entwicklungen in der Nachbarschaft von bestehenden Betriebsbereichen nach dem BImSchG.[8] Für Anlagengenehmigungen misst sich der Leitfaden keine Geltung bei.[9]

## 2. Der Vorlageschluss des Bundesverwaltungsgerichts

Das Bundesverwaltungsgericht hat sich im Dezember 2009 erstmals grundlegend mit Art. 12 Abs. 1 der Seveso-II-Richtlinie befasst, und zwar mit seiner Anwendbarkeit im unbeplanten Innenbereich nach § 34 BauGB. Es hat dem Europäischen Gerichtshof drei Fragen zur Auslegung des Art. 12 Seveso-II-RL zur Vorabentscheidung vorgelegt. [10] Nach der Entscheidung des Gerichtshofs wird es sich erneut mit dem Fall zu beschäftigen haben. Es geht um folgenden Sachverhalt:

Die Klägerin begehrt einen Bauvorbescheid für ein Gartencenter mit einer Verkaufsfläche im Freien. Das Baugrundstück liegt im unbeplanten Innenbereich. In der Umgebung befinden sich gewerbliche Nutzungen verschiedener Art, darunter zwei Baumärkte ebenfalls mit Verkaufsflächen im Freien. Die Umgebung entspricht keinem der Baugebiete im Sinne der BauNVO. Im Norden wird das Gebiet durch eine Bahntrasse begrenzt. Nördlich der Bahntrasse in etwa 250 m Entfernung vom Baugrundstück befindet sich das Betriebsgelände der Beigeladenen. Es handelt sich um einen Betriebsbereich im Sinne der Seveso-II-Richtlinie und der 12. BImSchV, der sogenannten Störfallverordnung. Während des Klageverfahrens erstattete der TÜV ein Gutachten zu erforderlichen Abständen im Falle einer Überplanung des Gebiets. Er bestimmte die Achtungsgrenzen auf der Grundlage des Leitfadens der Störfallkommission. Er kam zu dem Ergebnis, dass

8 S. 4 des Leitfadens.

9 S. 6.

10 Beschl. v. 3.12.2009 - BVerwG 4 C 5.09 - ZUR 2010, 129 = DVBl 2010, 380 = ZfBR 2010, 262.

das Baugrundstück vollständig innerhalb der zu einer „Umhüllenden" zusammengefassten Achtungsgrenzen liegt.

Verwaltungsgericht und Oberverwaltungsgericht[11] haben den Beklagten verurteilt, den Bauvorbescheid zu erteilen. Eine Verletzung des in § 34 Abs. 1 BauGB enthaltenen Gebots der Rücksichtnahme scheide aus, weil – auch bei etwaiger Nichteinhaltung eines erforderlichen Sicherheitsabstandes – die Betreiberin des Störfallbetriebes nicht mit einer Verschärfung der Immissionsschutzauflagen rechnen müsse. Innerhalb der Achtungsgrenzen befänden sich auch die Baumärkte, die ebenfalls Verkaufsflächen im Freien hätten und nur unwesentlich weiter vom Betriebsgelände entfernt lägen. Es sei nicht erkennbar, dass es durch das Heranrücken einer weiteren schutzwürdigen Bebauung zu einer Verschärfung immissionsschutzrechtlicher Anforderungen für die Betreiberin kommen könne.

Das Bundesverwaltungsgericht hat die Auslegung des nationalen Rechts durch die Vorinstanzen bestätigt. Es hatte jedoch Zweifel, ob die Zulassung des Gartencenters in der Nähe des Störfallbetriebes mit Art. 12 Abs. 1 der Seveso-II-Richtlinie vereinbar ist.

## 2.1 § 34 Abs. 1 BauGB

Dass sich das Gartencenter nach Art und Maß der baulichen Nutzung, der Bauweise und der überbaubaren Grundstücksfläche in die nähere Umgebung einfügt, war zwischen den Beteiligten unstreitig. Die Betreiberin des Störfallbetriebs machte geltend, die Errichtung des Gartencenters sei bei gemeinschaftsrechtskonformer Auslegung des Gebots der Rücksichtnahme ihr gegenüber rücksichtslos, weil es nicht den gebotenen angemessenen Abstand wahre.

Ob das Gebot der Rücksichtnahme in § 34 Abs. 1 BauGB gemeinschaftsrechtskonform ausgelegt werden muss, hängt von der Auslegung des Art. 12 Abs. 1 der Seveso-II-Richtlinie ab. Vor einer gemeinschaftsrechtskonformen Auslegung ist das Gebot der Rücksichtnahme zunächst nach innerstaatlichen, bauplanungsrechtlichen Maßstäben auszulegen. Hiernach ist das Vorhaben dem Störfallbetrieb gegenüber nicht rücksichtslos. Auszugehen ist von den Grundsätzen, die das Bundesverwaltungsgericht für an einen emittierenden Betrieb heranrückende Wohnbebauung entwickelt hat. Danach fügt sich ein Wohnbauvorhaben, was die von ihm hinzunehmenden gewerblichen Immissionen angeht, in die „vorbelastete" Eigenart der näheren Umgebung ein, wenn es nicht stärkeren Belastungen ausgesetzt sein wird als die bereits vorhandene Wohnbebauung. Die gewerbliche Nutzung braucht folglich gegenüber der hinzukommenden Wohnnutzung nicht mehr Rücksicht zu nehmen als gegenüber der bereits vorhandenen Wohnnutzung.[12] Dementsprechend

11 Urt. v. 4.12.2008 - 4 A 882/08 - BauR 2009, 697 = UPR 2009, 115-120.

12 Beschl. v. 5.3.1984 - BVerwG 4 B 171.83 - BRS 42 Nr. 66, S. 160; Urt. v. 27.8.1998 - BVerwG 4 C 5.98 - BRS 60 Nr. 83, 318.

verletzt auch ein weiteres Vorhaben im bereits bebauten Einwirkungsbereich eines Störfallbetriebs nicht das Gebot der Rücksichtnahme, wenn der immissionsschutzrechtlich genehmigte Betrieb aufgrund des hinzutretenden Vorhabens nicht mit nachträglichen immissionsschutzrechtlichen Anordnungen (§ 17 BImSchG) oder einem Widerruf der Genehmigung (§ 21 BImSchG) rechnen, gegenüber dem hinzutretenden Vorhaben also nicht mehr Rücksicht nehmen muss, als gegenüber den bereits vorhandenen schutzbedürftigen Nutzungen. Führt das Vorhaben nicht zu einer bodenrechtlich relevanten Verschlechterung der Rechtsposition des Betriebsinhabers, ist es ihm gegenüber selbst dann nicht rücksichtslos, wenn sich der Status quo im Hinblick auf die Auswirkungen eines Störfalls objektiv verschlechtert, weil in einem Störfall eine größere Zahl von Menschen betroffen wäre. Eine solche objektive Verschlechterung ist im unbeplanten Innenbereich nur beachtlich, wenn zu entscheiden ist, ob ein den vorgegebenen Rahmen überschreitendes Vorhaben dennoch zulässig ist[13], nicht aber, wenn sich das Vorhaben innerhalb des vorgegebenen Rahmens hält.[14] Das gilt selbst dann, wenn ein Betriebsinhaber nach § 3 Abs. 3 Störfall-VO nicht nur verpflichtet sein sollte, technische, betriebliche und/ oder organisatorische Maßnahmen zu treffen, um die Auswirkungen eines sogenannten Dennoch-Störfalls auf ein Vorhaben, das sich in der Nähe des bereits vorhandenen Betriebs angesiedelt hat, zu begrenzen, sondern wenn er auch einen Sicherheitsabstand zu einem solchen Vorhaben einzuhalten und ein heranrückendes Vorhaben hierauf Rücksicht zu nehmen hätte. Denn innerhalb der „Achtungsgrenzen" befinden sich bereits drei Baumärkte mit Freiverkaufsflächen. Dass es durch das Hinzutreten des Gartencenters zu einer Verschärfung immissionsschutzrechtlicher Anforderungen für den Störfallbetrieb kommen kann, dass also von ihm aus Anlass der Zulassung des Gartenbaucenters ein „Abrücken" der störfallgeneigten Betriebsteile verlangt werden könnte, ist nach den Feststellungen des Verwaltungsgerichtshofs nicht erkennbar.[15]

Das Erfordernis, gesunde Wohn- und Arbeitsverhältnisse zu wahren (§ 34 Abs. 1 S. 2 BauGB), ist auf die Abwehr städtebaulicher Missstände im Sinne des städtebaulichen Sanierungsrechts beschränkt.[16] Eine Gemengelage zwischen einem immissionsschutzrechtlich genehmigten Störfallbetrieb und schutzbedürftigen Nutzungen stellt, wenn kein Grund besteht, auf der Grundlage des Immissionsschutzrechts gegen den Betriebsinhaber vorzugehen, auch in städtebaulicher Hinsicht keinen sanierungsbedürftigen Missstand dar. Ist es nicht erforderlich, zum Schutz der Umgebung vor Störfällen nachträgliche Anordnungen zur Durchsetzung der störfallrechtlichen Betreiberpflichten zu erlassen oder die immissionsschutzrechtliche Genehmigung zu widerrufen, kann die Gefahr eines Dennoch-Störfalls

---

13 Urteile v. 26.5.1978 - BVerwG 4 C 9.77 - BVerwGE 55, 369 <386> und v. 27.8.1998 a. a. O. S. 316 f.

14 Beschl. v. 3.12.2009 a. a. O. Rn. 14.

15 A. a. O. Rn. 15.

16 Urt. v. 12.12.1990 - BVerwG 4 C 40.87 - BRS 50 Nr. 72, S. 166 und v. 23.3.1994 - BVerwG 4 C 18.92 - BVerwGE 95, 227 <283>; Beschl. v. 18.6.1997 - BVerwG 4 B 238.96 - BRS 59 Nr. 78, S. 269.

hingenommen werden. Ein städtebaulicher Missstand ist nicht schon dann gegeben, wenn eine vorhandene städtebauliche Nutzungsstruktur nicht den für Planungen geltenden Umweltstandards genügt.

## 2.2 § 50 BImSchG

§ 50 BImSchG, durch den Art. 12 der Seveso-II-Richtlinie umgesetzt werden soll, ist auf Entscheidungen über die bodenrechtliche Zulässigkeit von Vorhaben nach § 34 BauGB weder direkt noch entsprechend anwendbar, das hat der 4. Senat des Bundesverwaltungsgerichts im Vorlagebeschluss[17] im Anschluss an einen Beschluss des 7. Senats[18] entschieden. Die Vorschrift setzt voraus, dass die Behörde im Rahmen ihrer Entscheidung über die Zulassung der Maßnahme eine verbindliche Raumnutzungsentscheidung, mit der abschließend über die raumplanerische Zulässigkeit der Bodeninanspruchnahme befunden wird, zu treffen hat. Erforderlich ist eine vom Abwägungsgebot gesteuerte, in planerischer Gestaltungsfreiheit ergehende Entscheidung des zuständigen öffentlichen Planungsträgers. Die Entscheidung nach § 34 Abs. 1 BauGB ist keine planerische, sondern eine gebundene Entscheidung. Für die im Zusammenhang bebauten Ortsteile hat bereits der Gesetzgeber selbst entschieden, dass ein Vorhaben, das sich in die Eigenart der näheren Umgebung einfügt, unter den weiteren Voraussetzungen des § 34 BauGB zulässig ist. Für eine „planersetzende" Entscheidung in dem Sinne, dass die Behörde eine planerische Abwägung unter Berücksichtigung des Planungsgrundsatzes in § 50 BImSchG zu treffen hätte, gibt § 34 BauGB keinen Raum.

Unabhängig hiervon ist das Gartencenter nach den Feststellungen des Verwaltungsgerichtshofs auch nicht raumbedeutsam im Sinne des § 50 BImSchG, § 3 Abs. 1 Nr. 6 ROG. Es hat weder eine überörtliche Bedeutung noch einen negativen Einfluss auf die Innenstadt.

## 2.3 Art. 12 Seveso-II-Richtlinie

Das Bundesverwaltungsgericht hatte jedoch Zweifel, ob die Zulassung des Vorhabens mit dem in Art. 12 Abs. 1 Seveso-II-Richtlinie enthaltenen Abstandsgebot vereinbar ist. Der Verwaltungsgerichtshof war der Auffassung, dass Baugenehmigungen für Einzelvorhaben nicht in den Anwendungsbereich der Richtlinie fielen. Art. 12 Seveso-II-RL enthalte nur einen Leitsatz für die Flächennutzungsplanung, der langfristig umgesetzt werden solle. Davon sei auch der deutsche Gesetzgeber ausgegangen, der Art. 12 Seveso-II-RL mit der Planungsnorm des § 50 BImSchG umgesetzt habe. Dieser Auslegung mochte das Bundesverwaltungsgericht ohne Einholung einer Vorabentscheidung des Europä-

17 A. a. O. Rn. 20.

18 Beschl. v. 12.6.1990 - BVerwG 7 B 72.90 - NVwZ 1990, 962 <963>.

ischen Gerichtshofs nicht folgen. Es hat den Gerichtshof gefragt, ob Art. 12 Abs. 1 Seveso-II-RL dahin auszulegen ist, dass die darin enthaltenen Pflichten sich lediglich an Planungsträger richten, die über die Nutzung von Flächen auf der Grundlage einer Abwägung der berührten öffentlichen und privaten Belange zu entscheiden haben oder ob sie sich auch an Baugenehmigungsbehörden richten, die eine gebundene Entscheidung über die Zulassung eines Vorhabens zu treffen haben. Es hat darauf hingewiesen, dass die Mitgliedstaaten die Pflicht haben, langfristig dem Erfordernis Rechnung zu tragen, dass zwischen gefährlichen Betrieben und schutzbedürftigen Nutzungen ein angemessener Abstand gewahrt bleibt. Nicht nur bei der Flächennutzungsplanung, sondern auch bei der Durchführung der Planung zu erfüllen haben und dass sie dies unabhängig davon tun müssen, auf welcher normativen Ebene sie die Flächenzuordnung steuern. Auch wenn die Behörde an eine auf der Ebene des Gesetzes getroffene Grundentscheidung über die Flächenzuordnung gebunden ist, muss der Mitgliedstaat nach Auffassung des Bundesverwaltungsgerichts sicherstellen, dass die behördliche Zulassungsentscheidung im Ergebnis den Anforderungen des Art. 12 Abs. 1 Seveso-II-RL entspricht.[19] So sieht es offenbar auch die Europäische Kommission in ihrer Stellungnahme zu dem Vorabentscheidungsersuchen.

Die Bundesregierung hat demgegenüber in ihrer Stellungnahme die Auffassung verteidigt, dass das Erfordernis der Wahrung angemessener Abstände in erster Linie bei planerischen Entscheidungen zur Flächennutzungsplanung zu berücksichtigen sei. Hierzu zählten auch Entscheidungen darüber, ob zum Zwecke der Abstandswahrung ein Planungserfordernis bestehe. Wenn keine planerischen Entscheidungen getroffen würden, obwohl Anhaltspunkte für ein Planungserfordernis vorlägen, könne es im Interesse der praktischen Wirksamkeit der Richtlinie ausnahmsweise angezeigt sein, die Abstandswahrung auch bei solchen (Zulassungs-)-Entscheidungen in wertender Weise zu berücksichtigen, die ohne planerische Abwägung ergingen. Der Sache nach geht damit auch die Bundesregierung davon aus, dass Art. 12 Seveso-II-RL auch im Rahmen des § 34 BauGB Rechnung getragen werden muss. Die von ihr vorgeschlagene Lösung wirft allerdings weitere Fragen auf. Eine Verdichtung des Planungsermessens zu einer strikten Planungspflicht hat die Rechtsprechung bislang nur angenommen, wenn die Genehmigungspraxis auf der Grundlage von § 34 BauGB städtebauliche Konflikte auslöst oder auszulösen droht, die eine Gesamtkoordination der widerstreitenden öffentlichen und privaten Belange in einem förmlichen Planungsverfahren dringend erfordern, z. B. weil städtebauliche Missstände oder Fehlentwicklungen bereits eingetreten sind oder in naher Zukunft einzutreten drohen.[20] Wenn ein städtebaulicher Missstand besteht, scheitert die Zulassung eines Vorhabens aber – wie dargelegt – in der Regel bereits daran, dass die Anforderungen an gesunde Wohn- und Arbeitsverhältnisse nicht gewahrt sind. Gebietet Art. 12 Abs. 1 Seveso-

19 A. a. O.

20 Urt. v. 17.9.2003 - BVerwG 4 C 14.01 - BVerwGE 119, 25 <32> - Gewerbepark Mülheim-Kärlich.

II-RL die Überplanung von Gemengelagen nicht erst im Falle eines städtebaulichen Missstands, sondern bereits dann, wenn angemessene Abstände zwischen Störfallbetrieben und schutzbedürftigen Nutzungen nicht gewahrt sind? Selbst wenn eine Planungspflicht zu bejahen wäre, könnte sie nach der bisherigen Rechtsprechung einem nach § 34 BauGB zulässigen Vorhaben nicht entgegengehalten werden[21], sondern lediglich im Wege der Kommunalaufsicht durchgesetzt werden. Die von der Bundesregierung vorgeschlagene Lösung würde also einen grundlegenden Umbau der Dogmatik des § 34 BauGB erfordern.

Wenn Art. 12 Abs. 1 Seveso-II-RL auch Anforderungen an Zulassungsentscheidungen nach § 34 BauGB richtet, stellt sich die weitere Frage, ob die Richtlinie ein Verschlechterungsverbot enthält. Art. 12 Abs. 1 Seveso-II-RL dürfte nicht nur darauf zielen, das Entstehen neuer Gemengelagen zu verhindern, sondern auch vorhandene Gemengelagen jedenfalls langfristig zu entflechten. Die Entflechtung wird erschwert, wenn innerhalb des bei Überplanungen zu fordernden Abstands weitere schutzbedürftige Nutzungen zugelassen werden. Die Richtlinie könnte deshalb einem Mitgliedstaat, jedenfalls solange er einen Art. 12 Abs. 1 Seveso-II-RL genügenden Plan für die Flächennutzung in der Gemengelage nicht aufgestellt hat, verbieten, Vorhaben zuzulassen, die den Status quo im Hinblick auf die Folgen eines schweren Unfalls objektiv verschlechtern. Gegen ein solches Verschlechterungsverbot spricht allerdings, dass sowohl das „Berücksichtigen“ als auch das „Rechnung tragen“ dem Mitgliedstaat einen Entscheidungsspielraum überlassen. Dem Ziel der Abstandswahrung dürfte zwar eine gewichtige Bedeutung zukommen, ein unbedingtes Verschlechterungsverbot dürfte die Richtlinie allerdings eher nicht enthalten. Auch die Bundesregierung hat in ihrer Stellungnahme ein Verschlechterungsverbot verneint. Sie meint, zusätzliche öffentliche Gebäude könnten bei Einhaltung derjenigen Abstände zulässig sein, welche die vorhandene Bebauung zu einem gefährlichen Betrieb aufweise, soweit angemessene Abstände eingehalten seien. Über die Frage der Angemessenheit sei im Wege einer wertenden Betrachtung zu entscheiden, die die vorhandene Bebauung und die sonstigen Umstände des Einzelfalls einzubeziehen habe.

Wenn Art. 12 Abs. 1 Seveso-II-RL kein Verschlechterungsverbot enthält, stellt sich schließlich die Frage, ob § 34 Abs. 1 BauGB als gebundener Anspruch auf Zulassung einer Bebauung dem Erfordernis der Abstandswahrung hinreichend Rechnung trägt. Wenn der Gerichtshof die erste Frage bejaht, muss das Abstandsgebot auch bei der Zulassung von Vorhaben im unbeplanten Innenbereich nach § 34 Abs. 1 BauGB berücksichtigt werden. Die Pflicht, das Abstandsgebot „zu berücksichtigen“ bzw. ihm „Rechnung zu tragen“ dürfte eine Abwägung voraussetzen. So hat es auch die Kommission in ihrer Stellungnahme gesehen. Sie leitet die Erforderlichkeit einer Güterabwägung allerdings aus dem Erfordernis eines angemessenen Abstands her. Die Ermittlung, welcher Abstand angemessen sei, bedinge eine Abwägung der widerstreitenden Interessen durch die zuständigen Stellen der

21 Urt. v. 24. Oktober 1980 - BVerwG 4 C 3.78 - BVerwGE 61, 128 <juris Rn. 22>.

Mitgliedstaaten. Nach Auffassung des Bundesverwaltungsgerichts gibt die Richtlinie nicht vor, auf welcher Stufe des Entscheidungsprozesses die Abwägung zu erfolgen hat. Sie verbiete nicht, Grundentscheidungen der Flächennutzungsplanung bereits auf der Ebene des Gesetzes zu treffen, die Behörde bei der Genehmigung von Vorhaben an diese Grundentscheidung zu binden und dem Bauantragsteller einen Rechtsanspruch auf Zulassung des Vorhabens einzuräumen.[22] Auch die Kommission hält es für zulässig, wenn die Mitgliedstaaten im Rahmen der Festsetzung ihrer Politiken ein typisiertes Abwägungsergebnis vorgeben. Kommission und Bundesverwaltungsgericht sind sich schließlich darin einig, dass das typisierte Abwägungsergebnis, also § 34 Abs. 1 BauGB, die Zielsetzungen der Richtlinie angemessen berücksichtigen muss. Die Kommission meint, es obliege den nationalen Gerichten zu entscheiden, ob die notwendigen Umstände vorliegen, die es erlauben, davon auszugehen, dass im Rahmen des typisierten Abwägungsvorgangs die potentiellen Folgen und Risiken eines schweren Unfalls von den schon bestehenden Maßnahmen tatsächlich hinreichend berücksichtigt seien.

Der Gerichtshof hat am 27. Januar 2011 über das Vorabentscheidungsersuchen[23] verhandelt. Seit dem 14. April 2011 liegen die Schlussanträge der Generalanwältin Sharpston vor. Mit einer Entscheidung des Gerichtshofs ist dann wohl im Sommer 2011 zu rechnen. Der Gerichtshof kann und wird nicht darüber entscheiden, ob die Zulassung des Gartencenters mit Art. 12 Seveso-II-Richtlinie vereinbar ist. Er kann jedoch dem Bundesverwaltungsgericht alle Hinweise zur Auslegung des Art. 12 Seveso-II-RL geben, die es diesem ermöglichen, die Frage der Vereinbarkeit des Vorhabens mit der Richtlinie zu beurteilen. Wie auch immer das Verfahren ausgeht: Es wird für die städtebauliche Entwicklung bestehender Gemengelagen in der Umgebung von Störfallbetrieben von grundlegender Bedeutung sein.

---

22 A. a. O. Rn. 31.

23 Aktenzeichen C-53/10.

# III Luftreinhalteplanungen nach der neuen Luftqualitäts-RL 2008/50/EG[1] und ihre Auswirkungen auf die Bauleitplanung und Zulassung von Bauvorhaben

*Reinhard Sparwasser*

## I. Einführung

### 1. Luftqualität und Planungspraxis

Von Luftqualität und Luftschadstoffen ist in den letzten Jahren viel die Rede. Eine mangelnde Luftqualität gilt als erheblich gesundheitsgefährdend. Dies ist – nach anfänglichen kritischen Zwischenrufen – inzwischen allgemein anerkannt. So einfach diese Feststellungen sind, so groß sind gleichwohl die Probleme, vor die uns das neue Luftqualitätsrecht seit 1996 gestellt hat.

Die Schwierigkeiten liegen im technischen Bereich, weil die gerade anfangs – für manche überraschend – anspruchsvollen Werte durchaus nicht einfach zu erreichen sind. Sie liegen aber auch im juristisch/ dogmatischen Bereich, weil sich die europarechtliche Regelungstechnik durchaus nicht an die deutsche Verwaltungsrechtsdogmatik anpassen wollte und Europarecht nun einmal innerstaatlichem Recht vorgeht – oder in den Worten des Vortrags des Erstautors 2005 vor der Gesellschaft für Umweltrecht zum Luftreinhalteplan: „Offensichtlich liegt er quer zu den herrschenden deutschen Vorstellungen"[2].

Inzwischen sind viele der juristisch/ dogmatischen Fragen geklärt[3]. In unserem Tagungszusammenhang stellt sich nun die Frage, wie berührt dies alles die *Planungspraxis*. Hierzu will ich einige Handreichungen geben, und zwar an dieser Stelle weniger dogmatisch, als vielmehr praktisch interessiert.

---

1 RL 2008/50/EG v. 21.5.2008 über Luftqualität und saubere Luft für Europa, ABl. EU Nr. L 152/1.

2 Sparwasser, GfU 2005, 123, 124.

3 Zu den Rechtsschutzfragen schon früh Sparwasser, NVwZ 2006, 369, 370 ff.; zum Anspruch auf Aufstellung eines Luftqualitätsplans ebd., 375 ff.; bestätigt von EuGH, Urt. v. 25.7.2008, NVwZ 2008, 984 auf Vorlagebeschl. des BVerwG v. 29.3.2007, BVerwGE 128, 278 = NVwZ 2007, 695; zu Anwendungsfragen des Luftqualitätsrechts Sparwasser/Stammann, ZUR 2006, 169; zum aktuellen Stand der Dogmatik – zugleich der Lärmminderungsplanung – Sparwasser/Engel, NVwZ 2010, 1513.

## 2. Überblick

Die Planungspraxis unterscheide ich hier grob zwischen Bauleitplanung einerseits und Fachplanung andererseits. Es geht also zum ersten schwerpunktmäßig um Bebauungspläne, Flächennutzungspläne spielen für unser Thema nur am Rande eine Rolle.

Zum zweiten geht es um die Vorhabenzulassung im Einzelfall, wobei wir wiederum unterscheiden können zwischen – erstens – Vorhabenzulassung im Sinne einer gebundenen Entscheidung – denken Sie an Baugenehmigung und immissionsschutzrechtliche Genehmigung – und – zweitens – Planfeststellung bzw. in kleineren Fällen Plangenehmigung. Dieser Zulassung bedürfen insbesondere Infrastrukturanlagen, vor allem im Bereich des Straßenverkehrs.

Um verstehen zu können, welche Anforderungen das Luftqualitätsrecht an die so eingeteilte Planungspraxis enthält, müssen wir uns nicht mit dogmatischen Spezialfragen des Luftqualitätsplanungsrechts beschäftigen. Ohne einen kleinen Überblick geht es gleichwohl nicht. Hiermit möchte ich beginnen:

# II. Zum europarechtlichen Rahmen

## 1. Neuer Rechtsrahmen des Luftreinhalterechts

Das *europäische Luftreinhalterecht* beginnt 1996 mit der sog. Luftqualitätsrahmenrichtlinie[4], der vier „Tochterrichtlinien"[5] folgten. Inzwischen ist es in der am 11.6.2008 in Kraft getretenen „Richtlinie über Luftqualität und saubere Luft für Europa" zusammengefasst[6]. Auch das Luftreinhalterecht folgt damit einem „Konsolidierungstrend", der auch in anderen Bereichen des europäischen Umweltrechts zu beobachten ist. Die Richtlinie enthält allgemeine Vorgaben zur Beurteilung und Kontrolle der Luftqualität, zu Luftqualitäts- und Luftaktionsplänen sowie Informationspflichten gegenüber der Öffentlichkeit, in den Anhängen XI

4 RL 1996/62/EG v. 27.9.1996 über die Beurteilung und die Kontrolle der Luftqualität, ABl. EG Nr. L 296/55.

5 RL 1999/30/EG v. 22.4.1999 über Grenzwerte für Schwefeldioxid, Stickstoffdioxid und Stickstoffoxide, Partikel und Blei in der Luft, ABl. EG Nr. L 163/41; RL 2000/69/EG v. 16.11.2000 über Grenzwerte für Benzol und Kohlenmonoxid in der Luft, ABl. EG Nr. L 313/12; RL 2002/3/EG v. 12.2.2002 über den Ozongehalt der Luft, ABl. EG Nr. L 67/14; RL 2004/107/EG v. 15.12.2004 über Arsen, Kadmium, Quecksilber, Nickel und polyzyklische aromatische Kohlenwasserstoffe in der Luft, ABl. EU Nr. L 23/3.

6 RL 2008/50/EG v. 21.5.2008, ABl. EU Nr. L 152/1 (Luftqualitätsrichtlinie – LQR). Ausgenommen hiervon ist die RL 2004/107/EG (Fn. 5). Sobald ausreichende Erfahrungen mit dem Vollzug dieser Richtlinie vorliegen, soll geprüft werden, ob sie ebenfalls in die RL 2008/50/EG aufgenommen wird, vgl. Erwägungsgrund 4 der RL 2008/50/EG.

und XII auch die Festlegung der Grenz- und Alarmschwellenwerte sowie schadstoffspezifische Regelungen.

Die bereits in den Vorgängerrichtlinien enthaltenen Luftqualitätsgrenzwerte wurden im Wesentlichen beibehalten[7]. Für das gesundheitsschädliche PM 2,5 wird in Anhang XIV ab 2010 ein Zielwert als Jahresmittelwert eingeführt, der ab 2015 als Grenzwert gilt. Die Richtlinie war nach ihrem Art. 33 I bis spätestens 11.6.2010 *in nationales Recht* umzusetzen. Dem ist die Bundesregierung durch eine Änderung des BImSchG[8] sowie den Erlass der 39. BImSchV[9] nachgekommen.

## 2. Charakteristika und Gemeinsamkeiten der europäischen Umweltplanung

Bei gewisser begrifflicher Unschärfe lassen sich im europäischen Umweltrecht *Maßnahmenpläne* und – wenn auch jetzt unter anderer Bezeichnung – *Aktionspläne* als zwei wesentliche Grundformen vollzugsorientierter Planung unterscheiden[10]. Maßnahmenpläne beinhalten einen allgemeinen, längerfristigen Ordnungsrahmen bis hin zu einschlägigen Umweltqualitätszielen. Aktionspläne sollen bei Erreichen der – europarechtlichen – Schädlichkeitsschwelle (für deren Definition unterschiedliche Ansätze verfolgt werden) kurzfristig wirkende Maßnahmen koordinieren. Leider wurde der Begriff des Aktionsplans ohne erkennbaren Grund zugunsten der Bezeichnung als „Pläne für kurzfristig zu ergreifende Maßnahmen" aufgegeben, ohne dass hiermit eine inhaltliche Änderung verbunden gewesen wäre oder wenigstens eine größere begriffliche Klarheit[11].

Die Besonderheit der Aktionspläne besteht darin, dass sich das „planerische *Entschließungsermessen*" auf Null reduziert, d. h. Aktionspläne aufgestellt werden müssen, sofern bestimmte Risikoschwellen überschritten werden, und gesteigerte Anforderungen an die Auswahl der planerisch vorzusehenden Maßnahmen gestellt werden, also auch das „*Auswahlermessen*" der Planung eingeschränkt wird.

Die *Luftqualitätsplanung* ist dabei durch eigene Grenzwerte und Umweltqualitätsziele und eine zweistufige Maßnahmen- und Aktionsplanung stärker europarechtlich *gebunden* als die *Lärmaktionsplanung*, deren Effektivität von der vorherigen

---

7 Hierzu Kugler, NVwZ 2010, 279 (dort mit Fn. 5).

8 Achtes Gesetz zur Änderung des Bundes-Immissionsschutzgesetzes vom 31.7.2010, BGBl. I, 1059.

9 Verordnung über Luftqualitätsstandards und Emissionshöchstmengen vom 2.8.2010, BGBl. I, 1065.

10 Vgl. die zutr. Analyse von Durner/Ludwig, NuR 2008, 457, 458 ff.; ferner Fisahn, UPR 2002, 258, 260.

11 Sparwasser/Engel (Fn. 3).

Erarbeitung richtlinienkonformer Umweltqualitätsziele durch die Mitgliedstaaten abhängt, die in Deutschland fehlen[12].

Luftqualitätsplanung und Lärmaktionsplanung[13] werden durch das Abstimmungsgebot des Art. 23 II LQR n. F. koordiniert. Beide Richtlinien enthalten Anforderungen zu drittschützenden Grenzwerten[14], zur Öffentlichkeitsbeteiligung[15] und Qualität der Pläne (Verschlechterungsverbot und Schutzgebot[16], kurzfristig wirkende Maßnahmen[17]). Die Planungspflicht bezieht sich auf vergleichbare Planungsräume (Ballungsräume[18] und belastete Gebiete[19]).

## 3. Planungsrechtliche Grundlagen

Luftqualitätspläne sind Umweltfachpläne, die dem im Rechtsstaatsprinzip verwurzelten Abwägungsgebot unterliegen, das durch eine europarechtliche Pflicht ergänzt wird, bei Überschreitung gesundheitsschützender Grenzwerte wirksame Minderungsmaßnahmen vorzusehen[20].

Die Pläne binden die Vollzugsbehörden, soweit sie rechtmäßig, insbesondere abwägungsfehlerfrei sind[21]. Mangels gesetzlich angeordneter Rechtsförmlichkeit sind sie weder Rechtsverordnung noch Satzung, haben aber normähnliche Wirkung wie ein Flächennutzungs- oder Regionalplan[22].

Ihre – uns hier besonders interessierende – *Bindungswirkung* ist gegenüber (Planungs-)Entscheidungen, die ihrerseits dem Abwägungsgebot unterliegen, in aller Regel auf ein Berücksichtigungsgebot herabgestuft[23]. Andere Entscheidungen und

---

12 Hierzu ausführlich Engel, GfU 2009, 77, 90 ff.

13 Die Lärmaktionsplanung geht zurück auf die Richtlinie 2002/49/EG v. 25.6.2002 über die Bewertung und Bekämpfung von Umgebungslärm, ABl. EG NR. L 189/12 (Umgebungslärmrichtlinie – ULR).

14 Art. 3s, 5 IV ULR (Fn. 13); Art. 1 Ziff. 1 LQR (Fn. 6).

15 Art. 8 VII ULR (Fn. 13), Art. 24 III, 31 III LQR (Fn. 6) i. V. m. Art. 2 u. Anh. 1 lit. f Öffentlichkeitsbeteiligungs-RL (Richtlinie 2003/35/EG vom 26.5.2003); VG Hannover, ZUR 2010, 208 (211).

16 Art. 1 I 1 und 2 ULR (Fn. 13), 24 I i. V. m. Art. 2 Ziff. 5 u. 9 sowie den Anhängen zur LQR (Fn. 6).

17 Arg. ex Art. 8 V ULR (Fn. 13), Art. 24 I LQR (Fn. 6).

18 Art. 3 k, Art. 8 I lit. b) ULR (Fn. 13), Art. 2 Ziff. 17 LQR (Fn. 6).

19 Art. 8 I lit. a) ULR (Fn. 13), Art. 2 Ziff. 16 LQR (Fn. 6).

20 Engel (Fn. 12), S. 84 ff.

21 Vgl. Engel (Fn. 12), S. 104.

22 Sparwasser (Fn. 3), S. 375; Engel (Fn. 12), S. 103. Anders noch BVerwGE 128, 278, 288 zu Aktionsplänen der Luftreinhaltung („Verwaltungsvorschriften ähnlich"). Dem ist der EuGH (Fn. 3) entgegengetreten.

23 Sparwasser (Fn. 3), S. 374; Schulze-Fielitz, GK-BImSchG, Stand: März 2010, § 47d Rn. 124; Berkemann, Die Lärmaktionsplanung nach § 47 d BImSchG 2005 in Verb. mit der Umgebungslärm-Richtlinie 2002/49/EG, Rechtsgutachten für das UM BW, 2007, S. 68 ff. Ausführlich Klingele, Umweltqualitätsplanung, Diss. Freiburg (im Entstehen), § 9.

Anordnungen können hingegen auch hinsichtlich der Ausübung von Ermessen gebunden werden[24]. § 47 VI BImSchG ist dabei Rechtsfolgen-, nicht Rechtsgrundverweisung[25]. Diese konditionale Überformung des planerischen Finalprogramms ist typisches Element der europarechtlichen Aktionspläne[26].

Das ist jetzt in die Sprache der „Anwender", also der Planer und Genehmigungsbehörden zu übersetzen.

## III. Luftqualitätspläne und Bauleitplanung

Betrachten wir zunächst die Bauleitplanung, insbesondere den Bebauungsplan, für luftschadstofferhöhende, aber auch für Luftschadstoffen ausgesetzte Vorhaben. Lassen Sie uns drei Fallgruppen unterscheiden:

- Erstens gibt es keine Grenzwertüberschreitungen und keine Luftqualitätspläne.
- Zweitens kommt es zwar spätestens mit dem neu zugelassenen Vorhaben zu Überschreitungen, es gibt aber keine Luftqualitätspläne.
- Und drittens gibt es Luftqualitätspläne, und das Vorhaben verschlechtert die Luftqualität.

### 1. Schadstofferhöhung als Abwägungsbelang

Luftqualität ist schon unter den Belangen nach § 1 Abs. 6 Nr. 1 BauGB mit zu bedenken, wonach bei der Aufstellung von Bauleitplänen „die allgemeinen Anforderungen an gesunde Wohn- und Arbeitsverhältnisse und die Sicherheit der Wohn- und Arbeitsbevölkerung" „insbesondere zu berücksichtigen" sind.

Außerdem ist sie jetzt unter § 1 Abs. 6 Nr. 7 lit. h) BauGB als *Abwägungsbelang* ausdrücklich aufgeführt. Besonders klar erscheint die Formulierung freilich nicht: „die Erhaltung der bestmöglichen Luftqualität in Gebieten, in denen die durch Rechtsverordnung zur Erfüllung von bindenden Beschlüssen der Europäischen

---

24 Sparwasser (Fn. 3), S. 373; Hansmann/Röckinghausen, in: Landmann/Rohmer, Umweltrecht, Stand: Juli 2009, § 47 Rn. 29a.

25 Vgl. Jarass, BImSchG, 8. Aufl. 2010, § 40 Rn. 8 m. w. N.; so auch VG Hannover, ZUR 2009, 384; a.A. Heitsch, in: Kotulla, BImSchG, Stand: Dez. 2007, § 47d Rn. 47; Schulze-Fielitz (Fn. 23), § 47d Rn. 97.

26 Soweit die Gemeinde Bundes- oder Landesbehörden bindet, unterliegt dies keinen grundsätzlichen verfassungsrechtlichen Bedenken. Das Abwägungsgebot erfordert jedoch eine schonende oder rücksichtsvolle Ausübung der verliehenen Kompetenz. Der Aktionsplan hat eine begrenzte Feststellungswirkung (imperative Wirkung), vgl. Engel (Fn. 12), S. 105 f.

Gemeinschaften festgelegten Immissionsgrenzwerte nicht überschritten werden". Warum sollen gerade Gebiete geschützt werden, in denen die Grenzwerte nicht überschritten werden? Die Frage ist aber falsch gestellt: Nicht gerade in, sondern selbst in solchen Gebieten ist Luftqualität abwägungsrelevant. Das lenkt den Blick auf ein stärkeres Schutzniveau, das aber erst im nächsten Abschnitt zu behandeln ist.

Die Berücksichtigungspflicht auf dem untersten Schutzniveau, also ohne Grenzwertüberschreitung und Luftreinhaltepläne, entspricht dem Vorsorgeprinzip[27].

Das erste **Fazit** lautet also: Führt eine Bauleitplanung möglicherweise zu erhöhten Emissionen der von der 39. BImSchV erfassten Schadstoffe, ist die Luftqualität jedenfalls als Abwägungsbelang zu berücksichtigen[28]. Gleiches gilt, wenn die Bauleitplanung ein luftqualitätsempfindliches Vorhaben in einer belasteten Umgebung zulässt.

**Beispiel** für den ersten Fall ist die Erweiterung eines Industriegebiets in bereits einschlägig vorbelasteter Umgebung, für den zweiten Fall die Zulassung von Wohnbebauung neben einer stark befahrenen Straße. In beiden Fällen muss sich die Abwägung mit den Fragen der Luftqualität auseinandersetzen, also dem Ob der Zulassung und dem Wie des Schutzes.

## 2. Grenzwertüberschreitung ohne Luftreinhalteplan

Das Überschreiten der maßgeblichen Grenzwerte der 39. BImSchV löst jedenfalls eine Planungspflicht der zuständigen Behörde aus, Luftreinhaltepläne, bei Überschreiten der sog. „Alarmschwellen", die allerdings nur für wenige Luftschadstoffe[29] festgesetzt wurden, auch „Aktionspläne" zu erlassen. Dennoch soll es vorkommen, dass solche Pläne rechtspflichtwidrig fehlen oder ungültig sind. Hier gilt § 1 Abs. 6 Nr. 7 lit. h) BauGB nicht, denn die Grenzwerte werden ja gerade überschritten. Im Ergebnis kann aber nichts anderes gelten: Zumindest ist Luftqualität hier ein Abwägungsbelang, der Planungsträger muss sich also damit auseinandersetzen, ob er trotz Grenzwertüberschreitung eine die Situation verschärfende Planung beschließt und ggf. mit welchen Kompensationsmaßnahmen.

Darüber hinaus stellt sich die Frage, ob die Grenzwerte den Planungsträger *unmittelbar* binden. Die Frage ist im Ergebnis zu verneinen, und zwar mit Blick auf die im Luftqualitätsrecht selbst angelegte Zuständigkeitsverteilung: Das Überschreiten der Grenzwerte löst – gestufte – Planungspflichten aus, aber nur der dafür besonders zuständigen Behörden. Diese Planungspflichten ihrerseits haben eine

---

27 Söfker, in: Ernst/Zinkahn/Bielenberg, BauGB, Stand: Sept. 2005, § 1 Rn. 155.

28 Ebenso Kuschnerus, Der sachgerechte Bebauungsplan, 4. Aufl. 2010, Rn. 507.

29 Schwefeldioxid, Stickstoffdioxid und bodennahes Ozon, vgl. §§ 2, 3, 9 der 39. BImSchV; nicht (mehr) dagegen: Feinstaub.

vorausschauende und koordinierende Funktion. Sie sollen also Einzelmaßnahmen und Planungen anderer Behörden steuern und damit komplexen Wirkungszusammenhängen Rechnung tragen, aber auch bestmöglichen Ressourceneinsatz gewährleisten. Damit wäre es unvereinbar, wenn schon jede Grenzwertüberschreitung für sich eine Beachtenspflicht auslöste, denn dann bedürfte es der Koordinierungsfunktion der Luftqualitätsplanung gerade nicht.

Einerseits ist nicht leicht vorstellbar, wie eine Bauleitplanung abwägungsfehlerfrei sein soll, die eine bereits festgestellte Grenzwertüberschreitung noch weiter verschärft. Andererseits ist sie aber nicht verpflichtet, für sich genommen alle Möglichkeiten auszuschöpfen, zu einer Verringerung einer Überschreitung zu führen. Es besteht also gerade keine zwingende Sanierungspflicht[30]. Im Rahmen der Abwägung ist aber mit der Frage sorgsam umzugehen, warum in einem Gefährdungsgebiet nicht alle Möglichkeiten der Schadstoffminderung ausgeschöpft werden, die der Bauleitplanung zu Gebote stehen.

Das zweite **Fazit** lautet also: Auch eine Grenzwertüberschreitung hindert die Bauleitplanung an einer Verschärfung der Lage nicht. Die Anforderungen an eine fehlerfreie Abwägung sind hier freilich hoch. Die Auseinandersetzung mit Alternativen und Abhilfen muss entsprechend sorgfältig erfolgen.

Als **Beispiel** für diese Fallgruppe können die beiden vorstehenden Fälle herhalten, nur jetzt mit Überschreitung der Grenzwerte der 39. BImSchV, ohne dass ein Luftqualitätsplan vorliegt.

## 3. Luftqualitätspläne und Berücksichtigungspflicht

Auf einem dritten Schutzniveau wollen wir davon ausgehen, dass es bereits konkrete Pläne zur Wahrung der Luftqualität gibt. Zu deren Erlass sind die Behörden bekanntlich verpflichtet, wenn die Grenzwerte überschritten werden. Hier ergibt sich eine ausdrückliche Berücksichtigungspflicht aus § 1 Abs. 6 Nr. 7 lit. g) BauGB, wonach zu berücksichtigen sind „die Darstellungen von Landschaftsplänen sowie von sonstigen Plänen, insbesondere des Wasser-, Abfall- und Immissionsschutzrechts". Solche Pläne des Immissionsschutzrechts sind insbesondere Luftreinhaltepläne nach den §§ 47a ff. BImSchG, aber auch Lärmminderungspläne[31]. Dem korrespondiert § 47 Abs. 6 BImSchG: „Die Maßnahmen, die Pläne nach den Absätzen 1 bis 4 festlegen, sind durch Anordnungen oder sonstige Entscheidungen der zuständigen Träger öffentlicher Verwaltung nach diesem Gesetz oder nach anderen Rechtsvorschriften durchzusetzen. Sind in den Plänen planungsrechtliche Festlegungen vorgesehen, haben die zuständigen Planungsträger dies bei ihren Planungen zu berücksichtigen."

30 Klingele, Umweltqualitätsplanung, Diss. Freiburg (im Entstehen), § 9 I 2, allerdings unter Annahme eines strikten Verschlechterungsverbotes in Sanierungsgebieten.

31 Söfker, in: Ernst/Zinkahn/Bielenberg, BauGB, Loseblatt, Stand: Jan. 2010, § 1 Rn. 154.

Im Zusammenhang mit der Bauleitplanung kann es sich nicht um Maßnahmen handeln, sondern nur um planungsrechtliche Festlegungen im Sinne des § 47 Abs. 6 S. 2. Anstelle der Durchsetzungspflicht steht hier die Berücksichtigungspflicht. Die zuständigen Planungsträger haben die Festlegungen bei ihren Planungen zu „berücksichtigen". Eine Berücksichtigungspflicht ist aber nach allgemeinem juristischen Sprachgebrauch etwas anderes als eine Beachtenspflicht: Beachten bedeutet eine stärkere Bindung als berücksichtigen. Es berücksichtigt die Luftqualität auch, wer sie in der Abwägung zurückstellt[32].

Eine andere Frage ist, wie eine Abwägung praktisch fehlerfrei sein soll, die sich über Vorgaben eines Luftreinhalteplans hinwegsetzt. In diesem Fall ist aber nicht die Berücksichtigungspflicht verletzt, sondern die Abwägung fehlerhaft. Dies hat Auswirkungen im Rahmen der Fehlerfolgenlehre.

Das dritte Fazit lautet also: Eine bestehende und selbst eine entgegenstehende Luftqualitätsplanung hindert die Bauleitplanung an einer Verschärfung der Lage nicht. Die Anforderungen an eine fehlerfreie Abwägung sind hier aber noch höher, weil neben den Grenzwertüberschreitungen auch noch die entgegenstehende Luftqualitätsplanung einzustellen ist. Die Auseinandersetzung mit Alternativen und Abhilfen muss auch hier sorgfältig erfolgen, und zwar jetzt unter Einbeziehung der Maßnahmen und Folgen der die Erhöhung möglichst kompensierenden Luftqualitätsplanung.

Beispielsweise ist an die Planung einer emissionsträchtigen Industrieanlage zu denken, deren Zusatzemissionen durch eine von Verkehr entlastende Luftqualitäts- und dann auch Straßenplanung mehr als kompensiert wird.

## 4. Untersuchungspflichten

Den verschiedenen Szenarien gemeinsam sind Untersuchungspflichten des Planungsträgers: Gibt es Anhaltspunkte erstens für das Vorliegen einer nicht nur unerheblichen Beeinträchtigung der Luftqualität *und* hat die Planung zumindest möglicherweise eine weitere Verschlechterung der Luft oder der Lage dem ausgesetzten Bürger zur Folge oder könnte sie umgekehrt zu einer Verbesserung beitragen, verlangt das Abwägungsgebot regelmäßig, sich mit allen der Planung möglichen Luftqualitätsverbesserungen auseinander zu setzen.

Fazit hier ist das Erfordernis, im Falle luftqualitätsrelevanter Veränderungen durch die Bauleitplanung

---

32 Etwas zu streng wohl Kuschnerus (Fn. 28), Rn. 507: „Liegen konkrete Pläne zur Wahrung der Luftqualität (...) vor, sind deren Vorgaben zu beachten. Sie sind in der Abwägung regelmäßig nicht überwindbar, insbesondere darf die Bauleitplanung die Zielsetzungen der Luftreinhalteplanung nicht beeinträchtigen".

- erstens die tatsächliche Luftqualität und im Falle ihrer Verschlechterung deren Art und Ausmaß festzustellen und
- zweitens sich mit allen Verbesserungsmöglichkeiten im Rahmen der Planung auseinander zu setzen.

Dabei ist es misslich, wenn wie in einigen Ländern Planungsträger und Luftqualitätsbehörden auseinanderfallen[33], so wenn das Land wie in Baden-Württemberg durch seine Regierungspräsidien die Luftqualitätspläne macht, die Kommune aber die Bauleitplanung. Immerhin ist bei der Luftqualitätsplanungsbehörde beachtliches know-how angesammelt – das sich die Bauleitplanung möglichst zunutze machen sollte.

### 5. Sonderfall des planfeststellungsersetzenden Bebauungsplans

Der Sache nach ein Fall der Vorhabenzulassung, der Form nach aber liegt ein Bebauungsplan vor, wenn es sich um einen planfeststellungsersetzenden Bebauungsplan handelt, beispielsweise bei einer isolierten Straßenplanung in Form des Bebauungsplans[34]. Hier spricht alles dafür, den Vorhaben ersetzenden Bebauungsplan hinsichtlich seiner Bindung an die Vorgaben der Luftqualitätsplanung nicht anders zu behandeln als die Planfeststellung selbst. Diese ist als Fall der Vorhabenzulassung im Folgenden zu behandeln:

## IV. Luftqualität und Vorhabenzulassung

Vorhabenzulassungen bestehen in Baugenehmigungen und immissionsschutzrechtlichen Genehmigungen für Einzelprojekte, aber auch Planfeststellungsbeschlüssen und Plangenehmigungen. Bei der ersten Gruppe handelt es sich um gebundene Entscheidungen: Liegen die gesetzlich bestimmten Genehmigungsvoraussetzungen vor, besteht kein Planungsermessen. Bei der zweiten Gruppe handelt es sich um Entscheidungen mit planerischem Einschlag, rechtlich aber wesentlich stärker determiniert als Planungsentscheidungen im Sinne der Bauleitplanung.

---

33 Sparwasser/Engel (Fn. 3), S. 1516; Überblick über die einzelnen Bundesländer bei Klingele, Umweltqualitätsplanung, Diss. Freiburg (im Entstehen), § 3 IV 5.

34 Hierzu gibt es das Merkblatt für Luftverunreinigungen an Straßen (MLuS), erarbeitet von der Forschungsgesellschaft für Straßen- und Verkehrswesen, abrufbar unter www.fgsv-verlag.de (März 2011).

## 1. Vorhabenzulassung als gebundene Entscheidung

### a) Baugenehmigungen

Baugenehmigungen *sind* zu erteilen, wenn die von der Baurechtsbehörde zu prüfenden Genehmigungsvoraussetzungen vorliegen. Luftqualitätspläne gehören nicht zum Prüfungsprogramm der Baugenehmigungsbehörde. Diese darf das Vorhaben nur an Vorschriften messen, die sich unmittelbar an den Bürger richten, zumindest außenwirksam sind. Dies ist bei dem Luftqualitätsrecht – wie einleitend gezeigt – gerade nicht der Fall. Dies gilt ebenso für die europarechtlichen Vorgaben wie für die Luftqualitätspläne.

**Fazit** insoweit ist, dass einem sonst zulässigen Vorhaben nicht entgegengehalten werden kann, dass es

- zu einer Überschreitung der Grenzwerte der Richtlinie führt oder
- gegen Festlegungen eines Luftqualitätsplans verstößt.

Beispiel hierfür wäre die Zulassung eines Einkaufszentrums in einem bereits ausgewiesenen Sondergebiet mit der Folge einer Verkehrsmengenerhöhung und damit auch kritischen Luftverschlechterung.

### b) Immissionsschutzrechtliche Entscheidungen

Sehr viel mehr luftqualitätsrelevant sind immissionsschutzrechtliche Entscheidungen, die erforderlichenfalls eine Baugenehmigung mit umfassen. Die Genehmigungsvoraussetzungen ergeben sich unter anderem unmittelbar aus § 6 Abs. 1 BImSchG, wonach die Grundpflichten des § 5 BImSchG und die sich aus den einschlägigen, auf § 7 BImSchG gestützten Rechtsverordnungen ergebenden Anforderungen erfüllt sein müssen.

Die Grundpflicht des § 5 Abs. 1 Nr. 1 BImSchG, nach der genehmigungsbedürftige Anlagen so zu errichten sind, dass schädliche Umwelteinwirkungen nicht hervorgerufen werden können, wird weiter konkretisiert durch eine auf der Grundlage von § 48 BImSchG ergangene normkonkretisierende Verwaltungsvorschrift, *die TA Luft*. Die TA Luft dient der näheren Bestimmung des Begriffs der schädlichen Umwelteinwirkungen und ist strikt zu beachtende Genehmigungsvoraussetzung.

Die 39. BImSchV dient der Umsetzung der Luftqualitätsrichtlinie und enthält zwar ebenfalls Grenzwerte für bestimmte Luftschadstoffe. Sie begründet aber lediglich Pflichten der zuständigen Behörden, Luftqualitätspläne aufzustellen, wenn die Grenzwerte überschritten werden. Die Grenzwerte der 39. BImSchV richten sich daher gar nicht an die Anlagenbetreiber und spielen also für die Vorhabenzulassung

– jedenfalls unmittelbar – keine Rolle[35]. Diese Auffassung vertritt – zutreffend – das OVG Münster und führt weiter aus: Das EG-Luftqualitätsrecht ziele darauf ab, eine bestimmte Qualität der Luft unabhängig davon sicherzustellen, welche Quellen dieses Ziel gefährden oder beeinträchtigen. Zu diesem Zweck würden verbindliche Immissionswerte festgesetzt. Den Mitgliedstaaten und den Umweltbehörden in den Mitgliedstaaten bleibe es dann weithin überlassen zu regeln, mit Hilfe welcher Instrumente sie für die Einhaltung dieser Werte sorgen. Zudem bleibe offen, welche Verursacher in Anspruch genommen werden sollen. Im Unterschied dazu sei das deutsche Luftreinhalterecht durch einen quellenorientierten Ansatz gekennzeichnet: Seine Vorschriften betreffen jeweils bestimmte Verursacher von Luftverunreinigungen[36].

Festzuhalten bleibt also: Die Grenzwerte der 39. BImSchV sind nicht unmittelbarer Prüfungsmaßstab für die Erteilung einer immissionsschutzrechtlichen Genehmigung.

Völlig unbeachtlich ist die 39. BImSchV, oder besser: die Luftqualitätsrichtlinie, für die immissionsschutzrechtliche Anlagenzulassung dagegen damit noch nicht. Relevant könnte die Luftqualitätsrichtlinie noch insoweit werden, als anerkannt ist, dass auf der Grundlage der TA Luft nicht Luftverunreinigungen zugelassen werden dürfen, deren Vermeidung europarechtlich, also auch aufgrund der Luftqualitätsrichtlinie, sicherzustellen ist. Deshalb darf zwischen den Immissionswerten der TA Luft und den Grenzwerten der Luftqualitätsrichtlinie (bzw. der 39. BImSchV) kein Widerspruch auftreten[37]. Ein solcher Widerspruch bestand nach Auffassung des hessischen VGH bislang jedenfalls nicht, denn die Grenzwerte aus den Vorgänger-Luftqualitätsrichtlinien[38] wurden mit Ausnahme des Wertes für Kohlenmonoxid in gleicher Höhe, mit denselben Bezugszeiträumen und mit denselben zulässigen Überschreitungshäufigkeiten in die TA Luft übernommen[39]. Nach der neuen Luftqualitätsrichtlinie dürfte sich an dieser Beurteilung wohl nichts ändern, denn die Grenzwerte wurden im Wesentlichen beibehalten[40].

Fraglich ist aber, ob ein Widerspruch zwischen TA Luft und der Luftqualitätsrichtlinie durch die in Ziff. 4.2.2 lit. a) der TA Luft enthaltene sog. *Irrelevanzklausel* begründet wird – mit der Folge ihrer Europarechtswidrigkeit. Die Irrelevanzklausel der TA Luft besagt, dass eine immissionsschutzrechtliche Genehmigung trotz Überschreitens der einschlägigen Immissionswerte nicht versagt werden darf, wenn

35 OVG NW, Urt. v. 9.12.2009, Az. 8 D 12/08.AK, Rn. 278 (juris) = DVBl. 2010, 719.
36 OVG NW (Fn. 35), Rn. 280 (juris).
37 VGH Hessen, Urt. v. 24.9.2008, Az. 6 C 1600/07.T, Rn. 97 (juris) = DVBl. 2009, 186.
38 Fn. 4, 5.
39 VGH Hessen (Fn. 3737), Rn. 97 (juris); Hansmann, in: Landmann/Rohmer, Umweltrecht, Stand: August 2002, Vorbem. TA Luft, Rn. 17, 20.
40 Kugler (Fn. 7). Ab dem Jahr 2015 gilt jedoch nach Anhang XIV der Luftqualitätsrichtlinie (RL 2008/50/EG) ein Grenzwert für PM 2,5, wofür die TA Luft bislang keinen Grenzwert vorsieht.

die Kenngröße für die Zusatzbelastung 3 % des Immissions-Jahreswertes nicht überschreitet. Die Luftqualitätsrichtlinie kennt eine solche Irrelevanzklausel nicht.

Die Irrelevanzklausel ist praktisch außerordentlich bedeutsam. Eine Vielzahl von Änderungsgenehmigungen, aber auch von Neugenehmigungen verdanken sich ihrer Anwendung. Problematisch wird diese vor allem dann, wenn Anlagen gleichsam scheibchenweise erweitert werden, aber auch, wenn sonst ihre Anwendung kumuliert auftritt, wie dies in industriellen Ballungsräumen der Fall sein kann[41].

Die Frage der Europarechtswidrigkeit der Irrelevanzklausel wird uneinheitlich beantwortet. Überwiegend wird zwar die Auffassung vertreten, dass das EG-Recht auch sonst nur „signifikante Luftverunreinigungen" erfasse, die Außerachtlassung irrelevanter Immissionsbeiträge daher dem EG-Recht nicht fremd und auch sonst nicht europarechtswidrig sei[42]. Unbedenklichkeit wurde ganz überwiegend noch der Irrelevanzregelung der TA Luft 1986 („1 %-Regelung") bescheinigt[43]. Bezweifelt wird dagegen, ob dies auch noch für die Irrelevanzregelung der TA Luft 2002 („3 %-Regelung"), die gegenüber der Irrelevanzregelung der TA Luft 1986 deutlich großzügiger ausgestaltet wurde, gelten könne[44]. VGH Kassel[45] und OVG Münster[46] lassen dies in zwei neueren Entscheidungen letztlich offen, da in den konkret zu entscheidenden Fällen auch die frühere „1 %-Schwelle" unterschritten wurde.

Richtig ist m.E. der Ansatz mit den verschiedenen Regelungsregimes: Solange bei einem integrativen Ansatz das Erreichen der Qualitätsziele nicht ausgeschlossen erscheint, schlägt das europarechtliche Luftqualitätsrecht auf die Genehmigungsebene nicht unmittelbar, sondern eben nur nach Maßgabe des innerstaatlichen Umsetzungsrechts durch, und dieses ist wiederum nicht europarechtswidrig, solange es die Zielerreichung noch auf anderem Wege als gerade über noch strengere Grenzwerte verspricht.

Praktisch lässt die gerichtliche Klärung der Frage auf sich warten, weil Kläger oft nur unterhalb der 1 % Zusatzbelastung betroffen sind. Dies erlaubt den Gerichten, die Frage mangels Entscheidungserheblichkeit offen zu lassen. Umgekehrt wagt kaum eine Genehmigungsbehörde, die Irrelevanzklausel unangewendet zu lassen,

---

41 Kritisch zu Recht daher auch Roßnagel, in: GK-BImSchG, § 5 BImSchG Rn. 301 ff., insbes. Rn. 306.

42 OVG NW (Fn. 35), Rn. 275 (juris) unter Verweis auf Hansmann, in: Landmann/Rohmer, Umweltrecht, Stand: Dez. 2004, Nr. 4.2 TA Luft, Rn. 24.

43 Hansmann (Fn. 42), Nr. 4.2 TA Luft, Rn. 24 und 33, m. w. N.; a. A. Roßnagel (Fn. 41), § 5 BImSchG Rn. 301, 306; § 3, Rn. 204 ff.: gerade wegen der Außerachtlassung von Summationen sei die „1 %-Regelung" der TA Luft 1986 gesetzwidrig.

44 Jarass, NVwZ 2003, 257, 264, dort mit Fn. 112. Für eine gesetzeskonforme Auslegung daher auch Hansmann (Fn. 42), Nr. 4.2 TA Luft, Rn. 32 ff., 38; ders. in NVwZ 2003, 266, 273.

45 VGH Hessen (Fn. 37), Rn. 100 f. (juris).

46 OVG NW (Fn. 35), Rn. 271 ff. (juris).

riskiert sie doch Amtshaftungsansprüche wegen rechtswidriger Genehmigungsversagung in beträchtlicher Höhe.

In Hinblick auf die Irrelevanzklausel stellt sich die weitere Frage, ob Luftqualitätspläne deren Anwendung ausschließen können. Die Frage hat einen materiellen und einen verfahrensmäßigen Aspekt: Materiell rechtmäßig ist eine Einschränkung der TA Luft sicherlich dann, wenn die vorliegend beschriebenen Voraussetzungen der Unvereinbarkeit der Irrelevanzklausel mit dem europäischen Luftqualitätsrecht vorliegen, etwa weil im Einzelfall die Kumulation mehrerer Zusatzbelastungen die Überschreitung der Grenzwerte erwarten lässt[47]. Verfahrensrechtlich ist festzustellen, dass Luftqualitätspläne hier die immissionsschutzrechtlich zuständigen Behörden tatsächlich binden können.

## 2. Vorhabenzulassung in Planungsform

Ebenfalls mit der Vereinbarkeit eines Vorhabens mit dem europäischen Luftqualitätsrecht zu befassen hatte sich das BVerwG, und zwar mit Urteil vom 12.8.2009[48]. Hier handelte es sich nun aber um ein Planungsvorhaben in Form eines Planfeststellungsbeschlusses, nämlich zur A 33 Bielefeld – Steinhagen: Die Einhaltung der Grenzwerte der Verordnung über Immissionswerte für Schadstoffe in der Luft (22. BImSchV – Anm.: heute 39. BImSchV) stelle keine Rechtmäßigkeitsvoraussetzung für die Planfeststellung des Vorhabens dar. Grund dafür sei, dass die Grenzwerte, die diese Verordnung für Schwefeldioxid, Stickstoffdioxid und Stickstoffoxide, Partikel, Blei, Benzol und Kohlenmonoxid in der Luft festlegt, in engem Zusammenhang mit dem System der Luftreinhalteplanung stehen (vgl. § 47 BImSchG, § 11 der 22. BImSchV). Mit diesem System habe der deutsche Gesetz- und Verordnungsgeber in Umsetzung der Vorgaben gemeinschaftsrechtlicher Luftqualitätsrichtlinien einen abgestuften Regelungsmechanismus vorgesehen, der Grenzwertüberschreitungen immissionsquellenunabhängig begegnen soll. Die durch das Gemeinschaftsrecht gewährte Freiheit, zwischen den zur Einhaltung der Grenzwerte geeigneten Mitteln zu wählen, werde dadurch jedoch nicht beschränkt. Sie schließe grundsätzlich eine Verpflichtung der Planfeststellungsbehörde aus, die Einhaltung der Grenzwerte vorhabenbezogen zu garantieren[49].

Auch hier betont das BVerwG aber die *Abwägungsrelevanz* der Grenzwerte: „Der Vorhabenträger ist grundsätzlich gehalten, die durch die Planungsentscheidung geschaffenen Konflikte zu bewältigen. Die Konfliktbewältigung kann auch darin bestehen, dass die Planfeststellungsbehörde die endgültige Problemlösung einem spezialisierten und verbindlichen, auf gesetzlichen Regelungen beruhenden

47 Hansmann (Fn. 42), Nr. 4.2 TA Luft, Rn. 17; ders. in NVwZ 2003, 266, 273.

48 Az. 9 A 64/07 (juris) = BVerwGE 134, 308.

49 Ebda. Rn. 106 (juris), unter Verweis auf BVerwG, Urt. v. 26.5.2004, Az. 9 A 6.03 (juris) = BVerwGE 121, 57, 61 und BVerwG, Urt. v. 23.2.2005, Az. 4 A 5.04 (juris) = BVerwGE 123, 23, 28.

Verfahren überlässt. Das Gebot der Konfliktbewältigung als Ausformung des Abwägungsgebots ist erst verletzt, wenn die Planfeststellungsbehörde das Vorhaben zulässt, obgleich absehbar ist, dass seine Verwirklichung die Möglichkeit ausschließt, die Einhaltung der Grenzwerte mit den Mitteln der Luftreinhalteplanung in einer mit der Funktion des Vorhabens zu vereinbarenden Weise zu sichern. Das ist insbesondere der Fall, wenn die von einer planfestgestellten Straße herrührenden Immissionen bereits für sich genommen die maßgeblichen Grenzwerte überschreiten. Von diesem Fall abgesehen geht der Gesetzgeber davon aus, dass sich die Einhaltung der Grenzwerte mit den Mitteln der Luftreinhalteplanung sichern lässt. Für die Annahme, dass dies nicht möglich ist, müssen deshalb besondere Umstände vorliegen, wie sie zum Beispiel an zentralen Verkehrsknotenpunkten gegeben sein können"[50]. Der Entscheidung ist zuzustimmen.

## V. Resümee und Ausblick

Im Bereich der Bauleitplanung ist die Luftqualität Abwägungsbelang, niemals striktes Planungshindernis. Dasselbe gilt auch für die inhaltlichen Qualitätsvorgaben, für die Inhalte der Luftqualitätspläne und für die Grenzwerte der 39. BImSchV.

Bei der Vorhabenzulassung kommt es alleine auf die Umsetzung der europarechtlichen Vorgaben in Form der TA Luft an, ein Rückgriff unmittelbar auf Europarecht kommt daneben grundsätzlich nicht in Betracht. Durchschlagende Gründe für eine europarechtswidrige Umsetzung durch den deutschen Gesetz- und Verordnungsgeber gibt es nicht. Dies dürfte auch in Hinblick auf die Irrelevanzklausel der TA Luft gelten, solange ihre Anwendung nicht ausnahmsweise impliziert, dass die Grenzwerte nicht mehr zu erreichen sind – was praktisch schwer vorstellbar erscheint.

In der Fachplanung bleibt es bei dem Grundsatz, dass Luftqualität und Luftquaitätspläne nur abwägungsrelevant sind, Ausnahmen in Form eines Planungshindernisses aber denkbar sind für den Fall, dass sich die Einhaltung der Grenzwerte mit den Mitteln der Luftreinhalteplanung planfeststellungsbedingt nicht mehr sichern lässt, für welche Annahme aber besondere Umstände vorliegen müssen, wie sie das BVerwG für zentrale Verkehrsknotenpunkte immerhin andeutetet.

50 Unter Verweis auf Urt. v. 23.2.2005 (Fn. 49), m. w. N.

# IV Feinstaub und seine Berücksichtigung bei der Bauleitplanung und bei der Zulassung von Bauvorhaben

*Christian-W. Otto*

## 1. Einleitung

Unter Feinstaub versteht man feine Partikel in der Luft. Sie verunreinigen die Luft im Sinne von § 3 Abs. 4 BImSchG, indem sie die natürliche Zusammensetzung der Luft ändern. Unterschieden werden Feinstaubpartikel mit einem aerodynamischen Durchmesser bis 10 μm (das sind 10 millionstel Meter) von Partikeln bis zu einem aerodynamischen Durchmesser von weniger als 2,5 μm. Feinstaub kann sich in der natürlichen Umwelt entwickeln oder das Ergebnis von technischen Vorgängen sein, die ihren Ursprung vor allem in Industrie- oder Gewerbebetrieben, in Heizungsanlagen oder im Kraftfahrzeugverkehr haben. In Siedlungsgebieten ist eine maßgebliche Quelle der Straßenverkehr, weil der Feinstaub dort vor allem durch die Motoren, durch den Bremsen- und Reifenabrieb sowie durch Aufwirbelungen des Staubes von der Straßenoberfläche verursacht wird. In der Landwirtschaft entsteht Feinstaub vor allem bei der Tierhaltung.

Durch das Einatmen von Feinstaub mit der Luft kann die Gesundheit des Menschen beeinträchtigt werden. Nicht nur der Feinstaub als solcher, sondern weitere gefährliche Stoffe wie Schwermetalle oder krebserzeugende polyzyklische aromatische Kohlenwasserstoffe können mittels des sie transportierenden Feinstaubs in die Lunge geraten und so die Atemwege schädigen. Ultrafeine Partikel (bis zu einem aerodynamischen Durchmesser von 0,1 μm) können sogar die Blutbahn erreichen. Aufgrund dieser Gefahren für die Gesundheit der Menschen hat es sich die Politik zur Aufgabe gemacht, die Feinstaubbelastung in der Luft zu reduzieren. Dazu werden verschiedene rechtliche Vorgaben gemacht.

Auf der europäischen Ebene ist zu nennen die Richtlinie 2008/50/EG des Europäischen Parlaments und des Rates vom 21. Mai 2008 über Luftqualität und saubere Luft für Europa.[1] Diese Richtlinie ist ein wichtiger Bestandteil der Thematischen Strategie zur Luftreinhaltung der EU-Kommission.[2] In der Richtlinie 2008/50/EG wurden die Rahmenrichtlinie Luftqualität (96/62/EG) („Mutter") zusammen mit der ersten (1999/30/EG), zweiten (2000/69/EG) und dritten Tochterrichtlinie (2002/3/EG) sowie die Entscheidung des Rates über den

1 ABl. L151 v. 11. Juni 2008, S. 1.

2 Vgl. Mitteilung der Kommission an den Rat und das Europäische Parlament v. 21. September 2005 „Thematische Strategie zur Luftreinhaltung" [KOM(2005) 446 - nicht im Amtsblatt veröffentlicht].

„Austausch von Informationen von Luftqualitätsmessungen" (97/101/EG) zusammengefasst. Nicht mehr geltende Vorschriften (Fristenauslauf) sind entfallen, zusätzlich jedoch einige neue Vorschriften aufgenommen worden. Die Richtlinie 2008/50/EG legt für die besonders gesundheitsschädlichen Feinstäube mit einem aerodynamischen Durchmesser kleiner als 2,5 µm (sog. Partikel PM-2,5) erstmals Luftqualitätswerte fest. Die Mitgliedstaaten der Europäischen Union haben gem. Art. 23 RL 2008/50/EG Luftqualitätspläne aufzustellen, wenn in bestimmten Gebieten oder Ballungsräumen (Art. 4 RL 2008/50/EG) ein Grenzwert oder ein Zielwert zuzüglich einer Toleranzmarge überschritten wird. Ggf. haben sie nach Art. 24 RL 2008/50/EG „Pläne mit kurzfristigen Maßnahmen" aufzustellen.

Auf nationaler Ebene haben die §§ 44 bis 47 BImSchG in Verbindung mit der 39. BImSchV die Luftqualität und damit auch die Feinstaubbelastung in der Luft zum Gegenstand. Diese Vorschriften dienen insbesondere dazu, die gemeinschaftsrechtlichen Vorgaben des Luftreinhalterechts in nationales Recht zu gießen.[3] Die Neuregelungen des BImSchG betreffen die Information der Öffentlichkeit, die Ablösung von Aktionsplänen durch Pläne für kurzfristig zu ergreifende Maßnahmen und die Luftreinhaltepläne bei Überschreitungen von Zielwerten. Diese Pläne können wiederum Grundlage für weitere Maßnahmen sein, die die Behörden kurzfristig ergreifen müssen, um zu verhindern, dass festgelegte Immissionsgrenzwerte oder Alarmschwellen überschritten werden. Eine der bekanntesten Maßnahmen, Luftverunreinigungen zu reduzieren, ist die Einführung von Umweltzonen in den Städten, so dass Fahrzeuge der Schadstoffgruppen 1, 2 und 3 die Einfahrt in diese Gebiete nach Maßgabe verschiedener Abstufungen verboten ist.

Auch die 39. Verordnung zur Durchführung des Bundesimmissionsschutzgesetzes, die Verordnung über Luftqualitätsstandards und Immissionshöchstmengen,[4] ist erlassen worden, um die Richtlinie 2008/50/EG in nationales Recht umzusetzen. Ermächtigungsgrundlage dieser Verordnung ist § 48a Abs. 1 und 3 BImSchG. Mit ihrer Hilfe sollen die in §§ 44 ff. BImSchG genannten Ziele erreicht werden. Durch die 39. BImSchV sind die Verordnung über Immissionswerte für Schadstoffe in der Luft (22. BImSchV) und die Verordnung zur Verminderung von Sommersmog, Versauerung und Nährstoffeinträgen (33. BImSchV) ersetzt und aufgehoben worden.

Von Bedeutung ist weiterhin die TA Luft, die Erste Allgemeine-Verwaltungsvorschrift zum Bundes-Immissionsschutzgesetz. In ihr werden die immissionsschutzrechtlichen Anforderungen an genehmigungsbedürftige Anlagen konkretisiert.[5] Nach Nr. 1 Abs. 5 TA Luft sollen die in Nummer 4 festgelegten Grundsätze zur Ermittlung und Maßstäbe zur Beurteilung von schädlichen Um-

---

3 Die Luftreinhalte-Richtlinie 2008/50/EG ist durch das 8. Gesetz zur Änderung des Bundesimmissionsschutzgesetzes im nationalen Recht transferiert worden.

4 39. BImSchV – BGBl. I, 1065.

5 Vgl. Jarass, BImSchG, 8. A., § 48 Rn. 27.

welteinwirkungen auch bei der Zulassung nicht genehmigungsbedürftiger Anlagen nach § 22 Abs. 1 Nrn. 1 und 2 BImSchG herangezogen werden.[6]

Im Weiteren ist nun zu untersuchen, ob und welche Möglichkeiten und Pflichten bestehen, bei der Vorhabenzulassung und auf der Ebene der Bauleitplanung Feinstaubbelastungen der Luft zu berücksichtigen, insbesondere auf bestehende Feinstaubbelastungen zu reagieren und diese ggf. zu minimieren. Da für die Bauleitplanung und die Genehmigung von Einzelvorhaben grundsätzlich ganz unterschiedliche Anforderungen gelten – im Genehmigungsverfahren die Einhaltung von Grenzwerten, in der Planung die Abwägung von Belangen -, muss die Darstellung getrennt erfolgen. Auch verbietet sich eine Schlussfolgerung von dem einen Rechtsregime in das andere.

## 2. Feinstaub im Genehmigungsverfahren

Der Feinstaub, sei es der durch ein Vorhaben verursachte, sei es der Feinstaub, dem ein Vorhaben ausgesetzt ist, ist bei der Zulassung von Bauvorhaben beachtlich, wenn er Gegenstand von Regelungen ist, die bestimmen, unter welchen Voraussetzungen eine Genehmigung zu erteilen ist. Für Vorhaben, die nach der Bauordnung zu genehmigen sind, kommt es darauf an, ob öffentlich-rechtliche Vorschriften, die den Feinstaub zum Gegenstand haben, dem Vorhaben entgegenstehen oder nicht.[7] Sofern solche Vorschriften einem bestimmten Vorhaben nicht entgegenstehen, muss die Genehmigung erteilt werden. Wenn der Prüfungsumfang im Genehmigungsverfahren um diese Regelungen reduziert ist, ist das Vorhaben insoweit nur, wenn es diesen Vorschriften nicht widerspricht, materiell zulässig.[8]

Bei immissionsschutzrechtlich genehmigungsbedürftigen Anlagen ist die Genehmigung zu erteilen, wenn gem. § 6 Abs. 1 BImSchG sichergestellt ist, dass die sich aus § 5 BImSchG oder einer aufgrund des § 7 BImSchG erlassenen Rechtsverordnung ergebenen Pflichten erfüllt werden und andere öffentlich-rechtliche Vorschriften und Belange des Arbeitsschutzes, der Errichtung und des Betriebes der Anlage nicht entgegenstehen. Bei nicht immissionsschutzrechtlich genehmigungsbedürftigen Vorhaben muss gleichfalls ein Vorhabenbezug der Regelungen gegeben sein. Andernfalls kann nicht festgestellt werden, ob die Anlage gem. § 22 Abs. 1 BImSchG so betrieben werden kann, dass schädliche Umwelteinwirkungen verhindert werden.

---

6 Vgl. Jarass, BImSchG, 8. A., § 48 Rn. 40.
7 Vgl. z. B. § 67 Abs. 1 BbgBO.
8 Vgl. § 60 Abs. 2 BauO Bln.

Allen Zulassungsverfahren ist mithin gemein, dass der Feinstaub nur dann bei der Zulassung zu berücksichtigen ist, wenn den Feinstaub betreffende Regelungen vorhanden sind, die öffentlich-rechtliche Anforderungen an Einzelvorhaben stellen. Zu prüfen ist also, welche Bedeutung die eingangs geschilderten Vorschriften, ausgenommen die RL 2008/50/EG[9], für das Genehmigungsverfahren bei der Zulassung von Vorhaben besitzen.

## a) 39. BImSchV

Bei Vorhaben, die nach § 4 BImSchG genehmigungsbedürftig sind, oder für sonstige nicht genehmigungsbedürftige Vorhaben kann die 39. BImSchV nur dann Voraussetzung für die Genehmigungserteilung sein, wenn es sich bei der Verordnung um eine öffentlich-rechtliche Vorschrift handelt, die der Errichtung und dem Betrieb einer Anlage entgegenstehen kann und die zum Prüfprogramm des Genehmigungsverfahrens gehört. Dies ist bezüglich der 39. BImSchV zweifelhaft, weil diese Rechtsverordnung, die ihre Ermächtigung in § 48a BImSchG findet, nicht in § 6 Abs. 1 BImSchG genannt ist.[10] Erst durch die Neuregelung in § 6 Abs. 3 BImSchG (Verbesserungsklausel) gewinnt die 39. BImSchV bei Änderungsgenehmigungen unmittelbare Relevanz.[11]

Denkbar wäre allerdings, die 39. BImSchV als eine Rechtsverordnung i. S. v. § 6 Abs. 1 Nr. 2 BImSchG zu bewerten, wenn in ihr anlagenbezogen festgelegt wird, ab wann die Verursachung von Feinstaub durch eine Anlage als schädliche Umwelteinwirkung oder sonstige Gefahr bzw. erhebliche Nachteile oder erhebliche Belästigungen zu gelten hat.[12] Ob und ggf. wie eine solche anlagenbezogene Einstufung der 39. BImSchV und damit des EU-Luftqualitätsrechts möglich ist, ist sogleich zu klären.

### aa) Die Bedeutung der 22. BImSchV bei der Zulassung von Vorhaben.

Das Bundesverwaltungsgericht nimmt in Bezug auf die Vorgängerregelung zur 39. BImSchV, die 22. BImSchV an, dass diese, soweit es um die Einhaltung künftiger Grenzwerte geht, bereits im Verfahren der Zulassung von Vorhaben

9 Auf die Richtlinien 2008/50/EG und 2001/81/EG braucht in diesem Zusammenhang nicht abgestellt zu werden, weil diese Richtlinien durch das BImSchG und die 39. BImSchV umgesetzt wurden. Der Frage, ob die Umsetzung vollständig gelungen ist, wird in diesem Beitrag nicht weiter nachgegangen, sondern wird unterstellt.

10 Vgl. dazu Jarass, BImSchG, 6. A. § 6 Rn. 6a.

11 Vgl. Schink, Die Verbesserungsgenehmigung nach § 6 Abs. 3 BImSchG, NuR 2011, 250 ff.; Rebentisch, Änderung des BImSchG durch das Rechtsbereinigungsgesetz Umwelt UPR 2010, 121; Scheidler, Änderung des § 6 BImSchG durch das Rechtsbereinigungsgesetz Umwelt, NuR 2010, 785 ff.; ders., Neue Rechtsgrundlagen zur Bekämpfung von Feinstaub, UPR 2010, 365 ff.

12 Vgl. Scheidler, Feldhaus, Bundesimmissionsschutzrecht, 2. A. 83.

anwendbar ist. Allerdings sieht es keine Verpflichtung einer Planfeststellungsbehörde, die Einhaltung der Grenzwerte der Verordnung im Planfeststellungsverfahren vorhabenbezogen sicherzustellen.[13] Das Bundesverwaltungsgericht hat für das straßenrechtliche Planfeststellungsverfahren entschieden, dass die Einhaltung der Grenzwerte der Verordnung über Immissionswerte für Schadstoffe in der Luft (22. BImSchV) keine Rechtmäßigkeitsvoraussetzung für die Planfeststellung des Vorhabens darstellt.[14] Rechtlicher Maßstab zur Beurteilung der mit dem Vorhaben verbundenen Beeinträchtigungen der Luftqualität ist vielmehr das planungsrechtliche Abwägungsgebot. Das Bundesverwaltungsgericht begründet dies damit, dass der Gesetzgeber die Genehmigungsbehörde durch die 22. BImSchV nicht dazu verpflichte, die Einhaltung der Grenzwerte vorhabenbezogen zu garantieren. Vielmehr bleibt es den Behörden freigestellt, das dafür geeignete Mittel aus den außerhalb von Planfeststellungsverfahren vorgesehenen Luftreinhalteverfahren zu ergreifen.[15] Diese Rechtsprechung ist auf die 39. BImSchV übertragbar. Diese verfeinert das System der Luftreinhaltung, lässt es aber grundsätzlich unverändert.

### bb) Anwendbarkeit vs. Zulassungsschranke

Erklärungsbedürftig bleibt gleichwohl, was damit gemeint ist, dass die 22. bzw. 39. BImSchV bereits im Verfahren der Zulassung von Vorhaben anwendbar sei, nicht aber als Zulassungsschranke fungiere. Ein Blick in die Literatur schafft nur wenig Klarheit.[16] Jarass stellt fest, dass eine Genehmigung nicht erteilt werden darf, wenn sie zu einer Überschreitung der Immissionsgrenzwerte führt.[17] Scheidler versteht die 22. BImschV als Zulassungsregelung im Sinne von § 6 Abs. 1 Nr. 2 BImSchG.[18] Sparwasser/Stammann und Stüer sehen keine unmittelbare Verknüpfung zwischen der Einhaltung der Grenzwerte und der Rechtmäßigkeit der Zulassungsentscheidung.[19] Die eingangs gestellte Frage, welche Bedeutung die 39. BImSchV im Genehmigungsverfahren besitzt, ist damit noch nicht zufriedenstellend beantwortet. Ein Blick auf die Systematik und Funktionsweise des Luftreinhalterechts kann insoweit jedoch Klarheit verschaffen.

---

13 Vgl. BVerwG, Urt. v. 26.5.2004 - BVerwG 9 A 6.03 - BVerwGE 121, 57, 60 ff.

14 Vgl. BVerwG, Urt. v. 26.5.2004 - 9 A 6.03 - BVerwGE 121, 57, 60 ff.; vgl. auch Urt. v. 23.2.2005 - 4 A 5.04 - BVerwGE 123, 23, 27.

15 Vgl. BVerwG, Urt. v. 26.5.2004 - 9 A 6.03 - BVerwGE 121, 57, 60 ff.; vgl. auch Urt. v. 23.2.2005 - 4 A 5.04 - BVerwGE 123, 23, 27.

16 Vgl. Jarass, BImSchG, 8. A. § 6 Rn. 10; Jarass, NVwZ 2003, 263 ff.; Sellner/Reidt/Ohms, Rn. 1/144; a. A. Schmidt-Kötters, GK 70 zu § 5.

17 Vgl. Jarass, BImSchG, 8. A. § 6 Rn. 10; ders., NVwZ 2003, 263 ff.; Sellner/Reidt/Ohms, Rn. 1/144; a. A. Schmidt-Kötters, in: Koch/Scheuing/Pache, Gemeinschaftskommentar, zum BImSchG, § 5 Rn. 70.

18 Vgl. Scheidler, Feldhaus, Bundesimmissionsschutzrecht, 2. A. 83.

19 Vgl. Sparwasser/Stammann, ZUR 2006, 169, 173; Stüer, EurUP 2004, 46, 48 f.; s. a. Hansmann, in: Landmann/Rohmer, Umweltrecht, Kommentar Bd. II, 22. BImSchV, Vorb. Rn. 7.

### cc) Funktionsweise des europäischen Luftqualitätsrechts

Mit dem europäischen Recht der Luftreinhaltung der RL 2008/50/EG soll eine bestimmte Luftqualität gewonnen werden. Luftschadstoffe sollen ohne Beschränkung auf spezielle Verursacher reduziert werden. Alle Verursacher von Luftverunreinigungen sollen dazu beitragen, dass die Luftqualität bestimmte Immissionswerte nicht überschreitet, vgl. § 45 Abs. 1 BImSchG. Die Mitgliedstaaten bzw. die jeweils zuständigen Behörden sind deshalb nach der RL 2008/50/RL verpflichtet, Luftreinhalte- und Aktionspläne aufzustellen[20] und die darin vorgesehenen Maßnahmen zu ergreifen, sofern bestimmte Immissionsgrenzwerte, Toleranzmargen und Alarmschwellen überschritten sind. Die Luftreinhalteplanung ist die gemeinschaftsrechtlich vorgeschriebene Reaktion auf eine Grenzwertüberschreitung.

Dieses System hat der nationale Gesetzgeber übernommen. Nach § 47 Abs. 1 BImSchG hat die zuständige Behörde bei einer Überschreitung der Immissionsgrenzwerte einschließlich der festgelegten Toleranzwerte einen Luftreinhalteplan aufzustellen. Besteht die Gefahr, dass die festgelegten Immissionsgrenzwerte oder Alarmschwellen überschritten werden, hat die zuständige Behörde einen Aktionsplan aufzustellen. Liegen Anhaltspunkte dafür vor, dass die Immissionswerte nicht eingehalten werden, oder sind im Untersuchungsgebiet sonstige schädliche Umwelteinwirkungen zu erwarten, ist nach § 47 Abs. 3 BImSchG ein Luftreinhalteplan aufzustellen. Ggf. hat die zuständige Behörde nach Maßgabe von § 47 Abs. 4 BImSchG Maßnahmen zu ergreifen.

Damit funktioniert das Luftreinhalterecht quellenunabhängig.[21] Dass das EU-Luftqualitätsrecht keinen zulassungsbezogenen, sondern einen emissions- bzw. quellenunabhängigen Ansatz verfolgt, hat die EU-Kommission klargestellt und ist in der Literatur unbestritten.[22] Die Luftreinhalteplanung sieht folglich Reaktionen auf eine Grenzwertüberschreitung vor, die nicht unmittelbar auf den Emittenten abstellen, sondern immissionsquellenunabhängig wirken sollen. Ansatzpunkt für die Luftreinhaltung sind nach der RL 2008/50/EG also primär die Immissionen, nicht die Emissionen. Der das EU-Luftqualitätsrecht 1 zu 1 umsetzende § 47 BImSchG und die 39. BImSchV[23] sind weder nach dem Gemeinschaftsrecht noch nach der gesetzgeberischen Intention darauf ausgelegt, im Genehmigungsverfahren für ein Einzelvorhaben als eine Zulassungsregelung zu dienen. Aus der 39. BImSchV ergibt sich daher keine Verpflichtung der Genehmigungsbehörde, die Einhaltung der Grenzwerte dieser Rechtsverordnung vorhabenbezogen sicherzustellen. Gleichwohl wird die Regulierung einer emittierenden Anlage in diesem System – wie die Formulierung des § 45 Abs. 1 Satz 2 BImSchG zeigt – nicht ausgeschlossen.

---

20 Vgl. OVG Münster.

21 Vgl. Jarass, VerwArch 2006, 429, 432.

22 Vgl. Antwort der EU-Kommission auf eine Anfrage vom 5. Juni 2007; Erbguth/Schlacke, Umweltrecht, 3. A. S. 168 und 416; Jarass, BImSchG, 8. A., § 48a Rn. 8.

23 Vgl. BT-Drucks 17/768, 3.

### dd) Bedeutung der 39. BImSchV für die Zulassung von Vorhaben

Auch wenn die 39. BImSchV auf gebietsbezogene Immissionsgrenzwerte[24] abstellt, kann die zu genehmigende Anlage Gegenstand von Maßnahmen werden, die in einem Luftreinhalteplan oder Aktionsplan nach § 47 BImSchG oder in Plänen nach § 27 ff. der 39. BImSchV vorgesehen sind. Ziel dieser Maßnahmen ist, den Zeitraum einer Nichteinhaltung von Immissionsgrenzwerten so kurz wie möglich zu halten. Dafür sind die in den §§ 22 und 28 der 39. BImSchV bestimmten Maßnahmen vorgesehen. Gegenstand derartiger Maßnahmen kann nach § 22 der 39. BImSchV sein, dass Industrieanlagen, die unter die Richtlinie 2008/1/EG über die integrierte Vermeidung und Verminderung der Umweltverschmutzung fallen,[25] mit den besten verfügbaren Techniken i. S. d. Art. 2 Nr. 12 der Richtlinie 2008/50/EG ausgestattet werden. Nach § 28 Abs. 2 der 39. BImSchV können die Maßnahmen Beschränkungen und sogar die Aussetzung von bestimmten Tätigkeiten vorsehen. Dies kann nicht nur den Kraftfahrzeugverkehr oder die Bautätigkeit, sondern auch den Betrieb von Industrieanlagen, die Verwendung von Heizstoffen oder den Betrieb von Haushaltsheizungen betreffen. Diese Maßnahmen der Luftreinhaltung müssen nicht auf bereits errichtete bauliche Anlagen und bestehende Betriebe beschränkt sein, sondern können auch in die Genehmigungsphase hineinwirken, indem bereits in die Genehmigung bestimmte Nebenbestimmungen aufgenommen werden, die ansonsten als Maßnahmen für bestehende Anlage angeordnet werden können. So wird vom Gesetzgeber angenommen, derartige Maßnahmen durch entsprechende Anforderungen bei der Genehmigung neuer Anlagen zu regeln.[26]

Bei der Aufnahme von Maßnahmen in die Genehmigung sind stets das Verursacherprinzip und die Verhältnismäßigkeit der Maßnahme zu berücksichtigen.[27] So hält das Bundesverwaltungsgericht ein Vorhaben für nicht genehmigungsfähig, wenn besondere Umstände vorliegen, die dazu führen, dass die Immissionen bereits für sich genommen die maßgeblichen Grenzwerte überschreiten.[28] Die Erteilung einer Genehmigung zu versagen, müsste voraussetzen, dass allein die dauerhafte Untersagung des Betriebs eine zulässige Maßnahme im Sinne von § 47 Abs. 4 BImSchG wäre. In der Regel ist ein Vorhaben jedoch nicht allein für die Feinstaubbelastung eines Gebietes verantwortlich, so dass dann nicht eine Versagung der Genehmigung, sondern der Erlass von Nebenbestimmungen zu der Genehmigung in Betracht kommt, um so den Umfang von Emissionen zu regeln. Denkbar sind insoweit auch Bestimmungen, die die genehmigte Anlage unter bestimmten Voraussetzungen in ihrem Betrieb einschränken oder deren Betrieb aussetzen.

---

24 Dieser Gebietsbezug kommt u. a. in den Vorschriften der §§ 11 bis 13 und 25 f. 39. BImSchV.

25 IVU-Richtlinie ABL.L 24 vom 29.1.2008, S. 8.

26 Vgl. Bundestagsdrucksache 14/8450, 12.

27 Dazu Jarass, VerwArch 2006, 429, 438 ff.; VGH München, NVwZ 2007, 235 f.

28 Vgl. BVerwG, Urt. v. 23.2.2005 – 4 A 4/04 -, NVwZ 2005, 803, 805.

Die 39. BImSchV wirkt also über Pläne und Maßnahmen, die von ihr unmittelbar oder über die Luftreinhaltepläne oder Aktionspläne gefordert werden, in das Genehmigungsverfahren hinein. Durch die Genehmigung wird sichergestellt, dass die von der EG-Luftqualitätsrichtlinie, § 47 BImSchG und der 39. BImSchV, verfolgten gebietsbezogenen Ziele der Luftreinhaltung nicht unterlaufen werden. Durch die Genehmigung eines Einzelvorhabens dürfen nicht vollendete Tatsachen geschaffen werden, die durch das Instrumentarium der Luftreinhalteplanung nicht oder nur eingeschränkt wieder beseitigt werden können und es deswegen ausschließen, dass die vorgegebenen Grenzwerte eingehalten werden können.[29] Die Regelungen der 39. BImSchV, die Feinstaubbelastung der Luft betreffend, wirken in dieser Weise daher nur dann in das Genehmigungsverfahren hinein, wenn Luftreinhaltepläne oder sonstige Pläne aufgestellt wurden oder darauf fußende Maßnahmen angeordnet sind. Ansonsten bleibt die 39. BImSchV ohne Bedeutung für das Genehmigungsverfahren.

### b) TA Luft

Anders als mit dem Luftqualitätsrecht der EU und der 39. BImSchV verhält es sich mit der TA Luft im Genehmigungsverfahren. In der TA Luft werden Voraussetzungen für die Zulassung von Vorhaben benannt.[30] Es handelt sich um eine allgemeine Verwaltungsvorschrift, die auf Grundlage von § 48 BImSchG erlassen wurde. Die TA Luft gehört zum Anlagenzulassungsrecht, indem sie die von den Anlagebetreibern gem. § 5 Abs. 1 Satz 1 Nr. 1 BImSchG einzuhaltenden gesetzlichen Pflichten, schädliche Umwelteinwirkungen und erhebliche Belästigungen für die Allgemeinheit und die Nachbarschaft zu vermeiden, konkretisiert. Durch die TA Luft werden die Anforderungen des Bundes-Immissionsschutzgesetzes an die Luftreinhaltung vorhabenbezogen bestimmt.

Da die TA Luft keine Luftverunreinigungen zulassen darf, deren Vermeidung durch Luftreinhaltepläne sicherzustellen ist, darf zwischen den Immissionswerten der TA Luft und den Grenzwerten der EG-Richtlinien bzw. der 39. BImSchV kein Widerspruch auftreten.[31] In der TA Luft sind daher die Grenzwerte der 22. BImSchV übernommen worden. Die Anpassung an die 39. BImSchV steht

---

29 Vgl. BVerwG, Urt. v. 26.5.2004 - 9 A 6.03 -, BVerwGE 121, 57 = NVwZ 2004, 1237.

30 Vgl. hierzu Hess. VGH, Urt. v. 24.09.2008 - 6 C 1600/07.T -, DVBl. 2009, 186 = juris Rn. 95 f.; Hansmann/Röckinghausen, in: Landmann/Rohmer, Umweltrecht, Band II, Loseblatt, Stand: September 2007, Vorb. 22. BImSchV Rn. 9; Herrmann, in: GK-BImSchG, Loseblatt, Stand: Dezember 2006, § 45 Rn. 11 f.; Backes, in: Festschrift für Eckard Rehbinder, Umweltrecht und Umweltwissenschaft, 2007, S. 669, 678; s. a. vgl. Jarass, NVwZ 2003, 257, 258.

31 Vgl. OVG Münster, NuR 2010, S. 583 ff., Hess. VGH, Urt. v. 24.9.2008 - 6 C 1600/07.T -, DVBl. 2009, 186; Hansmann/Röckinghausen, in: Landmann/Rohmer, Umweltrecht, Band II, Loseblatt, Stand: September 2007, Vorb. 22. BImSchV, Rn. 9; Jarass, NVwZ 2003, 257, 263.

hingegen noch aus. Die TA Luft enthält damit keine Anforderungen an die PM-2,5-Partikel.[32]

Ob schädliche Umwelteinwirkungen in diesem Sinne durch Luftschadstoffe, also auch durch Feinstaub verursacht werden, ist nach den normkonkretisierenden Vorschriften bezüglich der Anforderungen zum Schutz vor schädlichen Umwelteinwirkungen in Abschnitt 4 der TA Luft zu beurteilen.[33] Bei luftverunreinigenden Stoffen, für die in der TA Luft Immissionswerte (Nr. 2.3 TA Luft) als Jahres-, Tages- oder Stundenwerte für Stoffe in der Luft (Nr. 4.2 und Nr. 4.4 TA Luft), für Staubniederschlag (Nr. 4.3 TA Luft) und für Schadstoffdepositionen (Nr. 4.5 TA Luft) festgelegt sind, erfolgt die Prüfung, ob bezüglich des jeweiligen Schadstoffes der Schutz vor schädlichen Umwelteinwirkungen sichergestellt ist, grundsätzlich durch einen Vergleich der tatsächlichen oder der zu erwartenden Immissionen mit den Immissionswerten der TA Luft. Die zum Vergleich mit den Immissionswerten heranzuziehenden Immissionen bestehen aus der Gesamtbelastung, die sich aus der Summe der Vorbelastung und der Zusatzbelastung durch die neu zu errichtende Anlage ergibt. Der für den jeweiligen Schadstoff angegebene Immissions-Jahreswert ist eingehalten, wenn die Summe aus Vorbelastung und Zusatzbelastung, d. h. die Gesamtbelastung, an den jeweiligen Beurteilungspunkten kleiner oder gleich dem Immissions-Jahreswert ist (Nr. 4.7 TA Luft).

Bei Einhaltung der Immissionswerte ist davon auszugehen, dass schädliche Umwelteinwirkungen nicht hervorgerufen werden. Werden die Immissionswerte für Stoffe zum Schutz der menschlichen Gesundheit in Tabelle 1 zu Nr. 4.2.1 TA Luft jedoch überschritten, sind grundsätzlich schädliche Umwelteinwirkungen zu befürchten. Eine Genehmigung kann in diesem Fall nur unter den Voraussetzungen nach Nr. 4.2.2 TA Luft erteilt werden, wenn von der zu beurteilenden Anlage kein kausaler Beitrag zu der schädlichen Immissionsbelastung geleistet wird. Bei einer Überschreitung der weiteren in den Tabellen 2, 3, 4 und 6 zu den Nummern 4.3.1, 4.4.1, 4.4.2 und 4.5.1 TA Luft festgelegten Immissionswerte liegen dagegen lediglich Anhaltspunkte für schädliche Umwelteinwirkungen vor. Ob solche tatsächlich auftreten oder zu erwarten sind, ist ggf. in einer Sonderfallprüfung nach Nr. 4.8 TA Luft festzustellen (Nummern 4.3.2 Buchst. d), 4.4.3 Buchst. d), 4.5.2 Buchst. d) TA Luft).[34]

Die Ermittlung der Vor-, Zusatz- und Gesamtbelastung für den jeweiligen luftverunreinigenden Stoff erfolgt auf der Grundlage entsprechender Immissionskenngrößen (Nr. 2.2, Nr. 6.4 TA Luft). Die Kenngröße für die Vorbelastung kennzeichnet die vorhandene Belastung durch einen Schadstoff (Nr. 2.2 Satz 2 TA Luft). Die Kenngröße für die Zusatzbelastung ist nach Nr. 2.2 Satz 3 TA Luft der Immissionsbeitrag, der durch das beantragte Vorhaben voraussichtlich hervor-

32 Vgl. Tabelle 1 in Nr. 4.2.1 Immissionswerte.

33 Vgl. VGH Kassel, Urt. v. 24.09.2008 - 6 C 1600/07.T -, DVBl. 2009, 186 = ZUR 2009, 87.

34 Vgl. zum Vorstehenden: Hansmann, in: Landmann/Rohmer, Umweltrecht, Band II, Rn. 6 zu Nr. 4.1 TA Luft.

gerufen wird. Sie ergibt sich aus einer Immissionsprognose, die nach dem im Anhang 3 angegebenen Berechnungsverfahren durchzuführen ist, auf der Basis einer mittleren jährlichen Häufigkeitsverteilung oder einer repräsentativen Jahreszeitreihe von Windrichtung, Windgeschwindigkeit und Ausbreitungsklasse (Nr. 4.6.4.1 TA Luft).

Werden die Immissionswerte der TA Luft in Bezug auf den Feinstaub nicht überschritten, ist im Genehmigungsverfahren davon auszugehen, dass die Voraussetzungen nach § 5 Abs. 1 Satz 1 Nr. 1 BImSchG erfüllt sind.

Die Feinstaubbelastung der Luft ist mithin im Genehmigungsverfahren von Bedeutung, wenn und soweit die Regelungen der TA Luft anwendbar sind. Da diese keine speziellen Regelungen betreffend die Partikel PM-2,5 enthält, können insoweit keine Anforderungen an die Zulassung von Vorhaben gestellt werden.

## 3. Feinstaub in der Bauleitplanung

### a) Fragestellung

Luftverunreinigung und damit auch der Feinstaub in der Luft sind in unterschiedlichen Zusammenhängen in der Bauleitplanung zu berücksichtigen. Diese Thematik wird allgemein im Zusammenhang mit der Frage des Immissionsschutzes in der Bauleitplanung erörtert.[35] In dieser Debatte sind verschiedene Aufgaben der Bauleitplanung zu unterscheiden: Zum einen die Frage nach der zumutbaren Feinstaubbelastung der Luft, der das Plangebiet ausgesetzt ist, zum anderen die Frage nach der Feinstaubbelastung, die durch die geplante Nutzung verursacht wird und schließlich die Frage nach der Möglichkeit der Bauleitplanung, die Feinstaubbelastung zu minimieren, sei es emissionsseitig, sei es immissionsseitig. Der Feinstaub als Luftverunreinigung besitzt damit eine erhebliche Bedeutung in der eigentlichen Abwägungsentscheidung nach § 1 Abs. 7 BauGB. Folglich spielt der Feinstaub auch eine gewichtige Rolle im Abwägungsvorgang nach § 2 Abs. 3 BauGB, also in der Ermittlung und Bewertung der Belange, die für die Abwägung von Bedeutung sind.

Neben dieser den Feinstaub als solche berücksichtigenden Planung steht die Thematik, ob und wie Luftreinhaltepläne, Aktionspläne und in solchen Plänen festgesetzte Maßnahmen der Luftreinhaltung in der planerischen Abwägung be-

35 Vgl. Concik, Umweltrechtliche Aktionspläne in der Bauleitplanung, DVBl 2008, 546 ff.; Schink, Immissionsschutz in der Bauleitplanung, UPR 2011, 41 ff.; Birk, Minderung luftverunreinigender Emissionen durch Bauleitplanung?, in: Dolde u. a., Verfassung – Umwelt – Wirtschaft, Festschrift für Dieter Sellner, 2010, S. 207 ff.; Koch, Immissionsschutz in der Bauleitplanung, in: Erbguth u. a., Planung, Festschrift für Werner Hoppe, 2000, S. 548 ff.

rücksichtigt werden müssen, wieweit solche Pläne der Abwägung zugänglich sind oder Grenzen der Abwägung bilden. Das Verhältnis Bauleitplanung zu Luftreinhalteplanung soll im Folgenden jedoch ausgeklammert werden.[36] Es gilt alleine zu klären, ob und wie der Feinstaub als solcher die Bauleitplanung beeinflusst.

## b) Feinstaub als planungsrechtlicher Belang

Ist der Feinstaub in der Luft als ein allgegenwärtiges Umweltproblem für die Bauleitplanung überhaupt von Bedeutung, kann er also einen Belang darstellen, der in der Abwägung zu berücksichtigen ist? Dies ist, auch wenn der Feinstaub nicht im Katalog der Belange des § 1 Abs. 6 BauGB genannt ist, ohne weiteres mit „Ja" zu beantworten. Bereits aus den immissionsschutzrechtlichen Regelungen, insbesondere der 39. BImSchV und der TA-Luft wird deutlich, dass Feinstaub eine erhebliche Beeinträchtigung der Umwelt darstellen kann und für die menschliche Gesundheit von gravierender Bedeutung ist. Dies wird auch anhand verschiedener Planungsleitlinien in § 1 Abs. 6 BauGB deutlich. Nach § 1 Abs. 6 Nr. 7

- lit. a) sind die Auswirkungen auf Luft,
- lit. e) ist die Vermeidung von Immissionen,
- lit. g) sind die Darstellungen von Plänen des Immissionsschutzrechts und
- lit. h) ist die Erhaltung der bestmöglichen Luftqualität in Gebieten, in denen die durch Rechtsverordnung zur Erfüllung von bindenden Beschlüssen der Europäischen Gemeinschaften festgelegten Immissionsgrenzwerte nicht überschritten werden (gemeint ist damit die 39. BImSchV)[37]

bei der Aufstellung von Bauleitplänen zu berücksichtigen. Etwas allgemeiner gehalten ist die Anforderung in § 1 Abs. 6 Nr. 1 BauGB, dass die allgemeinen Anforderungen an gesunde Wohn- und Arbeitsverhältnisse zu berücksichtigen sind. Auf einer höheren Abstraktionsebene stehen die allgemeinen Grundsätze und Ziele der Bauleitplanung in § 1 Abs. 5 BauGB, nach denen in den Bauleitplänen auch die umweltschützenden Anforderungen aufgenommen werden und eine menschenwürdige Umwelt gesichert sowie die natürlichen Lebensgrundlagen geschützt und entwickelt werden. Bestandteil der natürlichen Lebensgrundlagen ist die Luft. Ohne dass dies im Einzelnen erläutert zu werden braucht, wird anhand dieser kurzen, keineswegs vollständigen Aufzählung von gesetzlichen Verankerungen des Immissionsschutzes und der Luftreinhaltung klar, dass die Verunreinigung der Luft durch Feinstaub ein wesentlicher Faktor bei der Aufstellung von

36 Vgl. dazu näher Schink, UPR 2011, 46 ff.
37 Siehe die entsprechende Regelung in § 26 der 39. BImSchV und § 50 Satz 2 BImSchG.

Bauleitplänen ist. Zugleich gibt die Auflistung einen ersten Eindruck davon, wie der Feinstaub in die Bauleitplanung hineinspielt.

### c) Die Ermittlung und Bewertung des Feinstaubs in der Luft.

Die Gemeinde ist durch § 2 Abs. 3 BauGB verpflichtet, die für die Abwägung bedeutsamen Belange zu ermitteln und zu bewerten. Dazu gehört auch die Feinstaubbelastung der Luft. Insoweit hat sie allgemein zu prüfen, ob die Anforderungen an gesunde Wohn- und Arbeitsverhältnisse erfüllt werden. Je nach Lage der Dinge hat sie andere Aspekte der Feinstaubbelastung zu prüfen und zu ermitteln.

Für diese Beurteilung kann sich die Gemeinde auf die Grenzwerte der TA-Luft vom 24. Juli 2002, GMBl. 2002, S. 511 oder auf die Immissionsgrenzwerte und Zielwerte der 39. BImSchV stützen. In der TA Luft wird das Risiko, dass der Einzelne und die Allgemeinheit hinzunehmen haben, aufgrund fachlichen Sachverstands, politischer Legitimation und verantwortbarer Bewertung konkretisiert.[38] Die Gemeinde darf die in diesen technischen Regelwerken normierten Werte heranziehen, um zu beurteilen, ob die Beeinträchtigungen durch Feinstaub noch zumutbar sind oder schon die Grenze zur unzumutbaren Beeinträchtigung überschritten ist. Dabei darf die planende Gemeinde die in der 39. BImSchV angesetzten Werte und Abgrenzungen aufnehmen, insbesondere also davon ausgehen,

- dass die Alarmschwelle ein Wert ist, bei dessen Überschreitung bei kurzfristiger Exposition ein Risiko für die Gesundheit der Gesamtbevölkerung besteht und unverzüglich Maßnahmen ergriffen werden müssen, vgl. § 1 Nr. 1 der 39. BImSchV,
- dass der Immissionswert ein Grenzwert ist, der aufgrund wissenschaftlicher Erkenntnisse mit dem Ziel festgelegt wird, schädliche Auswirkungen auf die menschliche Gesundheit oder die Umwelt insgesamt zu vermeiden, zu verhüten oder zu verringern und der innerhalb eines bestimmten Zeitraums eingehalten werden muss und danach nicht überschritten werden darf, vgl. § 1 Nr. 15 der 39. BImSchV,
- dass der kritische Wert ein aufgrund wissenschaftlicher Erkenntnisse festgelegter Wert ist, dessen Überschreitung unmittelbare schädliche Auswirkungen für manche Rezeptoren wie Bäume, sonstige Pflanzen oder natürliche Ökosysteme, aber nicht für den Menschen haben kann, vgl. § 1 Nr. 17 der 39. BImSchV.

38 Vgl. BVerwG, Urt. v. 11.12.2003 - 7 C 19.02 -, BVerwGE 119, 329, 333.

Ebenso hat sie die Immissionswerte der TA-Luft in ihrer Bedeutung für die menschliche Gesundheit zu berücksichtigen.[39]

Um die Werte der 39. BImSchV und der TA Luft und ihre Bedeutung für den Umweltschutz zutreffend erfassen zu können, hat die Gemeinde bei der Erstellung des Abwägungsmaterials die Vorschriften über die Ermittlung der Luftverunreinigungen, also z. B. die Fragen der Vorbelastung und Gesamtbelastung anzuwenden. Dies verdeutlicht § 2 Abs. 4 Satz 3 BauGB, in dem auf die allgemein anerkannten Prüfmethoden abgestellt wird. Was insoweit allgemein anerkannt ist, kann den technischen Regelwerken entnommen werden. Auf deren Grundlage kann die Gemeinde ermitteln und bewerten, welche Bedeutung die Feinstaubbelastung für die Umwelt und die menschliche Gesundheit, insbesondere für gesunde Wohn- und Arbeitsverhältnisse besitzt.

Allerdings ist die Ermittlung der Luftverunreinigung nicht auf die Frage beschränkt, ob bestimmte Immissionswerte erreicht oder überschritten sind. Da grundsätzlich jede nicht nur objektiv geringfügige mit der Bauleitplanung im Zusammenhang stehende Immission abwägungsrelevant ist, ist die Luftverunreinigung auch dann zu ermitteln, wenn die jeweiligen Immissionswerte augenscheinlich nicht überschritten werden. Insoweit kommt auch zum Tragen, dass die Abwägung nicht auf die Einhaltung von fachgesetzlichen Immissionswerten beschränkt ist.[40]

### d) Abwägung der Feinstaubbelastung

Auf der Grundlage einer abwägungsfehlerfreien Ermittlung der im Zusammenhang mit dem Feinstaub stehenden öffentlichen und privaten Belange nach § 2 Abs. 3 BauGB hat die Gemeinde diese gem. § 1 Abs. 7 BauGB gegen und untereinander gerecht abzuwägen. Dabei stößt sie auf zwei grundsätzlich unterschiedliche Situationen. Die Planung kann sich in einem Raum bewegen, in dem die bereits vorhandenen Luftverunreinigungen die maßgeblichen Immissionswerte nicht überschritten haben. Dann gewinnt der in § 1 Abs. 6 Nr. 7 lit. h) BauGB benannte Belang besondere Bedeutung. Danach ist in der Abwägung zu berücksichtigen, dass die bestmögliche Luftqualität erhalten wird. Soweit durch die Planung Feinstaub emittierende Vorhaben planerisch zugelassen werden, ist also abzuwägen, welche Festsetzungen getroffen werden können, um die relativ gute Luftqualität zu erhalten. Die Gemeinde darf zu diesem Zweck auch Festsetzungen treffen, die zu einer Unterschreitung der in der TA Luft bestimmten Emissionen führen.

Die andere Situation ist dadurch gekennzeichnet, dass die Gemeinde in einer Situation plant, in der die Immissionswerte bereits überschritten oder in der durch die geplante Zusatzbelastung die Immissionswerte der 39. BImSchV künftig

39 Vgl. Nr. 4.2 der TA-Luft.
40 Vgl. Söfker, E/Z/B/K, BauGB, § 1 Rn. 146 und 224 ff.

überschritten werden. Die Gemeinde hat dann abzuwägen, ob diesen Überschreitungen entgegengewirkt werden kann oder ob sie hinzunehmen sind. In die Abwägung hat sie dabei insbesondere die Möglichkeiten und Maßnahmen der Luftreinhalteplanung einzustellen und abzuwägen. Dabei hat sie auch sicherzustellen, dass die Planung vollziehbar bleibt. Die Realisierung der Planung darf weder daran scheitern, dass die in der TA-Luft maßgeblichen Werte überschritten werden, so dass die geplanten Vorhaben nicht genehmigt werden können,[41] noch darf die Planung dazu führen, dass sie in Widerspruch zu den Luftreinhalteplänen oder Aktionsplänen steht, so dass aufgrund der dort vorgesehenen Maßnahmen die geplanten Vorhaben nicht, jedenfalls nicht so wie festgesetzt verwirklicht werden können.

Andererseits muss die Gemeinde nicht alle immissionsschutzrechtlichen Fragestellungen auf der Ebene der Bauleitplanung abschließend klären und bewältigen. Zwar muss die Gemeinde grundsätzliche alle Konflikte lösen, die durch die Planung aufgeworfen werden.[42] Da dem Bauleitplanverfahren jedoch im Unterschied zu dem Planfeststellungsverfahren weitere Verfahren folgen, darf die Gemeinde die Lösung von Konflikten offen lassen, wenn zu erwarten ist , dass diese Konflikte auf nachfolgenden Ebenen sachgerecht bewältigt werden können. Dies hat die Gemeinde prognostisch zu beurteilen.[43] Dies gilt insbesondere für immissionsschutzrechtliche Probleme, die mit den Mitteln des Immissionsschutzrechts angegangen werden können.[44] In Bezug auf Luftverunreinigungen durch Feinstaub setzt dies voraus, dass die Gemeinde Inhalts- und Funktionsweise der Luftreinhaltepläne und Aktionspläne sowie der festgesetzten Maßnahmen ermittelt und in der Abwägung berücksichtigt. Ggf. hat sie festzustellen, ob und wie die Feinstaubemissionen, die durch planungsrechtlich zugelassene Vorhaben verursacht werden, in nachfolgenden Genehmigungsverfahren zuverlässig bewältigt werden können.[45]

Der mögliche Konflikttransfer entbindet die Gemeinde jedoch nicht davon, nach Maßgabe der abwägungsdirigierenden gesetzlichen Vorgaben, die Abwägungsentscheidung zu treffen. In diesem Zusammenhang ist dies nach § 50 Satz 2 BImSchG die Erhaltung der bestmöglichen Luftqualität in Gebieten, in denen die durch Rechtsverordnung nach § 48a Abs. 1 BImSchG zur Erfüllung von bindenden Beschlüssen der Europäischen Gemeinschaften festgelegten Immissions-

41 Vgl. dazu BVerwG, NVwZ 2005, 442, 444.

42 Vgl. Krautzberger, in B/K/L, BauGB, 11. A. § 1 Rn. 115 ff.; Weyreuther, BauR 1975, 1 ff.

43 So BVerwG, B. v. 8.11.2006 - 4 BN 32/06 -, juris; vgl. auch BVerwG, ZfBR 2008, 592; BVerwG, BRS 63 Nr. 224; OVG Münster, BRS 74 Nr. 6; OVG Münster, ÖffBauR 2005, 65 f.

44 Vgl. BVerwGE 69, 30, 34.

45 Die Frage, unter welchen Umständen eine Konfliktlösung außerhalb des Planungsverfahrens hinreichend sicher ist, beurteilt sich nach den Gegebenheiten des Einzelfalles und entzieht sich einer abstrakten Klärung (Beschl. v. 15.10.2009 - 4 BN 53.09 - BRS 74 Nr. 17, 107).

grenzwerte nicht überschritten werden.[46] Diese Vorgabe entspricht dem in § 1 Abs. 6 Nr. 7 lit. h) BauGB genannten Belang, bei der Abwägung der betroffenen Belange die Erhaltung der bestmöglichen Luftqualität zu berücksichtigen.

Zudem hat die Gemeinde nach § 50 Satz 1 BImSchG die für bestimmte Nutzungen vorgesehenen Flächen einander so zu zuordnen, dass schädliche Umwelteinwirkungen, zu denen auch Luftverunreinigungen durch Feinstaub gehören, auf den ausschließlich oder überwiegend dem Wohnen dienenden Gebiete sowie sonstige schutzbedürftige Gebiete soweit wie möglich vermieden werden.

Die Vorschriften in § 1 Abs. 6 Nr. 7 h) BauGB und § 50 Satz 2 BImSchG sind keine zwingenden Planungsleitsätze oder Optimierungsgebote. Die genannten Belange unterliegen vollständig – wie andere Umweltbelange auch – der planerischen Abwägung nach § 1 Abs. 7 BauGB.

Anders verhält es sich in Bezug auf das Trennungsgebot nach § 50 Satz 1 BImSchG. Denn mit der planerischen Festsetzung wird eine endgültige Standortentscheidung im Hinblick auf die von § 50 BImSchG geforderten „angemessenen Abstände" gefällt, die in einem nachfolgenden Genehmigungsverfahren nicht korrigiert werden kann. Nach der Rechtsprechung des Bundesverwaltungsgerichts handelt es sich bei diesem Trennungsgebot um eine Abwägungsdirektive, die trotz ihres herausgehobenen Gewichts der Abwägung zwar grundsätzlich zugänglich ist.[47] Wenn die Planung aber nicht eine vorhandene Gemengelage betrifft, also bei einer Neuplanung, bildet das Gebot jedoch eine grundsätzlich nur schwer überwindbare Schranke der Abwägung.[48]

Für die Abwägung ist schließlich auch beachtlich, dass die Gemeinde, anders als eine Genehmigungsbehörde, nicht darauf beschränkt ist, nur solchen Nachteilen einer Planung vorzubeugen oder ihnen abzuhelfen, die nach den in einschlägigen technischen Regelwerken normativ festgesetzten Immissionsgrenzwerten unzumutbar sind und deshalb nicht hingenommen werden müssen.[49] Da bei der Abwägung alle vom Vorhaben berührten öffentlichen sowie privaten Belange zu berücksichtigen und – im Konfliktfall – einer umfassenden planerischen Problembewältigung zuzuführen sind, sind auch die Belange abwägungserheblich, die

---

46 Vgl. Begründung des Regierungsentwurfs des 7. Gesetzes zur Änderung des BImSchG, BR-Drucks 1073/01, 28; s. a. die gleichlautende Regelung in § 1 Abs. 7 Nr. 7 lit. h) BauGB.

47 Vgl. BVerwG, UPR 2009, 154; BVerwGE 128, 238; BVerwGE 108, 248; BVerwGE 71, 163; s. a. Moench/Hennig, Störfallschutz in Bauleitplanung und Baugenehmigungsverfahren, DVBl 2009, 807, 808 f.

48 Vgl. OVG Münster, BRS 74 Nr. 6 (2009); OVG Münster, ZUR 2008, 434; OVG Lüneburg, NVwZ-RR 2002, 172; Louis/Wolf; Die erforderlichen Abstände zwischen Betrieben nach der Störfallverordnung und Wohngebieten oder anderen schutzwürdigen Bereichen nach § 50 Satz 1 BImSchG, NuR 2007, 1, 4; Weidemann, Abstandswahrung durch staatliche Ansiedlungsüberwachung, DVBl 2006, 1143, 1148; Berkemann, ZfBR 2010, 18, 20 f. m. w. N.

49 Vgl. BVerwG, Beschl. v. 5.3.1999 - 4 A 7.98 - Buchholz 407.4 § 17 FStrG Nr. 149.

unterhalb der Schwelle der unzumutbaren Beeinträchtigung betroffen sind, wenn sie denn mehr als geringwertig oder nicht schutzwürdig sind.[50] Schutzwürdig sind damit auch die Belange, die von mehr als nur geringfügigen, gleichwohl noch unterhalb der Schwelle der Unzumutbarkeit liegenden Feinstaubbelastungen der Luft betroffen sind. Planbetroffene haben auch unterhalb einer unzumutbaren Betroffenheit einen Anspruch auf fehlerfreie Abwägung ihrer Belange, auch wenn der Vorhabenträger zur Vornahme von Schutzmaßnahmen in einem Genehmigungsverfahren nicht verpflichtet werden kann. Das Bauplanungsrecht erlaubt der Gemeinde, Festsetzungen zum Luftschutz außerhalb des Immissionsschutzrechts zu treffen, vgl. § 9 Abs. 1 Nr. 24 BauGB.[51] Gerade im Hinblick auf den vorbeugenden Immissionsschutz darf die Gemeinde Festsetzungen wählen, die Luftverunreinigungen unterbinden, selbst wenn diese unterhalb der fachgesetzlichen Schwellenwerte bleiben.[52]

## e) Feinstaubbezogene Festsetzungen

Schließlich hat die Gemeinde in der Bebauungsplanung zu entscheiden, mittels welcher Festsetzungen Luftverunreinigungen vermieden werden oder verhindert wird, dass die beplanten Flächen Luftverunreinigungen durch Feinstaub ausgesetzt sind. Da die Gemeinde in der Bebauungsplanung kein Festsetzungserfindungsrecht besitzt, muss sie auf das ihr vom Gesetzgeber zur Verfügung gestellte Festsetzungsinstrumentarium zurückgreifen. Dieses ist recht reichhaltig.

Zuvorderst kommt der Gemeinde zur Hilfe, dass durch die Bestimmung der Baugebiete in der Baunutzungsverordnung bereits gesetzlich vorgegeben ist, welche Nutzungsarten auch unter Immissionsgesichtspunkten grundsätzlich miteinander verträglich sind.[53] Die vom Gesetzgeber vorgegebenen Entscheidungen über miteinander verträgliche Nutzungen können mithilfe der Variationsmöglichkeiten in § 1 Abs. 4 bis 9 BauNVO weiter verfeinert werden. So dürfen bestimmte störende Nutzungen (z. B. unter Bezug auf immissionsschutzbehördliche Abstandserlasse[54]) ausgeschlossen werden, vgl. § 1 Abs. 5 und Abs. 9 BauNVO.

Durch eine horizontale Gliederung des Plangebiets nach Betrieben und Anlagen und deren besonderen Eigenschaften gem. § 1 Abs. 4 BauNVO können Konfliktsituationen entschärft oder gar vermieden werden. Weitere Korrekturen sind im nachfolgenden Genehmigungsverfahren mittels § 15 BauNVO möglich.

---

50 Vgl. BVerwG, Beschl. v. 5.10.1990 - 4 B 249.89.

51 Vgl. BVerwG, Beschl. v. 31. 1. 2011 – 7 B 55/10.

52 Vgl. Söfker, in: E/Z/B/K, BauGB, § 1 Rn. 147c und 224 ff.

53 Vgl. Schink, UPR 2011, 41.

54 Vgl. RdErl. d. Ministeriums für Umwelt und Naturschutz, Landwirtschaft und Verbraucherschutz - V-3 - 8804.25.1 v. 6.6.2007 „Abstände zwischen Industrie- bzw. Gewerbegebieten und Wohngebieten im Rahmen der Bauleitplanung und sonstige für den Immissionsschutz bedeutsame Abstände (Abstandserlass)“, MBl. NRW. 2007, 659.

Einen Strauß weiterer Festsetzungsmöglichkeiten bietet § 9 Abs. 1 BauGB. Dabei können die flächenbezogenen und die gebäudebezogenen Festsetzungen unterschieden werden.

Gebäudebezogene Festsetzungen sind solche, die das Gebäude und dessen Nutzung selbst betreffen. In den Blick zu nehmen sind dabei nach § 9 Abs. 1 Nr. 23 a) BauGB Festsetzungen von Gebieten, in denen zum Schutz vor schädlichen Umwelteinwirkungen i. S. d. Bundesimmissionsschutzgesetzes bestimmte luftverunreinigende Stoffe nicht oder nur beschränkt verwendet werden dürfen. Festgesetzt werden können auch bauliche und sonstige technische Vorkehrungen zum Schutz vor solchen Einwirkungen oder zur Vermeidung oder Minderung solcher Einwirkungen, vgl. § 9 Abs. 1 Nr. 24 BauGB.

Flächenbezogene Festsetzungen sind solche, die sich mit der unterschiedlichen Nutzung von Flächen befassen. Dies können Festsetzungen sein, um Schutzflächen von einer Bebauung freizuhalten oder für die Flächen besondere Anlagen und Vorkehrungen zum Schutz vor schädlichen Umwelteinwirkungen und sonstigen Gefahren i. S. d. Bundesimmissionsschutzgesetzes festzusetzen. Denkbar sind aber auch Festsetzungen etwa von Wald- und Grünflächen, die dazu beitragen, dass die Luft in dem Baugebiet verbessert wird oder dass Flächen von der Bebauung freigehalten werden, so dass Schneisen für Luftströmungen offengehalten werden.[55]

55 Vgl. Schrödter, BauGB, 7. A., § 1 Rn. 137.

# V Luftverunreinigungen und Gefahrstoffe als Auslöser von FFH-Verträglichkeitsprüfungen und artenschutzrechtlichen Prüfungen

*Ulrich Storost*

## I. Einleitung: Habitat- und Artenschutz im Baurecht

In der Bauleitplanung und bei der Zulassung von Bauvorhaben spielt der europarechtlich gebotene Habitat- und Artenschutz eine erhebliche Rolle. Dabei stehen die rechtlichen Anforderungen des Habitatschutzes und des Artenschutzes **grundsätzlich selbstständig nebeneinander**. Rechtspolitisch ist dies unbefriedigend, da der Habitatschutz bereits selbst dem Artenschutz dient. Ohne eine dahin gehende Entscheidung des Gerichtshofs der Europäischen Union wird man jedoch den Habitatschutz nicht als speziellere und damit abschließende Regelung ansehen können[1].

Das nationale deutsche Recht verstärkt diese rechtspolitisch unbefriedigende Situation dadurch, dass das Baurecht – anders als das Fachplanungsrecht – die habitatschutzrechtliche und die artenschutzrechtliche Prüfung auch verfahrensrechtlich grundsätzlich verschiedenen Entscheidungsebenen zuordnet. Der in § 34 Abs. 1 bis 5 BNatSchG für Projekte geregelte Habitatschutz ist durch entsprechende Anwendung dieser Regelung gemäß § 1a Abs. 4 BauGB i. V. m. § 36 BNatSchG grundsätzlich abschließend auf der Ebene der Bauleitplanung zu bewältigen[2]; er gilt gemäß § 34 Abs. 8 BNatSchG mit Ausnahme von Bebauungsplänen, die eine Planfeststellung ersetzen, nicht für bauliche Vorhaben im Geltungsbereich eines Bebauungsplans nach § 30 BauGB und während der Planaufstellung nach § 33 BauGB. Nur für Vorhaben im unbeplanten Innenbereich nach § 34 BauGB und im Außenbereich nach § 35 BauGB bleibt die allgemeine Regelung des § 34 Abs. 1 Satz 1 BNatSchG unberührt. Demgegenüber gelten die artenschutzrechtlichen Zugriffsverbote des § 44 BNatSchG unmittelbar nur für die Zulassung eines Bauvorhabens und haben für die Bauleitplanung nur mittelbar Bedeutung: Ein Bauleitplan ist rechtswidrig, soweit seine Verwirklichung an unüberwindbaren artenschutzrechtlichen Hindernissen scheitern würde. Dem Plangeber obliegt es deshalb, im Verfahren der Planaufstellung vorausschauend zu ermitteln und zu beurteilen, ob die vorgesehenen Festsetzungen auf solche Hindernisse treffen würden, und von Festsetzungen Abstand zu nehmen, denen ein dauerhaftes

1 So aber Dolde, NVwZ 2008, 121 ff.; Philipp, NVwZ 2008, 593 ff., 595.
2 Vgl. dazu im einzelnen Reidt, NVwZ 2010, 8 ff., 11; Mitschang/Wagner, DVBl 2010, 1257 ff., 1259 f.

rechtliches Hindernis in Gestalt artenschutzrechtlicher Verbote entgegenstände[3]. Dies ist bei Festsetzungen, deren Verwirklichung voraussichtlich durch Zulassung einer Ausnahme nach § 45 Abs. 7 BNatSchG ermöglicht werden kann, nicht der Fall. Liegt eine Ausnahmelage im Sinne dieser Vorschrift vor, ist es also dem Plangeber nicht aus Gründen des Artenschutzes verwehrt, in diese „hineinzuplanen"[4].

## II. Luftverunreinigungen und Gefahrstoffe als Auslöser von FFH-Verträglichkeitsprüfungen

Nach Art. 6 Abs. 3 der Habitatrichtlinie[5] erfordern Pläne oder Projekte, die nicht unmittelbar mit der Verwaltung eines zum ökologischen Netz „Natura 2000" gehörenden besonderen Schutzgebiets in Verbindung stehen oder hierfür nicht notwendig sind, die ein solches Gebiet jedoch einzeln oder in Zusammenwirken mit anderen Plänen und Projekten erheblich beeinträchtigen könnten, eine Prüfung auf Verträglichkeit mit den für dieses Gebiet festgelegten Erhaltungszielen. Unter Berücksichtigung der Ergebnisse dieser Verträglichkeitsprüfung und vorbehaltlich der Möglichkeit einer Abweichungsprüfung dürfen die zuständigen Behörden dem Plan bzw. Projekt nur zustimmen, wenn sie festgestellt haben, dass das Gebiet als solches nicht beeinträchtigt wird, und nachdem sie gegebenenfalls die Öffentlichkeit angehört haben.

1. Der Gerichtshof der Europäischen Gemeinschaften hat in seinem Urteil vom 7. September 2004[6] zur Herzmuschelfischerei im Wattenmeer geklärt, unter welchen Voraussetzungen und nach welchen Kriterien die in Art. 6 Abs. 3 FFH-RL erwähnte FFH-Verträglichkeitsprüfung durchzuführen ist. Zu den Voraussetzungen führte der Gerichtshof aus, dass Pläne oder Projekte, die nicht unmittelbar mit der Verwaltung des Gebietes in Verbindung stehen oder hierfür nicht notwendig sind, immer dann einer Prüfung auf Verträglichkeit mit den für dieses Gebiet festgelegten Erhaltungszielen zu unterziehen seien, wenn sich nicht anhand objektiver Umstände ausschließen lasse, dass sie dieses Gebiet einzeln oder im Zusammenwirken mit anderen Plänen oder Projekten erheblich beeinträchtigen könnten. Dies gilt auch, wenn es sich bei dem Plan oder Projekt um ein Vorhaben handelt, das selbst außerhalb des besonderen Schutzgebiets

3 Vgl. BVerwG, Beschl. v. 25.8.1997 - BVerwG 4 NB 12.97 - Buchholz 406.11 § 6 BauGB Nr. 7; OVG Rheinland-Pfalz, Urt. v. 13.2.2008 - 8 C 10368/07 - NuR 2008, 410 ff., 411; HambOVG, Urt. v. 30.4.2008 - 2 E 4/05.N - BRS 73 Nr. 16, S. 97; OVG Nordrhein-Westfalen, Urt. v. 30.1.2009 - 7 D 11/08.NE - BRS 74 Nr. 33, S. 205 ff., 209.

4 Vgl. BVerwG, Beschl. v. 25.8.1997 - BVerwG 4 NB 12.97 - a. a. O., S. 4 f.

5 Richtlinie 92/43/EWG des Rates vom 21. Mai 1992 zur Erhaltung der natürlichen Lebensräume sowie der wildlebenden Tiere und Pflanzen (ABl. Nr. L 206 S. 7) - FFH-RL.

6 Rs. C-127/02, Slg. 2004, I-7405 ff.

liegt[7]. Dazu gehört also auch ein Bebauungsplan, dessen Gebiet an ein solches Schutzgebiet angrenzt, oder ein vorhabenbezogener Plan, der ein Vorhaben ermöglicht, das - z. B. durch Immissionen und entsprechende Schadstoffeinträge – negative Auswirkungen auf ein solches Schutzgebiet haben kann[8].

Ob die Voraussetzungen einer Pflicht zur FFH-Verträglichkeitsprüfung vorliegen, ist in einer **Vorprüfung** zu ermitteln. Dabei stehe dann fest, dass Pläne oder Projekte das Gebiet erheblich beeinträchtigen könnten, wenn sie drohten, die für dieses Gebiet festgelegten Erhaltungsziele zu gefährden. Dies sei im Lichte der besonderen Merkmale und Umweltbedingungen des betroffenen Gebiets zu beurteilen. Ein Vorhaben sei immer dann auf seine FFH-Verträglichkeit zu prüfen, wenn sich **nicht anhand objektiver Umstände ausschließen lässt**, dass es die für dieses Gebiet festgelegten Erhaltungsziele gefährden könnte. Die objektive Möglichkeit einer solchen Gefährdung reicht also aus, um die Pflicht zur Verträglichkeitsprüfung auszulösen. Gegenstand der Vorprüfung ist die Frage, ob es objektiv möglich ist, dass das Vorhaben ein Erhaltungsziel des Gebiets gefährdet **(positive Möglichkeit)**. Nur wenn diese Frage zu verneinen ist, ist das Vorhaben ohne Verträglichkeitsprüfung zulassungsfähig. Ist sie zu bejahen, ist eine Verträglichkeitsprüfung durchzuführen.

Im letzteren Fall stellt sich die weitere Frage, nach welchen **Kriterien** die **eigentliche FFH-Verträglichkeitsprüfung** durchzuführen ist. Zwar schreibe die Richtlinie für die Durchführung dieser Prüfung **keine bestimmte Methode** vor. Jedoch seien vor der Genehmigung unter **Berücksichtigung der besten einschlägigen wissenschaftlichen Erkenntnisse** sämtliche Gesichtspunkte des Planes oder des Projektes zu ermitteln, die **für sich oder in Verbindung mit anderen Plänen oder Projekten** die für das betreffende Gebiet festgelegten Erhaltungsziele beeinträchtigen könnten. Die zuständigen Behörden dürften unter Berücksichtigung dieser Prüfung die Genehmigung nur erteilen, wenn sie Gewissheit darüber erlangt hätten, dass sich das Vorhaben nicht nachteilig auf dieses Gebiet als solches auswirke. Das sei dann der Fall, wenn **aus wissenschaftlicher Sicht kein vernünftiger Zweifel daran bestehe, dass es keine solchen Auswirkungen gebe**. Bestehe hierüber Unsicherheit, seien die Behörden verpflichtet, die Genehmigung zu versagen. Die nationalen Gerichte seien durch das Gemeinschaftsrecht verpflichtet, die Einhaltung dieser rechtlichen Bindung zu prüfen. Gegenstand der Verträglichkeitsprüfung ist also die Frage, ob es aus wissenschaftlicher Sicht gewiss ist, dass sich das Vorhaben nicht nachteilig auf das Gebiet als solches auswirkt **(negative Gewissheit)**. Ist diese Frage zu bejahen, ist das Vorhaben habitatschutzrechtlich zulassungsfähig. Ist sie zu verneinen, darf das Vorhaben nur aufgrund einer positiven Abweichungsprüfung zugelassen werden.

---

7 EuGH, Urt. v. 10.1.2007 - Rs. C-98/03 - Slg. 2006, I-53 ff., Rn. 51.

8 Vgl. Mitschang/Wagner, DVBl 2010, 1257 ff., 1261, 1263.

2. Das **Bundesverwaltungsgericht** hat diese Grundsätze für die Umsetzung des Art. 6 Abs. 3 FFH-RL durch § 34 Abs. 1 und 2 BNatSchG im Fachplanungsrecht konkretisiert. Dabei geht das Gericht davon aus, dass zwischen der in Art. 6 Abs. 3 Satz 1 FFH-RL normierten, für die FFH-Vorprüfung maßgeblichen Prüfschwellen und der in Art. 6 Abs. 3 Satz 2 FFH-RL normierten Zulassungsschwelle kein Gegensatz besteht[9] und deshalb die eigentliche Verträglichkeitsprüfung nicht nach einem abweichenden Maßstab gehandhabt werden darf, falls einem Vorhaben auf dieser Grundlage die Zulassung gewährt werden soll[10]. Unterschiede ergeben sich allein in der Prüfungstiefe[11]. Aus dem eine mit Divergenz- und Verfahrensrügen begründete Nichtzulassungsbeschwerde zurückweisenden Beschluss des 4. Senats vom 26. November 2007[12] ergibt sich trotz des missverständlichen Leitsatzes nichts anderes: Sind erhebliche Beeinträchtigungen eines besonderen Schutzgebiets schon nach einer FFH-Vorprüfung offensichtlich ausgeschlossen, erübrigt sich eine FFH-Verträglichkeitsprüfung. Wenn nach der Vorprüfung Zweifel verbleiben, ist eine FFH-Verträglichkeitsprüfung erforderlich. Diese Konzeption setzt voraus, dass sich die Vorprüfung auf eine Offensichtlichkeitskontrolle beschränkt und nicht hinsichtlich ihrer Prüftiefe – z. B. durch Einholung mehrerer Sachverständigengutachten oder Entwicklung eines eigenen Schutzkonzepts mit Vermeidungs-, Verminderungs- und Kompensationsmaßnahmen – einer FFH-Verträglichkeitsprüfung gleichkommt[13].

In der FFH-Verträglichkeitsprüfung muss der Vorhabenträger unter **Berücksichtigung der besten einschlägigen wissenschaftlichen Erkenntnisse nachweisen**, dass eine Beeinträchtigung der Erhaltungsziele der betroffenen Gebiete durch das Vorhaben **ausgeschlossen** ist. Bestehen aus wissenschaftlicher Sicht vernünftige Zweifel daran, dass das Vorhaben die Erhaltungsziele nicht beeinträchtigen werde, so darf die für die Zustimmung zuständige Behörde kein positives Ergebnis der Verträglichkeitsprüfung feststellen. Vielmehr darf sie das Vorhaben dann nur aufgrund einer Abweichungsprüfung nach § 34 Abs. 3 und 4 BNatSchG zulassen. Nach dieser Rechtsprechung ist grundsätzlich **jede Beeinträchtigung von Erhaltungszielen erheblich** und muss als Beeinträchtigung des Gebietes als solchen gewertet werden[14]. Unerheblich sind nur Beeinträchtigungen, die kein Erhaltungsziel nachteilig berühren. Ob ein Vorhaben nach diesem Prüfungsmaßstab zu erheblichen Beeinträchtigungen führen kann, ist vorrangig eine naturschutzfachliche Fragestellung, die anhand der Umstände des jeweiligen Einzelfalls beantwortet werden muss.

9 BVerwG, Urt. v. 17.1.2007 - BVerwG 9 A 20.05 - a. a. O. Rn. 40.
10 BVerwG, Urt. v. 17.1,2007 - BVerwG 9 A 20.05 - a. a. O. Rn. 58.
11 So zutreffend Steeck/Lau, NVwZ 2008, 854 ff., 855.
12 BVerwG 4 BN 46.07 - Buchholz 451.91 Europ. UmweltR Nr. 29.
13 Vgl. Steeck/Lau, NVwZ 2008, 854 ff., 856.
14 BVerwG, Urt. v. 17.1.2007 – BVerwG 9 A 20.05 – a. a. O. Rn. 41.

Die **Erhaltungsziele eines Gebiets** sind grundsätzlich dessen im Verordnungswege festgelegten **Schutzzweck** zu entnehmen. Umfasst dieser die Erhaltung oder Wiederherstellung eines günstigen Erhaltungszustands bestimmter in Anhang I der Vogelschutzrichtlinie aufgeführter oder in Art. 4 Abs. 2 dieser Richtlinie genannter **Vogelarten sowie ihrer Lebensräume**, so ist jeder projektbedingte Verlust von im Gebiet liegenden Brut-, Nahrungs- oder Rückzugsflächen für diese Arten grundsätzlich eine erhebliche Beeinträchtigung. Denn er reduziert den nach Art. 4 Abs. 1 Satz 4 VRL zu erhaltenden Lebensraum dieser Arten und wirkt sich deshalb unmittelbar und grundsätzlich in erheblicher Weise auf die Zielsetzung der Richtlinie aus, das Überleben der Art und ihre Vermehrung in ihrem Verbreitungsgebiet sicherzustellen.

Gehört zum Schutzzweck eines Gebiets die Erhaltung oder Wiederherstellung des günstigen Erhaltungszustands eines in Anhang I der Habitatrichtlinie aufgeführten **natürlichen Lebensraums**, so ist gemäß Art. 1 Buchst. e FFH-RL „die Gesamtheit der Einwirkungen, die den betreffenden Lebensraum und die darin vorkommenden charakteristischen Arten beeinflussen und die sich langfristig auf seine natürliche Verbreitung, seine Struktur und seine Funktionen sowie das Überleben seiner charakteristischen Arten in dem in Art. 2 genannten Gebiet[15] auswirken können“, in den Blick zu nehmen. Der Erhaltungszustand dieses Lebensraums ist dabei nur dann als (auch) künftig „günstig“ zu erachten, wenn

- sein natürliches Verbreitungsgebiet sowie die Flächen, die er in dem in Art. 2 genannten Gebiet einnimmt, beständig sind oder sich ausdehnen und
- die für seinen langfristigen Fortbestand notwendige Struktur und spezifischen Funktionen bestehen und in absehbarer Zeit wahrscheinlich weiter bestehen werden und
- der Erhaltungszustand der für ihn charakteristischen Arten günstig ist.

Diese Legaldefinition legt es nahe, auch bei diesem Erhaltungsziel grundsätzlich jeden direkten Flächenverlust als erheblich zu werten. Dennoch hat das Bundesverwaltungsgericht unter Berufung auf den Verhältnismäßigkeitsgrundsatz solche Flächenverluste als unerheblich angesehen, die nur Bagatellcharakter haben, und als Orientierungshilfe hierfür den Endbericht des im Auftrag des Bundesamts für Naturschutz durchgeführten Forschungsvorhabens „Fachinfor-

15 Gemeint ist das europäische Gebiet der Mitgliedstaaten, für die der Vertrag Geltung hat.

mationssystem und Fachkonventionen zur Bestimmung der Erheblichkeit im Rahmen der FFH-VP"[16] herangezogen[17].

Soweit zum Schutzzweck die Erhaltung oder Wiederherstellung eines günstigen Erhaltungszustandes einzelner **in Anhang II der Habitatrichtlinie aufgeführten Tier- und Pflanzenarten** gehört, sind nur diese Arten Maßstab der FFH-Verträglichkeit. Einzubeziehen sind allerdings als Bestandteile von natürlichen Lebensraumtypen, für die das Gebiet ausgewiesen wurde, auch die für diese Lebensraumtypen **charakteristischen Arten**. In diesem Zusammenhang ist gemäß Art. 1 Buchst. i FFH-RL „die Gesamtheit der Einflüsse, die sich langfristig auf die Verbreitung und die Größe der Populationen der betreffenden Arten in dem in Art. 2 genannten Gebiet auswirken können", in den Blick zu nehmen. Dabei ist der Erhaltungszustand einer Art nur dann als (auch) künftig „günstig" zu erachten, wenn

- aufgrund der Daten über die Populationsdynamik der Art anzunehmen ist, dass diese Art ein lebensfähiges Element des natürlichen Lebensraums, dem sie angehört, bildet und langfristig weiterhin bilden wird, und
- das natürliche Verbreitungsgebiet dieser Art weder abnimmt noch in absehbarer Zeit vermutlich abnehmen wird und
- ein genügend großer Lebensraum vorhanden ist und wahrscheinlich weiterhin vorhanden sein wird, um langfristig ein Überleben der Populationen dieser Art zu sichern.

Wenn das Vorhaben – etwa durch Immissionen oder durch sonstige Stressfaktoren[18] - zu Einwirkungen führt, die die Erhaltung oder Wiederherstellung eines in diesem Sinne günstigen Erhaltungszustands eines zum Schutzzweck des betreffenden Gebiets gehörenden Lebensraums und der dafür charakteristischen Arten oder einer unmittelbar zum Schutzzweck des Gebiets gehörenden Art nachteilig beeinflussen, liegt hierin folglich ebenfalls immer eine erhebliche Beeinträchtigung. Dazu gehören insbesondere Störungen, als deren Folge eine unmittelbar oder mittelbar zum Schutzzweck des Gebiets gehörende Art aus dem Gebiet vertrieben wird.

Ein Plan oder Projekt kann ein Natura 2000-Gebiet in seinen für die Erhaltungsziele oder den Schutzzweck maßgeblichen Bestandteilen auch durch Luftverunreinigungen und Gefahrstoffe erheblich beeinträchtigen, die mit der

16 Lambrecht/Trautner, Fachinformationssystem und Fachkonventionen zur Bestimmung der Erheblichkeit im Rahmen der FFH-VP, Endbericht zum Teil Fachkonventionen, Schlussstand Juni 2007.

17 BVerwG, Urt. v. 12.3.2008 – BVerwG 9 A 3.06 – a. a. O. Rn. 124 ff.

18 Vgl. OVG Nordrhein-Westfalen, Urt. v. 27.7.2010 - 8 A 4062/04 - ZUR 2011, 35 ff., Rn. 21, 40, 46.

Verwirklichung des Plans oder Projekts einzeln oder im Zusammenwirken mit anderen Plänen oder Projekten verbunden sind. Dabei kommt es nicht darauf an, ob Beeinträchtigungen im Schutzgebiet selbst erzeugt werden oder von außerhalb ausgehen[19]. **Luftverunreinigungen** sind Veränderungen der natürlichen Zusammensetzung der Luft, insbesondere durch Rauch, Ruß, Staub, Gase, Aerosole, Dämpfe oder Geruchsstoffe[20]. Als **Gefahrstoffe** anzusehen sind jedenfalls die Stoffe, Gemische oder Zubereitungen, die in Anhang I Teil 1 der Seveso-II-Richtlinie[21] aufgeführt sind oder die die in Anhang I Teil 2 dieser Richtlinie festgelegten Kriterien erfüllen und in einem Betrieb als Rohstoff, Endprodukt, Nebenprodukt, Rückstand oder Zwischenprodukt vorhanden sind, einschließlich derjenigen, bei denen vernünftigerweise davon auszugehen ist, dass sie bei einem Unfall anfallen[22]. Zu Beeinträchtigungen eines Natura 2000-Gebiets in seinen für die Erhaltungsziele oder den Schutzzweck maßgeblichen Bestandteilen können Luftverunreinigungen insbesondere dadurch führen, dass sie als Immissionen auf Tiere und Pflanzen, den Boden, das Wasser oder die Atmosphäre einwirken. Für Gefahrstoffe gilt dasselbe, wenn von schweren Unfällen im Sinne des Art. 3 Nr. 5 der Richtlinie 96/82/EG in Betriebsbereichen hervorgerufene Auswirkungen auf ein Natura 2000-Gebiet zu befürchten sind. Wenn mit der Verwirklichung des Plans oder Projekts die Errichtung einer Anlage verbunden ist, können also nicht nur die davon im Normalbetrieb ausgehenden Emissionen, sondern auch die zu befürchtenden Folgen solcher schweren Unfälle Auslöser von FFH-Verträglichkeitsprüfungen sein.

Gegenstand der Rechtsprechung waren insbesondere **Schad- und Nährstoffeinträge** infolge straßenverkehrsbedingter **Luftverunreinigungen**. Bei der Beurteilung, ob ein Natura 2000-Gebiet in seinen für die Erhaltungsziele maßgeblichen Bestandteilen erheblich beeinträchtigt werden kann, sind gleichartige Belastungen aus anderen Quellen als Vorbelastung zu berücksichtigen[23]. Schöpft bereits die **Vorbelastung** die Unbedenklichkeitsgrenze aus oder überschreitet sie diese, so läuft prinzipiell jede **Zusatzbelastung** dem Erhaltungsziel zuwider und ist deshalb erheblich. Eine Verträglichkeitsprüfung muss dann in jedem Fall stattfinden. Insbesondere wenn zum Schutzzweck eines Gebiets die Erhaltung oder Wiederherstellung des günstigen Erhaltungszustands eines in Anhang I der Habitatrichtlinie aufgeführten natürlichen Lebensraums gehört, muss die Verträglichkeitsprüfung, um die Zulassung eines Vorhabens ohne Abweichungsentscheidung zu ermöglichen, auch den Nachweis erbringen, dass unter Berücksichtigung der besten einschlägigen wissen-

19 Vgl. BVerwG, Urt. v. 17.1.2007 - BVerwG 9 A 20.05 -, a. a. O. Rn. 36.

20 Vgl. § 3 Abs. 4 BImSchG.

21 Richtlinie 96/82/EG des Rates zur Beherrschung der Gefahren bei schweren Unfällen mit gefährlichen Stoffen vom 9.12.1996 (ABl. EG 1997 Nr. L 10 S. 13).

22 Vgl. Art. 3 Nr. 4 der Seveso-II-Richtlinie.

23 BVerwG, Beschl. v. 10.11.2009 - BVerwG 9 B 28.09 - Buchholz 406.400 § 34 BNatSchG 2002 Nr. 3 Rn. 3.

schaftlichen Erkenntnisse eine Beeinträchtigung dieses Schutzzwecks durch die von den zu erwartenden Verkehrsabgasen ausgehende **Stickstoffzufuhr** ausgeschlossen ist[24]. Wenn unter Berücksichtigung regionalspezifischer Daten nicht auszuschließen ist, dass sich ein zu schützender Lebensraum bereits aufgrund der Vorbelastung durch Stickstoffeintrag in einem aktuell ungünstigen Erhaltungszustand befindet, rechtfertigt dies keine zusätzlichen Beeinträchtigungen, die eine weitere Verschlechterung nach sich zögen. Vielmehr wäre das Gebiet unter diesen Umständen **grundsätzlich** für jede Zusatzbelastung gesperrt. Irrelevanzschwellen, die generalisierend Zusatzbelastungen durch Stickstoffdepositionen bis zu einem bestimmten Prozentsatz der als Beurteilungswerte zugrunde gelegten Critical Loads für unbedenklich erklären, sind mit den habitatrechtlichen Vorgaben nicht ohne weiteres zu vereinbaren[25].

Eine **Ausnahme** von dieser grundsätzlichen Sperre kommt in Betracht, wenn unter Berücksichtigung der besten einschlägigen wissenschaftlichen Erkenntnisse kein vernünftiger Zweifel daran verbleibt, dass eine solche Zusatzbelastung durch die von dem Vorhaben zu erwartenden Verkehrsabgase im Einzelfall unkritisch ist, weil sie durch anderweitige Entlastungen des zu schützenden Lebensraums kompensiert wird. Dies wäre etwa der Fall, wenn gesicherte Prognosen entsprechend rückläufige Werte für verkehrsbedingte Stickoxidemissionen erwarten lassen oder der Nährstoffhaushalt der Pflanzen an den betroffenen Standorten durch Phosphatlimitierung oder andere Bewirtschaftungsmaßnahmen entsprechend günstig beeinflusst wird[26]. Welche Entwicklungsfaktoren hierfür in Frage kommen, welchen materiellen Verfestigungsgrad eine solche Entwicklung haben müsste und auf welchen Zeitraum dabei abzustellen ist, hängt davon ab, wie empfindlich der jeweilige Lebensraumtyp auf die Einwirkungen reagiert. Dies ist eine ausschließlich naturschutzfachliche Frage, die sich abstrakten juristischen Vorgaben durch die Gerichte entzieht.

Eine vorhabenbedingte Zusatzbelastung mit Stickstoffeinträgen kann mit dem Erhaltungsziel **ausnahmsweise** auch dann verträglich sein, wenn Vorbelastungen, die schon oberhalb der kritischen Belastungsschwelle liegen, zwar zum Verschwinden hochempfindlicher lebensraumtypischer Arten geführt haben, jedoch der Lebensraum sich aufgrund des verbliebenen, die Vorbelastung dauerhaft verkraftenden Artenspektrums immer noch in einem günstigen

---

24 Vgl. BVerwG, Urt. v. 17.1.2007 – BVerwG 9 A 20.05 – BVerwGE 128, 1 ff. Rn. 102 ff.

25 Vgl. BVerwG, Urt. v. 17.1.2007, a. a. O., Rn. 108; Beschl. v. 10.11.2009 - BVerwG 9 B 28.09 - Buchholz 406.400 § 34 BNatSchG 2002 Nr. 3 Rn. 3.

26 Vgl. BVerwG, Urt. v. 17.1.2007, a. a. O., Rn. 108 f.; Urt. v. 12.3.2008 – BVerwG 9 A 3.06 – BVerwGE 130, 299 ff., Rn. 107 ff.

Erhaltungszustand befindet. Ob und wann dies der Fall ist, ist nur nach naturschutzfachlichen Maßstäben zu beurteilen[27].

Auch eine Zielunverträglichkeit der Zusatzbelastung steht zudem unter dem bereits erwähnten, durch den Verhältnismäßigkeitsgrundsatz gebotenen **Bagatellvorbehalt,** der nicht nur für direkte Flächenverluste, sondern auch für sonstige Beeinträchtigungen wie Stickstoffdepositionen gilt. Es ist eine wiederum **zuvörderst naturschutzfachliche Frage**, ob eine Zusatzbelastung, die eine den maßgeblichen Critical-Load-Wert ausschöpfende oder überschreitende Vorbelastung nur gering anhebt, noch als Bagatelle zu werten ist, wenn davon lediglich eine Fläche des geschützten Lebensraumtyps betroffen ist, die sowohl absolut als auch in Relation zur Gesamtfläche dieses Lebensraumtyps im Schutzgebiet ohne Bedeutung ist[28]. Insoweit bietet sich eine Analogie zu den für direkte Flächenverluste entwickelten Werten an, die der geringeren Beeinträchtigung durch nur graduelle Funktionsverluste Rechnung trägt. Unabhängig davon hat das Bundesverwaltungsgericht[29] „jedenfalls" in Fallgestaltungen, in denen die Vorbelastung den maßgeblichen Critical-Load-Wert um mehr als das Doppelte übersteigt, unter Berücksichtigung einschlägiger naturschutzfachlicher Erkenntnisse eine Irrelevanzschwelle von 3 % dieses Wertes anerkannt. Ob diese Schwelle auch bei einer nur knappen Überschreitung des maßgeblichen Critical-Load-Wertes angesetzt werden kann, hat das Gericht bewusst offengelassen.

Das Erfordernis, eine FFH-Verträglichkeitsprüfung wegen des Zusammenwirkens mit anderen Plänen und Projekten durchzuführen bzw. bei Durchführung einer solchen Prüfung sämtliche Gesichtspunkte des Planes oder des Projektes zu ermitteln, die **in Verbindung mit anderen Plänen oder Projekten** die für das betreffende Gebiet festgelegten Erhaltungsziele beeinträchtigen könnten, setzt voraus, dass Auswirkungen und Ausmaß der Summationswirkungen verlässlich absehbar sind. Für den Fall des Zusammentreffens einer Straßenplanung mit einem nach Bau- oder Immissionsschutzrecht genehmigungsbedürftigen Projekt wie einer Windkraftanlage hat das Bundesverwaltungsgericht diese Voraussetzung als grundsätzlich erst dann erfüllt angesehen, wenn die hierfür erforderliche Genehmigung erteilt ist. Ob sich die gebotene Gewissheit von Summationswirkungen schon zu einem früheren Zeitpunkt ergeben kann, hat es offengelassen; allein der Umstand, dass ein Genehmigungsverfahren für ein relevantes Projekt läuft, vermittle diese Gewissheit

27 BVerwG, Beschl. v. 10.11.2009 - BVerwG 9 B 28.09 - Buchholz 406.400 § 34 BNatSchG 2002 Nr. 3 Rn. 7.

28 BVerwG, Beschl. v. 10.11.2009 - BVerwG 9 B 28.09 - Buchholz 406.400 § 34 BNatSchG 2002 Nr. 3 Rn. 8.

29 Urt. v. 14.4.2010 - BVerwG 9 A 5.08 - NuR 2010, S. 558 Rn. 93 f.

jedenfalls nicht, solange noch offen sei, ob und welche Genehmigung erteilt wird[30].

Zugunsten eines Vorhabens dürfen die vom Vorhabenträger geplanten oder behördlich angeordneten **Schutz- und Kompensationsmaßnahmen** bei der Verträglichkeitsprüfung berücksichtigt werden, sofern sie **sicherstellen**, dass erhebliche Beeinträchtigungen nicht nur abgemildert, sondern **verhindert** werden. Wenn durch Schutz- und Kompensationsmaßnahmen gewährleistet ist, dass ein günstiger Erhaltungszustand der geschützten Lebensraumtypen und Arten stabil bleibt, bewegen sich die nachteiligen Wirkungen des Vorhabens unterhalb der Erheblichkeitsschwelle. Es macht aus der Sicht des Habitatschutzes nämlich keinen Unterschied, ob durch ein Vorhaben verursachte Beeinträchtigungen von vornherein als unerheblich einzustufen sind oder ob sie diese Eigenschaft erst dadurch erlangen, dass Schutzvorkehrungen angeordnet und getroffen werden[31]. Kompensationsmaßnahmen im Sinne der naturschutzrechtlichen Eingriffsregelung sind allerdings nur ausnahmsweise geeignet, die andernfalls fehlende FFH-Verträglichkeit sicherzustellen. Denn sie wirken in der Regel erst deutlich verzögert, und ihr Erfolg kann selten mit einer jeden vernünftigen Zweifel ausschließenden Sicherheit vorhergesagt werden[32].

Verbleibende Zweifel an der Wirksamkeit von Schutz- und Kompensationsmaßnahmen gehen grundsätzlich zu Lasten des Vorhabens. Derzeit nicht ausräumbare Unsicherheiten über Wirkungszusammenhänge sind jedoch dann kein Zulassungshindernis, wenn der Vorhabenträger den **Nachweis** führt, dass sein Schutzkonzept durch ein geeignetes **Risikomanagement** den Eintritt eines ökologischen Schadens wirksam **verhindern** wird. Dazu reicht die Anordnung von Beobachtungsmaßnahmen („Monitoring“) nicht aus; vielmehr müssen begleitend wirksame Korrektur- und Vorsorgemaßnahmen für den Fall angeordnet werden, dass die Beobachtung nachträglich einen Fehlschlag der positiven Prognose anzeigt[33]. Außerdem ist es zulässig, mit **Prognosewahrscheinlichkeiten und Schätzungen** zu arbeiten; diese müssen kenntlich gemacht und unter Berücksichtigung der besten einschlägigen wissenschaftlichen Erkenntnisse naturschutzfachlich vertretbar begründet werden[34].

3. Was folgt daraus für die **Bauleitplanung**, der § 1a Abs. 4 BauGB i. V. m. § 36 BNatSchG die Prüfung der FFH-Verträglichkeit zuweist? Nach diesen Vorschriften ist im Rahmen eines Bauleitplanverfahrens eine FFH-Verträglichkeitsprüfung durchzuführen, soweit ein Natura 2000-Gebiet durch die Planung

---

30 BVerwG, Urt. v. 21.5.2008 - BVerwG 9 A 68.07 - Buchholz 406.400 § 34 BNatSchG 2002 Nr. 1 Rn. 21.

31 Vgl. BVerwG, Urt. v. 19.5.1998 - BVerwG 4 A 9.97 – BVerwGE 107, 1 ff., 27 und v. 27.2.2003 – BVerwG 4 A 59.01 – Buchholz 406.400 § 61 BNatSchG 2002 Nr. 1, S. 13 f.

32 BVerwG, Urt. v. 12.3.2008 – BVerwG 9 A 3.06 – a. a. O. Rn. 94.

33 BVerwG, Urt. v. 17.1.2007 - BVerwG 9 A 20.05 - a. a. O. Rn. 55.

34 BVerwG, Urt. v. 17.1.2007 – BVerwG 9 A 20.05 – a. a. O. Rn. 64.

in seinen für die Erhaltungsziele oder den Schutzzweck maßgeblichen Bestandteilen erheblich beeinträchtigt werden kann. Dies ist Gegenstand einer entsprechenden FFH-Vorprüfung, die in jedem Fall durchzuführen ist. Bei Anwendung der vom Bundesverwaltungsgericht entwickelten Grundsätze kann eine FFH-Verträglichkeitsprüfung hiernach nur unterbleiben, wenn sich bereits aufgrund der Vorprüfung anhand objektiver Umstände ausschließen lässt, dass der betreffende Plan einzeln oder im Zusammenwirken mit anderen Plänen oder Projekten ein Erhaltungsziel des Gebiets nachteilig berühren könnte. Bei der Vorprüfung dürfen sich also – anders ausgedrückt – keine objektiven Anhaltspunkte ergeben, dass der Plan einzeln oder im Zusammenwirken mit anderen Plänen oder Projekten ein Erhaltungsziel des Gebiets nachteilig berühren kann.

Welche **Rechtsfolgen** eine fehlerhafte FFH-Vorprüfung in der Bauleitplanung hat, wurde im Urteil des Oberverwaltungsgerichts für das Land Nordrhein-Westfalen zum Steinkohlekraftwerk Datteln thematisiert[35]. Die Errichtung dieses Kraftwerks in etwa 4,5 km Entfernung von einem FFH-Gebiet sollte durch Ausweisung einer Baufläche entsprechender Zweckbestimmung in einem Bebauungsplan ermöglicht werden. Nach dem genannten Urteil führt eine FFH-Vorprüfung, die den gesetzlichen Anforderungen nicht genügt, zu einem **Abwägungsdefizit** und damit – bei Offensichtlichkeit und Ergebnisrelevanz des Fehlers – zur Unwirksamkeit des Bebauungsplans[36]. Den Fehler der Vorprüfung hat das Gericht darin gesehen, dass dabei weder die Vorbelastung des FFH-Gebiets durch Stickoxide und Schwefeldioxid noch die durch das Kraftwerk zu erwartende Zusatzbelastung mit diesen Schadstoffen ausreichend ermittelt und bewertet wurde, obwohl die Vermeidung von Eutrophierung hinsichtlich des Lebensraumtyps 6510 (magere Flachland-Mähwiesen) ein Erhaltungsziel des Gebiets war. Danach war eine erhebliche Beeinträchtigung des Gebiets jedenfalls nicht offensichtlich ausgeschlossen, so dass auf eine Verträglichkeitsprüfung bereits auf der Ebene der Bauleitplanung nicht verzichtet werden durfte. Da es sich beim Habitatschutzrecht um **zwingendes Recht** handelt, dessen Ge- und Verbote durch eine bauleitplanerische Abwägung nicht überwunden werden können, wäre es konsequenter, im rechtswidrigen Unterlassen einer FFH-Verträglichkeitsprüfung einen Fehler zu sehen, der **stets** zur Unwirksamkeit des Bebauungsplans führt[37].

35 Urt. v. 3.9.2009 - 10 D 121/07.NE - NuR 2009, 801 ff.

36 A. a. O., Rn. 100 ff.

37 Vgl. OVG Mecklenburg-Vorpommern, Urt. v. 30.6.2010 - 3 K 19.06 - NuR 2011, 136 ff., 142.

## III. Luftverunreinigungen und Gefahrstoffe als Auslöser von artenschutzrechtlichen Prüfungen

Jedes Bauvorhaben muss die artenschutzrechtlichen **Zugriffsverbote** des § 44 Abs. 1 BNatSchG beachten. Danach ist es verboten,

- wild lebenden Tieren der besonders geschützten Arten nachzustellen, sie zu fangen, zu verletzen oder zu töten oder ihre Entwicklungsformen aus der Natur zu entnehmen, zu beschädigen oder zu zerstören (Nr. 1),
- wild lebende Tiere der streng geschützten Arten und der europäischen Vogelarten während der Fortpflanzungs-, Aufzucht-, Mauser-, Überwinterungs- und Wanderungszeiten so zu stören, dass sich dadurch der Erhaltungszustand der lokalen Population einer Art verschlechtert (Nr. 2 - „Störungsverbot"),
- Fortpflanzungs- oder Ruhestätten der wild lebenden Tiere der besonders geschützten Arten aus der Natur zu entnehmen, zu beschädigen oder zu zerstören (Nr. 3 - „Beschädigungs- und Zerstörungsverbot") und
- wild lebende Pflanzen der besonders geschützten Arten oder ihre Entwicklungsformen aus der Natur zu entnehmen, sie oder ihre Standorte zu beschädigen oder zu zerstören (Nr. 4).

Für planungsrechtlich zulässige Vorhaben im Geltungsbereich eines Bebauungsplans, während der Planaufstellung und innerhalb der im Zusammenhang bebauten Ortsteile gelten diese Zugriffsverbote nach § 44 Abs. 5 BNatSchG allerdings nur insoweit, als sie durch die Vorgaben der Habitat- und der Vogelschutzrichtlinie der Dispositionsbefugnis der Mitgliedstaaten entzogen sind: Sind in Anhang IV Buchst. a FFH-RL aufgeführte Tierarten oder europäische Vogelarten betroffen, liegt ein Verstoß gegen das Verbot des Abs. 1 Nr. 3 und im Hinblick auf damit verbundene unvermeidbare Beeinträchtigungen wild lebender Tiere auch gegen das Verbot des Abs. 1 Nr. 1 nicht vor, soweit die ökologische Funktion der von dem Vorhaben betroffenen Fortpflanzungs- oder Ruhestätten im räumlichen Zusammenhang weiterhin erfüllt wird (Satz 2). Soweit hierfür erforderlich, können auch vorgezogene Ausgleichsmaßnahmen festgesetzt werden (Satz 3). Für Standorte wild lebender Pflanzen der in Anhang IV Buchst. b FFH-RL aufgeführten Arten gelten die Sätze 2 und 3 entsprechend. Sind andere besonders geschützte Arten betroffen, liegt bei Handlungen zur Durchführung eines Vorhabens kein Verstoß gegen die Zugriffsverbote vor.

1. Das **Bundesverwaltungsgericht** hat sich zu den artenschutzrechtlichen Verbotstatbeständen inzwischen mehrfach geäußert. Zur **Ermittlungsdichte** hat es die allgemeine und damit auch für baurechtlich relevante Planungen

geltende[38] Aussage getroffen, dass sich die für den Habitatschutz geltenden strengen Anforderungen an die Ermittlung der FFH-Verträglichkeit nicht ohne Abstriche auf den allgemeinen Artenschutz übertragen lassen. Ein den Anforderungen des Art. 6 Abs. 3 und 4 FFH-RL vergleichbares formalisiertes Prüfungsverfahren kenne der allgemeine Artenschutz nicht. Erforderlich, aber auch ausreichend, sei eine am Maßstab praktischer Vernunft ausgerichtete Prüfung. Wegen des individuumsbezogenen Ansatzes der Verbotstatbestände benötige die planende Behörde jedenfalls Daten, denen sich in Bezug auf das Plangebiet die Häufigkeit und Verteilung der geschützten Arten sowie deren Lebensstätten entnehmen ließen. Das verpflichte die Behörde nicht, ein lückenloses Arteninventar zu fertigen. Art und Umfang, Methodik und Untersuchungstiefe der erforderlichen Untersuchungen ließen sich mangels normativer Festlegung nur allgemein umschreiben. Diese müssten so weit gehen, dass Intensität und Tragweite der Beeinträchtigungen erfasst werden könnten, und hingen maßgeblich von den naturräumlichen Gegebenheiten im Einzelfall sowie von Art und Ausgestaltung des Vorhabens ab[39]. Regelmäßig erforderlich seien die Auswertung bereits vorhandener Erkenntnisse und eine Bestandserfassung vor Ort, deren Methodik und Intensität von den **konkreten Verhältnissen im Einzelfall** abhänge. Erst durch eine aus beiden Quellen gewonnene Gesamtschau könne sich die planende Behörde regelmäßig die erforderliche hinreichende Erkenntnisgrundlage verschaffen. Ließen allgemeine Erkenntnisse zu artspezifischen Verhaltensweisen, Habitatansprüchen und dafür erforderlichen Vegetationsstrukturen sichere Rückschlüsse auf das Vorhandensein oder Nichtvorhandensein bestimmter Arten zu, sei es nicht zu beanstanden, wenn die Behörde daraus entsprechende Schlussfolgerungen ziehe. Diese bedürften der plausiblen, naturschutzfachlich begründeten Darlegung. Ebenso sei es zulässig, mit **Prognosewahrscheinlichkeiten, Schätzungen** und, sofern der Sachverhalt dadurch angemessen erfasst werden kann, mit **„Worst-Case-Betrachtungen"** zu arbeiten, also konkrete negative Auswirkungen des Vorhabens als wahr zu unterstellen[40]. Da – wie dargelegt – die Einhaltung der Artenschutzvorschriften abschließend erst bei der Vorhabenzulassung zu beurteilen ist, diese allgemeinen Ermittlungsgrundsätze bei der Anwendung im Bauleitplanverfahren allerdings noch einer Modifikation: Hier hat sich die Untersuchungstiefe daran auszurichten, dass es nur um die Frage geht, ob der Verwirklichung des Bauleitplans ein dauerhaftes rechtliches Hindernis in Gestalt artenschutz-

38 Vgl. OVG Nordrhein-Westfalen, Urt. v. 30.1.2009 - 7 D 11.08.NE - NuR 2009, 421 ff., 424 f.

39 BVerwG, Urt. v. 12.3.2008 - BVerwG 9 A 3.06 - BVerwGE 130, 299 ff., Rn. 243; Beschl. v. 13.3.2008 – BVerwG 9 VR 9.07 – Buchholz 451.91 Europ.UmweltR Nr. 33 Rn. 31; Urt. v. 9.7.2008 - BVerwG 9 A 14.07 - BVerwGE 131, 274 ff., Rn. 54 ff.; Urt. v. 18.3.2009 - BVerwG 9 A 39.07 - BVerwGE 133, 239 ff., Rn. 43, 52; Urt. v. 9.7.2009 - BVerwG 4 C 12.07 - NVwZ 2010, 123 ff., Rn. 44 f.; Urt. v. 12.8.2009 - BVerwG 9 A 64.07 - Rn. 37.

40 BVerwG, Urt. v. 9.7.2008 – BVerwG 9 A 14.07 – BVerwGE 131, 274 ff., Rn. 59 ff.; Urt. v. 18.3.2009 - BVerwG 9 A 39.07 - BVerwGE 133, 239 ff., Rn. 44 f.; Urt. v. 12.8.2009 - BVerwG 9 A 64.07 - Rn. 38.

rechtlicher Verbote entgegenstehen wird[41]. Dazu wird in der Regel eine Potentialanalyse mit anschließender Wahr-Unterstellung genügen[42].

Sowohl die Bestandserfassung als auch die anschließende Beurteilung naturschutzrechtlicher Betroffenheiten seien auf ökologische Bewertungen angewiesen, für die normkonkretisierende Maßstäbe und verbreitet auch gesicherte naturwissenschaftliche Erkenntnisse und Standards fehlten. Deshalb stehe der planenden Behörde insoweit eine **naturschutzfachliche Einschätzungsprärogative** zu. Deren gerichtliche Kontrolle sei darauf beschränkt, ob die auf fachgutachtliche Stellungnahmen gestützten Annahmen der Behörde im Einzelfall naturschutzfachlich vertretbar sind und nicht auf einem unzulänglichen oder gar ungeeigneten Bewertungsverfahren beruhen[43]. Auch diese Aussage beschränkt sich nicht auf straßenrechtliche Planfeststellungen, sondern gilt gleichermaßen für baurechtlich relevante Planungen[44].

2. Als **Verbotstatbestände**, zu deren Prüfung Luftverunreinigungen und Gefahrstoffe Anlass geben könnten, waren insbesondere das Störungsverbot in § 44 Abs. 1 Nr. 2 BNatSchG und das Beschädigungs- und Zerstörungsverbot in § 44 Abs. 1 Nr. 3 BNatSchG Gegenstand der Rechtsprechung.

3. Das **Störungsverbot** verbietet es, wild lebende **Tiere** der streng geschützten Arten und der europäischen Vogelarten während der Fortpflanzungs-, Aufzucht-, Mauser-, Überwinterungs- und Wanderungszeiten[45] **erheblich** zu stören; eine erhebliche Störung liegt vor, wenn sich durch die Störung der Erhaltungszustand der lokalen Population einer Art verschlechtert. Zweifeln an der Europarechtskonformität dieser populationsbezogenen Erheblichkeitsschwelle hat das Bundesverwaltungsgericht eine Absage erteilt[46]: Mit den Vorgaben der Habitatrichtlinie stehe sie in Einklang, weil auch der entsprechende Störungstatbestand des Art. 12 Abs. 1 Buchst. b dieser Richtlinie nur Störungen der „Art" verbiete im Gegensatz zur Tötung von „Exemplaren dieser Arten" in Art. 12 Abs. 1 Buchst. a der Richtlinie und daher ebenfalls einen art- bzw. populationsbezogenen Ansatz aufweise[47]. Nichts anderes gelte für den Störungstatbestand des Art. 5 Buchst. d der Vogelschutzrichtlinie, der eine Störung nur verbietet, sofern sie sich auf die Zielsetzung dieser Richtlinie erheblich

41 OVG Rheinland-Pfalz, Urt. v. 13.2.2008 - 8 C 10368/07 - NuR 2008, S. 410 ff., 412.

42 Vgl. Schmidt-Eichstaedt, UPR 2010, 401 ff., 404 f.

43 BVerwG, Urt. v. 9.7.2008, a. a. O., Rn. 64 f.: Urt. v. 18.3.2009, a. a. O., Rn. 45; Beschl. v. 28.12.2009 - BVerwG 9 B 26.09 - Rn. 18.

44 Vgl. OVG Nordrhein-Westfalen, Urt. v. 30.1.2009 - 7 D 11/08.NE - BRS 74 Nr. 33, S. 213.

45 Zweifel an der Europarechtskonformität dieser zeitlichen Beschränkung des Störungsverbots äußern Niederstadt/Krüsemann, ZUR 2007, 347 ff., 349 sowie Lau/Steeck, NuR 2008, 386 ff., 393.

46 BVerwG, Urt. v. 18.3.2009, Rn. 83; Urt. v. 12.8.2009 - BVerwG 9 A 64.07 - Rn. 89.

47 BVerwG, Urt. v. 12.3.2008, a. a. O., Rn. 237; Urt. v. 9.7.2008, a. a. O., Rn. 104; Urt. v. 13.5.2009, a. a. O., Rn. 92; Urt. v. 12.8.2009, a. a. O., Rn. 89. Kritisch dazu Gellermann, NuR 2009, 8 ff., 12.

auswirkt; das sei mit Blick auf das Ziel der Erhaltung der wildlebenden Vogelarten sowie auf das Verschlechterungsverbot des Art. 13 der Richtlinie nicht der Fall, wenn der aktuelle Erhaltungszustand der betroffenen Arten sichergestellt ist[48]. Dies setze europarechtlich nicht den Schutz jeder lokalen Population voraus, sondern bedürfe einer „gebietsbezogenen Gesamtbetrachtung", bei der der Planfeststellungsbehörde eine **naturschutzfachliche Einschätzungsprärogative** zustehe[49]. Bewirke eine Störung keine Verschlechterung des Erhaltungszustands der lokalen Population, so wirke sich die Störung nicht auf die Zielsetzung der Vogelschutzrichtlinie aus[50].

Der **Störungstatbestand** kann nach Auffassung des Bundesverwaltungsgerichts nicht nur durch akustische oder optische Störwirkungen auf geschützte Tiere[51], sondern auch durch Trennwirkungen erfüllt werden, die – unter Berücksichtigung vorgesehener Vermeidungs- und Minderungsmaßnahmen – von einem Vorhaben ausgehen[52]. Luftverunreinigungen oder Gefahrstoffe können jedenfalls dann Störungen und eine entsprechende Prüfung auslösen, wenn sie geeignet sind, bei betroffenen Tieren eine Reaktion wie Unruhe oder Flucht hervorzurufen[53]. Solche Störungen werden auf der Ebene der Bauleitplanung jedoch nur selten eine Rolle spielen und bei der bauordnungsrechtlichen Zulassung in der Regel zu vermeiden sein[54].

4. Zur Konzeption des Gesetzgebers, dem auf **Fortpflanzungs- oder Ruhestätten** der wild lebenden Tiere der besonders geschützten Arten und auf Standorte wild lebender Pflanzen bezogenen **Beschädigungs- und Zerstörungsverbot** durch § 44 Abs. 5 BNatSchG eine funktionsbezogene Erheblichkeitsschwelle einzuziehen, hat sich das Bundesverwaltungsgericht ebenfalls geäußert. Nach dieser Regelung soll bei bauplanungsrechtlich zulässigen Vorhaben im Geltungsbereich eines Bebauungsplans, während der Planaufstellung und innerhalb der im Zusammenhang bebauten Ortsteile, soweit streng geschützte Arten der wild lebenden Tiere, europäische Vogelarten oder Standorte wild lebender Pflanzen der in Anhang IV Buchst. b der Habitatrichtlinie aufgeführten Arten betroffen sind, ein Verstoß gegen das Beschädigungs- und Zerstörungsverbot nicht vorliegen, soweit die ökologische Funktion der von dem Eingriff betroffenen Fortpflanzungs- oder Ruhestätten bzw. Standorte im

48 BVerwG, Urt. v. 21.6.2006 - BVerwG 9 A 28.05 - BVerwGE 126, 166 ff. Rn. 44; Urt. v. 12.3.2008, a. a. O., Rn. 248; Urt. v. 9.7.2008, a. a. O., Rn. 104, 117; Urt. v. 12.8.2009, a. a. O., Rn. 89.

49 BVerwG, Urt. v. 21.6.2006, a. a. O., Rn. 44.

50 BVerwG, Urt. v. 12.3.2008, a. a. O., Rn. 249, 260.

51 BVerwG, Urt. v. 12.8.2009, a. a. O., Rn. 90; Urt. v. 9.6.2010 - BVerwG 9 A 20.08 -, NuR 2010, 870 ff., Rn. 49.

52 BVerwG, Urt. v. 9.7.2008, a. a. O., Rn. 105. Ähnlich Sobotta, NuR 2007, 642 ff., 644 (Störung durch Beeinträchtigung für den weiteren Bestand eines Vorkommens notwendiger Lebensräume). Ablehnend Gellermann, NuR 2009, 85 ff., 87; Louis, NuR 2009, 91 ff., 95.

53 Vgl. Louis, NuR 2009, 91 ff., 95.

54 Vgl. Schmidt-Eichstaedt, UPR 2010, 401 ff., 403.

räumlichen Zusammenhang weiterhin erfüllt wird; hierfür können, soweit erforderlich, auch vorgezogene Ausgleichsmaßnahmen festgesetzt werden. Im Anwendungsbereich dieser Regelung hat die Verbotsprüfung demnach **zweistufig** zu erfolgen: Auf der **ersten Stufe** stellt sich die Frage, ob auf eine Fortpflanzungs- oder Ruhestätte bzw. einen Pflanzenstandort mit einer der in § 44 Abs. 1 Nr. 3 BNatSchG genannten Tathandlungen eingewirkt wird. Unstreitig ist der Tatbestand des Beschädigens oder Zerstörens erfüllt, wenn die Funktionsfähigkeit einer Fortpflanzungs- oder Ruhestätte durch **unmittelbare physische oder chemische Einwirkung auf die Substanz** einer solchen Lebensstätte beeinträchtigt oder aufgehoben wird[55]. Die Frage, ob und inwieweit auch **mittelbare Einwirkungen** – z. B. anhaltende Immissionen – aufgrund funktionaler Erwägungen den Beschädigungs- oder Zerstörungstatbestand erfüllen können, hat das Bundesverwaltungsgericht zwar bisher nicht ausdrücklich entschieden[56]. Nach anerkannten Auslegungsmethoden dürfte diese Frage jedoch zu bejahen sein[57]. Schadstoffeinträge infolge von Luftverunreinigungen erfüllen diesen Tatbestand hiernach dann, wenn durch sie die Funktion der betroffenen Fortpflanzungs- oder Ruhestätte in erheblichem Umfang vermindert oder ganz zerstört wird. Jedenfalls auf der **zweiten Stufe** sind die Konsequenzen in den Blick zu nehmen, die mit der Einwirkung für die ökologische Funktion verbunden sind, die die betroffene Lebensstätte für die sie nutzenden Tiere bzw. die dort lebenden Pflanzen erfüllt. Da im baurechtlichen Vorhabenzulassungsverfahren die Festsetzung vorgezogener Ausgleichsmaßnahmen meist nicht mehr möglich ist, muss die zweite Stufe der Verbotsprüfung vorausschauend ggf. bereits im Bauleitplanverfahren bewältigt werden[58].

Das Beschädigungs- und Zerstörungsverbot schützt nach der Rechtsprechung des Bundesverwaltungsgerichts nicht den Lebensraum besonders geschützter Arten insgesamt, sondern nur die ausdrücklich bezeichneten Lebensstätten, die durch bestimmte Funktionen für die jeweilige Art geprägt sind, **einschließlich der Lebensstrukturen und am Standort vorhandenen besonderen Gegebenheiten, deren es zur Erfüllung dieser Funktionen bedarf**[59]. Deshalb

55 Vgl. Louis, NuR 2009, 91 ff., 94.

56 Vgl. BVerwG, Urt. v. 12.8.2009, a. a. O., Rn. 72; Urt. v. 9.6.2010, a. a. O., Rn. 69. Bejahend de Witt, in: Handbuch des öffentlichen Baurechts, Z III, Rn. 37. Verneinend Louis, NuR 2009, 91 ff., 95.

57 So jetzt auch mit ausführlicher Begründung Runge/Simon/Widdig, Rahmenbedingungen für die Wirksamkeit von Maßnahmen des Artenschutzes bei Infrastrukturvorhaben, S. 13 f. Ebenso Nr. 49 der Schlußanträge der Generalanwältin vom 20.1.2011 in der Rechtssache C-383/09.

58 Vgl. OVG Nordrhein-Westfalen, Urt. v. 30.1.2009 - 7 D 11/08.NE - NuR 2009, 421 ff., 423 f.; BayVGH, Urt. v. 30.3.2010 - 8 N 09.1861 u. a. - NuR 2010, 505 ff.; Klinge, NuR 2010, 538 ff., 540; Mitschang/Wagner, DVBl 2010, 1457 ff., 1458.

59 Vgl. BVerwG, Urt. v. 12.3.2008 - BVerwG 9 A 3.06 - BVerwGE 130, 299 ff., Rn. 222; Beschl. v. 13.3.2008 - BVerwG 9 VR 9.07 - Buchholz 451.91 Europ.UmweltR Nr. 33 Rn. 29; Urt. v. 18.3.2009 - BVerwG 9 A 39.07 - BVerwGE 133, 239 ff., Rn. 66.

kann auch der Verlust am Standort vorhandener essenzieller Nahrungshabitate oder Flugrouten bzw. Wanderkorridore zur Beschädigung oder Zerstörung der Lebensstätte führen und damit den Verbotstatbestand erfüllen[60]. In zeitlicher Hinsicht betrifft die Verbotsnorm primär die Phase aktueller Nutzung der Lebensstätte. Unter Berücksichtigung des Zwecks, die Funktion der Lebensstätte für die geschützte Art zu sichern, ist dieser Schutz auszudehnen auf Abwesenheitszeiten der sie nutzenden Tiere einer Art, sofern nach den Lebensgewohnheiten der Art eine regelmäßig wiederkehrende Nutzung zu erwarten ist[61]. Bloß potentielle, d. h. nicht genutzte, sondern nur zur Nutzung geeignete Lebensstätten fallen nicht unter den Verbotstatbestand, weil es an dem insoweit vorausgesetzten Individuenbezug fehle[62]. Entsprechendes gilt für Lebensstätten nicht standorttreuer Arten, nachdem sie von diesen verlassen worden sind[63].

Der **Individuenbezug** auch dieses Verbotstatbestandes bleibt nach Auffassung des Bundesverwaltungsgerichts unberührt. Geschützt ist danach der als Ort der Fortpflanzung oder Ruhe dienende Gegenstand, z. B. einzelne Nester oder Höhlenbäume, und zwar allein wegen dieser Funktion. Der in § 44 Abs. 5 Satz 2 BNatSchG vorausgesetzte volle Funktionserhalt sei nicht schon dann gegeben, wenn der Eingriff keine messbaren Auswirkungen auf die Reproduktionsbedingungen bzw. Rückzugsmöglichkeiten der lokalen Population als ganzer hat, sondern erst dann, wenn für die mit ihren konkreten Lebensstätten betroffenen Exemplare einer Art die von der jeweiligen Lebensstätte wahrgenommene Funktion vollständig erhalten bleibt, also z. B. dem in einem Brutrevier ansässigen Vogelpaar weitere geeignete Nistplätze in seinem Brutrevier zur Verfügung stehen oder durch vorgezogene Ausgleichsmaßnahmen ohne zeitlichen Bruch bereitgestellt werden[64]. Dasselbe gelte z. B. für Fledermausarten, die einen Verbund von mehreren Höhlenbäumen nutzen, zwischen denen sie regelmäßig wechseln, wenn im Falle der Rodung einzelner Bäume dieses Verbundes deren Funktion von den verbleibenden Bäumen oder durch vorgezogene Ausgleichsmaßnahmen im räumlichen Zusammenhang weiter erfüllt werden kann[65].

5. Ist bei Aufstellung eines Bauleitplans erkennbar, dass seine Festsetzungen voraussichtlich nur unter Verstoß gegen ein in § 44 Abs. 1 und 5 BNatSchG normiertes Zugriffsverbot verwirklicht werden können, so kann er nur rechtmäßig sein, wenn die Verwirklichung dieser Festsetzungen durch Zulas-

---

60 So jetzt auch Runge/Simon/Widdig, a. a. O., S. 9 f.

61 Vgl. BVerwG, Urt. v. 21.6.2006 - BVerwG 9 A 28.05 - BVerwGE 126, 166 ff., Rn. 33; Urt. v. 12.3.2008, a. a. O., Rn. 222; Beschl. v. 13.3.2008 a .a. O. Rn. 28 f.; Urt. v. 18.3.2009, a. a. O., Rn. 66.

62 BVerwG, Urt. v. 12.3.2008 a. a. O.; Urt. v. 9.7.2008, a. a. O., Rn. 100; Urt. v. 18.3.2009, a. a. O., Rn. 73; Urt. v. 12.8.2009 - BVerwG 9 A 64.07 - Rn. 68.

63 BVerwG, Urt. v. 12.3.2008, a. a. O., Rn. 222.

64 BVerwG, Urt. v. 18.3.2009, a. a. O., Rn. 67.

65 BVerwG, Urt. v. 12.8.2009, a. a. O., Rn. 68.

sung einer Ausnahme nach § 45 Abs. 7 BNatSchG ermöglicht werden kann. Der Plangeber muss also prüfen, ob voraussichtlich eine entsprechende **„Ausnahmelage"** bestehen wird[66]. Die in der Literatur vorgeschlagene Bezeichnung dieser Prüfung als Teil einer „artenschutzrechtlichen Verträglichkeitsprüfung"[67] wäre missverständlich, da es sich im Hinblick auf Art. 12, 13, 16 FFH-RL bzw. Art. 6, 9 VRL um eine Abweichungsprüfung handelt, der im Habitatschutz gerade nicht die Verträglichkeitsprüfung nach Art. 6 Abs. 3 FFH-RL, sondern nur die Abweichungsprüfung nach Art. 6 Abs. 4 FFH-RL entspricht.

---

66 Vgl. BVerwG, Beschl. v. 25.8.1997 - BVerwG 4 NB 12.97 - a. a. O., S. 4 f.

67 So Mitschang/Wagner, DVBl 2010, 1457, 1460.

# VI Verfahren zur Beteiligung der Europäischen Kommission nach § 34 Abs. 4 und Abs. 5 BNatSchG

*Olaf Reidt*

## I. Überblick

Gegenstand einer Beteiligung der EU-Kommission nach § 34 Abs. 4 und Abs. 5 BNatSchG sind in erster Linie Projekte, die einzeln oder im Zusammenwirken mit anderen Projekten oder Plänen geeignet sind, ein Natura-2000-Gebiet erheblich zu beeinträchtigen. Der Projektträger hat dabei die zur Prüfung der Verträglichkeit sowie der Voraussetzungen nach § 34 Abs. 3 bis Abs. 5 BNatSchG erforderlichen Unterlagen vorzulegen (§ 34 Abs. 1 Satz 3 BNatSchG). Ergänzt wird die Beteiligungspflicht gem. § 36 BNatSchG für die dort behandelten Pläne.[1] Dies gilt insbesondere auch für Bauleitpläne (§ 1 Abs. 2 BauGB). Für Bebauungspläne findet sich eine korrespondierende Regelung in § 34 Abs. 8 BNatSchG, nach dem die Absätze 1 bis 7 der Vorschrift, also sowohl die Pflicht zur Verträglichkeitsprüfung als auch zur Kommissionsbeteiligung, nicht für Vorhaben im Sinne des § 29 BauGB in Gebieten mit Bebauungsplänen nach § 30 BauGB und während der Planaufstellung nach § 33 BauGB gelten. Etwas Abweichendes ist lediglich für planfeststellungsersetzende Bebauungspläne geregelt (s. insbesondere § 17b Abs. 2 FStrG). Die Kommissionsbeteiligung ist gem. § 34 Abs. 5 BNatSchG (informatorisch) notwendig, wenn es der Durchführung von Kohärenzsicherungsmaßnahmen[2] bedarf. Einer Beteiligung der EU-Kommission bereits vor Zulassung und Durchführung eines Projekts (oder auch eines Plans) bedarf es gem. § 34 Abs. 4 BNatSchG, wenn in dem Gebiet vorkommende prioritäre natürliche Lebensraumtypen oder prioritäre Arten betroffen sein können und keine im Zusammenhang mit der Gesundheit der Menschen, der öffentlichen Sicherheit, einschließlich der Verteidigung und des Schutzes der Zivilbevölkerung, oder den maßgeblich günstigen Auswirkungen des Projekts auf die Umwelt als zwingende Gründe des überwiegenden öffentlichen Interesses zur Rechtfertigung geltend gemacht werden können. Es geht also um die Fälle, in denen nur sonstige zwingende Gründe des überwiegenden öffentlichen Interesses geltend gemacht werden, um eine mögliche

---

1 Zum Begriff der Pläne i. S. dieser Regelung Gassner/Heugel, Das neue Naturschutzrecht, 2010, Rn. 486; J. Schumacher, in: Schumacher/Fischer-Hüftle, BNatSchG, 2. Aufl. 2011, § 36 Rn. 10; Kerkmann, in: Kerkmann, Naturschutzrecht in der Praxis, 2. Aufl. 2010, § 8 Rn. 147 ff.; darunter fallen etwa wasserrechtliche Bewirtschaftungspläne (§ 83 WHG) sowie Abfallwirtschaftspläne (§ 29 KrW-/AbfG).

2 Zum Begriff s. J. Schumacher, in: Schumacher/Fischer-Hüftle, BNatSchG, 2. Aufl. 2011, § 34 Rn. 104 ff.; Gassner/Heugel, Das neue Naturschutzrecht, 2010, Rn. 506.

Beeinträchtigung von in dem Gebiet vorkommenden prioritären natürlichen Lebensraumtypen oder prioritären Arten zu rechtfertigen.

## II. Anwendungsbereich

### 1. Projekte

Der in § 34 Abs. 1 BNatSchG enthaltende Projektbegriff ist nicht im BNatSchG definiert. Auch in der FFH-Richtlinie[3], als unionsrechtlicher Grundlage der Verträglichkeitsprüfung des § 34, findet sich keine Begriffsbestimmung. Jedoch kann auf den Vorhabenbegriff in § 2 Abs. 2 UVPG zurückgegriffen werden, der seinerseits auf die UVP-Richtlinie zurückgeht und auf ein vergleichbares Regelungsziel gerichtet ist (Prüfung der Auswirkungen auf bestimmte Schutzobjekte vor der Genehmigung).[4] Dieser weite Projektbegriff umfasst daher neben der Errichtung und Änderung technischer und sonstiger, insbesondere baulicher, Anlagen auch die Durchführung anderweitiger Eingriffe in Natur und Landschaft.[5]

### 2. Pläne

Da § 36 Satz 1 BNatSchG den Anwendungsbereich der Verträglichkeitsprüfung des § 34 Abs. 1 bis Abs. 5 BNatSchG auf Linienbestimmungen nach § 16 FStrG und § 13 WaStrG sowie auf Pläne, die bei behördlichen Entscheidungen zu beachten oder zu berücksichtigen sind, ausdehnt, können auch diese Gegenstände eines Beteiligungsverfahrens nach § 34 Abs. 4 oder Abs. 5 sein. Das gilt insbesondere für Bauleitpläne (§ 1 Abs. 2 BauGB). Dies hat zur Folge, dass u. U. eine mehrfache Beteiligung der EU-Kommission notwendig ist, deren Gegenstand und Inhalt sich nach dem Detaillierungsgrad der jeweiligen Planungs- bzw. Genehmigungsstufe richtet. Hier stellen sich also ggf. ähnliche Fragen wie bei der Abschichtung von Umweltprüfung und Umweltverträglichkeitsprüfung.[6] Soweit eine Konfliktlösung auf einer nachfolgenden Planungsstufe noch möglich und

---

3 Richtlinie 92/43/EWG v. 21.5.1992, ABl. L 206 v. 22.7.1992, S 7.

4 EuGH, Urt. v. 7.9.2007 – C-127/02, Rn. 26; ders., Urt. v. 7.9.2004 – C-127/02, Slg. 2004, I-7405; Freytag/Iven, NuR 1995, 109/103; Wirths, ZUR 2000, 183/185; J. Schumacher/A. Schumacher, in: Schumacher/Fischer-Hüftle, BNatSchG, 2. Aufl. 2011, § 34 Rn. 16; s. auch BT-Drs. 16/12274, 65.

5 S. im Einzelnen J. Schumacher/A. Schumacher, in: Schumacher/Fischer-Hüftle, BNatSchG, 2. Aufl. 2011, § 34 Rn. 17; Gellermann, Natura 2000, 2. Aufl. 2001, S. 76; krit. hinsichtlich der mehr auswirkungsbezogenen, als projektbezogenen Auslegung Frenz, NVwZ 2011, 275, 276.

6 S. etwa Reidt, in: Gelzer/Bracher/Reidt, Bauplanungsrecht, 7. Aufl. 2004, Rn. 668 ff.; Battis, in: Battis/Krautzberger/Löhr, BauGB, 11. Aufl. 2009, § 2 Rn. 12.

hinreichend sicher gewährleistet ist, dürfte auch ein Konflikttransfer auf eine nachfolgende Ebene möglich sein. Dies wird man regelmäßig für das Verhältnis zwischen Flächennutzungsplan und Bebauungsplan sowie Flächennutzungsplan und Außenbereichsvorhaben annehmen können, da hier jeweils nachfolgend noch genügende rechtliche Handlungsspielräume bestehen, um den habitatsschutzrechtlichen Anforderungen zu genügen. Andernfalls wäre davon auszugehen, dass zahlreiche Flächennutzungspläne nicht nur einer FFH-Verträglichkeitsprüfung oder jedenfalls FFH-Vorprüfung unterfielen, sondern wegen einer, zumindest möglichen, Betroffenheit prioritärer natürlicher Lebensraumtypen oder prioritärer Arten auch einer Kommissionsbeteiligung gem. § 36 i. V. m. § 34 Abs. 4 BNatSchG.

### 3. Einschränkung durch § 34 Abs. 8 BNatSchG

Die vorstehenden Überlegungen unter Punkt 2 gelten nicht für das Verhältnis von Bebauungsplänen zu einem Zulassungsverfahren im Geltungsbereich eines aufgestellten oder in Aufstellung befindlichen Bebauungsplans. Denn § 34 Abs. 8 BNatSchG trifft für diese Konstellation eine Sonderregelung hinsichtlich der Mehrfachbeteiligung. Die Vorschrift nimmt Vorhaben i. S. d. § 29 BauGB in Gebieten mit Bebauungsplänen nach § 30 BauGB und während der Planaufstellung nach § 33 BauGB vom Anwendungsbereich der Abs. 1 bis 7 aus. Eine Verträglichkeitsprüfung nach Abs. 1 sowie etwaige Kommissionsbeteiligungsverfahren finden demnach abschließend und ausschließlich auf Bebauungsplanebene statt.[7] Da es sich um eine materiell-rechtliche Vorschrift handelt und es allein auf den Vorhabenbegriff des § 29 BauGB ankommt, ist es unerheblich, in welchem Zulassungsverfahren ein Vorhaben im Sinne des § 29 BauGB genehmigt wird. Dies kann außer bei einem Baugenehmigungsverfahren besonders auch ein immissionsschutzrechtliches Genehmigungsverfahren sein (s. insbesondere § 6 Abs. 1 Nr. 2 BImSchG), d. h. auch bei einer dem BImSchG unterfallenden Industrieanlage, bei der es sich zugleich typischerweise um ein Vorhaben i. S. v. § 29 BauGB handelt, finden die Bestimmungen in § 34 Abs. 1 bis Abs. 7 BNatSchG keine Anwendung, wenn das Vorhaben im Geltungsbereich eines Bebauungsplans (z. B. in einem festgesetzten Industriegebiet) realisiert werden soll. Die FFH-relevanten Fragestellungen müssen dann grundsätzlich bereits im Bebauungsplanverfahren abgearbeitet werden.[8] Von diesem Grundsatz kommen Ausnahmen vor allem in Betracht, wenn Befreiungen von den Festsetzungen eines Bebauungsplans beantragt werden, die sich anders oder zusätzlich auf Schutzgebiete auswirken (§ 31 Abs. 2 BauGB). Hier ist eine Kommissionsbeteiligung im Zuge der Verträglichkeitsprüfung auf Vorhabenebene ebenso denkbar, wie in Fällen, in denen eine Berücksichtigung der Auswirkungen auf Natura-2000-Gebiete entgegen den §§ 36, 34 Abs. 8 BNatSchG noch nicht bereits bei der Planaufstellung erfolgt ist. In

7 S. hierzu Reidt, NVwZ 2010, 8/10 f.
8 S. im Einzelnen Reidt, NVwZ 2010, 8/11.

letztgenannter Fallgruppe wird jedoch vielfach bereits der Bebauungsplan infolge eines Rechtsmangels unwirksam sein.

## III. Das Stellungnahmeverfahren (§ 34 Abs. 4 BNatSchG)

§ 34 BNatSchG sieht in Abs. 4 und Abs. 5 zwei unterschiedliche und voneinander getrennt zu betrachtende Beteiligungsverfahren vor: Im Fall des Abs. 4 Satz 2 hat die zuständige Behörde eine Stellungnahme der EU-Kommission einzuholen. Abs. 5 Satz 2 sieht lediglich eine Informationspflicht gegenüber der EU-Kommission vor. Die Einholung einer Stellungnahme der EU-Kommission sieht Abs. 4 Satz 2 für solche Projekte oder Pläne vor, durch deren Durchführung die in einem Natura-2000-Gebiet vorkommenden prioritären natürlichen Lebensraumtypen oder prioritären Arten betroffen werden können und dies nicht bereits aufgrund zwingender, in Abs. 4 Satz 1 explizit genannter Gründe des überwiegenden öffentlichen Interesses gerechtfertigt ist. Die einzuholende Stellungnahme hat sich darauf zu beziehen, dass dem betreffenden Projekt (oder Plan) andere zwingende Gründe des öffentlichen Interesses zu Grunde liegen, die als überwiegend i. S. d. Abs. 3 zu bewerten sind. Den Stellungnahmen der EU-Kommission ist regelmäßig zu entnehmen, dass sich die EU-Kommission im Rahmen ihrer Stellungnahmen ausführlich auch mit den in Betracht gezogenen Projektalternativen auseinandersetzt. Die Bewertung der EU-Kommission schließt regelmäßig sowohl eine wissenschaftliche und wirtschaftliche Einschätzung als auch die Prüfung der Notwendigkeit und Verhältnismäßigkeit der Verwirklichung des Plans bzw. des Projekts im Hinblick auf den vorgebrachten zwingenden Grund ein.[9]

### 1. Natura-2000-Gebiete

§ 34 Abs. 4 Satz 1 BNatSchG erhöht die Anforderungen für die Erteilung einer Ausnahmegenehmigung, wenn von dem zu genehmigenden Projekt (oder Plan) Auswirkungen auf prioritäre natürliche Lebensraumtypen und/ oder prioritäre Arten in einem Natura-2000-Gebiet zu befürchten sind. Als Natura-2000-Gebiete gelten gemäß § 7 Abs. 1 Nr. 8 BNatSchG alle europäischen Vogelschutzgebiete (§ 7 Abs. 1 Nr. 7 BNatSchG) sowie die Gebiete von gemeinschaftlicher Bedeutung (§ 7 Abs. 1 Nr. 6 BNatSchG); letztere jedoch erst ab ihrer Aufnahme in die von der EU-Kommission festgelegte Liste (vgl. Art. 4 Abs. 5 der FFH-Richtlinie). Für Gebiete, deren Aufnahmeverfahren nach § 34 Abs. 1 BNatSchG noch nicht abgeschlossen sind, gelten die im Dragaggi-Urteil des EuGH festgelegten

9 Europäische Kommission, Natura 2000 Gebietsmanagement - Die Vorgaben des Art. 6 der Habitat-Richtlinie 92/43/EWG, 2000, 54.

Maßstäbe.[10] Danach sind die Mitgliedstaaten verpflichtet, „Schutzmaßnahmen zu ergreifen, die [...] geeignet sind, die erhebliche ökologische Bedeutung, die diesen Gebieten auf nationaler Ebene zukommt, zu wahren". Die EU-Kommission hat in ihrer Stellungnahme vom 6.6.2005 zum Ausbau des Verkehrsflughafens Karlsruhe/ Baden-Baden festgestellt, dass die deutschen Behörden den Draggagi-Anforderungen nachgekommen sind, indem sie auch hinsichtlich der Gebiete, die noch nicht in die Kommissions-Liste aufgenommen waren, die Prüfung einer ausnahmsweisen Zulassung durchgeführt haben.[11] Auch der deutsche Gesetzgeber ging in seiner Begründung zum Entwurf des Gesetzes zur Neuregelung des Rechts des Naturschutzes und der Landschaftspflege davon aus, dass FFH-Gebiete „bereits vor ihrer Unterschutzstellung im Wesentlichen denselben Schutzvorschriften wie bereits zu Schutzgebieten erklärte Gebiete" unterliegen.[12]

## 2. Prioritäre natürliche Lebensraumtypen und prioritäre Arten

Die Anforderungen gem. § 34 Abs. 4 BNatSchG bestehen bei einer nicht auszuschließenden Betroffenheit einer prioritären Art oder eines prioritären natürlichen Lebensraumtyps. Letztgenannte Schutzobjekte sind in § 7 Abs. 1 Nr. 5 BNatSchG legaldefiniert. Es geht (allein) um solche Lebensraumtypen, die im Anhang der Richtlinie 92/43/EWG mit einem * gekennzeichnet sind. Als prioritäre Arten werden gemäß § 7 Abs. 2 Nr. 11 BNatSchG die in Anhang II der Richtlinie 92/43/EWG mit einem * versehenen Tier- und Pflanzenarten bezeichnet. Nicht erfasst werden von § 34 Abs. 4 BNatSchG demnach die europäischen Vogelschutzgebiete, deren unionsrechtliche Grundlage die Richtlinie 79/409/EWG bildet.

## 3. Prüfungsmaßstab

§ 34 Abs. 4 Satz 1 BNatSchG knüpft die im Vergleich zu Abs. 3 erhöhten Rechtfertigungsanforderungen für Ausnahmen zu Abs. 2 der Vorschrift an das Erfordernis, dass prioritäre natürliche Lebensraumtypen oder prioritäre Arten durch das Projekt betroffen sein können. Das Merkmal des Betroffenseins ist nicht bereits dann zu bejahen, wenn das in Frage stehende Gebiet derartige Arten und Lebensräume beinhaltet. Vielmehr muss eine Betroffenheit der Schutzobjekte auch möglich sein.[13] Das BVerwG interpretiert diesen gesetzlich festgelegten Maßstab gleichwohl als geringe Schwelle und lässt es genügen, dass die genannten

---

10 EuGH, Urt. v. 16.1.2005 – C-117/03, Slg 2005, I-167-197; vgl. auch BT-Drs. 16/12274, 53.

11 Europäische Kommission, Stellungnahme vom 6.6.2005 – K (2005) 1641 endg.

12 BT-Drs. 16/12274, 53.

13 BVerwG, Urt. v. 9.7.2009 – 4 C 12/07, BVerwGE 134, S. 166, Rn. 8; Thyssen, EurUP 2010, 258, 265; krit. Kohls, NuR 2011, 161/164 ff.

Schutzobjekte in Mitleidenschaft gezogen werden können.[14] Eine Kommissionsbeteiligung nach Abs. 4 kann daher unterbleiben, wenn vorkommende prioritäre Arten oder prioritäre natürliche Lebensräume gegen die mit dem Projekt verbundenen Auswirkungen eindeutig unempfindlich sind.[15] Bei der Prüfung der Betroffenheit sind, wie auch sonst bei der Prüfung der Erheblichkeit, sowohl Schadensbegrenzungsmaßnahmen als auch aus dem Grundsatz der Verhältnismäßigkeit folgende Bagatellgrenzen zu beachten.[16]

## 4. Zwingende Gründe des überwiegenden öffentlichen Interesses

§ 34 Abs. 4 BNatSchG ist wie Art. 6 Abs. 4 UAbs. 2 der FFH-Richtlinie so zu verstehen, dass das Stellungnahmeverfahren als eine „zusätzliche verfahrensmäßige Gewähr in Form einer unabhängigen Einschätzung durch die EU-Kommission" dienen soll.[17] Diese zusätzliche Gewähr ist immer dann geboten, wenn keiner der in Satz 1 speziell genannten zwingenden Gründe bereits das überwiegende öffentliche Interesse an der Planung und Durchführung des Projekts (oder Plans) rechtfertigt. Der Anwendungsbereich des Stellungnahmeverfahrens ist daher auf die *sonstigen Gründe* beschränkt.

### a. Sonstige Gründe

Als sonstige Gründe sind alle Gründe anzusehen, die nicht im Zusammenhang mit der Gesundheit des Menschen, der öffentlichen Sicherheit oder den maßgeblich günstigen sonstigen Auswirkungen des Projektes auf die Umwelt stehen (§ 34 Abs. 4 Satz 1 BNatSchG). Diese Gründe gehen auf Art. 6 Abs. 4 UAbs. 2 der FFH-Richtlinie zurück. Der Richtliniengeber hatte sich hierbei eng an der Leybucht-Rechtsprechung des EuGH orientiert.[18] Im Zusammenhang mit der Gesundheit des Menschen stehen danach bspw. Maßnahmen des Küstenschutzes (Eindeichung oder Stärkung der Küstenanlagen)[19], Maßnahmen zur Abwehr von Lawinengefahren, Maßnahmen zur Entschärfung von Unfallschwerpunkten und vor allem zur Vermeidung von Unfällen mit Todes- oder Verletzungsfolgen[20], Maß-

14 BVerwG, Urt. v. 9.7.2009 – 4 C 12/07, BVerwGE 134, 166, Rn. 8; Europäische Kommission, Auslegungsleitfaden zu Art. 6 Abs. 4 der Habitat-Richtlinie 92/43/EWG, Januar 2007, S. 25; Kohls, NuR 2011, 161/162.

15 Thyssen, EurUP 2010, 258, 265.

16 BVerwG, Urt. v. 14.4.2010 – 9 A 5/08, BVerwGE 136, 291/310 Rn. 93.

17 Europäische Kommission, Auslegungsleitfaden zu Art. 6 Abs. 4 der Habitat-Richtlinie 92/43/EWG, Januar 2007, S. 25.

18 EuGH, Urt. v. 28.2.1991 – C-57/89, Slg. 1991 I-883 Rn. 22 ff.; Europäische Kommission, Auslegungsleitfaden zu Art. 6 Abs. 4 der Habitat-Richtlinie 92/43/EWG, Januar 2007, S. 27.

19 EuGH, Urt. v. 28.2.1991 – C-57/89, Slg. 1991 I-883 Rn. 23; Gellermann, in: Landmann/Rohmer, Umweltrecht, Stand: Sept. 2010, § 34 Rn. 39.

20 BVerwG, Urt. v. 27.1.2000 – 4 C 2/99, BVerwGE 110, 302, Rn. 35; dass., Urt. v. 17.1.2007 – 9 A 20.05, NuR 2007, 336/351.

nahmen des Rettungsdienstes, des Katastrophenschutzes oder zur Bekämpfung von Epidemien. Das BVerwG weist explizit darauf hin, dass § 34 Abs. 4 Satz 1 BNatSchG nicht nur Maßnahmen zur Abwehr von Gemeingefahren erfasst, sondern dass u. U. auch Vorkehrungen zur Abwehr individueller Gesundheitsgefahren genügen können, wenn sie im Zusammenhang mit der Verfolgung anderer Ziele stehen. Hingegen reichen gesundheitliche Allgemeinbelange nicht zur Rechtfertigung aus.[21]

Maßnahmen im Zusammenhang mit der öffentlichen Sicherheit sind bspw. solche der Existenzsicherung des Staates[22] und der Bekämpfung von Gewaltanwendung im Inneren und von außen.[23] Die Erweiterung des Merkmals der öffentlichen Sicherheit in Abs. 4 Satz 1 um die Begriffe der Landesverteidigung und des Zivilschutzes ist lediglich konkretisierender Natur.[24]

Der dritte in § 34 Abs. 4 Satz 1 BNatSchG genannte zwingende Grund geht auf den im Leybucht-Urteil entwickelten Gedanken der ökologischen Kompensation zurück.[25] Danach kann sich ein zwingender Grund des überwiegenden öffentlichen Interesses an der Durchführung eines Projekts (oder Plans) daraus ergeben, dass die Auswirkungen auf die prioritären natürlichen Lebensräume und/ oder auf prioritäre Arten von anderen positiven Auswirkungen auf die Umwelt überwogen werden. Dieser zwingende Grund ist jedoch restriktiv auszulegen. Nach der Rechtsprechung des BVerwG erlaubt er nur Ausnahmen für solche Projekte (oder Pläne), die nicht der Umwelt im Allgemeinen, sondern gerade den von dem Projekt (oder Plan) betroffenen Schutzgütern unmittelbar zugutekommen.[26]

Da § 34 Abs. 4 BNatSchG die zwingenden Gründe aus Abs. 3 Nr. 1 der Vorschrift konkretisiert, können zu den sonstigen Gründen i. S. d. Abs. 4 Satz 2 zumindest die in Abs. 3 Nr. 1 explizit genannten sozialen und wirtschaftlichen Gründe gezählt werden.[27] Sie bedürfen jedoch einer mit den drei in Abs. 4 Satz 1 genannten Gemeinwohlgründen vergleichbaren Bedeutung.[28] Wirtschaftliche Allgemeinbelange und freizeitbedingte Erfordernisse kommen mithin in aller Regel nicht in Betracht. Teilweise wird darauf hingewiesen, dass die Rechtfertigung durch soziale und wirtschaftliche Gründe über § 34 Abs. 4 Satz 2 BNatSchG nur in speziellen,

---

21 BVerwG, Urt. v. 27.1.2000 – 4 C 2/99, BVerwGE 110, 302, Rn. 37.

22 Darunter subsumierte der EuGH z. B. auch die Förderung von Erdöl wegen der außerordentlichen Bedeutung von Erdöl als Energiequelle in der modernen Gesellschaft.

23 EuGH, Urt. v. 10.7.1984 – C-72/83, Slg. 1984, S. 2727 Rn. 34; Gellermann, in: Landmann/Rohmer, Umweltrecht, Stand Sept. 2010, § 34 Rn. 39.

24 Kerkmann, in: Kerkmann, Naturschutzrecht in der Praxis, 2. Aufl. 2010, § 8 Rn. 221.

25 Gellermann, in: Landmann/Rohmer, Umweltrecht, Stand: Sept. 2010, § 34 BNatSchG Rn. 39.

26 BVerwG, Urt. v. 17.1.2007 – 9 A 20.05, BVerwGE 128, 1, Rn. 124.

27 Jarass, NuR 2007, 371/376 f.; a. A. Ramsauer, NuR 2000, 601, 609 f.

28 BVerwG, Urt. v. 17.1.2007 – 9 A 20.05, BVerwGE 128, 1, Rn. 128; Kohls, NuR 2011, 161; Gellermann, in: Landmann/Rohmer, Umweltrecht, Stand: Sept. 2010, § 34 BNatSchG Rn. 40.

ausnahmsweise auftretenden Fällen gegeben sei. Dies wird zusätzlich mit der anderenfalls auftretenden Arbeitsüberlastung der EU-Kommission begründet.[29] In der Praxis ist jedoch (zu Recht) festzustellen, dass gerade wirtschaftliche Gründe[30] nicht nur ausnahmsweise als sonstige Gründe i. S. v. § 34 Abs. 4 Satz 2 BNatSchG anerkannt werden. So hat die EU-Kommission bspw. für die Erweiterung des Regionalflughafens Karlsruhe/ Baden-Baden die Bedienung einer zu erwartenden erhöhten Passagier- und Frachtverkehrsnachfrage und die Bedeutung der Anbindung an den Landesflughafen Stuttgart für den Landesteil Oberrhein als ausreichende zwingende Gründe akzeptiert.[31] Auch aus der Stellungnahme der EU-Kommission zur Erweiterung des Flughafens Lübeck-Blankensee folgt, dass die Verbesserung der Luftverkehrsverbindung einer Region mit positiven Auswirkungen auf die Attraktivität der Region als Wissenschafts- und Wirtschaftsstandort sowie als Urlaubs- und Ausflugsziel einen sonstigen zwingenden Grund des überwiegenden öffentlichen Interesses darstellen kann.[32] Der Auslegungsleitfaden der EU-Kommission nennt darüber hinaus weitere Beispiele, in denen sie (zumeist) wirtschaftliche Gründe als sonstige zwingende Gründe des überwiegenden öffentlichen Interesses anerkannt hat.[33]

### b. Überwiegen

Die Kommission hat sich in ihrer Stellungnahme weiterhin dazu zu äußern, ob die angeführten sonstigen Gründe des öffentlichen Interesses für das Projekt (oder den Plan) die Beeinträchtigungen der Erhaltungsziele und/ oder des Schutzzwecks betroffener Natura-2000-Gebiete überwiegen.[34] Hinsichtlich der Gewichtung der zwingenden Gründe des öffentlichen Interesses enthält die FFH-Richtlinie dafür keine differenzierten Vorgaben. Jedoch folgt aus dem Ausnahmecharakter einer Abweichungsentscheidung gemäß Art. 6 Abs. 4 der FFH-Richtlinie, dass ein Vorhaben nicht bereits als gewichtig betrachtet werden kann, wenn es dem Erfordernis der Planrechtfertigung standhält. Auch die Regelungen zur Abwägung im deutschen Planungsrecht sind nicht maßgeblich. Es geht vielmehr um die Konzeption größtmöglicher Schonung der Natura-2000-Gebiete.[35] Das erhebliche Gewicht muss daher im Einzelnen begründet werden, wobei eine normative oder politische Vorgabe des durch das Projekt verfolgten Zwecks von Bedeutung bei der Gewichtung sein kann.[36] Das BVerwG sieht gerade in der Bedarfsprognose das

29 Frenz, UPR 2011, 100/103.

30 Vgl. Kohls, NuR 2011, 161.

31 Europäische Kommission, Stellungnahme vom 6.6.2005 – K (2005) 1641 endg.

32 Europäische Kommission, Stellungnahme vom 5.5.2009 – C (2009) 3218.

33 Europäische Kommission, Auslegungsleitfaden zu Art. 6 Abs. 4 der Habitat-Richtlinie 92/43/EWG, Januar 2007, S. 9 f.

34 OVG Lüneburg, Urt. v. 20.5.2009 – 7 KS 28/07, NuR 2009, 719; Frenz, in: UPR 2011, 100/102.

35 BVerwG, Urt. v. 9.7.2009 – 4 C 12.07, BVerwGE 134, 166/173 Rn. 15; dass., Urt. v. 17.5.2002 – 4 A 28/01, BVerwGE 116, 254/263.

36 Z. B. ein nationales oder regionales Flughafenkonzept.

entscheidende Kriterium bei der Gewichtung der Gründe für eine Infrastrukturmaßnahme.[37]

Das Gewicht, mit dem das Integritätsinteresse in die Abwägung einzustellen ist, hängt entscheidend vom Ausmaß der Beeinträchtigungen ab.[38] Dazu hat eine Beurteilung in quantitativer und qualitativer Hinsicht zu erfolgen. Zudem ist die Bedeutung des betroffenen Gebietes für das Schutznetz Natura 2000 im europäischen, nationalen und regionalen Maßstab zu bewerten.[39] Auch bestehende Vorschäden des Gebietes, die relative Größe des beeinträchtigten Teils eines gesamten FFH-Gebiets, die Bedeutung des betroffenen Vorkommens, sein Erhaltungszustand sowie der Grad der Gefährdung eines betroffenen Lebensraumtyps oder einer betroffenen Art können entscheidende Parameter bei der Gewichtung des Integritätsinteresses sein. Überdies können Kohärenzsicherungsmaßnahmen das Gewicht des Integritätsinteresses eines Natura-2000-Gebietes mindern.[40]

Projekte (oder Pläne) sind danach zulässig, wenn die für sie sprechenden (sonstigen) Gründe des öffentlichen Interesses die Belange des Habitatschutzes überwiegen. Ein leichtes Überwiegen soll hierbei nicht ausreichen. Ansonsten seien die Gründe des öffentlichen Interesses nicht als zwingend zu qualifizieren.[41] Hingegen bedarf es nach der Rechtsprechung des Bundesverwaltungsgerichts keiner unausweichlichen Sachzwänge. Vielmehr genüge für eine positive Entscheidung „ein durch Vernunft und Verantwortungsbewusstsein geleitetes staatliches Handeln".[42]

## 5. Alternativenprüfung

Gemäß § 34 Abs. 3 Nr. 2 BNatSchG dürfen Projekte, die nach Abs. 2 im Grundsatz unzulässig wären, nur ausnahmsweise zugelassen bzw. durchgeführt werden, soweit keine zumutbaren Projektalternativen (oder Planalternativen) bestehen, die den mit dem jeweiligen Projekt (oder Plan) verfolgten Zweck ebenfalls erreichen, dabei jedoch keine oder zumindest geringere Auswirkungen befürchten lassen. In ihrer Stellungnahme bewertet die EU-Kommission zum einen die Durchführung der Alternativenprüfung als solche. Sie hinterfragt dabei, wie viele Alternativen zur Disposition gestellt wurden und welche Kriterien zur Beurteilung angesetzt worden sind.[43] Zum anderen prüft sie die Abwägung zwischen den einzelnen Alternativen und dem letztlich für die Realisierung vorgesehenen Projekt. Hierbei

37 BVerwG, Urt. v. 9.7.2009 – 4 C 12.07, BVerwGE 134, 166/178 Rn. 25.

38 BVerwG, Urt. v. 12.3.2008 – 9 A 3.06, BVerwGE 130, 299 Rn. 154; BVerwG, Urt. v. 9.7.2009 – 4 C 12.07, BVerwGE 134, 166/179 Rn. 26.

39 BVerwG, Urt. v. 12.3.2008 – 9 A 3.06, BVerwGE 130, 299 Rn. 164.

40 BVerwG, Urt. v. 9.7.2009 – 4 C 12.07, BVerwGE 134, 166.

41 So Frenz, UPR 2011, 100/102.

42 BVerwG, Urt. v. 12.3.2008 – 9 A 3.06, BVerwGE 130, 299 Rn. 153; dass., Urt. v. 27.1.2000 – 4 C 2/99, BVerwGE 110, 302/314 f.

43 Vgl. die Stellungnahme der Europäischen Kommission zum Ausbau des Verkehrsflughafens Karlsruhe/ Baden-Baden vom 6.6.2005, K (2005)1641 endg., S. 4.

vergleicht sie sowohl die Eignung für die mit dem Projekt verfolgten öffentlichen Zwecke als auch die projektspezifisch zu besorgenden Auswirkungen auf Natura-2000-Gebiete.[44]

Die Alternativenprüfung des § 34 Abs. 3 Nr. 2 BNatSchG unterliegt einem unionsrechtlich gebotenen strengen Maßstab. Verspricht eine Alternative auch nur geringfügig weniger Beeinträchtigungen, ist sie grundsätzlich vorzuziehen, sofern sie zumutbar ist.[45] Insofern handelt es sich um ein strikt zu beachtendes Vermeidungsgebot.[46] Daher ist die Alternativenprüfung des § 34 Abs. 3 Nr. 2 BNatSchG in ihrer Funktion nicht mit der im deutschen Planungsrecht entwickelten Alternativenprüfung gleichzusetzen.[47] Eine die Erhaltungsziele des betroffenen Natura-2000-Gebietes weniger beeinträchtigende Alternative darf nur dann „beiseite geschoben werden, soweit dies mit der Konzeption größtmöglicher Schonung der durch die FFH-Richtlinie geschützten Rechtsgüter vereinbar ist."[48] Voraussetzung für die Qualifizierung einer Projektvariante als Alternative zu dem geplanten Projekt ist jedoch, dass sich die verfolgten Ziele auch mit ihr erreichen lassen. Lediglich Abstriche am Zielerfüllungsgrad sind hinzuzunehmen.[49] Zum Teil wird (zu Unrecht) kritisiert, diese Ausrichtung am Projektziel sei von der FFH-Richtlinie nicht gedeckt. Vielmehr habe sich die Alternativenprüfung auf das öffentliche Interesse zu beziehen. Soweit dieses Interesse auch durch ein anderes Projekt erreicht werden könnte, sei das Projekt nicht alternativlos i. S. d. § 34 Abs. 3 Nr. 2 BNatSchG.[50] Auch Projektvarianten, die nur mit unverhältnismäßigem Aufwand verwirklicht werden können, sind keine vorrangigen Alternativen im Rechtssinne. Ein unverhältnismäßiger Aufwand kann dabei auch finanzieller Natur sein.[51] § 34 Abs. 3 Nr. 2 BNatSchG gebietet zudem nur die Prüfung zumutbarer Alternativen. Dieses aus dem Grundsatz der Verhältnismäßigkeit abgeleitete Kriterium wird durch die Rechtsprechung dahin gehend ausgelegt, dass eine technisch und rechtlich mögliche Alternative auch dann außer Betracht bleiben kann, wenn sie außerhalb jedes vernünftigen Verhältnisses zu dem mit ihr erreichbaren Gewinn für Natur und Landschaft steht.[52] Die bestehenden Planungsalternativen brauchen nicht erschöpfend, sondern nur so weitgehend ausgearbeitet und untersucht zu werden, dass sich einschätzen lässt, ob sie für FFH-Schutzgüter ein erhebliches

---

44 Vgl. etwa die Stellungnahme der Kommission zum Ausbau des Flughafens Lübeck-Blankensee vom 5.5.2009, C (2009) 3218.

45 OVG Lüneburg, Urt. v. 20.5.2009 – 7 KS 28/07, NuR 2009, 719; Frenz, UPR 2011, 100.

46 BVerwG, Urt. v. 27.1.2000 – 4 C 2/99, BVerwGE 110, 203/310; Mitschang, in: Berliner Kommentar zum BauGB, Stand: April 2010, § 1a Rn. 563.

47 BVerwG, Urt. v. 17.5.2002 – 4 A 28/01, BVerwGE 116, 254, Rn. 28.

48 BVerwG, Urt. v. 17.5.2002 – 4 A 28/01, BVerwGE 116, 254, Rn. 28.

49 BVerwG, Urt. v. 9.7.2009 – 4 C 12/07, BVerwGE 134, 166/185 Rn. 33.

50 Winter, NuR 2010, 601/605 f.

51 BVerwG, Urt. v. 17.1.2007 – 9 A 20/05, BVerwGE 128, 1 Rn. 143; dass., Urt. v. 12.3.2008 – 9 A 3/06, BVerwGE 130, 299, Rn. 172.

52 Mitschang, in: Berliner Kommentar zum BauGB, Stand: April 2010, § 1a Rn. 569.

Beeinträchtigungspotenzial bergen. Hierzu lässt das BVerwG im Grundsatz eine Grobanalyse genügen.[53]

## IV. Das Informationsverfahren (Abs. 5)

Die in § 34 Abs. 5 Satz 2 BNatSchG geregelte Pflicht zur Information der EU-Kommission ist an die zuständige nationale Behörde gerichtet. Gegenstand der Unterrichtung sind die nach § 34 Abs. 5 Satz 1 BNatSchG getroffenen, zur Sicherung des Netzes „Natura 2000“ notwendigen Kohärenzsicherungsmaßnahmen.[54] Der Anwendungsbereich des Informationsverfahrens ist im Vergleich zum Stellungnahmeverfahren also weiter. Im Unterschied zum Stellungnahmeverfahren nach § 34 Abs. 4 Satz 2 BNatSchG besteht keine Einschränkung auf Projekte (oder Pläne) mit Auswirkungen auf prioritäre natürliche Lebensräume oder prioritäre Arten, sodass auch europäische Vogelschutzgebiete erfasst sind.[55] Weder in § 34 BNatSchG noch in dessen unionsrechtlicher Grundlage (Art. 6 Abs. 4 UAbs. 1 Satz 2 der FFH-Richtlinie) sind Form und Zweck der Unterrichtung näher erläutert. In ihrem Auslegungsleitfaden betont die EU-Kommission jedoch ausdrücklich, dass für die Unterrichtung nach Abs. 5 Satz 2 dasselbe Formblatt zu verwenden ist wie im Stellungnahmeverfahren und dass die Unterrichtung so zu erfolgen hat, dass die EU-Kommission in die Lage versetzt wird, die Art und Weise zu beurteilen, in der die Erhaltungsziele für die betreffenden Gebiete im Einzelfall verfolgt werden.[56]

## V. Durchführung der Beteiligung

### 1. Zuständigkeit

Durchzuführen ist das Beteiligungsverfahren durch die zuständige Behörde, also in der Regel die für die Planungs- oder Genehmigungsentscheidung zuständige Behörde. Bei einem Bauleitplan ist dies die Gemeinde selbst. Sowohl die Einholung der Stellungnahme als auch die Unterrichtung erfolgen über das BMU. Das BMU ist dabei zur Beratung in Bezug auf die Beteiligung der EU-Kommission ver-

---

53 BVerwG, Urt. v. 12.3.2008 – 9 A 3/06, BVerwGE 130, 299, Rn. 171.

54 Näher zu den Kohärenzsicherungsmaßnahmen s. Mitschang, in: Berliner Kommentar zum BauGB, Stand: April 2010, § 1a Rn. 576; Gellermann, in: Landmann/Rohmer, Umweltrecht, Stand: Sept. 2010, § 34 BNatSchG Rn. 43 ff.

55 Vgl. oben III., 1.

56 Europäische Kommission, Auslegungsleitfaden zu Art. 6 Abs. 4 der Habitat-Richtlinie 92/43/EWG, Januar 2007, S. 24.

pflichtet. Verweigern kann sie die Kommissionsbeteiligung jedoch nicht. Neben diesem formellen Beteiligungsverfahren können auch informelle Kontakte zur ergänzenden Unterrichtung der EU-Kommission hilfreich sein.

## 2. Formblatt

Die Kommissionsbeteiligung erfolgt sowohl im Fall des § 34 Abs. 4 als auch im Fall des § 34 Abs. 5 BNatSchG auf der Grundlage eines standardisierten Formblatts der EU-Kommission.[57] Dieses Formblatt beinhaltet auch den Antrag auf eine Stellungnahme der EU-Kommission.[58] Für möglicherweise betroffene FFH-Gebiete ist dabei jeweils ein Formblatt einzureichen. Es sind Angaben zu dem Vorhaben, zu dem betroffenen Gebiet einschließlich der erwarteten negativen Auswirkungen, zu untersuchten Alternativlösungen, zu den zwingenden Gründen für die beabsichtigte Zulassung des Vorhabens sowie zu den vorgesehenen Kohärenzsicherungsmaßnahmen zu machen. Das Formblatt enthält keine Angaben zur erforderlichen Detaillierungstiefe. Anbieten kann sich eine mehrstufige Vorgehensweise, bei der in das Formblatt selbst nur eine eher kurze zusammenfassende Beantwortung eingetragen wird, jedoch dem Formblatt umfassendere fachliche Prüfungen der Genehmigungsbehörde sowie die Antragsunterlagen des Vorhabenträgers hinzugefügt werden. Zur Beschleunigung kann es sich empfehlen, das ausgefüllte Formblatt nicht nur in deutscher Sprache, sondern auch in den Amtssprachen Englisch und Französisch einzureichen.

## 3. Zeitliche Aspekte

Während das Informationsverfahren nach § 34 Abs. 5 BNatSchG auch noch nach der nationalen behördlichen Entscheidung über die Anordnung notwendiger Kohärenzsicherungsmaßnahmen durchgeführt werden kann,[59] hat die Einholung der Stellungnahme nach § 34 Abs. 4 Satz 2 BNatSchG vor der Projektzulassung oder der Entscheidung über den Plan stattzufinden. Eine Frist bestimmt die Vorschrift nicht. Das BVerwG hat jedoch für die Bauleitplanung bereits klargestellt, dass das Stellungnahmeverfahren auch im Rahmen des ergänzenden Verfahrens nach § 214 Abs. 4 BauGB nachgeholt werden kann.[60] Regelmäßig geboten ist es, das Beteiligungsverfahren nicht bereits am Anfang, sondern eher gegen Ende eines Zulassungs- bzw. Planverfahren durchzuführen, da sich die für die Zulassungs- oder Planungsentscheidung zuständige Behörde selbst zuvor ein hinrei-

57 Dieses trägt den Titel „Formblatt für die Übermittlung von Informationen an die Europäische Kommission gemäß Art. 6 Abs. 4 FFH-RL".

58 Europäische Kommission, Natura 2000 Gebietsmanagement - Die Vorgaben des Art. 6 der Habitat-Richtlinie 92/43/EWG, 2000, S. 54.

59 S. IV.

60 BVerwG, Urt. v. 17.1.2007 - 9 A 20.05, BVerwGE 128, 1, Rn. 117; Mitschang, in: Berliner Kommentar zum BauGB, Stand: April 2010, § 1a Rn. 560.

chendes Bild verschaffen muss, um auf Grundlage der Unterlagen, in der Regel auch unter Berücksichtigung von Stellungnahmen aus der Behörden- und Öffentlichkeitsbeteiligung, in der Lage zu sein, in dem Formblatt die für die Kommissionsbeteiligung notwendigen Angaben zu machen, wenn auch mit Hilfe und Unterstützung des Vorhabenträgers.[61] Insbesondere ist eine Kommissionsbeteiligung von vornherein entbehrlich, wenn die Genehmigung des Projekts oder auch eine positive Beschlussfassung über den jeweiligen Plan bereits aus anderen Gründen scheitert. Die Verfahrensdauer für die eigentliche Kommissionsbeteiligung variiert sehr stark. Eine Auswertung der Kommissionsstellungnahmen belegt eine Bandbreite von etwa 4 bis 34 Monaten. Zumeist beläuft sie sich etwa auf 5 bis 7 Monate.

## VI. Rechtsfolgen einer nicht eingeholten oder negativen Stellungnahme gemäß § 34 Abs. 4 Satz 2 BNatSchG

Das Ergebnis der Kommissionsbeteiligung nach § 34 Abs. 4 Satz 2 BNatSchG, also die einzuholende Stellungnahme, ist für die Entscheidung der nationalen Behörde nicht bindend. Vielmehr muss die Stellungnahme bei der abschließenden Genehmigungs- bzw. Planentscheidung nur berücksichtigt werden. Das gilt sowohl im Fall einer negativen, als auch positiven Stellungnahme.[62] Die notwendige Berücksichtigung erfordert jedoch, dass sich die zuständige Behörde zumindest mit den Argumenten der Stellungnahme auseinanderzusetzen hat. Wird eine negative Stellungnahme der EU-Kommission ohne Berücksichtigung übergangen oder wird ein Projekt (oder Plan) im Fall der Feststellung gravierender Verstöße gegen die Anforderungen des Habitatschutzes durch die EU-Kommission trotz Berücksichtigung der Stellungnahme genehmigt bzw. durchgeführt, kann dies ein Vertragsverletzungsverfahren gegen die Bundesrepublik Deutschland nach sich ziehen. Gleiches gilt bei vollständigem Unterlassen des Stellungnahmeverfahrens.

## VII. Rechtsfolgen bei Unterlassen der Unterrichtung nach § 34 Abs. 5 Satz 2 BNatSchG

Ähnliche Sanktionen sind auch im Fall des Unterlassens der Unterrichtung nach § 34 Abs. 5 Satz 2 BNatSchG denkbar. Da das Informationsverfahren in erster Linie der Fortentwicklung des Natura-2000-Netzes durch die EU-Kommission dient und keine unmittelbaren Rückwirkungen auf das konkrete Projekt oder den

---

61 Vgl. auch Thyssen, EurUP 2010, 258, 266.

62 So auch Gellermann, in: Landmann/Rohmer, Umweltrecht, Stand: Sept. 2010, § 34 BNatSchG Rn. 42 unter Verweis auf die Erfahrungen im Fall der Teilverfüllung des Mühlenberger Loches in Hamburg.

konkreten Plan hat, kommt ein Vertragsverletzungsverfahren, jedoch wohl erst nach erfolglos verlaufenden Aufforderungen zur Unterrichtung der EU-Kommission, in Betracht. Hierfür spricht auch, dass unionsrechtlich keine Unterrichtungsfrist festgelegt ist.

# VII Inhalt, Bedeutung und Rechtswirkungen der Geruchs-Immissions-RL sowie der VDI-RL 3471, 3472 und 3473

*Tim Schwarz*

## 1. Einleitung

Der Geruchssinn wird gemeinhin für weniger wichtig gehalten als das Sehen, Hören oder Tasten. Doch bedeutet sein Fehlen eine wesentliche Einbuße an Lebensqualität für den Menschen. Ebenso kann die Lebensqualität beeinträchtigt werden, wenn Gerüche am Wohnort, am Arbeitsplatz oder in der Freizeit unangenehm, störend oder in seltenen Fällen sogar als ekelerregend wahrgenommen werden[1]. Gerüche können instinktive Reaktionen, wie zum Beispiel das Luftanhalten oder einen Fluchtreflex bei Brandgerüchen auslösen[2]. Darüber hinaus besitzt der Mensch die Fähigkeit ein Geruchsgedächtnis zu entwickeln[3], indem bestimmte Gerüche mit Erinnerungen verknüpft werden, die bei einer erneuten Wahrnehmung positive oder negative Assoziationen auslösen können[4]. Im Unterschied zu anderen Umwelteinwirkungen, wie zum Beispiel Lärm oder Luftverunreinigungen, die durch den Schalldruck bzw. ihre Massekonzentration in der Luft gemessen werden können[5], sind Gerüche, die sich aus verschiedenen Komponenten zusammensetzen und sich gegenseitig verstärken können, schwerer erfassbar und in ihrer Bewertung durch subjektive Faktoren geprägt[6].

In der räumlichen Planung stellen sich Gerüche, wie auch Lärm oder Luftverunreinigungen als Immissionsprobleme dar, die bei der Steuerung der Nutzungsverteilung berücksichtigt werden müssen. Klassisches Beispiel hierfür ist die Neuplanung eines Wohngebietes am Ortsrand einer ländlichen Gemeinde, in deren Außenbereich sich landwirtschaftliche Betriebe mit Tierhaltungen befinden. Aber auch im Rahmen der Innenentwicklung kann der Aspekt „Gerüche" eine Bedeutung bekommen, wenn eine Wohnnutzung in der Nähe geruchsemittierender gewerblicher Betriebe geplant wird oder die Überplanung einer Gemengelage

1 Kuratorium für Technik und Bauwesen in der Landwirtschaft e. V. (Hrsg.), Handhabung der TA Luft bei Tierhaltungsanlagen, Darmstadt 2006, S. 21.

2 Richter/Kost/Röckle, Gerüche, promet 1-2/2003, 39 (39).

3 Richter/Kost/Röckle, Gerüche, promet 1-2/2003, 39 (39 f.).

4 Bayerisches Landesamt für Umwelt (Hrsg.), UmweltWissen Gerüche und Geruchsbelästigungen, München 2008, S. 3.

5 Fickert/Fieseler, Baunutzungsverordnung 11. Aufl., Stuttgart 2008, § 1 Rn. 52.

6 Ministerium für Umwelt und Naturschutz, Landwirtschaft und Verbraucherschutz des Landes Nordrhein-Westfalen (Hrsg.), Umweltbericht Nordrhein-Westfalen 2009, Düsseldorf 2009, S. 90; Bayerisches Landesamt für Umwelt (Hrsg.), UmweltWissen Gerüche und Geruchsbelästigungen, München 2008, S. 2.

erfolgt. Häufige Quellen von Geruchsemissionen sind Betriebe der Landwirtschaft und der Lebensmittelherstellung, Anlagen der Chemie-, Kohle- und Stahlindustrie, der Gummi- und Papierherstellung sowie der Abfallbehandlung[7]. Im Umfeld von Wohnnutzungen kann, durch die von diesen Anlagen freigesetzten Emissionen, ein Spannungsverhältnis entstehen, das geprägt ist durch den Schutz und die Rechte der Betroffenen sowie die betrieblichen Interessen und Rechte der Betreiber der Anlagen[8]. Von entscheidender Bedeutung zum Ausgleich dieser Interessen ist dabei eine objektive Bewertung der Geruchsimmissionen. Vor diesem Hintergrund werden im Folgenden die Instrumente und Verfahren zum Schutz und zur Vorsorge vor Geruchsimmissionen und deren Bedeutung für die Planung sowie die Zulassung von Anlagen einer näheren Betrachtung unterzogen. Hierbei sind zum einen die Vorgaben des Immissionsschutzrechts, des Bauplanungsrechts und deren Verhältnis zueinander von Bedeutung.

## 2. Systematik der Regelwerke zum Umgang mit Gerüchen

### 2.1 Bundes-Immissionsschutzgesetz

Gerüche zählen nach der Begriffsbestimmung des § 3 Abs. 4 BImSchG[9] zu den Luftverunreinigungen, da durch diese die natürliche Zusammensetzung der Luft verändert werden kann[10]. Die von einer Anlage ausgehenden Luftverunreinigungen werden als Emissionen bezeichnet; ihr Einwirken auf Menschen, Tiere und Pflanzen, den Boden, das Wasser, die Atmosphäre sowie Kultur- und sonstige Sachgüter stellt eine Immission dar[11]. Eine Geruchswahrnehmung ist zwar grundsätzlich geeignet Ängste vor einer Schadstoffbelastung hervorzurufen[12], bislang konnte jedoch keine gesundheitsschädliche Wirkung von Gerüchen nachgewiesen wer-

---

7 Ministerium für Umwelt und Naturschutz, Landwirtschaft und Verbraucherschutz des Landes Nordrhein-Westfalen (Hrsg.), Umweltbericht Nordrhein-Westfalen 2009, Düsseldorf 2009, S. 90; Bayerisches Landesamt für Umwelt (Hrsg.), UmweltWissen Gerüche und Geruchsbelästigungen, München 2008, S. 6.

8 Beispielhaft zur Bedeutung des Immissionsschutzes allgemein sowie Geruchsimmissionen im speziellen als Teil der Standortfaktoren für die Ansiedlung und den Bestand von gewerblichen Betrieben: Industrie- und Handelskammer München und Oberbayern (Hrsg.), Leitfaden zur Standortsicherung, München 2009, S. 12.

9 Gesetz zum Schutz vor schädlichen Umwelteinwirkungen durch Luftverunreinigungen, Geräusche, Erschütterungen und ähnliche Vorgänge (Bundes-Immissionsschutzgesetz – BImSchG), neu gefasst durch Bek. v. 26.9.2002 (BGBl. I 3830), zul. geänd. durch Gesetz v. 26.11.2010 (BGBl. I 1728).

10 Lang, Die rechtliche Beurteilung von Gerüchen, Berlin 2007, S. 17.

11 Vgl. § 3 Abs. 2 und 3 BImSchG.

12 Bayerisches Landesamt für Umwelt (Hrsg.), UmweltWissen Gerüche und Geruchsbelästigungen, München 2008, S. 5.

den[13]. Aus diesem Grund werden Gerüche in die Kategorie "Belästigung" eingeordnet[14]. Eine Belästigung wird in der Systematik des BImSchG als körperliche oder seelische Beeinträchtigung des Wohlbefindens unterhalb der Schwelle zu einer Gesundheitsbeeinträchtigung oder eines Gesundheitsschadens eingestuft[15]. Eine schädliche Umwelteinwirkung durch eine Belästigung liegt dabei erst vor, wenn diese das Merkmal der Erheblichkeit erfüllt[16]. Die Erheblichkeit wiederum bestimmt sich über die Kriterien:

- Art, Ausmaß und Dauer der Einwirkung der Immissionen[17],
- der Betroffenheit für einen sogenannten "verständigen Durchschnittsmenschen"[18] sowie
- die Art des Gebietes, welches von den Immissionen betroffen ist, inklusive möglicher Vorbelastungen[19].

Art, Ausmaß und Dauer der Einwirkungen stellen auf die Belastung selbst ab und sind in der Regel messbare und damit objektiv nachweisbare Kriterien[20]. Das Kriterium der Betroffenheit für einen sogenannten "verständigen Durchschnittsmenschen" verdeutlicht, dass es bei der Beurteilung der Erheblichkeit der Geruchsimmissionen nicht darauf ankommt, dass ein einzelner Nutzer die Gerüche als störend empfindet, sondern diese generell von einem durchschnittlich sensiblen Menschen als solche empfunden werden[21]. Die Gebietsart knüpft an die bauplanungsrechtliche Prägung eines Gebietes und der sich daraus ergebenden Schutzwürdigkeit und Schutzbedürftigkeit der betroffenen Rechtsgüter an[22]. Hierbei gilt grundsätzlich, dass je empfindlicher und schutzwürdiger die Nutzung und damit die Stellung des Rücksichtnahmebegünstigten ist, desto mehr Rücksichtnahme kann verlangt werden[23]. Hierbei müssen aber auch Vorbelastungen berücksichtigt werden, die sich mindernd auf die Schutzwürdigkeit auswirken können[24].

---

13 Über die gesundheitliche Gefährdung der Nachbarschaft z. B. durch eine landwirtschaftliche Nutzung gibt es weder ein anerkanntes Ermittlungsverfahren noch verallgemeinerungsfähige Untersuchungsergebnisse, vgl. hierzu auch: OVG Münster, Beschl. v. 10.5.2010 – 8 B 992/09 –, JURIS Rn. 57.

14 Jarass, Bundes-Immissionsschutzgesetz Kommentar, 8. Aufl., München 2010, § 3, Rn. 27.

15 Jarass, Bundes-Immissionsschutzgesetz Kommentar, 8. Aufl., München 2010, § 3, Rn. 27.

16 Jarass, Bundes-Immissionsschutzgesetz Kommentar, 8. Aufl., München 2010, § 3, Rn. 52.

17 Ausführlich hierzu: Jarass, Bundes-Immissionsschutzgesetz Kommentar, 8. Aufl., München 2010, § 3, Rn. 52.

18 Jarass, Bundes-Immissionsschutzgesetz Kommentar, 8. Aufl., München 2010, § 3, Rn. 53.

19 Jarass, Bundes-Immissionsschutzgesetz Kommentar, 8. Aufl., München 2010, § 3, Rn. 55.

20 Ausführlich hierzu: Jarass, Bundes-Immissionsschutzgesetz Kommentar, 8. Aufl., München 2010, § 3, Rn. 52.

21 OVG Lüneburg, Urt. v. 3.5.2006 – 1 LB 259/04 –, DWW 2006, 340 (343) = JURIS Rn. 40.

22 BVerwG, Urt. v. 14.1.1993 – 4 C 19/90 –, UPR 1993, 221 (221) = JURIS, Rn. 22.

23 BVerwG, Urt. v. 14.1.1993 – 4 C 19/90 –, UPR 1993, 221 (221) = JURIS, Rn. 20.

24 BVerwG, Urt. v. 23.5.1991 – 7 C 19/90 –, BVerwGE 88, 210 (214) = JURIS, Rn. 10.

Eine weitere Konkretisierung der Erheblichkeit, insbesondere über Emissions- oder Immissionsgrenzwerte, erfolgt jedoch nicht im Bundes-Immissionsschutzgesetz. Dies wird auf untergesetzliche Regelwerke und technische Normen verlagert[25]. Von Bedeutung im Hinblick auf die Erfassung und Bewertung von Gerüchen sind dabei die:

- Technische Anleitung zur Reinhaltung der Luft (TA Luft)[26],
- VDI-Richtlinien 3471[27] und 3472[28] und die
- Geruchsimmissions-Richtlinie (GIRL)[29].

## 2.2 Untergesetzliche Regelwerke und technische Normen

In der TA Luft werden die Vorgaben für genehmigungsbedürftige Anlagen im Hinblick auf den Schutz und die Abwehr sowie die Vorsorge vor schädlichen Umweltauswirkungen formuliert[30]. Für diese Anlagen, die bei bestimmungsgemäßem Betrieb oder wegen betrieblich bedingter Störanfälligkeit geruchsintensive Stoffe emittieren können, werden in der TA Luft instrumentelle Anforderungen gestellt[31], die der Emissionsminderung dienen. Hierdurch wird eine Emissionsreduzierung entsprechend dem jeweiligen Stand der Technik bei Anlagen vorgegeben. Die TA Luft setzt somit überwiegend auf der Emissionsseite an. Darüber hinaus enthält sie ein Abstandsdiagramm, das zur Abschätzung der Verträglichkeit von genehmigungspflichtigen Tierhaltungsanlagen, wie der Schweine- und Geflügelhaltung, genutzt werden kann, die neu errichtet werden[32]. Für nicht genehmigungsbedürftige Anlagen darf diese nur zur Orientierung eingesetzt werden[33]. Sowohl die technischen Anforderungen als auch die Abstandsregelungen konkre-

---

25 Lang, Die rechtliche Beurteilung von Gerüchen, Berlin 2007, S. 29.

26 Erste Allgemeine Verwaltungsvorschrift zum Bundes-Immissionsschutzgesetz (Technische Anleitung zur Reinhaltung der Luft – TA Luft) vom 24.7.2002 (GMBl. S. 511).

27 VDI-Richtlinie 3471 Emissionsminderung Tierhaltung – Schweine, abgedruckt in: Verein Deutscher Ingenieure (Hrsg.), VDI-Handbuch Reinhaltung der Luft, Band 3, Düsseldorf 1986.

28 VDI-Richtlinie 3472 Emissionsminderung Tierhaltung – Hühner, abgedruckt in: Verein Deutscher Ingenieure (Hrsg.), VDI-Handbuch Reinhaltung der Luft, Band 3, Düsseldorf 1986.

29 Bund/ Länder-Arbeitsgemeinschaft für Immissionsschutz (Hrsg.), Feststellung und Beurteilung von Geruchsimmissionen (Geruchsimmissions-Richtlinie – GIRL -), i. d. F. v. 29.2.2008 und einer Ergänzung v. 10.9.2008 mit Begründung und Auslegungshinweisen i. d. F. v. 29.2.2008, im Internet abrufbar unter: www.lanuv.nrw.de/luft/gesetze.htm, Zugriff am 13.3.2011.

30 Jarass, Bundes-Immissionsschutzgesetz Kommentar, 8. Aufl., München 2010, § 48, Rn. 29.

31 Jarass, Bundes-Immissionsschutzgesetz Kommentar, 8. Aufl., München 2010, § 48, Rn. 35.

32 Da bei bestehenden Anlagen kein Einfluss auf den Abstand zu einer Wohnbebauung genommen werden kann, darf die Abstandsregelung hier nicht angewendet werden.

33 Kuratorium für Technik und Bauwesen in der Landwirtschaft e. V. (Hrsg.), Handhabung der TA Luft bei Tierhaltungsanlagen, Darmstadt 2006, S. 148.

tisieren den Vorsorgegrundsatz der TA Luft. Sie enthält jedoch keine Regelungen zum Schutz vor schädlichen Umwelteinwirkungen durch Geruchsimmissionen[34].

Ähnlich wie in der TA Luft, werden in den VDI-Richtlinien 3471 und 3472 technische Anforderungen zur Emissionsminderung bei nicht-genehmigungsbedürftigen Tierhaltungsanlagen vorgegeben. Das wesentliche Unterscheidungsmerkmal der beiden VDI-Richtlinien ist hierbei die Art der Tierhaltung, die sich bei der VDI-Richtlinie 3471 auf die Schweinehaltung und der VDI-Richtlinie 3472 auf die Hühnerhaltung bezieht. Neben diesen VDI-Richtlinien ist noch auf die Entwürfe der VDI-Richtlinien 3473[35] und 3474[36] hinzuweisen. Die VDI-Richtlinie 3473 sollte die oben genannten Anforderungen zur Emissionsminderung für den Bereich der Rinderhaltung konkretisieren. Die VDI-Richtlinie 3474 wiederum sollte die Anforderungen an die verschiedenen Tierhaltungsarten in einer Richtlinie zusammenführen. Da beide jedoch nur im Entwurfsstadium vorliegen, dürfen diese nicht für die Beurteilung von Geruchsimmissionen herangezogen werden[37]. Die Kommission zur Reinhaltung der Luft im VDI und DIN (KRdL) erarbeitet derzeit eine VDI-Richtlinie zur Emissionsminderung aus der Tierhaltung (VDI 3894)[38]. Diese stellt eine Neufassung der VDI-Richtlinien 3471, 3472 dar und behandelt darüber hinaus auch die Emissionsminderung bei Rindern und Pferden[39]. Da diese jedoch ebenfalls nur im Entwurf vorliegt, und damit deren Anwendung letztlich nicht gerichtlich abgesichert ist, wird diese nicht näher ausgeführt. Neben den technischen Anforderungen an die Anlagen selbst werden in den VDI-Richtlinien 3471 und 3472 auch Abstandsregelungen als Entscheidungshilfe für die räumliche Zuordnung von landwirtschaftlicher Tierhaltung und schützenswerter Wohnbebauung vorgegeben[40]. Der Grundgedanke der Abstandsregelungen ist es, durch eine räumliche Trennung von Wohnbebauung und Tierhaltung Geruchsbelästigungen zu vermeiden oder zu vermindern[41].

Weder die TA Luft noch die VDI-Richtlinien 3471 und 3472 geben ein Verfahren zur Ermittlung von Geruchsimmissionen zum Schutz vor belästigenden Gerüchen

---

34 Vgl. Nr. 1. Anwendungsbereich, TA Luft.

35 VDI-Richtlinie 3473 – Entwurf, Emissionsminderung Tierhaltung – Rinder, abgedruckt in: Verein Deutscher Ingenieure (Hrsg.), VDI-Handbuch Reinhaltung der Luft, Band 3, Düsseldorf 1994.

36 VDI-Richtlinie 3474 – Entwurf, Emissionsminderung Tierhaltung, Geruchsstoffe, abgedruckt in: Verein Deutscher Ingenieure (Hrsg.), VDI-Handbuch Reinhaltung der Luft, Band 3, Düsseldorf 2001.

37 BVerwG, Beschl. v. 29.12.2000 – 4 BN 47/00 –, JURIS Rn. 15.

38 VDI-Richtlinie 3894 – Entwurf, Emissionen und Immissionen aus Tierhaltungsanlagen – Haltungsverfahren und Emissionen Schweine, Rinder, Geflügel, Pferde, abgedruckt in: Verein Deutscher Ingenieure (Hrsg.), VDI-Handbuch Reinhaltung der Luft, Band 3, Emissionsminderung II, Düsseldorf 2009.

39 Die KRdL erarbeitet die VDI-Richtlinie für Emissionen aus der Nutztierhaltung. Diese ist im Internet abrufbar unter: http://www.vdi.de/4731.0.html, Zugriff am 8.3.2011.

40 Kuschnerus, Der sachgerechte Bebauungsplan, 4. Aufl., Bonn 2010, S. 258.

41 BVerwG, Urt. v. 14.1.1993 – 4 C 19/90 –, UPR 1993, 221 (222) = JURIS Rn. 24.

vor[42]. Ebenso fehlen Grenz- oder Richtwerte für Geruchsbelästigungen in der TA Luft sowie dem BImSchG[43]. In die hieraus resultierende Regelungslücke stößt die Geruchsimmissions-Richtlinie GIRL[44]. In der GIRL wird die Grenze der erheblichen Belästigung durch Gerüche immissionsseitig – also bezogen auf den Einwirkungsort – bestimmt. Primär ist die GIRL konzipiert für die Genehmigung und Überwachung immissionsschutzrechtlich relevanter Anlagen. Sie findet aber auch in der Bauleitplanung Anwendung für die Einschätzung der Verträglichkeit unterschiedlicher Nutzungen im Hinblick auf Geruchsimmissionen[45]. Im Gegensatz zur TA Luft sowie den VDI-Richtlinien ist der Anwendungsbereich der GIRL dabei nicht beschränkt auf Gerüche aus Tierhaltungsanlagen, sondern kann auch zur Beurteilung gewerblicher oder industrieller Gerüche eingesetzt werden. Hinzu kommt, dass bei der GIRL auch die Geruchsimmissionen mehrerer Emittenten berücksichtigt werden können, was die Anwendung in einer Gemengelage ermöglicht.

Zusammenfassend lässt sich festhalten, dass die TA Luft sowie die VDI-Richtlinien 3471 und 3472 darauf abzielen Gerüchen am Emissionsort insbesondere durch technische und bauliche Vorgaben zu vermeiden und zu mindern. Darüber hinaus enthalten diese Regelwerke Abstandsregelungen für die Schweine- und Geflügelhaltung zur Vorsorge gegen schädliche Umweltauswirkungen durch räumliche Trennung. Den Schutz vor schädlichen Umweltauswirkungen durch Gerüche behandelt ausschließlich die Geruchsimmissions-Richtlinie GIRL. Überschneidungen zwischen den Regelwerken ergeben sich durch den Rückgriff auf die Abstandsregelungen der TA Luft bei genehmigungsbedürftigen Anlagen sowie der VDI-Richtlinien 3471 und 3472 bei nicht-genehmigungsbedürftigen Anlagen, die im Rahmen der Prüfung nach der GIRL regelmäßig angewendet werden.

42 Moench/Hamann, Geruchsbelästigungen und Immissionsschutzrecht, DVBl. 4/2004, 201 (201).

43 BVerwG, Urt. v. 28.2.2002 – 4 CN 5/01 -, UPR 2002, 313 (314) = JURIS Rn. 17.

44 Mohr, Die Geruchsimmissions-Richtlinie aus Sicht des Juristen, Immissionsschutz 2/2010, 81 (86).

45 Kuschnerus, Der sachgerechte Bebauungsplan, 4. Aufl., Bonn 2010, Rn. 498.

**Tab. 1: Systematik der Regelwerke zur Vorsorge und zum Schutz vor Gerüchen**

| Regelwerk / Ansatz | TA Luft | VDI 3471/3472 | GIRL |
|---|---|---|---|
| **Emissionsbezogene Vorsorge** | Technische Anforderungen bei genehmigungsbedürftigen Anlagen entsprechend dem Stand der Technik | Technische Anforderungen bei nicht-genehmigungsbedürftigen Anlagen<br>VDI 3471 (Schweine)<br>VDI 3472 (Hühner) | Prüfung: Ausschöpfung der Möglichkeiten zur Begrenzung und Ableitung von Geruchsemissionen nach dem Stand der Technik |
| **Immissionsbezogene Vorsorge** | Abstandsdiagramm für Anlagen zur Tierhaltung (Pkt. 5.4.7.1) | Abstandsregelungen (Nr. 3) | Vereinfachte Immissionsbeurteilung über Rückgriff auf die Abstandsregelungen der TA Luft sowie der VDI-RL 3471 oder 3472 |
| **Schutz vor Immissionen** | - | - | Ermittlung der Geruchsimmissionen und Bewertung mit Hilfe der Immissionswerte (Orientierungswerte) |

Eigene Darstellung

## 3. Inhalt und Rechtswirkung der Regelwerke

Im Folgenden sollen die einzelnen Regelwerke zur Vorsorge und zum Schutz vor Immissionen näher in Bezug auf deren Inhalte sowie Bindungswirkungen dargestellt werden. Aufgrund ihrer Relevanz für die Bauleitplanung konzentrieren sich die Aussagen zur TA Luft sowie den VDI-Richtlinien 3471 und 3472 auf die Abstandsregelungen. Den Schwerpunkt der Erläuterungen bildet die Geruchsimmissions-Richtlinie GIRL, die als einzige Regelung den Schutz vor schädlichen Umwelteinwirkungen durch Gerüche behandelt und ein Verfahren zur Ermittlung und Bewertung der Geruchsimmissionen bereitstellt.

## 3.1 TA Luft

Die TA Luft wurde auf der Grundlage des § 48 BImSchG als Erste Allgemeine Verwaltungsvorschrift zum Bundes-Immissionsschutzgesetz am 24.7.2002 von der Bundesregierung nach der Anhörung der beteiligten Kreise nach § 51 BImSchG und mit der Zustimmung des Bundesrats erlassen. Sie konkretisiert die Anforderungen des BImSchG im Bereich der Luftreinhaltung für genehmigungsbedürftige Anlagen und zum Teil auch für nicht-genehmigungsbedürftige Anlagen[46]. Im Hinblick auf die Geruchsimmissionen weist die TA Luft bereits in Kapitel 1 darauf hin, dass sie keine Regelungen zum Schutz, sondern zur Vorsorge vor schädlichen Umwelteinwirkungen durch Geruchsimmissionen beinhaltet. Eine ursprünglich vorgesehene Regelung zur Beurteilung von Geruchsimmissionen wurde bei der Novellierung der TA Luft (1986) aufgrund des Widerstandes der landwirtschaftlichen Interessenverbände aus dem Entwurf der TA Luft (2002) wieder entfernt[47]. In Nr. 5.2.8. der TA Luft werden allgemeine Anforderungen zur Vermeidung und Verminderung der Emissionen durch geruchsintensive Stoffe beschrieben[48]. Durch diese Anforderungen erfolgt eine Konkretisierung des in § 3 Abs. 6 BImSchG vorgegebenen Begriffs der Maßnahmen nach dem Stand der Technik[49]. Diese für alle geruchsemittierenden Anlagenarten geltenden Maßnahmen sehen beispielsweise die Einhausung von Anlagen, das Kapseln von Anlagenteilen sowie Anforderungen an die Lagerung von Einsatzstoffen, Erzeugnissen und Abfällen vor.

### 3.1.1 Bindungswirkung der TA Luft

Als normenkonkretisierende Verwaltungsvorschrift besitzt die TA Luft eine begrenzte Bindungswirkung. Grundsätzlich erfolgt eine Bindung der Verwaltung, die die entsprechende Vorschrift erlässt, sowie deren nachgeordneten Behörden[50]. Des Weiteren stellt die TA Luft für die Gerichte eine verbindliche Konkretisierung der gesetzlichen Anforderungen der Luftreinhaltung aus dem BImSchG dar[51]. Diese Konkretisierung gilt im Hinblick auf ihren Anwendungsbereich sowie den Aussagegehalt der jeweiligen Vorschrift[52]. Neuere Erkenntnisse oder das Vorliegen

46 Jarass, Bundes-Immissionsschutzgesetz, Kommentar, 8. Aufl., München 2010, § 48, Rn. 29; Hansmann, 6. Öffentliches Immissionsschutzrecht, in: ders./Sellner (Hrsg.), Grundzüge des Umweltrechts, 3. Aufl., Berlin 2007, Rn. 105.

47 Sparwasser/Engel/Voßkuhle, Umweltrecht, 5. Aufl., Heidelberg 2003, § 10, Rn. 205.

48 Vgl. Kotulla, in: ders. (Hrsg.), Bundes-Immissionsschutzgesetz, Loseblattsammlung, Stand 3. Lfg. 7/2004, § 5, Rn. 71.

49 Vgl. Kotulla, in: ders. (Hrsg.), Bundes-Immissionsschutzgesetz, Loseblattsammlung, Stand 3. Lfg. 7/2004, § 5, Rn. 71.

50 Jarass, Bundes-Immissionsschutzgesetz Kommentar, 8. Aufl., München 2010, § 48, Rn. 41.

51 Jarass, Bundes-Immissionsschutzgesetz Kommentar, 8. Aufl., München 2010, § 48, Rn. 42.

52 Ausführlich hierzu: Jarass, Bundes-Immissionsschutzgesetz Kommentar, 8. Aufl., München 2010, § 48, Rn. 49-51.

eines atypischen Sonderfalls können diese Konkretisierung wieder einschränken[53]. Keine Bindung besteht dahingegen bei Privatpersonen[54]. Speziell im Hinblick auf den Vorsorgecharakter der Abstandsregelung der TA Luft bei Gerüchen aus Tierhaltungsanlagen entfaltet die TA Luft keine drittschützende Wirkung[55].

### 3.1.2 Abstandsregelung der TA Luft

Neben der emissionsbezogenen Vorsorge, die an der baulichen und technischen Ausgestaltung einer Anlage ansetzt, wird in der TA Luft auch eine immissionsbezogene Regelung zur Vorsorge gegen Gerüche durch eine räumliche Zuordnung in Nr. 5.4.7.1 geregelt. Diese beschränkt sich auf die Neuerrichtung von Anlagen zum Halten oder zur Aufzucht von Nutztieren und unterscheidet zwischen den Tierarten Schweine und Geflügel. Neben der weiteren Konkretisierung der baulichen und betrieblichen Anforderungen bildet ein Abstandsdiagramm das Kernstück dieser immissionsbezogenen Vorsorgeregel, welches auch Bedeutung für die Bauleitplanung besitzt[56]. Das Abstandsdiagramm dient als Grundlage für die Einschätzung der Verträglichkeit von Anlagen zur Tierhaltung zu einer vorhandenen oder in einem Bebauungsplan festgesetzten Wohnbebauung. Einzelstehende Wohnhäuser im Außenbereich stellen in Abgrenzung hierzu keine Wohnbebauung dar[57]. Zu beachten ist, dass in dem Abstandsdiagramm jeweils nur der Mindestabstand einer einzelnen, neu zu errichtenden Anlage zur Wohnbebauung bestimmt wird. Vorbelastungen durch bereits bestehende Betriebe können nicht erfasst werden. In der Praxis kommt das Abstandsdiagramm aber auch bei der wesentlichen Änderung von Anlagen zum Einsatz[58]. Maßgeblicher Faktor für die Abstände ist hierbei die Tierlebendmasse, die in Großvieheinheiten (GV) umzurechnen ist[59]. Diese wird aus der Tierplatzzahl des Betriebes, multipliziert mit dem für die jeweilige Tierart vorgegebenen Faktor, errechnet. Können die Mindestabstände im Rahmen eines Genehmigungsverfahrens oder in der Bauleitplanung eingehalten werden, sind die Geruchsimmissionen in der Regel unterhalb der Erheblichkeitsschwelle und damit unbedenklich[60]. Hierbei ist jedoch zu beachten, dass die

---

53 Ausführlich hierzu: Jarass, Bundes-Immissionsschutzgesetz Kommentar, 8. Aufl., München 2010, § 48, Rn. 52-53.

54 Jarass, Bundes-Immissionsschutzgesetz, Kommentar, 8. Aufl., München 2010, § 48, Rn. 42.

55 Kuratorium für Technik und Bauwesen in der Landwirtschaft e. V. (Hrsg.), Handhabung der TA Luft bei Tierhaltungsanlagen, Darmstadt 2006, S. 69.

56 Kuschnerus, Der sachgerechte Bebauungsplan, 4. Aufl., Bonn 2010, Rn. 492.

57 Kuratorium für Technik und Bauwesen in der Landwirtschaft e. V. (Hrsg.), Handhabung der TA Luft bei Tierhaltungsanlagen, Darmstadt 2006, S. 157.

58 Lang, Die rechtliche Beurteilung von Gerüchen, Berlin 2007, S. 57.

59 OVG Lüneburg, Beschl. v. 22.9.2010 – 12 ME 51/10 –, BauR 2011, 502 (502) = JURIS Rn. 6.

60 Im Hinblick auf das immissionsschutzrechtliche Genehmigungsverfahren: Kuratorium für Technik und Bauwesen in der Landwirtschaft e. V. (Hrsg.), Handhabung der TA Luft bei Tierhaltungsanlagen, Darmstadt 2006, S. 69; mit Fokus auf die Bauleitplanung: Kuschnerus, Der sachgerechte Bebauungsplan, 4. Aufl., Bonn 2010, S. 257.

Abstandsregelung lediglich der Vorsorge vor Geruchsimmissionen dient und bei einer Unterschreitung der Mindestabstände sich nicht automatisch eine erhebliche Beeinträchtigung einstellen muss[61]. Vielmehr ist dann zur Bewertung der Umweltauswirkungen eine Sonderfallprüfung nach Nr. 4.8 der TA Luft notwendig, die regelmäßig nach den Vorgaben der GIRL erfolgt[62]. Eine Unterschreitung der aus dem Abstandsdiagramm der TA Luft ermittelten Mindestabstände für Anlagen zur Schweine- oder Geflügelhaltung ist ebenso möglich, wenn die Emissionen an Geruchsstoffen durch primärseitige Maßnahmen gemindert werden können oder das geruchsbeladene Abgas einer Abgasreinigung unterzogen wird. Umgekehrt ist es ebenso möglich, bei Unterschreitung des Mindestabstands eine Rückrechnung auf die maximale mögliche Anzahl der Großvieheinheiten vorzunehmen und durch eine entsprechende Reduzierung den Abstand einzuhalten[63]. Im Außenbereich ist darüber hinaus auch eine Halbierung der Abstände zulässig, da dieser als Standort für privilegierte Tierhaltungsanlagen dient und dort ein entsprechend höheres Maß an Geruchsimmissionen zu tolerieren ist[64], was auch als "erhöhte Zumutbarkeitsschwelle" bezeichnet wird[65]. Eine Grenze bildet hierbei die Schwelle zur Gesundheitsgefährdung, die jedoch auch bei einer Überschreitung der Wahrnehmungshäufigkeiten von 30 bis über 50 % der Geruchsstunden eines Jahres noch nicht erreicht sein muss[66].

## 3.2 VDI-Richtlinien 3471 und 3472

Die VDI-Richtlinien 3471 und 3472 wurden von der VDI-Kommission Reinhaltung der Luft des privaten Normungsverbandes Verein Deutscher Ingenieure e. V. (VDI) erstellt. Regelungsziel der VDI-Richtlinien 3471 und 3472 ist es, speziell für Tierhaltungsanlagen ein niedriges Emissionsniveau, unter Berücksichtigung des Standes der Technik, zu gewährleisten[67]. Der Anwendungsbereich der VDI-Richtlinien ist dabei auf die Tierhaltung von Schweinen bzw. Geflügel bei immissionsschutzrechtlich nicht-genehmigungspflichtigen Anlagen beschränkt. Die TA Luft, deren Anwendungsbereich schwerpunktmäßig bei den genehmigungsbedürftigen Anlagen liegt, wird hierdurch zweckmäßig ergänzt.

61 OVG Münster, Beschl. v. 10.5.2010 – 8 B 992/09 –, JURIS Rn. 38.

62 Lang, Die rechtliche Beurteilung von Gerüchen, Berlin 2007, S. 60.

63 Kuratorium für Technik und Bauwesen in der Landwirtschaft e. V. (Hrsg.), Handhabung der TA Luft bei Tierhaltungsanlagen, Darmstadt 2006, S. 154.

64 Kuratorium für Technik und Bauwesen in der Landwirtschaft e. V. (Hrsg.), Handhabung der TA Luft bei Tierhaltungsanlagen, Darmstadt 2006, S. 157.

65 OVG Münster, Beschl. v. 18.3.2002 – 7 B 315/02 –, NVwZ 2002, 1390 (1391) = JURIS, Rn. 12.

66 OVG Münster, Beschl. v. 18.3.2002 – 7 B 315/02 –, NVwZ 2002, 1390 (1391) = JURIS, Rn. 12; OVG Lüneburg, Urt. v. 25.7.2002 – 1 LB 980/01 –, NVwZ-RR 2003, 24 (26) = JURIS, Rn. 24.

67 So für die VDI-Richtlinie 3471 und entsprechend übertragbar für die VDI-Richtlinie 3472: BVerwG, Urt. v. 28.2.2002 – 4 CN 5/01 -, UPR 2002, 313 (314) = JURIS Rn. 17.

### 3.2.1 Bindungswirkung

Die in privater Trägerschaft erstellten VDI-Richtlinien 3471 und 3472 bezeichnen sich selbst als „Entscheidungshilfe". Nach § 7 Abs. 5 BImSchG werden sie als Bekanntmachung einer sachverständigen Stelle eingeordnet. Im gerichtlichen Verfahren wird den VDI-Richtlinien im Hinblick auf den Sachverstand bei der Erstellung ein „Indizcharakter" zugesprochen[68]. In der Rechtsprechung wird die VDI-Richtline 3471 als "eine brauchbare und im allgemeinen unverzichtbare Entscheidungshilfe bei der Beurteilung der Zumutbarkeit von Geruchsbelastungen aus der Schweinehaltung" bezeichnet[69]. In der Bindungswirkung bleiben die Regelwerke aber hinter den normenkonkretisierenden Verwaltungsvorschriften, wie zum Beispiel der TA Luft, zurück[70], da weder die Verwaltung noch die Gerichte an diese gebunden sind[71].

### 3.2.2 Inhalt der VDI-Richtlinien 3471 und 3472

Der inhaltliche Aufbau der VDI Richtlinien 3471 und 3472 folgt einem einheitlichen Schema und gliedert sich jeweils in drei Abschnitte. Abschnitt 1 enthält die technischen Vorgaben zu den Verfahren, Einrichtungen und Betriebsweisen für die Schweine- bzw. Geflügelhaltung. Die Möglichkeiten zur Verminderung von Emissionen und Immissionen werden jeweils im zweiten Abschnitt beschrieben. Hierbei werden der Standort der Anlage, Aufstallung und Sauberkeit, Fütterung, Lüftung, Entmistung und Mistlagerung bzw. Kotlagerung sowie Räumung des Mistlagers und abschließend technische Zusatzmaßnahmen für den Sonderfall, wie zum Beispiel die Abluftbehandlung behandelt. Durch diese Vorgaben konkretisieren die VDI-Richtlinien 3471 und 3472 den Stand der Technik zur Vermeidung und Verminderung von Emissionen und Immissionen durch luftverunreinigende Stoffe in der Schweine- sowie der Geflügelhaltung. Mit der Konkretisierung des Standes der Technik durch bauliche und betriebliche Maßnahmen sowie den nachfolgend zu erläuternden Abstandsregelungen, die jeweils den dritten Abschnitt der Richtlinien bilden, verfolgen diese insgesamt ein ähnliches Konzept, wie die TA Luft[72].

*a) Abstandsregelungen*

Als vereinfachtes Instrument zur Immissionsbeurteilung werden in den VDI-Richtlinien 3471 und 3472 Abstände zwischen den Anlagen zur Tierhaltung für Schweine und Geflügel und der Wohnbebauung vorgegeben. Grundlage hierfür bilden Praxiserhebungen, bei denen die sogenannte "Geruchsschwellenentfernung"

---

68 Jarass, Bundes-Immissionsschutzgesetz, Kommentar, 8. Aufl., München 2010, § 48, Rn. 61.
69 OVG Münster, Urt. v. 25.9.2000 – 10a D 8/00.NE –, JURIS Rn. 25; OVG Lüneburg, Urt. v. 30.5.2001 – 1 K 389/00 –, NVwZ-RR, 2/2002, 98 (99) = JURIS Rn. 13.
70 Jarass, Bundes-Immissionsschutzgesetz, Kommentar, 8. Aufl., München 2010, § 48, Rn. 61.
71 Jarass, Bundes-Immissionsschutzgesetz, Kommentar, 8. Aufl., München 2010, § 48, Rn. 60.
72 BVerwG, Urt. v. 28.2.2002 – 4 CN 5/01 -, UPR 2002, 313 (314) = JURIS Rn. 17.

ermittelt wurde[73]. Bei der Geruchsschwelle handelt es sich um die kleinste Konzentration eines gasförmigen Stoffes oder eines Stoffgemisches, bei der die menschliche Nase einen Geruch wahrnimmt. Die Geruchsschwellenentfernung definiert damit den Abstand, bei dem ein spezifischer Stallgeruch zum ersten Mal wahrnehmbar ist[74]. Die Regelungen gelten sowohl für den Abstand zwischen einem geplanten Stallbauvorhaben und bestehender Wohnbebauung als auch umgekehrt zwischen einer vorhandenen Tierhaltungsanlage und einer geplanten Wohnbebauung in einem Bebauungsplan, nicht jedoch für Einzelhäuser im Außenbereich[75]. Der Mindestabstand zwischen einer Tierhaltungsanlage sowie einer Wohnbebauung wird wesentlich durch die Bestandsgröße der Anlage bestimmt, die in Großvieheinheiten umgerechnet wird. Anders als bei der TA Luft werden bei den Abstandsdiagrammen der VDI-Richtlinien 3471 und 3472 bestimmte Hauptfaktoren der jeweiligen Tierhaltung bewertet, die die Entstehung und Verteilung luftverunreinigender Stoffe beeinflussen. Nach einem Punktesystem werden dabei bauliche und betriebliche Verfahren der Schweine- und Geflügelhaltung bewertet. Entsprechend der Tierhaltungsanlage kann sich daraus ein Zu- oder Abschlag im Hinblick auf die Geruchsemissionen ergeben. Als Maximum sind hierbei 100 Punkte erreichbar, was den Stand des emissionsärmsten Betriebs nach den Vorgaben der VDI-Richtlinien 3471 und 3472 von 1986 wiedergibt. In den beiden Abstandsdiagrammen werden jeweils für vier Bewertungsstufen von 25 bis maximal 100 Punkte vier Kurvenscharen vorgegeben, die den Gültigkeitsbereich der jeweiligen Abstandsregelung ergeben. Die Kurvenscharen der VDI-Richtlinie 3471 und 3472 mit der 100 Punkte Bewertung entsprechen dabei der Kurvenschar aus dem Abstandsdiagramm der TA Luft für die Schweine- und Geflügelhaltung[76]. Hält eine Anlage die hierdurch vorgegebenen Mindestabstände ein, ist in der Regel nicht mit erheblichen Belästigungen durch Geruchsimmissionen zu rechnen. Da es sich bei den Abstandswerten der VDI-Richtlinien jedoch um reine Vorsorgemaßnahmen handelt, liegt bei einer Unterschreitung nicht automatisch eine erhebliche Umwelteinwirkung vor[77]. Vielmehr ist dann, wie auch bei der TA Luft, eine Sonderfallbeurteilung nach Nr. 3.2.3.4 notwendig, die regelmäßig nach den Vorgaben der GIRL durchgeführt wird[78]. Daneben besteht auch bei einer Unterschreitung im sogenannten Nahbereich die Notwendigkeit einer Einzelfalluntersuchung. In der Schweinehaltung ist dieser als Abstand unter 100 m, in der Geflügelhaltung unter 200 m definiert[79].

---

73 Lang, Die rechtliche Beurteilung von Gerüchen, Berlin 2007, S. 43.

74 Bayerisches Landesamt für Umwelt (Hrsg.), UmweltWissen Gerüche und Geruchsbelästigungen, München 2008, S. 4.

75 OVG Münster, Beschl. v. 10.5.2010 – 8 B 992/09 –, JURIS Rn. 38.

76 Kuratorium für Technik und Bauwesen in der Landwirtschaft e. V. (Hrsg.), Handhabung der TA Luft bei Tierhaltungsanlagen, Darmstadt 2006, S. 151.

77 Fickert/Fieseler, Baunutzungsverordnung, 11. Aufl., Stuttgart 2008, § 5, Rn. 9.21.

78 OVG Lüneburg, Beschl. v. 22.9.2010 – 12 ME 51/10 –, BauR 2011, 502 (502) = JURIS Rn. 6.

79 Vgl. Nr. 3.2.3.4 VDI-Richtlinie 3471 und 3472.

Wie auch bei der TA Luft ist bei den Abstandsregelungen der VDI-Richtlinien 3471 und 3472 zu beachten, dass sich diese nur auf den Abstand zwischen einer einzelnen Anlage und einer vorhandenen bzw. geplanten Wohnbebauung bezieht. Hieraus ergibt sich um den einzelnen Betrieb letztlich eine kreisförmige Abstandslinie, bei der externe Einflüsse, wie zum Beispiel die Hauptwindrichtung nicht berücksichtigt, werden[80]. Befinden sich bereits mehrere Tierhaltungsanlagen in der Umgebung ist die Abstandsregelung zur Beurteilung nicht geeignet. Auch eine Vorbelastung kann im Rahmen der Abstandsprüfung nach den VDI-Richtlinien 3471 oder 3472 nicht beurteilt werden. In diesen Fällen ist das Verfahren zur Ermittlung und Bewertung der Geruchsimmissionen nach der Geruchsimmissions-Richtlinie vorzunehmen[81].

*b) Gebietsdifferenzierung der Abstandsregelungen*

Im Hinblick auf die Anwendung der Abstandsregelungen der VDI-Richtlinien 3471 und 3472 im Rahmen der Bauleitplanung und bei der Zulassung von Bauvorhaben ist der Bezug auf die Bauflächen und Baugebietstypen der BauNVO[82] bzw. die Differenzierung zwischen dem unbeplanten Innenbereich nach § 34 BauGB sowie dem Außenbereich nach § 35 BauGB von Bedeutung.

Vollumfänglich einzuhalten sind die Abstandsflächen zwischen einer bestehenden oder geplanten Stallanlage und einer bestehenden Wohnbebauung sowie einer im Flächennutzungsplan dargestellten Wohnbaufläche nach § 1 Abs. 1 BauNVO, einem im Bebauungsplan festgesetzten reinen Wohngebiet nach § 3 BauNVO, einem allgemeinen oder besonderen Wohngebiet nach §§ 4 und 4a BauNVO sowie einem Mischgebiet nach § 6 BauNVO. Entspricht ein im Zusammenhang bebauter Ortsteil im Sinne des § 34 BauGB einem der genannten Baugebiete ist die Abstandsregelung ebenfalls voll anwendbar. Der Mindestabstand für die oben genannten Gebiete setzt sich zusammen aus dem Geruchsschwellenabstand und einem 100 prozentigen Sicherheitszuschlag[83]. Dieser sogenannte *Regelabstand*[84] trägt der Vorsorge vor schädlichen Immissionen durch die räumliche Trennung der Nutzungen Rechnung.

Eine Halbierung der Mindestabstände ist bei Dorfgebieten und Wohnhäusern im Außenbereich vorgesehen. So kann zwischen Tierhaltungsanlagen und Dorfgebieten nach § 5 BauNVO oder Wohnhäusern im Außenbereich auf den oben genannten Sicherheitszuschlag verzichtet werden. Der einzuhaltende Abstand beschränkt sich dann auf die tatsächliche Geruchsschwellenentfernung[85]. Dabei

---

80 Richter/Kost/Röckle, Gerüche, promet 1-2/2003, 39 (42).

81 OVG Lüneburg, Urt. v. 26.5.2009 – 1 LB 19/07 –, JURIS Rn. 15.

82 Verordnung über die bauliche Nutzung der Grundstücke (Baunutzungsverordnung – BauNVO), i. d. F. der B. v. 23.1.1990 (BGBl. I S. 133), geänd. durch Art. 3 des Gesetzes v. 22.4.1993 (BGBl. I S. 466).

83 Lang, Die rechtliche Beurteilung von Gerüchen, Berlin 2007, S. 43.

84 Fickert/Fieseler, Baunutzungsverordnung, 11. Aufl., Stuttgart 2008, § 5, Rn. 9.21.

85 Vgl. Nr. 3.2.3.2 VDI-Richtlinie 3471 und 3472.

kann es sich sowohl um ein in einem Bebauungsplan festgesetztes Dorfgebiet nach § 5 BauNVO handeln, als auch um ein faktisches Dorfgebiet im unbeplanten Innenbereich[86]. Ebenso reduziert werden kann der Abstand zwischen einer Tierhaltungsanlage und einem im Außenbereich befindlichen Wohngebäude. Sowohl der Charakter des Dorfgebietes als auch die Lage im Außenbereich rechtfertigen grundsätzlich ein höheres Maß an Geruchsstoffimmissionen. Dieser „Dorfgebietsabstand"[87] entspricht ebenfalls dem Geruchsschwellenabstand – also dem Abstand, bei dem ein Geruch zum ersten Mal wahrgenommen wird. Eine weitere Unterschreitung ist von dem Ergebnis einer Sonderbeurteilung abhängig. Trotz der Halbierung der Abstände bei Dorfgebieten sind diese regelmäßig noch so groß, dass die Einhaltung in Ortskernen nicht möglich ist, da ansonsten disperse Siedlungsstrukturen entstehen würden[88]. Hieraus ergibt sich faktisch bereits eine Einschränkung der Anwendung der Abstandsregelungen im Innenbereich, so dass dort regelmäßig eine Sonderfallprüfung erforderlich ist[89].

Nicht anwendbar sind die Abstandsregelungen der VDI-Richtlinien 3471 und 3472 dahingegen bei sonstigen Baugebieten. Zu diesen werden unter Nr. 3.2.3.3 Kleinsiedlungsgebiete nach § 2 BauNVO, Kerngebiete nach § 7 BauNVO, Gewerbe- und Industriegebiete nach §§ 8 und 9 BauNVO sowie Sondergebiete nach §§ 10 und 11 BauNVO gezählt. Dies gilt auch für Gebiete im unbeplanten Innenbereich, die einem der sonstigen Baugebiete aufgrund ihrer Eigenart zugerechnet werden können. Für diese ist regelmäßig eine Sonderbeurteilung nach Nr. 3.2.3.4 notwendig. Diese Sonderbeurteilung ist darüber hinaus auch auf die anderen Gebietstypen anzuwenden, wenn diese im Nahbereich[90] liegen. Sind zur Vermeidung und Verminderung der Geruchsemissionen die technischen Möglichkeiten[91] ausgeschöpft, können technische Zusatzmaßnahmen[92], wie zum Beispiel eine Abluftbehandlung zur Verringerung der Emissionen an der Quelle eingesetzt werden.

## 3.3 Geruchsimmissions-Richtlinie – GIRL

Die Geruchsimmissions-Richtlinie GIRL wurde vom Länderausschuss Immissionsschutz (LAI) im Jahr 1993 zur Kenntnis genommen und den Bundesländern zur

---

86 Bei einem faktischen Dorfgebiet entspricht die Eigenart der näheren Umgebung der eines Dorfgebietes nach § 5 BauNVO.

87 Fickert/Fieseler, Baunutzungsverordnung, 11. Aufl., Stuttgart 2008, § 5, Rn. 9.21.

88 Diehr/Geßner, Die Abwehrrechte landwirtschaftlicher Betriebe gegen heranrückende Wohnbebauung, NVwZ 9/2001, 985 (988).

89 Diehr/Geßner, Die Abwehrrechte landwirtschaftlicher Betriebe gegen heranrückende Wohnbebauung, NVwZ 9/2001, 985 (988).

90 Der Nahbereich beschreibt Abstände von unter 100 m bei der VDI-Richtlinie 3471 und weniger als 200 m bei der VDI-Richtlinie 3472.

91 Nrn. 2.1 bis 2.7 bei der VDI-Richtlinie 3471 und Nrn. 2.1 bis 2.5 bei der VDI Richtlinie 3472.

92 Nr. 2.8 bei der VDI-Richtlinie 3471 und Nr. 2.6 bei der VDI Richtlinie 3472.

Umsetzung in entsprechenden Verwaltungsvorschriften empfohlen[93]. Im Rahmen der Novellierung der TA Luft (1986) war ursprünglich vorgesehen diese durch ein an die GIRL angelehntes Regelungskonzept zum Schutz vor Geruchsimmissionen zu erweitern, was jedoch nicht umgesetzt wurde[94]. Mittlerweile wurde die GIRL in den Jahren 1998, 2004 und zuletzt im Jahr 2008 überarbeitet. Die GIRL verfolgt das Ziel, einheitliche Maßstäbe und Beurteilungsverfahren für die immissionsschutzrechtliche Bewertung von Gerüchen auf Länderebene bereitzustellen, um eine gleichmäßige Verwaltungspraxis bis zum Erlass einer bundeseinheitlichen Regelung, sicherzustellen[95].

### 3.3.1 Rechtsnatur und Bindungswirkung

Bezüglich der Rechtsnatur und der Bindungswirkung der GIRL muss unterschieden werden zwischen der Fassung, die von der Bund/ Länder-Arbeitsgemeinschaft für Immissionsschutz (LAI) zur Anwendung empfohlen wird und den durch Erlass der Länder eingeführten Fassungen der GIRL.

*a) GIRL in der Fassung des LAI*

In der Fassung des LAI entfaltet die GIRL keine rechtliche Bindungswirkung gegenüber der Verwaltung oder den Gerichten, da sie nicht in einem der Verfahren nach § 48 Abs. 1 oder 2 BImSchG erlassen wurde. Ebenso hat sich der Gesetzgeber bewusst gegen eine Integration oder Überführung der GIRL in eine bundesgesetzliche Regelung entschieden[96]. Im Hinblick auf die Entstehungsgeschichte der GIRL wird ihr aufgrund des Sachverstands des erstellenden Gremiums und den Erkenntnissen und Erfahrungen, auf denen die Regelungen beruhen eine generelle Eignung als Kriterium zur Beurteilung von Geruchsimmissionen zugesprochen[97]. Die meisten Gerichte haben mittlerweile diese grundsätzliche Anwendbarkeit der GIRL als Orientierungs- und Entscheidungshilfe bestätigt[98], die auch ohne landesrechtliche Umsetzung möglich ist[99].

---

93 Fickert/Fieseler, Baunutzungsverordnung, 11. Aufl., Stuttgart 2008, § 5, Rn. 9.5.

94 Ausführliche hierzu: Lang, Die rechtliche Beurteilung von Gerüchen, Berlin 2007, S. 47.

95 Moench/Hamann, Geruchsbelästigungen und Immissionsschutzrecht, DVBl. 4/2004, 201 (201).

96 BVerwG, Beschl. v. 28.7.2010 – 4 B 29/10 –, ZfBR 2010, 792 (792) = JURIS 1. Orientierungssatz.

97 BVerwG, Beschl. v. 7.5.2007 – 4 B 5/07 –, BRS 71 Nr. 168 (2007), 785 = JURIS Rn. 4.

98 OVG Lüneburg, Urt. v. 3.5.2006 – 1 LB 259/04 –, DWW 2006, 340 (341 f.) = JURIS Rn. 29; OVG Münster, Beschl. v. 24.6.2004 – 21 A 4130/01 – , UPR 2004, 398 (398) = JURIS, Rn. 11; OLG Karlsruhe, Urt. v. 9.5.2001 – 6 U 223/00 –, NJW-RR 2001, 1236; BGH, Urt. v. 21.6.2001 – III ZR 313/99 –, BauR 2001, 1566.

99 BVerwG, Beschl. v. 28.7.2010 – 4 B 29/10 –, ZfBR 2010, 792 (792) = JURIS 1. Orientierungssatz.

*b) Ländererlasse der GIRL*

Eine auf die Verwaltung beschränkte Bindungswirkung ergibt sich, wenn die GIRL über den Erlassweg von den Bundesländern durch Landesrecht für verbindlich erklärt wurde. Hierbei ist aber zu beachten, dass eine nach Landesrecht erlassene Verwaltungsvorschrift nicht dieselbe rechtliche Qualität aufweist, wie eine Verwaltungsvorschrift nach § 48 BImSchG, da sie in einem anderen Verfahren erlassen wird[100]. Die GIRL in der Fassung 2008 wurde mittlerweile von den meisten Flächenländern durch einen entsprechenden Erlass verabschiedet[101]. In diesem Fall sind die entsprechenden Landesbehörden an die Vorgaben der GIRL gebunden. Eine Bindungswirkung der Gerichte entsteht jedoch auch durch eine landesrechtliche Umsetzung nicht[102].

### 3.3.2 Aufbau der Geruchsimmissions-Richtlinie

Die GIRL gliedert sich in fünf Kapitel. Im ersten Kapitel „Allgemeines" wird zunächst verdeutlicht, dass sich die GIRL auf verschiedene Arten von Geruchsbelästigungen durch Luftverunreinigungen beziehen kann, die sowohl aus der Industrie, als auch der Landwirtschaft resultieren können. In Abgrenzung zur TA Luft und auch zu den VDI-Richtlinien 3471 und 3472 bestimmt die GIRL ein Verfahren zur Ermittlung und Bewertung von Geruchsimmissionen. Der Anwendungsbereich erstreckt sich auf immissionsschutzrechtlich genehmigungsbedürftige Anlagen, wobei auch eine sinngemäße Anwendung auf nicht-genehmigungsbedürftige Anlagen möglich ist. Im zweiten Kapitel wird an die Anforderungen zur Begrenzung und Ableitung der Geruchsemissionen angeknüpft, indem vor der Immissionsbeurteilung nach der GIRL zu prüfen ist, ob die nach dem Stand der Technik gegebenen Möglichkeiten zur Verminderung der Emissionen ausgeschöpft sind. Hierdurch wird ein Bezug zur TA Luft sowie zu den VDI-Richtlinien 3471 und 3472 hergestellt.

Das Kernstück der GIRL bildet das dritte Kapitel mit den darin enthaltenen Immissionswerten, die als Geruchshäufigkeit in Prozent der Jahresstunden angegeben werden. Die Immissionswerte werden für verschiedene Nutzungsgebiete festgelegt und markieren für diese eine relative Grenze zwischen einer erheblichen sowie einer nicht-erheblichen Umwelteinwirkung durch Geruchsimmissionen. Unmittelbar mit der Anwendung der Immissionswerte verbunden sind die im vierten Kapitel der GIRL geregelten Verfahren zur Ermittlung der Kenngrößen der

---

100 Moench/Hamann, Geruchsbelästigungen und Immissionsschutzrecht, DVBl. 4/2004, 201 (204).

101 Bislang in Baden-Württemberg, Brandenburg, Mecklenburg-Vorpommern, Niedersachsen, Nordrhein-Westfalen, Sachsen, Sachsen-Anhalt und Schleswig-Holstein. Für den Vollzug in Bayern wurde diese vom Bayerischen Staatsministerium für Umwelt, Gesundheit und Verbraucherschutz als Erkenntnisquelle eingeführt.

102 Mohr, Die Geruchsimmissions-Richtlinie aus Sicht des Juristen, Immissionsschutz 2/2010, 81 (83).

Geruchsimmissionen. Unterschieden wird hierbei zwischen der Ermittlung im Genehmigungsverfahren, bei dem sowohl die vorhandene als auch die zu erwartende Belastung ermittelt werden muss, sowie der Beurteilung im Überwachungsverfahren, bei der lediglich die vorhandene Belastung erfasst werden muss. Die Summe aus der vorhandenen sowie der zu erwartenden Geruchsbelastung bildet im Genehmigungsverfahren die sogenannte Gesamtbelastung eines Gebietes.

Im abschließenden fünften Kapitel der GIRL wird die Beurteilung im Einzelfall geregelt, die immer dann greift, wenn keine eindeutige Zuordnung der Emissionen zu einer Quelle vorgenommen werden kann oder atypische Verhältnisse insbesondere im Hinblick auf die Hedonik oder die Intensität der Geruchswirkungen vorliegen.

### 3.3.2 Regelprüfung nach der GIRL

Aufgrund der zentralen Bedeutung der Immissionswerte sowie der Ermittlung der Kenngrößen der Geruchsimmissionen wird im Folgenden eine Regelprüfung nach der GIRL erläutert. Diese Prüfung ist bei genehmigungspflichtigen Anlagen im Rahmen eines immissionsschutzrechtlichen Verfahrens durchzuführen, um die Erheblichkeit der Umweltauswirkungen durch Geruchsimmissionen zu beurteilen. In der Praxis der Bauleitplanung kann dieses Verfahren zur Einschätzung der Verträglichkeit geruchsemittierender und schutzbedürftiger Nutzungen verwendet werden[103].

*a) Begrenzung der Geruchsemissionen*

Vor einer Immissionsbeurteilung nach der GIRL ist gemäß Nr. 2 GIRL zu prüfen, ob die nach dem Stand der Technik zur Verfügung stehenden Möglichkeiten zur Verminderung der Emissionen ausgeschöpft sind. Der Stand der Technik wird für eine Vielzahl von Anlagearten in der TA Luft geregelt. Darüber hinaus enthalten die TA Luft sowie das BVT-Referenzdokument (BREF) „Intensive Rearing of Poultry and Pigs“[104] spezielle Vorgaben zum Stand der Technik in der Tierhaltung. Ergänzt werden diese durch Vorgaben der VDI-Richtlinien 3471 und 3472 für Anlagen zur Tierhaltung.

*b) Anwendung der Abstandsregelungen der TA Luft und der VDI Richtlinien 3471 und 3472 bei Tierhaltungsanlagen*

Speziell für Anlagen zur Tierhaltung wird in Nr. 1 GIRL vorgesehen, dass auf eine Ermittlung der Geruchsimmissionen verzichtet werden kann, wenn die Abstandsregelungen nach der

103 Kuschnerus, Der sachgerechte Bebauungsplan“, 4. Aufl., Bonn 2010, Rn. 498.

104 Die Merkblätter „Beste verfügbare Techniken – (BVT)“ sind im Internet in deutscher Übersetzung auf den Seiten des BMU abrufbar unter: www.bvt.umweltbundesamt.de, Zugriff am 6.2.2011.

- TA Luft für genehmigungsbedürftige Tierhaltungsanlagen (Nr. 5.4.7.1) sowie der
- VDI-Richtlinien 3471 oder 3472 für nicht genehmigungsbedürftige Tierhaltungsanlagen (jeweils in Nr. 3.2)

eingehalten werden. Die Anwendbarkeit der Abstandsregelungen wird jedoch eingeschränkt bzw. ausgeschlossen bei:

- Überlagerung von Geruchsfahnen,
- Geruchsvorbelastungen,
- großer räumlicher Ausdehnung der Anlage,
- besonderen topografischen Verhältnissen oder
- besonderen meteorologischen Verhältnissen.[105]

Außerdem wird in der Begründung zur GIRL darauf hingewiesen, dass bei der Anwendung der Abstandsregelungen der TA Luft oder der VDI-Richtlinien keine Extrapolation der Bestandszahlen bzw. Großvieheinheiten zulässig ist. In diesen Fällen ist, wie auch bei der Unterschreitung der Mindestabstände der TA Luft und der VDI-Richtlinien 3471 und 3472, eine Einzelfallprüfung zur Ermittlung der Geruchsimmissionen nach Nr. 5 der GIRL notwendig. Dies verdeutlicht nochmals die gegenseitige Verzahnung der Regelwerke.

*c) Ermittlung der Kenngrößen der Geruchsimmissionen*

Zur Bestimmung der Geruchsimmissionen werden verschiedene Kenngrößen ermittelt. Die Gesamtbelastung (IG) für ein bestimmtes Beurteilungsgebiet wird dabei aus der Summe der Kenngrößen für die vorhandene Belastung (IV) und der zu erwartenden Zusatzbelastung (IZ) gebildet. Das Verfahren beinhaltet insofern eine Erfassung der Immissionen im Bestand sowie ein Prognose der Geruchsimmissionen, die durch die Erweiterung oder den Neubau einer Anlage zusätzlich verursacht werden. Zur Ermittlung dieser Belastungen werden unter Nr. 4.1 der GIRL verschiedene Methoden zur Verfügung gestellt. Die vorhandene Belastung (IV) kann dabei sowohl über eine Ausbreitungsrechnung als auch durch eine olfaktorische Feststellung im Rahmen von Rasterbegehungen nach der VDI-Richtlinie 3940 Blatt 1 (2006) ermittelt werden. Bei einer Rasterbegehung sind ein Beurteilungsgebiet sowie ein Beurteilungszeitraum festzulegen. Das Beurteilungsgebiet bildet einen Kreis um den Emissionsschwerpunkt mit dem 30-fachen Radius der in Nr. 2 der GIRL ermittelten Schornsteinhöhe der geplanten Anlage. Der kleinste Radius zur Emissionsquelle wird mit 600 m angegeben. Das Beurteilungsgebiet ist wiederum in quadratische Teilflächen (Beurteilungsflächen) zu untergliedern, deren Seitenlänge in der Regel 250 m beträgt. Der Messzeitraum der

105 Begründung zu Nr. 1 GIRL.

Erfassung soll nach Nr. 4.4.5 repräsentativ für das Gesamtjahr sein. In den Auslegungshinweisen zur GIRL wird eine Verkürzung auf bis zu drei Monate beschrieben, die möglich ist, wenn in dieser Zeit die stärksten Emissionen bzw. Immissionen erfasst werden[106]. Darüber hinaus sollen die Messungen repräsentativ auf die 24 Stunden eines Tages verteilt werden. Die vorhandene Belastung (IV) ist für jede Beurteilungsfläche innerhalb des Beurteilungsgebietes zu bestimmen[107]. Ist keine Vorbelastung im Beurteilungsgebiet vorhanden, weil z. B. keine geruchsemittierenden Anlagen vorhanden sind, beträgt diese entsprechend Null. Die Prognose der zu erwartenden Zusatzbelastung (IZ) erfolgt über eine Ausbreitungsrechnung. Nach der Ermittlung der vorhandenen Belastung sowie der Zusatzbelastung ist die Gesamtbelastung (IG) zu berechnen. Diese ergibt sich durch die Addition der zuvor ermittelten Kenngrößen.

*d) Ermittlung der Kenngrößen der Geruchsimmissionen in der Landwirtschaft*

Speziell für Tierhaltungsanlagen ist anstatt der Gesamtbelastung (IG) eine belästigungsrelevante Kenngröße ($IG_b$) zu ermitteln, bei der tierartspezifische Geruchshäufigkeiten berücksichtigt werden müssen. Hierbei handelt es sich um eine mit der Änderung der GIRL im Jahr 2008 eingeführte Neuerung, die auf das Forschungsprojekt „Geruchsbeurteilung in der Landwirtschaft" aus dem Jahr 2006 zurückgeht.[108] In dieser Untersuchung wurde der Nachweis erbracht, dass eine nach Tierarten differenzierte Geruchsqualität (Geflügel, Schwein, Rind) immissionsseitig eindeutig wirkungsrelevant ist und daher entsprechend bei einer Beurteilung der Erheblichkeit der Umwelteinwirkungen durch Gerüche aus der Landwirtschaft berücksichtigt werden sollte[109]. Die belästigungsrelevante Kenngröße ergibt sich aus der Multiplikation der Gesamtbelastung mit einem spezifischen Gewichtungsfaktor ($f_{gesamt}$). Der Gewichtungsfaktor bestimmt sich über eine tierartspezifische Geruchshäufigkeit ($H_{1 \text{ bis } n}$) und einem tierartspezifischen Gewichtungsfaktor ($f_{1 \text{ bis } n}$). Unterschieden werden die tierartspezifischen Geruchsqualitäten für

- Mastgeflügel mit einem Gewichtungsfaktor 1,5,
- Mastschweine, Sauen mit einem Gewichtungsfaktor 0,75 und
- Milchkühe mit Jungtieren mit einem Gewichtungsfaktor 0,5.

Am wenigsten belästigend wird dabei der Geruch von Rindern eingestuft, gefolgt von Schweinen und abschließend dem Geflügel, das am stärksten belästigend wirkt. Eingeschränkt wird die Anwendung des Gewichtungsfaktors bei Mastschweinen,

106 Vgl. Nr. Begründung und Auslegungshinweise zur GIRL zu Nr. 4.4.5 GIRL.

107 Vgl. Nr. 4.6 GIRL.

108 Landesumweltamt Nordrhein-Westfalen (Hrsg.), Geruchsbeurteilung in der Landwirtschaft. Bericht zur Expositions-Wirkungsbeziehung, Geruchshäufigkeit, Intensität, Hedonik und Polaritätenprofile, Essen 2006.

109 Landesumweltamt Nordrhein-Westfalen (Hrsg.), Geruchsbeurteilung in der Landwirtschaft. Bericht zur Expositions-Wirkungsbeziehung, Geruchshäufigkeit, Intensität, Hedonik und Polaritätenprofile, Essen 2006, S. 115.

bei denen dieser nur bis zu einer maximalen Tierplatzzahl von ca. 5.000 Mastschweinen gilt. Aufgrund der tierartspezifischen Gewichtungsfaktoren kann es zu einer Stärkung der Rinder- und Schweinhaltung in der Landwirtschaft kommen, wohingegen dieses Konzept sich regelmäßig negativ auf die Geflügelhaltung auswirken dürfte[110].

*e) Berücksichtigung des Irrelevanzkriteriums*

Vor der Beurteilung der Erheblichkeit der Umweltauswirkungen durch die Geruchsimmissionen ist ein Zwischenschritt in Form einer sogenannten Irrelevanzprüfung von Bedeutung, die sich bereits an die Ermittlung der Zusatzbelastung (IZ) anschließen kann. Ergibt die Ermittlung der Zusatzbelastung (IZ), dass diese kleiner/ gleich 2 % ist, geht die GIRL davon aus, dass durch die genehmigungsbedürftige Anlage die belästigende Wirkung einer bereits vorhandenen Belastung nicht relevant erhöht wird, auch wenn diese bereits die Immissionswerte der GIRL überschreitet. In der Praxis bietet es sich insofern an, die Irrelevanzprüfung vor der Ermittlung der vorhandenen Belastung (IV) durchzuführen, da sich deren Ermittlung erübrigt, wenn das Kriterium bei der Ermittlung der Zusatzbelastung eingehalten wird[111]. Um zu verhindern, dass mehrere auf diese Weise als irrelevant eingestufte Belastungen in der Summe doch zu einer erheblichen Umweltauswirkung führen, muss die Zusatzbelastung (IZ) stets für die gesamte Anlage ermittelt werden. In den Auslegungshinweisen zur GIRL wird jedoch auch die Problematik erkannt, dass durch eine Kumulation mehrerer getrennt zu beurteilender Anlagen, die jeweils für sich das Irrelevanzkriterium nicht überschreiten, es in der Summe doch zu einer Überschreitung der Immissionswerte kommen kann[112]. Diesen Widerspruch versucht die GIRL speziell für den Außenbereich insoweit aufzulösen, dass in den Fällen, in denen eine Überschreitung der Immissionswerte durch Kumulation zu befürchten ist, eine Erfassung der vorhandenen Belastung erfolgen soll[113]. In diesem Fall kann es dazu kommen, dass die Genehmigung einer Anlage trotz Einhaltung des Irrelevanzkriteriums zu versagen ist. Wesentlich ist hierbei die Einschätzung, inwiefern eine Kumulation der Geruchsimmissionen im Außenbereich zu befürchten ist, die von der zuständigen Behörde zu treffen ist.

---

110 Lang, Die Beurteilung von Geruchsimmissionen aus Tierhaltungsanlagen nach GIRL 2008 – Ein Fortschritt für die Landwirtschaft?, Natur und Recht 12/2008, 841 (842 f.); ebenso: Mohr, Die Geruchsimmissions-Richtlinie aus Sicht des Juristen, Immissionsschutz 2/2010, 81 (85).

111 Vgl. Nr. 4.4.1 GIRL.

112 Vgl. zu Nr. 3.3 GIRL.

113 Trotz dieser Regelung hier noch einen Widerspruch erkennend: Lang, Die Beurteilung von Geruchsimmissionen aus Tierhaltungsanlagen nach GIRL 2008 – Ein Fortschritt für die Landwirtschaft?, Natur und Recht 12/2008, 841 (844).

*f) Beurteilung der Erheblichkeit*

Die eigentliche Beurteilung der Erheblichkeit der Belästigungen durch Gerüche ergibt sich durch den Abgleich der Gesamtbelastung (IG) bzw. der belästigungsrelevanten Kenngröße ($IG_b$) mit den in der GIRL vorgegebenen Immissionswerten (IW). Dabei sind die Immissionswerte nur gültig, wenn diese in einem der oben beschriebenen Verfahren zur Ermittlung der Kenngrößen für die Geruchsimmissionen ermittelt wurden[114]. Im landwirtschaftlichen Bereich gelten die Immissionswerte nach den Erläuterungshinweisen zur GIRL in erster Linie für genehmigungspflichtige Anlagen. Bei nicht genehmigungsbedürftigen Anlagen im landwirtschaftlichen Bereich ist in jedem Fall eine Sonderfallprüfung nach Nr. 5 GIRL durchzuführen. Hier können die Immissionswerte als Zielwerte hinzugezogen werden.

Die Immissionswerte der GIRL basieren auf der Feststellung von erkennbarem Geruch nach dem sogenannten Geruchsstundenkonzept. Bei einer Rasterbegehung erfolgt dabei an jedem Messpunkt ein Aufenthalt von 10 Minuten. Werden dabei während einer Minute Gerüche wahrgenommen, wird die Geruchsstunde positiv bewertet[115]. Bei einem Immissionswert von 0,15 bedeutet dies, dass an maximal 15 % der Stunden eines Jahres Gerüche entsprechend wahrgenommen werden können. Die Immissionswerte, die damit den Beurteilungsmaßstab für die höchstzulässigen Geruchsimmissionen bilden, differenzieren verschiedene Nutzungsgebiete, die an die Kategorien der Baunutzungsverordnung angelehnt sind. In den früheren Fassungen der GIRL erfolgte dabei die Vorgabe eines Immissionswertes für Wohn- und Mischgebiete sowie eines Immissionswertes für Gewerbe- und Industriegebiete. In der Literatur wurde an diesem Konzept kritisiert, dass eine lediglich auf zwei Immissionswerten basierende Gebietstypisierung nicht ausreichend sei, um ein gebietsadäquates Immissionsniveau abzubilden[116]. Mit der Überarbeitung der GIRL im Jahr 2008 erfolgte die Erweiterung um die Kategorie Dorfgebiet mit einem Immissionswert, der allerdings auf den Bereich der landwirtschaftlichen Tierhaltung beschränkt ist. Diese Einschränkung dürfte im Hinblick auf die spezifischen Besonderheiten des Dorfgebietes und die sich hieraus ergebenden Anwendungsfälle zur Beurteilung ausreichend sein. In der Literatur wird vereinzelt hierzu angemerkt, dass die Frage offen bleibt, welche Immissionswerte für dieses Nutzungsgebiet bei der Beurteilung anderer Geruchsimmissionen gelten[117]. In diesem Fall sollte sich der Immissionswert aus der Schutzwürdigkeit der tatsächlichen Nutzungen in Verbindung mit Vorgaben der GIRL für die Nutzungskategorien Wohn-/ Mischgebiet oder Gewerbe-/ Industriegebiet ergeben. Für die genannten Nutzungsgebiete werden in der GIRL folgende Immissionswerte vorgegeben:

---

114 Nr. 3.2 GIRL.

115 Vgl. Nr. 4.4.7 GIRL.

116 Lang, Die rechtliche Beurteilung von Gerüchen, Berlin 2007, S. 88.

117 Lang, Die Beurteilung von Geruchsimmissionen aus Tierhaltungsanlagen nach GIRL 2008 – Ein Fortschritt für die Landwirtschaft?, Natur und Recht 12/2008, 841 (844).

- 0,10 für Wohn-/ Mischgebiete
- 0,15 für Gewerbe-/ Industriegebiete
- 0,15 für Dorfgebiete.

Der Verteilung der Immissionswerte für die Nutzungsgebiete liegt die Überlegung zugrunde, dass Wohnnutzungen grundsätzlich weniger Geruchsimmissionen zugemutet werden können als gewerblichen oder industriellen Nutzungen[118]. Lediglich im Dorfgebiet wird – speziell für die Tierhaltungsanlagen – ein höherer Immissionswert vorgegeben, obgleich auch hier Wohnnutzungen ein regelmäßiger Bestandteil sind. Dabei wird letztlich die Besonderheit eines Dorfgebietes berücksichtigt, das durch ein Nebeneinander von land- und forstwirtschaftlichen Betrieben sowie Wohnnutzungen geprägt ist[119]. Durch den im Vergleich zu den Wohn- und Mischgebieten erhöhten Immissionswert wird den Belangen der forst- und landwirtschaftlichen Betriebe – einschließlich deren Entwicklungsmöglichkeiten – Rechnung getragen[120]. Trotz dieser Anlehnung der Nutzungsgebiete der GIRL an die Baugebietskategorien der BauNVO dürfen diese im Hinblick auf die Schutzwürdigkeit nicht mit diesen gleichgesetzt oder auf diese übertragen werden. Denn im Gegensatz zu der GIRL trifft die BauNVO eine wesentlich feinere Untergliederung der Schutzwürdigkeit der Baugebiete, die sich maßgeblich an den zulässigen Nutzungen orientiert. Hierbei ist die höchste Schutzwürdigkeit bei den Baugebieten, die nahezu ausschließlich[121] oder vorwiegend[122] dem Wohnen dienen. Anzuführen sind hierbei das Reine Wohngebiet nach § 3 BauNVO und das Allgemeine Wohngebiet nach § 4 BauNVO. Das Dorfgebiet nach § 5 BauNVO und das Mischgebiet nach § 6 BauNVO sind dahingegen durch ein Nebeneinander verschiedener Hauptnutzungen gekennzeichnet[123], zu denen auch das Wohnen gehört, die aber mehr durch eine Gleichwertigkeit der Nutzungen bestimmt sind. Entsprechend dieser Gleichwertigkeit der Nutzungen ist in diesen Gebieten die Schutzwürdigkeit des Wohnens weniger stark ausgeprägt als in den Wohngebieten, bzw. durch eine stärkere Rücksichtnahme gegenüber den anderen Hauptnutzungen gekennzeichnet[124]. Im Kerngebiet nach § 7 BauNVO verschiebt sich das Verhältnis von Wohnen und anderen Nutzungen dahingehend, dass eine überwiegende Unterbringung von Handelsbetrieben sowie zentralen Einrichtungen der Wirtschaft, der Verwaltung und der Kultur vorgesehen ist, wobei auch Wohnnutzungen

---

118 Lang, Die Vereinbarkeit der Gebietsdifferenzierungen der Geruchsimmissions-Richtlinie (GIRL) mit den Vorgaben des BauGB/ BauNVO, Natur und Recht 1/2008, 15 (16).

119 Roeser, § 5, in: König/Roeser/Stock, BauNVO, 2. Aufl., München 2003, Rn. 1.

120 Vgl. Begründung und Auslegungshinweise zur GIRL (i. d. F. v. 29.2.2008), zu Nr. 3.1. GIRL.

121 Stock, § 3, in: König/Roeser/Stock, BauNVO, 2. Aufl., München 2003, Rn. 8.

122 Stock, § 4, in: König/Roeser/Stock, BauNVO, 2. Aufl., München 2003, Rn. 5.

123 Roeser, § 5, in: König/Roeser/Stock, BauNVO, 2. Aufl., München 2003, Rn. 1; Roeser, § 6, in: König/Roeser/Stock, BauNVO, 2. Aufl., München 2003, Rn. 3.

124 Roeser, § 5, in: König/Roeser/Stock, BauNVO, 2. Aufl., München 2003, Rn. 4; Roeser, § 6, in: König/Roeser/Stock, BauNVO, 2. Aufl., München 2003, Rn. 6.

möglich sind. Hier wird deutlich, dass eben keine Gleichwertigkeit des Wohnens mit den anderen Hauptnutzungen besteht und sich hieraus ein geringerer Schutzanspruch ergibt[125]. Im Gewerbegebiet nach § 8 BauNVO sowie dem Industriegebiet nach § 9 BauNVO sind die Hauptnutzungen überwiegend bzw. ausschließlich durch Gewerbebetriebe bestimmt[126], was entsprechend ein höheres Maß an Immissionen zulässig macht. Im Zusammenhang mit den Immissionswerten und den Nutzungsgebieten der GIRL wird in der Literatur zum Teil die Auffassung vertreten, dass die GIRL die Schutzwürdigkeit für jedes der oben genannten Baugebiete durch Vorgabe eines Immissionswertes vorgeben sollte, um eine adäquate Beurteilung der Erheblichkeit der Geruchsimmissionen vornehmen zu können[127]. Dem wird entgegengehalten, dass eine solche Differenzierung nicht notwendig ist, da sich diese nicht in unterschiedlichen Reaktionen der Anwohner auf Geruchsimmissionen widerspiegelt[128]. Fraglich ist jedoch, ob diesbezüglich auf die Reaktion der Anwohner abgestellt werden kann, als vielmehr auf die objektive Schutzwürdigkeit des Gebietes. Eine Feingliederung der Immissionswerte für alle Gebietskategorien erscheint jedoch auch aus anderen Gründen nicht zwingend notwendig. So stellen die Immissionswerte der GIRL lediglich Orientierungswerte dar, die nicht immer zur Beurteilung der Erheblichkeit ausreichend sind und daher regelmäßig einer Überprüfung im konkreten Einzelfall bedürfen[129]. Dies würde entsprechend auch bei der Abstufung der Immissionswerte nach den Kategorien der BauNVO gelten. Hierin besteht aber wiederum die Gefahr einer zu schematischen Anwendung der Immissionswerte bei der Bewertung der Erheblichkeit der Umwelteinwirkungen, bei der die Situation im konkreten Einzelfall möglicherweise zu wenig berücksichtigt wird. Gerade bei der Einzelfallprüfung gibt die GIRL außerdem verschiedene Möglichkeiten, auf besondere Situationen zu reagieren und z. B. Mittelwerte an den Randbereichen eines Gebietes festzulegen (vgl. 3.3.4).

Den Nutzungsgebieten der GIRL werden in den Auslegungshinweisen zu Nr. 3.1 auch verschiedene andere Nutzungen zugeordnet, die im Regelfall denselben Schutzanspruch aufweisen und daher bei der Beurteilung der Erheblichkeit gleich behandelt werden können. Konkret werden hier Ferienhausgebiete genannt, die im Allgemeinen wie Wohngebiete und Kleingartensiedlungen behandelt werden können. Bei Campingplätzen und sensiblen Nutzungen, bei denen beispielhaft Kindergärten, Schulen und Altenheime angegeben werden, zu denen aber auch Krankenhäuser oder Universitäten gehören dürften, orientiert sich der Schutzanspruch an der umliegenden Bebauung. Fraglich ist jedoch, welcher Schutzanspruch

125 Roeser, § 7, in: König/Roeser/Stock, BauNVO, 2. Aufl., München 2003, Rn. 6.

126 Stock, § 8, in: König/Roeser/Stock, BauNVO, 2. Aufl., München 2003, Rn. 6; Stock, § 9, in: König/Roeser/Stock, BauNVO, 2. Aufl., München 2003, Rn. 6.

127 Lang, Die Vereinbarkeit der Gebietsdifferenzierungen der Geruchsimmissions-Richtlinie (GIRL) mit den Vorgaben des BauGB/ BauNVO, Natur und Recht 1/2008, 15 (16).

128 Both, Die neue Geruchsimmissions-Richtlinie 2008 und erste Erfahrungen aus der Praxis, in: VDI-Gesellschaft Reinhaltung der Luft (Umwelt) (Hrsg.), VDI-Berichte 2076, Düsseldorf 2009, S. 3 (6).

129 Vgl. Nr. 3.1 GIRL.

sich ableiten lässt, wenn sich unterschiedliche Nutzungen in der Umgebung befinden oder keine umliegende Bebauung vorhanden ist, wie zum Beispiel im Außenbereich. Beispielsweise hat das Verwaltungsgericht Würzburg im Falle eines jüdischen Friedhofs einen maximalen Immissionswert von 0,10 festgelegt[130], der damit dem Immissionswert eines Wohngebietes entspricht. Der Schutzanspruch eines christlichen Friedhofs wurde dahingegen geringer eingeschätzt, da dieser kein heiliger Ort ist[131]. Letztlich unterstreicht dies die Berücksichtigung der konkreten Verhältnisse vor Ort als Korrektiv einer schematischen Anwendung der Immissionswerte zur Beurteilung der Erheblichkeit der Umwelteinwirkungen.

*g) Abweichung von den Immissionswerten der GIRL*

In den Auslegungshinweisen der GIRL werden unter Nr. 3.1 verschiedene Beispiele genannt, bei denen von den Immissionswerten der Nutzungsgebiete der Tabelle 1 der GIRL abgewichen werden kann, die im Folgenden erläutert werden sollen.

*gg) Entwicklung eines Dorfgebietes zu einem Wohngebiet*

Ein Beispiel für eine Abweichung, von dem in der Tabelle 4 aufgeführten Immissionswert der GIRL, wird in Verbindung mit der Entwicklung eines Dorfgebietes zu einem Wohngebiet genannt. Hat sich ein Dorfgebiet zum Wohngebiet entwickelt, so ist eine Zuordnung zum Wohn-/ Mischgebiet mit dem entsprechenden Immissionswert (IW = 0,10) möglich. Dieses Beispiel trägt der tatsächlichen Entwicklung vieler Dorfgebiete Rechnung, die zwar planungsrechtlich als solche festgesetzt sind, jedoch aufgrund des Rückgangs der Landwirtschaft nur noch einen geringen oder vielleicht gar keinen land- oder forstwirtschaftlichen Hofstellenbesatz mehr aufweisen. Hierbei stellt sich natürlich die Frage, wann genau der Punkt erreicht ist, bei dem ein Dorfgebiet als Wohngebiet zu beurteilen ist. Grundsätzlich lässt sich festhalten, dass § 5 BauNVO kein bestimmtes Mischungsverhältnis zwischen land- und forstwirtschaftlichen Betrieben und Wohnnutzungen für die Einordnung als Dorfgebiet vorgibt[132]. Auch ein zahlenmäßiges überwiegen der Wohnbebauung steht der Annahme eines Dorfgebietes nicht entgegen[133], da ein landwirtschaftlicher Betrieb alleine aufgrund seiner Größe und seiner Emissionen ein Gebiet entsprechend prägen kann[134]. Mit Sicherheit lässt sich der Funktionsverlust und damit die Festsetzung eines Dorfgebietes nur dann annehmen, „wenn in dem maßgeblichen Bereich nur noch Wohnhäuser und keine Wirtschaftsstellen land- oder forstwirtschaftlicher Betriebe (mehr) vorhanden sind und auch mit ihrer Errichtung auf unabsehbare Zeit erkennbar nicht mehr gerechnet werden kann,

130 VG Würzburg, Urt. v. 19.10.2010 – W 4 K 07.1422 –, Immissionsschutz 2011, 43 (43) = JURIS, Rn. 233.

131 VG Würzburg, Urt. v. 19.10.2010 – W 4 K 07.1422 –, Immissionsschutz 2011, 43 (43) = JURIS, Rn. 225.

132 OVG Saarlouis, Urt. v. 23.5.2000 – 2 R 3/99 – JURIS, 2. Leitsatz.

133 OVG Saarlouis, Urt. v. 23.5.2000 – 2 R 3/99 – JURIS, 3. Leitsatz.

134 Roeser, § 5, in: König/ders./Stock, BauNVO Kommentar, 2. Aufl., München 2002, Rn. 4.

weil es keine Fläche mehr gibt, auf der sich eine solche Wirtschaftsstelle sinnvoll realisieren ließe“[135]. Besteht im Umkehrschluss grundsätzlich noch die Möglichkeit zur Errichtung land- oder forstwirtschaftlicher Hofstellen, erscheint eine Verringerung des Immissionswertes auf das Niveau eines Wohngebietes im Hinblick auf das mit der Vorrangklausel des § 5 Abs. 1 S. 2 BauNVO konkretisierte Gebot der Rücksichtnahme für ein Dorfgebiet nicht akzeptabel.

*hh) Bildung von Zwischenwerten im Übergang zum Außenbereich*

Eine weitere Möglichkeit für eine Abweichung von den Immissionswerten der GIRL ist die Bildung von Zwischenwerten im Übergang von einem Nutzungsgebiet zum Außenbereich. So wird als Beispiel eine Erhöhung des Immissionswerts für ein Dorfgebiet auf einen Wert von 0,15 bis zu 0,20 und bei einem Wohngebiet von 0,10 bis zu 0,15 in den Auslegungshinweisen der GIRL genannt. Da bei einem Dorfgebiet die Immissionswerte nur bei der Beurteilung der Abstände zu Tierhaltungsanlagen angewendet werden können, ist zunächst davon auszugehen, dass die Bildung des Zwischenwertes sich ebenfalls nur auf diese Anlagen beziehen kann. Dahingegen gibt es eine solche Einschränkung bei Wohngebieten nicht. Speziell die Möglichkeit in den Randbereichen eines Wohngebietes Mittelwerte zu bilden, dürfte sich in der Bauleitplanung positiv auswirken, da zur Einhaltung der Immissionswerte in der Praxis oftmals sogenannte „unechte” Dorfgebiete festgesetzt werden[136]. Dem von der Rechtsprechung entwickelten Prinzip der Bildung von Mittel- oder Zwischenwerten liegt die Überlegung zugrunde, dass zum Ausgleich unterschiedlicher Interessen beim Aufeinandertreffen von Gebieten mit unterschiedlichen Nutzungen in einem Gebiet mit einem höheren Schutzanspruch eine Belastung zumutbar ist, deren Ausmaß und Dauer zwischen den Werten der einzelnen Gebietstypen liegt[137]. Die Lage am Rand zum Außenbereich wirkt sich für die Wohnnutzungen insbesondere dann schutzmindernd aus, wenn sie an emittierende Nutzungen im Außenbereich heranrückt oder wenn bereits vorhandene privilegierte Außenbereichsnutzungen erweitert werden[138]. Dieser Überlegung liegen nicht nur die Bildung der Zwischenwerte bei den Immissionswerten der GIRL zugrunde, sondern auch die Reduzierung der Abstände bei den Abstandsregelungen der TA Luft oder den VDI-Richtlinien 3471 und 3472. Eine Zwischenwertbildung zwischen schutzbedürftigen Nutzungen und gewerblichen oder industriellen Nutzungen im Außenbereich dürfte dahingegen ausgeschlossen werden, da Industrie-

135 BVerwG, Beschl. v. 29.5.2001 – 4 B 33/01 –, ZfBR 2001, 486 (486) = JURIS, 1. Leitsatz.

136 ISU Immissionsschutz, Schalltechnik und Umweltberatung (Hrsg.), isu-Nachrichten, 4/2007, 5.

137 Kuratorium für Technik und Bauwesen in der Landwirtschaft e. V. (Hrsg.), Handhabung der TA Luft bei Tierhaltungsanlagen, Darmstadt 2006, S. 34.

138 OVG Lüneburg, Urt. v. 26.5.2009 – 1 LB 19/07 –, JURIS Rn. 17.

gerüche anders als landwirtschaftliche Gerüche im Außenbereich nicht ortsüblich eingestuft werden[139].

*ii) Immissionswerte im Außenbereich*

Grundsätzlich regelt die GIRL keine Immissionswerte für den Außenbereich[140], sie berücksichtigt aber, dass der Außenbereich vorrangig als Standort für stark emittierende Vorhaben und nur ausnahmsweise für Wohnnutzungen dient[141]. Aus diesem Grund kann eine im Außenbereich gelegene Wohnnutzung nicht denselben Schutzstandard beanspruchen, wie in der Ortslage[142], was dazu führen kann, dass dort höhere Immissionswerte zulässig sind. Vor diesem Hintergrund wird in den Auslegungshinweisen der GIRL darauf hingewiesen, dass „unter Prüfung der speziellen Randbedingungen des Einzelfalles bei der Geruchsbeurteilung im Außenbereich ein Wert bis zu 0,25 für landwirtschaftliche Gerüche"[143] herangezogen werden kann. Maßgeblich ist hierbei die Schwelle zur konkreten Gefährdung, die in der Rechtsprechung auch bei einer Geruchswahrnehmungshäufigkeit von mehr als 50 % speziell für das Wohnen in Verbindung mit landwirtschaftlichen Hofstellen nicht ohne Weiteres begründet wird[144].

*jj) Anwendung der Immissionswerte auf sonstige Gebiete*

Neben den genannten Abweichungen von den Immissionswerten für die Nutzungsgebiete im Einzelfall kann auch in anderen Gebieten hiervon abgewichen werden, wenn die Voraussetzungen hierfür vorliegen. Dies kann letztlich nur im konkreten Einzelfall bestimmt werden.

### 3.3.3 Einzelfallbeurteilung nach der GIRL

Abschließend muss aufgrund ihrer Bedeutung auch die Beurteilung im Einzelfall nach Nr. 5 der GIRL erläutert werden. Im Bereich der Landwirtschaft ist diese bei immissionsschutzrechtlich nicht genehmigungspflichtigen Anlagen regelmäßig durchzuführen[145]. Die Bestimmung, ob Anhaltspunkte für die Durchführung einer Einzelfallprüfung vorliegen, stellt an sich keine Besonderheit dar, sondern ist als regelmäßiger Bestandteil des Prüfprogramms der GIRL zu verstehen, das sich an

---

139 Both, Die neue Geruchsimmissions-Richtlinie 2008 und erste Erfahrungen aus der Praxis, in: VDI-Gesellschaft Reinhaltung der Luft (Umwelt) (Hrsg.), VDI-Berichte 2076, Düsseldorf 2009, S. 3 (8).

140 OVG Münster, Beschl. v. 10.5.2010 – 8 B 992/09 –, JURIS Rn. 42.

141 OVG Münster, Beschl. v. 14.1.2010 – 8 B 1015/09 –, UPR 2011, 33 (33) = JURIS Rn. 23.

142 OVG Münster, Beschl. v. 14.1.2010 – 8 B 1015/09 –, UPR 2011, 33 (33) = JURIS Rn. 22.

143 Nr. 3.1, Auslegungshinweise GIRL.

144 VG Münster, Beschl. v. 16.11.2009 – 10 L 428/09 –, JURIS, 2. Leitsatz; OVG Lüneburg, Urt. v. 25.7.2002 – 1 LB 980/01 –, NVwZ-RR 1/2003, 24 (26) = JURIS Rn. 24; OVG Münster, Beschl. v. 18.3.2002 – 7 B 315/02 –, NVwZ 2002, 1390 (1391) = JURIS, Rn. 12.

145 Vgl. Begründung und Auslegungshinweise zur GIRL (i. d. F. v. 29.2.2008) zu Nr. 1 GIRL.

die Ermittlung der Geruchshäufigkeiten anschließt[146]. Die Prüfung der Anhaltspunkte für die Einzelfallprüfung dient damit letztlich als Plausibilitätskontrolle der vorangegangen Verfahren zur Ermittlung und Beurteilung der Geruchsimmissionen. Bestehen hierbei Unsicherheiten, ob aufgrund der konkreten Situation bei der Anwendung der Immissionswerte keine verlässlichen Aussagen zur tatsächlichen Beeinträchtigung der Erheblichkeit der Geruchsimmissionen getroffen werden können, ist die Beurteilung im Einzelfall vorzunehmen.

Ein Grund für eine Einzelfallprüfung stellt die mangelnde Abgrenzbarkeit der beurteilenden Gerüche gegenüber anderen Gerüchen aus dem Kraftfahrzeugverkehr, dem Hausbrandbereich, der Vegetation oder landwirtschaftlichen Düngemaßnahmen dar. Weitere Anhaltspunkte für eine Einzelfallprüfung nach der GIRL ergeben sich aufgrund außergewöhnlicher Verhältnisse hinsichtlich

- Hedonik und Intensität der Geruchswirkung,
- der ungewöhnlichen Nutzungen in dem betroffenen Gebiet oder
- sonstiger atypischer Verhältnisse.

Können aufgrund dieser Kriterien trotz Einhaltung der Immissionswerte schädliche Umwelteinwirkungen nicht ausgeschlossen werden oder ist trotz einer Überschreitung nicht mit schädlichen Umwelteinwirkungen zu rechnen, ist entsprechend eine Einzelfallprüfung vorzunehmen. Bei dieser Prüfung erfolgt die Ermittlung der insgesamt auftretenden Geruchsimmissionen sowie die Ermittlung bzw. Zuordnung des Anteils, der durch die zu beurteilende Anlage verursacht wird. Im Rahmen der Einzelfallprüfung können hedonisch eindeutig angenehme Gerüche mit einem Faktor von bis zu 0,5 gewichtet werden[147]. Speziell für die Landwirtschaft erfolgt hierbei jedoch keine Differenzierung nach bestimmten Tierarten, da diese unabhängig von der Tierart insgesamt als unangenehm eingestuft werden[148].

Auch bei der Prüfung im Einzelfall erfolgt abschließend die Bewertung der Erheblichkeit der Geruchsimmissionen. Entsprechend dem Charakter der Prüfung, die auf besondere Umstände abstellt, kann hierbei von den Immissionswerten der GIRL abgewichen werden. Beispielhaft wird in der Begründung zur GIRL darauf hingewiesen, dass in Kurgebieten ein Immissionswert von 0,06 nicht überschritten werden sollte[149]. Für die Bewertung werden nicht abschließend verschiedene Kriterien aufgeführt, die zu berücksichtigen sind. Vor allem wird hierbei auf die

146 Vgl. Nr. 3.1 GIRL.

147 Unter einer hedonischen Bewertung versteht man die Beurteilung eines Sinneseindrucks (Geruchs) nach seiner gefühlsspezifischen Wirkung. Diese Geruchsqualität wird auf einer neunstufigen Skala zwischen „angenehm“ und „unangenehm“ bewertet.

148 Landesumweltamt Nordrhein-Westfalen (Hrsg.), Geruchsbeurteilung in der Landwirtschaft. Bericht zur Expositions-Wirkungsbeziehung, Geruchshäufigkeit, Intensität, Hedonik und Polaritätenprofile, Essen 2006, S. 116.

149 Vgl. Begründung und Auslegungshinweise zur GIRL (i. d. F. v. 29.2.2008) zu Nr. 5 GIRL.

Vorbelastungen im Hinblick auf die Ortsüblichkeit von Gerüchen hingewiesen, die zu berücksichtigen sind. Auch der Charakter der Umgebung, der sich insbesondere über die Nutzungsfestsetzung in Bebauungsplänen bestimmen lässt, muss betrachtet werden. Außerdem sind landes- oder fachplanerische Ausweisungen sowie vereinbarte oder angeordnete Nutzungsbeschränkungen als Kriterien heranzuziehen. Hierbei kann es sich um Festlegungen der Raumordnung in Landes- oder Regionalplänen handeln, wie zum Beispiel Vorranggebiete für die Landwirtschaft oder zur Erholung, die Einfluss auf die Schutzwürdigkeit von Gebieten haben können. In Bezug auf das zeitliche Einwirken der Gerüche sind besondere Verhältnisse in der tages- und jahreszeitlichen Verteilung der Geruchsimmissionen zu berücksichtigen, wie dies zum Beispiel bei Kampagnebetrieben im Bereich der Landwirtschaft der Fall ist. Auch die Art und die Intensität der Gerüche sind im Rahmen der Bewertung im Einzelfall zu berücksichtigen. Abschließend wird auf die gegenseitige Rücksichtnahme der Nutzungen hingewiesen, die zur Duldung eines höheren Maßes an Geruchsimmissionen führen kann, wenn beispielsweise einer emittierenden Anlage Bestandsschutz hinzukommt.

Im Hinblick auf diese genannten Kriterien ist bei der Beurteilung im Einzelfall ein Maßstab für die Erheblichkeit der Geruchsbelästigungen zu bilden. Grundsätzlich kann dies sowohl zu einer Abweichung nach oben als auch nach unten, bei den Immissionswerten der GIRL führen. Eine absolute Grenze bildet in jedem Fall die Gesundheitsgefährdung durch eine Geruchsbelastung, die auch bei einer Beurteilung im Einzelfall nicht überschritten werden darf.

## 4. Bedeutung der Regelwerke für die Bauleitplanung und die Zulassung von Vorhaben

Die zuvor beschriebenen untergesetzlichen Regelwerke und technischen Normen zur Vorsorge und zum Schutz vor Geruchsimmissionen sind primär für die Anwendung im Rahmen der Genehmigung von immissionsschutzrechtlich zu beurteilenden Anlagen vorgesehen. Welche Bedeutung diese für die Bauleitplanung und die Zulassung von Vorhaben haben und wie diese dort angewendet werden, sollen im Folgenden erläutert werden.

### 4.1 Bauleitplanung

Die Vorschriften des Immissionsschutzrechts gelten insbesondere für die Errichtung und den Betrieb von Anlagen[150], wohingegen die Aufgabe der Bauleitplanung nach § 1 Abs. 1 BauGB[151] die Vorbereitung und Leitung der baulichen und sonstigen Nutzung der Grundstücke in der Gemeinde ist, die der Errichtung einer

150 Jarass, BImSchG Kommentar, 8. Aufl., München 2010, § 2, Rn. 3.

151 Baugesetzbuch – BauGB, neugefasst durch Bekanntmachung v. 23.9.2004 (BGBl. I 2414), zul. geänd. durch Art. 4 G v. 31.7.2009 (BGBl. I 2585).

Anlage systematisch vorgelagert ist. Ansatzpunkte für den Immissionsschutz in der Bauleitplanung sind die Berücksichtigung des Immissionsschutzes in der Abwägung nach § 1 Abs. 7 BauGB und die planerischen Steuerungsmöglichkeiten über die Darstellungs- und Festsetzungsmöglichkeiten in den Bauleitplänen nach §§ 5 und 9 BauGB[152]. Unmittelbare Bedeutung für den Immissionsschutz in der Bauleitplanung hat auch der Trennungsgrundsatz des § 50 BImSchG als Abwägungsdirektive[153]. Ziel ist es dabei in der Planung eine verträgliche Zuordnung von Flächen vorzunehmen, so dass schädliche Umwelteinwirkungen so weit wie möglich vermieden werden. Da es im Bereich der Geruchsbelästigungen keine normativ festgelegten Schwellen- oder Grenzwerte gibt, hat gerade der vorsorgende Immissionsschutz in der Bauleitplanung eine wichtige Rolle[154]. Genau hierin liegt auch die Bedeutung der oben dargestellten Regelwerke zur Vorsorge und zum Schutz vor Immissionen[155]. Denn insbesondere über die Abstandsregelungen der TA Luft sowie der VDI-Richtlinien 3471 und 3472 kann eine vereinfachte Einschätzung der verträglichen Zuordnung von Flächen im Hinblick auf Geruchsimmissionen in der Bauleitplanung im Einwirkungsbereich von Tierhaltungsbetrieben vorgenommen werden, wodurch Beeinträchtigungen vermieden werden können. Wenngleich das Verfahren zur Ermittlung der Geruchsimmissionen nach der GIRL komplexer ist, kann die Geruchsimmissions-Richtlinie zur Abschätzung der Verträglichkeit geruchsemittierender Anlagen und schutzbedürftiger Nutzungen bei verschiedenen Arten von Gerüchen und in Gemengelagen eingesetzt werden. Diese flächenbezogene Vorsorge geht dabei grundsätzlich der bauplanungsrechtlichen Abwägung nach § 1 Abs. 7 BauGB voraus[156].

### 4.1.1 Aufstellung von Bauleitplänen

Die Regelwerke zur Vorsorge und zum Schutz vor Geruchsimmissionen haben bei der Aufstellung von Bauleitplänen eine mittelbare Bedeutung[157]. Die Anforderungen, die sich aus der TA Luft, den VDI-Richtlinien 3471 und 3472 sowie der GIRL ergeben, sind im Rahmen der Planung insbesondere zu berücksichtigen, um die Vollzugsfähigkeit des Bauleitplans zu sichern[158]. Dies gilt dabei grundsätzlich auf der gesamtgemeindlichen Betrachtungsebene für den Flächennutzungsplan und

---

152 Söfker, § 1, in: Ernst/Zinkahn/Bielenberg/Krautzberger, Baugesetzbuch Kommentar, Loseblattsammlung, Stand: 78. Lfg., 9/2005, Rn. 224.

153 Söfker, § 1, in: Ernst/Zinkahn/Bielenberg/Krautzberger, Baugesetzbuch Kommentar, Loseblattsammlung, Stand: 94. Lfg., 1/2010, Rn. 147a; BVerwG, Urt. v. 22.3.2007 – 4 CN 2/06 – , ZfBR 2007, 466 (466) = JURIS Rn. 14.

154 BVerwG, Urt. v. 28.2.2002 – 4 CN 5/01 –, UPR 2002, 313 (316) = JURIS, Rn. 35.

155 Vgl. Mager, § 50, in: Kotulla (Hrsg.), Bundes-Immissionsschutzgesetz Kommentar, Loseblattsammlung, Stand: 11. Lfg., 1/2007, Rn. 19.

156 Söfker, § 1, in: Ernst/Zinkahn/Bielenberg/Krautzberger, Baugesetzbuch Kommentar, Loseblattsammlung, Stand: 86. Lfg., 12/2007, Rn. 233.

157 Söfker, § 1, in: Ernst/Zinkahn/Bielenberg/Krautzberger, Baugesetzbuch Kommentar, Loseblattsammlung, Stand: 94. Lfg., 1/2010, Rn. 147a.

158 BVerwG, Urt. v. 28.2.2002 – 4 CN 5/01 –, UPR 2002, 313 (316) = JURIS, Rn. 34.

in besonderem Maße für die Bebauungspläne, wenn diese die Grundlage für die Zulassung von Vorhaben bilden.

*a) Bedeutung der TA Luft und der VDI-Richtlinien 3471 und 3472*

Mit Hilfe der in der TA Luft vorgegebenen Abstandsregelung für genehmigungsbedürftige Anlagen zur Tierhaltung sowie den Abstandsregelungen der VDI-Richtlinien 3471 und 3472 für nicht-genehmigungsbedürftige Tierhaltungsanlagen kann im Rahmen der Aufstellung oder Änderung eines Bauleitplans die Einhaltung von Abständen zwischen emittierenden Betrieben der Tierhaltung und einer schutzwürdigen Wohnbebauung geprüft werden.

Auf der Ebene des Flächennutzungsplans ergibt sich dabei die Möglichkeit einer nutzungsverträglichen Zuordnung der Bauflächen bzw. Baugebiete untereinander sowie zu vorhandenen Tierhaltungsbetrieben unter Berücksichtigung von Standortalternativen für das gesamte Gemeindegebiet. Ebenso kommen Darstellungen von Flächen für Nutzungsbeschränkungen oder für Vorkehrungen zum Schutz gegen schädliche Umwelteinwirkungen im Sinne des BImSchG nach § 5 Abs. 2 Nr. 6 BauGB in Betracht[159], mit denen notwendige Abstandsflächen zwischen Baugebieten sowie Tierhaltungsanlagen planungsrechtlich gesichert werden.

Werden die räumlichen Standortalternativen im Hinblick auf Geruchsimmissionen bereits auf der Ebene des Flächennutzungsplans geprüft, können durch die Anwendung der Abstandsregelungen auf der Ebene des Bebauungsplans insbesondere Konzeptalternativen geprüft werden. So ist zum Beispiel die Einhaltung einer notwendigen Abstandsfläche nach der TA-Luft oder den VDI-Richtlinien 3471 und 3472 auch durch die Modifizierung des Geltungsbereichs eines Bebauungsplans denkbar. Ebenso besteht die Möglichkeit zur planungsrechtlichen Sicherung von erforderlichen Abstandsflächen über die Festsetzung von Schutzflächen nach § 9 Abs. 1 Nr. 24 alt. 1 BauGB, die von einer Bebauung freizuhalten sind[160]. In seinem Urteil vom 28.2.2002 hat das Bundesverwaltungsgericht auch bestätigt, dass bei Anwendung der VDI-Richtlinie 3471 eine Rückrechnung, ausgehend vom Abstand zwischen emittierender und schutzwürdiger Nutzung möglich ist, um die maximal zulässige Anzahl von Tieren in einem Betrieb zu bestimmen. Zur Vermeidung schädlicher Immissionen wurde in dem konkreten Fall die Art der baulichen Nutzung für ein Sondergebiet nach § 11 BauNVO dahin gehend konkretisiert, dass in landwirtschaftlichen Betrieben eine bestimmte Anzahl von Großvieheinheiten maximal zulässig ist[161]. Diese Beschränkung ist dann für die Tierhaltungsanlagen verbindlich, die im Geltungsbereich des Bebauungsplans neu errichtet werden.

---

159 Söfker, § 5, in: Ernst/Zinkahn/Bielenberg/Krautzberger, Baugesetzbuch Kommentar, Loseblattsammlung, Stand: 76. Lfg., 1/2005, Rn. 46.

160 Söfker, § 9, in: Ernst/Zinkahn/Bielenberg/Krautzberger, Baugesetzbuch Kommentar, Loseblattsammlung, Stand: 76. Lfg., 1/2005, Rn. 203.

161 BVerwG, Urt. v. 28.2.2002 – 4 CN 5/01 –, UPR 2002, 313 (314) = JURIS Rn. 15.

Können die sich aus der TA Luft sowie den VDI-Richtlinien ergebenden Abstandsflächen eingehalten werden, ist grundsätzlich nicht mit schädlichen Umwelteinwirkungen durch Geruchsemissionen zu rechnen[162]. Im Hinblick auf die Einhaltung der Abstandsflächen im Rahmen der Bauleitplanung muss aber beachtet werden, dass eine schematische Anwendung zu vermeiden ist[163]. So sind stets die konkreten Umstände des Einzelfalls zu berücksichtigen, die ggf. eine genauere Untersuchung erforderlich machen (vgl. unter 3.3.2. lit. a). Werden die Mindestabstände der Regelwerke nicht eingehalten oder liegen atypische Verhältnisse vor und können daher erhebliche Umwelteinwirkungen nicht ausgeschlossen werden, ist eine genauere Erfassung der Immissionsbelastung vorzunehmen[164]. Dies kann über die Anwendung der Geruchsimmissions-Richtlinie erfolgen.

*b) Bedeutung der Geruchsimmissions-Richtlinie*

Dient die Geruchsimmissions-Richtlinie primär der Überwachung und Genehmigung von Anlagen nach § 4 BImSchG, kann sie in der Bauleitplanung auch zur Beurteilung der Geruchsimmissionen eines Plans im Einwirkungsbereich emittierender Anlagen angewendet werden. Hierbei sollten auch konkrete Planungen von Tierhaltungsanlagen im Umfeld einer geplanten Wohnbebauung berücksichtigt werden[165]. Die Anwendung der GIRL kann, wie bereits oben beschrieben notwendig werden, wenn die Mindestabstände der TA Luft oder der VDI-Richtlinien 3471 oder 3472 nicht eingehalten werden können oder eine Beurteilung im Einzelfall notwendig ist. Darüber hinaus kann die GIRL zur Erfassung der Gerüche aus anderen Emissionsquellen, wie zum Beispiel Industrie- oder Gewerbebetrieben eingesetzt werden. Die Emissionen können dabei sowohl von einer als auch mehreren Quellen ausgehen, was in Gemengelagen regelmäßig der Fall ist.

Im Regelverfahren nach der GIRL wird zur Beurteilung der Immissionssituation eine Gesamtbelastung der Gerüche ermittelt. Die hierzu notwendige Geruchsimmissionsprognose ist in der Bauleitplanung durch eine Ausbreitungsrechnung zu erstellen[166]. Durch den Abgleich mit den für die drei verschiedenen Nutzungsgebiete festgelegten Immissionswerten ist dann eine Einschätzung der Erheblichkeit der Umwelteinwirkungen durch Gerüche in dem Plangebiet möglich. Welcher Immissionswert hierbei maßgeblich ist, bestimmt sich in Anlehnung an die Nutzungsgebiete der GIRL unter Berücksichtigung der Nutzungskonzeption für das Plangebiet. Zur bauplanungsrechtlichen Sicherung der Nutzungszuordnung oder von Abstandsflächen, steht der Gemeinde wiederum das bereits oben genannte Instrumentarium der Darstellungen im Flächennutzungsplan sowie der Festset-

---

162 Kuschnerus, Der sachgerechte Bebauungsplan, 4. Aufl., Bonn 2010, Rn. 492.

163 Stüer, Der Bebauungsplan, 4. Aufl., München 2009, Rn. 774; BVerwG, Urt. v. 28.2.2002 – 4 CN 5/01 –, DVBl. 2002, 1121 (1121).

164 Jarass, BImSchG Kommentar, 8. Aufl., München 2010, § 5, Rn. 39.

165 Begründung zu Nr. 1 GIRL.

166 Begründung zu Nr. 1 GIRL.

zungen im Bebauungsplan zur Verfügung. Für die Ebene des Flächennutzungsplans ist hierbei anzumerken, dass eine gemeindeweite Erfassung der Immissionssituation durch Gerüche aufgrund der hiermit verbundenen Kosten wohl regelmäßig ausgeschlossen sein dürfte.

Von Interesse im Zusammenhang mit den Immissionswerten der GIRL und der Aufstellung von Bauleitplänen ist, dass es der Gemeinde zwar verwehrt ist, über den § 9 Abs. 1 Nr. 24 BauGB isolierte Emissions- oder Immissionswerte festzusetzen, da es sich hierbei nicht um bauliche oder sonstige technische Vorkehrungen handelt[167]. Möglich ist jedoch die Festsetzung eines Emissionsgrenzwertes nach § 1 Abs. 4 S. 1 Nr. 2 BauNVO zur Gliederung eines Baugebietes nach der Art der zulässigen Nutzung[168]. In dem Wangerland-Urteil[169] aus dem Jahr 2005 hat das Bundesverwaltungsgericht auch die Möglichkeit bestätigt, Nutzungsbeschränkungen nach § 5 Abs. 2 Nr. 6 BauGB in Form eines Grenzwertes für Geruchsimmissionen auf der Ebene des Flächennutzungsplans darzustellen[170]. Die Gemeinde kann durch eine solche Darstellung bzw. eine Festsetzung in einem Bebauungsplan ein höheres Maß an Immissionsschutz durchsetzen als nach dem Immissionsschutzrecht gefordert wird. Hierfür müssen aber besondere städtebauliche Gründe vorliegen, was zum Beispiel bei einem Kurort der Fall sein kann[171]. Speziell für Kurgebiete sieht die GIRL vor, dass ein Immissionswert von 0,06 nicht überschritten werden sollte[172]. Liegen diese besonderen Erfordernisse für ein höheres Maß an Immissionsschutz nicht vor und will eine Gemeinde trotzdem Maßnahmen zur Vorsorge oder zum Schutz vor Geruchsimmissionen in der Bauleitplanung treffen, sollte dies auf der Grundlage eines entsprechenden Konzeptes zur Luftreinhaltung erfolgen[173]. Neben der Bauleitplanung kann die Gemeinde aber auch durch vertragliche Regelungen weitere Anforderungen zum Immissionsschutz vereinbaren[174].

*c) Bedeutung der Regelwerke für die Umweltprüfung*

Durch die Einführung der generellen Umweltprüfungspflicht für alle Bauleitpläne nach § 2 Abs. 4 BauGB ist die Umweltprüfung (UP) ein regelmäßiger Bestandteil

---

167 Söfker, § 1, in: Ernst/Zinkahn/Bielenberg/Krautzberger, Baugesetzbuch Kommentar, Loseblattsammlung, Stand: 76. Lfg., 1/2005, Rn. 206; Roeser, § 1, in: König/Roeser/Stock, BauNVO Kommentar, 2. Aufl., München 2003, Rn. 59.

168 Roeser, § 1, in: König/Roeser/Stock, BauNVO Kommentar, 2. Aufl., München 2003, Rn. 59.

169 BVerwG, Urt. v. 18.8.2005 – 4 C 13.04 – NuR 4/2006, 235 (236).

170 Fickert/Fieseler, Baunutzungsverordnung, 11. Aufl., Stuttgart 2008, § 1 Rn. 51.21.

171 Fickert/Fieseler, Baunutzungsverordnung, 11. Aufl., Stuttgart 2008, § 1 Rn. 47.6.

172 Begründung und Auslegungshinweise zur GIRL (i. d. F. v. 29.2.2008), zu Nr. 5 GIRL.

173 Vgl. OVG Lüneburg, Urt. v. 3.7.2000 – 1 K 1014/00 –, BauR 2001, 58 (58) = JURIS, Rn. 17.

174 Jarass, BImSchG Kommentar, 8. Aufl., München 2010, § 6, Rn. 33.

des Aufstellungsverfahrens von Flächennutzungs- und Bebauungsplänen[175]. Als integriertes Prüfverfahren dient die UP dazu, die voraussichtlichen erheblichen Umweltauswirkungen einer Planung zu ermitteln, zu beschreiben und zu bewerten. Sie umfasst dabei auch die unmittelbaren und mittelbaren Auswirkungen eines Vorhabens auf den Menschen und die menschliche Gesundheit sowie die Schutzguter Tiere, Pflanzen und die biologische Vielfalt, Boden, Wasser, Luft, Klima und Landschaft, Kulturgüter und Sachgüter sowie die Wechselwirkungen zwischen den vorgenannten Schutzgütern[176]. Der Aspekt Gerüche kann dabei insbesondere für den Menschen, die menschliche Gesundheit und die Schutzgüter Luft sowie die Erholung als Unterpunkt der Schutzgüter Landschaft oder Sachgüter Bedeutung erlangen. Im Rahmen der Umweltprüfung können sowohl die TA Luft als auch die VDI-Richtlinien 3471 und 3472 sowie die GIRL als Instrumente hinzugezogen werden, um die Erheblichkeit der Geruchsimmissionen zu bewerten. Liegen entsprechende Untersuchungen zu Geruchsimmissionen im Plangebiet vor, wird die Umweltprüfung regelmäßig auf die Ergebnisse dieser Prüfungen zurückgreifen.

*d) Berücksichtigung in der Abwägung*

Ist aufgrund der Einhaltung der Abstandsflächen nach der TA Luft oder den VDI-Richtlinien 3471 und 3472 nicht mit erheblichen Geruchsbelastungen zu rechnen und wird dem Immissionsschutz durch entsprechende Darstellungen oder Festsetzungen Rechnung getragen, müssen die Belange des Immissionsschutzes in die bauleitplanerische Abwägung nach § 1 Abs. 7 BauGB eingestellt werden. Dasselbe gilt grundsätzlich auch bei der Einhaltung der Immissionswerte im Rahmen der Regelprüfung nach der GIRL. Werden die Immissionswerte der GIRL nicht eingehalten, ist zu prüfen, ob im konkreten Einzelfall eine Abweichung hiervon gerechtfertigt ist. In der Begründung zur GIRL werden hierzu unter anderem Wohn- oder Dorfgebiete angeführt, in deren Übergangsbereich zum Außenbereich auch ein höheres Maß an Geruchsimmissionen zulässig sein kann. Ebenso kann die faktische Entwicklung eines Dorfgebietes zu einem Wohngebiet einen niedrigeren Immissionswert rechtfertigen. Im Hinblick auf die Rechtfertigung dieser Abweichungen in der Abwägung muss zwischen einer Neuplanung und einer Planung im Bestand differenziert werden. So wird bei der Überplanung von Gemengelagen ein gewisser Spielraum bei der Beurteilung der Erheblichkeit von Immissionen eingeräumt, es muss jedoch insgesamt zu einer Verbesserung der Situation kommen[177]. Bei Neuplanungen auf der „grünen Wiese" dürfte eine Zurückstellung immissionsschutzrechtlicher Belange dahingegen regelmäßig ausscheiden, da hier auch schon das Trennungsgebot des § 50 BImSchG strenger auszulegen ist[178]. Die absolute Grenze, die auch im Rahmen der Abwägung in der

---

175 Abgesehen von der Aufstellung der Bebauungspläne der Innenentwicklung im beschleunigten Verfahren nach § 13a BauGB.

176 Vgl. § 2 Abs. 4 S. 1 BauGB i. V. m. § 1 Abs. 6 Nr. 7 und § 1a BauGB.

177 Jarass, BImSchG Kommentar, 8. Aufl., München 2010, § 50, Rn. 19.

178 Jarass, BImSchG Kommentar, 8. Aufl., München 2010, § 50, Rn. 19.

Bauleitplanung nicht überschritten werden darf, stellt die Unzumutbarkeit der Einwirkungen dar, die in der Regel mit den Anforderungen an gesunde Wohn- und Arbeitsverhältnisse gleichgesetzt wird[179]. Diese dürften dann nicht mehr gegeben sein, wenn die Abstände oder Immissionswerte unter Berücksichtigung der besonderen Situation des Einzelfalls auch durch die Bildung von Zwischenwerten oder Reduzierung von Abstandsflächen nicht mehr ausreichend sind. Setzt sich die Gemeinde in einem solchen Fall trotz der Erheblichkeit der Geruchsimmissionen über diesen Belang hinweg, dürfte die Planung regelmäßig fehlerhaft oder sogar nichtig sein[180]. Kann die Gemeinde im Hinblick auf die besondere Situation im Einzelfall einen höheren Immissionswert rechtfertigen, ist dies entsprechend in die bauleitplanerische Abwägung nach § 1 Abs. 7 BauGB einzustellen und im Hinblick auf die besondere Situation zu begründen.

Von Interesse, im Zusammenhang mit dem Umgang der Geruchsimmissionen in der bauleitplanerischen Abwägung, ist dabei auch die Frage der Möglichkeit der Verlagerung von Konfliktlösungen auf ein nachfolgendes Zulassungs- oder Genehmigungsverfahren. Hierbei kommen die Grundsätze der Konfliktbewältigung und des Konflikttransfers zur Anwendung. So soll die Gemeinde grundsätzlich die Konflikte, die durch die Aufstellung eines Bauleitplans entstehen, auch durch diesen Plan lösen[181]. Wird durch die Planung abschließend über die Zulässigkeit eines Vorhabens entschieden ist somit entsprechend auch eine vollständige Konfliktlösung im Hinblick auf die Geruchsimmissionen notwendig[182]. Speziell bei vorhabenbezogenen Bebauungsplänen ist darauf zu achten, dass diese keine Vorgaben oder Anforderungen machen, die letztlich zu einer Unzulässigkeit des Vorhabens bei der Zulassung oder Genehmigung führen würden, da dies letztlich dazu führt, dass der Plan nicht vollzogen werden kann und dieser dann nach § 1 Abs. 3 BauGB nicht erforderlich ist. Die Gemeinde kann sich jedoch dann planerisch zurückhalten, wenn Maßnahmen zur Vermeidung und Verminderung auch später in einem immissionsschutzrechtlichen Verfahren getroffen werden können[183]. Eine Verschiebung ist aber nur dann zulässig, wenn die Einzelfallentscheidung erkennbar zur Problembewältigung geeignet ist und eine Lösung auf der Planungsebene erhebliche Schwierigkeiten bereitet[184]. Ist jedoch eine Konfliktlösung auf der nachfolgenden Ebene nicht hinreichend gesichert und sind bereits auf der Ebene der Bauleitplanung schädliche Umwelteinwirkungen aufgrund der Überschreitung der Immissionswerte für Gerüche ermittelt, dürfte es der Planung

---

179 Dirnberger, BauGB § 1, in: Spannowsky/Uechtritz (Hrsg.), BauGB Kommentar, München 2009, Rn. 186.

180 BVerwG, Urt. V. 28.2.2002 – 4 CN 5/01 –, UPR 2002, 313 (316) = JURIS, Rn. 34.

181 Söfker, § 1, in: Ernst/Zinkahn/Bielenberg/Krautzberger, Baugesetzbuch Kommentar, Loseblattsammlung, Stand: 87. Lfg., 9/2005, Rn. 216.

182 Jarass, BImSchG Kommentar, 8. Aufl., München 2010, § 50, Rn. 21.

183 Söfker, § 1, in: Ernst/Zinkahn/Bielenberg/Krautzberger, Baugesetzbuch Kommentar, Loseblattsammlung, Stand 78 Lfg., 9/2005, Rn. 215.

184 Jarass, BImSchG Kommentar, 8. Aufl., München 2010, § 50, Rn. 21.

im Hinblick auf die mangelnde Vollzugsfähigkeit an der notwendigen Erforderlichkeit im Sinne des § 1 Abs. 3 BauGB mangeln.

## 4.2 Zulassung von Vorhaben

Haben die Regelwerke zur Vorsorge und zum Schutz vor Geruchsimmissionen nur mittelbare Bedeutung bei der Aufstellung von Bauleitplänen, ergeben sich entsprechend ihrem jeweiligen Anwendungsbereich unmittelbare Anforderungen für die Genehmigung und die Zulassung von Vorhaben. Zu unterscheiden ist dabei, ob ein Vorhaben im Geltungsbereich eines Bebauungsplans nach § 30 BauGB, im unbeplanten Innenbereich nach § 34 BauGB oder im Außenbereich nach § 35 BauGB geplant wird. Des Weiteren ist im Hinblick auf die Anwendung der Regelwerke und das Verhältnis von bauplanungsrechtlicher Zulässigkeitsprüfung und immissionsschutzrechtlichem Genehmigungsverfahren zu differenzieren, ob es sich bei einem Vorhaben um eine immissionsschutzrechtlich genehmigungsbedürftige Anlage nach § 4 BImSchG oder eine nicht-genehmigungsbedürftige Anlage nach § 22 BImSchG handelt.

### 4.2.1 Im Geltungsbereich eines Bebauungsplans

Im Geltungsbereich eines qualifizierten Bebauungsplans nach § 30 Abs. 1 BauGB ist ein Vorhaben bauplanungsrechtlich zulässig, wenn es den Festsetzungen des Bebauungsplans nicht widerspricht und die Erschließung gesichert ist. Sind im Hinblick auf die Vorsorge oder den Schutz vor Geruchsimmissionen unter Beachtung der Vorgaben der TA Luft, der VDI-Richtlinien 3471 und 3472 oder der GIRL im Verfahren zur Aufstellung des Bebauungsplans Vorgaben zur Vermeidung oder Verminderung von schädlichen Umwelteinwirkungen in Form textlicher oder zeichnerischer Festsetzungen aufgenommen worden (vgl. Kap. 4.4.1), sind diese entsprechend zu beachten.

*a) Immissionsschutzrechtlich nicht-genehmigungspflichtiges Vorhaben*

Soweit ein nicht-genehmigungspflichtiges Vorhaben im Geltungsbereich eines Bebauungsplans realisiert werden soll, erfolgt die bauplanungsrechtliche Prüfung der Zulässigkeit anhand der Festsetzungen des Bebauungsplans. Soweit eine schutzbedürftige Nutzung, wie zum Beispiel eine Wohnbebauung realisiert wird, erfolgt keine Prüfung der VDI-Richtlinien 3471 und 3472 oder der GIRL mehr. Vielmehr muss bereits bei der Aufstellung des Bebauungsplans die Einhaltung der sich aus diesen Regelwerken ergebenden Vorgaben berücksichtigt bzw. beachtet werden, um die beabsichtigte Nutzung im Geltungsbereich des Bebauungsplans realisieren zu können. Soweit eine emittierende Nutzung realisiert werden soll, wie zum Beispiel ein immissionsschutzrechtlich nicht-genehmigungspflichtiger landwirtschaftlicher Betrieb mit Tierhaltung, kann eine sinngemäße Anwendung der GIRL sowie daraus folgend die Möglichkeit der Anwendung der Abstandsregelung der VDI-Richtlinien 3471 und 3472 zur Bewertung der Erheblichkeit der Geruchsbelästigungen erfolgen. Speziell im Fall der landwirtschaftlichen Tierhaltung ist dabei stets eine Prüfung im Einzelfall nach Nr. 5 der GIRL vorzunehmen. Hier ist wiederum die Art der baulichen Nutzung, die nach § 9 Abs. 1 Nr. 1 BauGB in Verbindung mit § 1 Abs. 2 BauNVO festgesetzt werden kann, wesentlich für die Schutzbedürftigkeit der geplanten Nutzungen und damit verbunden den zu bestimmenden Immissionswerten[185].

*b) Immissionsschutzrechtlich genehmigungspflichtige Anlage*

Im Geltungsbereich eines Bebauungsplans sind immissionsschutzrechtlich genehmigungspflichtige Anlagen grundsätzlich nur in einem Industriegebiet nach § 8 BauNVO zulässig[186]. Außerdem von Bedeutung sind hierbei die sonstigen Sondergebiete nach § 11 Abs. 2 BauNVO, in denen die Zweckbestimmung und die Art der Nutzung entsprechend den Planungszielen bestimmt werden müssen. Bei einer genehmigungspflichtigen Anlage erfolgt die bauplanungsrechtliche Prüfung nach § 30 BauGB im Rahmen des immissionsschutzrechtlichen Genehmigungsverfahrens. Gemäß § 6 Abs. 1 Nr. 2 BImSchG stellt der Bebauungsplan eine öffentlich-rechtliche Vorschrift dar, deren Einhaltung zu prüfen ist. Unabhängig von der bauplanungsrechtlichen Prüfung erfolgt im immissionsschutzrechtlichen Genehmigungsverfahren, die Prüfung, ob durch das Vorhaben schädliche Umwelteinwirkungen im Sinne des § 5 Abs. 1 Nr. 1 BImSchG ausgehen. In Bezug auf Geruchsimmissionen sind hierbei die Anforderungen der TA Luft zu beachten. Außerdem kann die GIRL zur Einschätzung der Erheblichkeit der Umwelteinwirkungen angewendet werden. Bei Einhaltung der sich aus diesen Regelwerken ergebenden Abstandsflächen bzw. der Immissionswerte ist grundsätzlich nicht mit erheblichen Umwelteinwirkungen zu rechnen.

Hierbei muss jedoch beachtet werden, dass auch im Bebauungsplan Festsetzungen zur Vorsorge gegen schädliche Umwelteinwirkungen im Sinne des § 5 Abs. 1 S. 1 Nr. 2 BImSchG getroffen werden können, mit denen die Gemeinde auch von den Anforderungen abweichen kann, die sich aus dem allgemeinen Immissionsschutzrecht ergeben[187]. Von Bedeutung sind dabei insbesondere die Fälle, in denen die Gemeinde durch Festsetzungen höhere Anforderungen stellt als die, die sich aus dem Immissionsschutzrecht ergeben. In diesem Fall sind die höheren Anforderungen, die sich aus den Festsetzungen des Bebauungsplans ergeben neben den Anforderungen des Immissionsschutzrechts bindend[188]. Die immissionsschutz-

---

185 Söfker, § 1, in: Ernst/Zinkahn/Bielenberg/Krautzberger, Baugesetzbuch Kommentar, Loseblattsammlung, Stand 78 Lfg., 9/2005, Rn. 226.

186 Jarass, § 6, BImSchG Kommentar, 8. Aufl., München 2010, Rn. 33; ebenso: Kotulla, § 6, in: ders. (Hrsg.) Bundes-Immissionsschutzgesetz Kommentar, Loseblattsammlung, Stand: 1. Lfg., 1/2004, Rn. 23.

187 Söfker, § 9, in Ernst/Zinkahn/Bielenberg/Krautzberger, Baugesetzbuch Kommentar, Loseblattsammlung, Stand: 76. Lfg., 1/2005, Rn. 211.

188 Söfker, § 1, in: Ernst/Zinkahn/Bielenberg/Krautzberger, Baugesetzbuch Kommentar, Loseblattsammlung, Stand: 94. Lfg., 1/2010, Rn. 147e.

rechtliche Genehmigung kann also nur dann erteilt werden, wenn die strengeren Vorgaben des Bebauungsplans eingehalten werden.

### 4.2.2 Im unbeplanten Innenbereich nach § 34 BauGB

Im unbeplanten Innenbereich richtet sich die bauplanungsrechtliche Zulässigkeit von Vorhaben entsprechend dem Kriterium des Einfügens in die Eigenart der näheren Umgebung[189], soweit sich das Vorhaben nicht im Bereich eines einfachen Bebauungsplans nach § 30 Abs. 3 BauGB befindet. Der Aspekt der Art der baulichen Nutzung, der bereits eine Beschränkung der Zulässigkeit von Vorhaben beinhaltet wird hierbei nicht näher vertieft, da diesbezüglich die Anwendung der Regelwerke zur Vorsorge oder zum Schutz vor Geruchsimmissionen keine Bedeutung hat.

*a) Immissionsschutzrechtlich nicht-genehmigungspflichtige Anlage*

Im Hinblick auf die Zulässigkeit von nicht-genehmigungsbedürftigen Anlagen ist das Rücksichtnahmegebot für das Einfügen in die nähere Umgebung von Bedeutung, da auch die dem jeweiligen Vorhaben zuzurechnenden Emissionen bzw. die daraus resultierenden Immissionen in dem Gebiet berücksichtigt werden müssen[190]. Das Rücksichtnahmegebot wird eingehalten, wenn keine schädlichen Umwelteinwirkungen im Sinne des § 3 BImSchG vorhanden sind[191]. Die Konkretisierung der schädlichen Umwelteinwirkungen im Hinblick auf Geruchsimmissionen kann in diesem Fall über die sinngemäße Anwendung der GIRL und alternativ der Anwendung der Abstandsregeln der VDI-Richtlinien 3471 und 3472 erfolgen. Hierbei ist wiederum zu beachten, dass die Immissionswerte der GIRL sowie der VDI-Richtlinien rechtlich nicht verbindlich sind und lediglich zur Orientierung der Einschätzung der Erheblichkeit dienen. Insofern kann die Beeinträchtigung des Rücksichtnahmegebots nicht durch eine schematische Anwendung der Immissionswerte der GIRL sowie der VDI-Richtlinien ermittelt werden, sondern muss stets auch im Hinblick auf die konkrete Situation beurteilt werden. Hierbei müssen zum Beispiel auch Immissionsvorbelastungen berücksichtigt werden[192]. Entsprechend dürfte bei Gemengelagen im Innenbereich regelmäßig eine Einzelfallprüfung nach Nr. 5 der GIRL notwendig sein, bei der im Hinblick auf das Rücksichtnahmegebot auch eine Überschreitung der Immissionswerte erforderlich bzw. gerechtfertigt sein kann. Die äußerste Grenze für eine Abweichung im Rahmen der Einzelfallprüfung dürfte in diesem Fall, die in § 34 Abs. 1 S. 2 BauGB vorgegebenen Anforderungen an gesunde Wohn- und Arbeitsverhältnisse darstellen.

---

189 § 34 Abs. 1 S. 1 BauGB.

190 Söfker, § 34, in: Ernst/Zinkahn/Bielenberg/Krautzberger, Baugesetzbuch Kommentar, Loseblattsammlung, Stand: 80. Lfg., 3/2006, Rn. 49.

191 BVerwG, Urt. v. 30.9.1983 – 4 C 74/78 – BVerwGE 68, 58 (60) = JURIS, Rn. 13.

192 Söfker, § 34, in: Ernst/Zinkahn/Bielenberg/Krautzberger, Baugesetzbuch Kommentar, Loseblattsammlung, Stand: 80. Lfg., 3/2006, Rn. 50.

*b) Immissionsschutzrechtlich genehmigungspflichtige Anlage*

Im Hinblick auf die Fallgestaltung einer immissionsschutzrechtlich genehmigungsbedürftigen Anlage im unbeplanten Innenbereich ist zunächst zu überprüfen, ob sich aufgrund der Eigenschaften des Vorhabens und sich möglicherweise hieraus ergebenden bodenrechtlich beachtlichen Spannungen die Erforderlichkeit zur Aufstellung eines Bebauungsplans ergibt[193]. Soweit dies nicht der Fall ist, erfolgt die bauplanungsrechtliche Zulässigkeitsprüfung nach § 34 BauGB als öffentlich-rechtliche Vorschrift im Rahmen des immissionsschutzrechtlichen Genehmigungsverfahrens über den § 6 Abs. 1 Nr. 2 BauGB. In diesem Rahmen erfolgt auch die Anwendung der GIRL sowie alternativ für Anlagen der Tierhaltung die Prüfung der Einhaltung der Abstandswerte der TA Luft[194]. Werden die Abstandswerte der TA Luft bzw. die Immissionswerte der GIRL unter Beachtung der Schutzwürdigkeit des betreffenden Gebietes eingehalten, ist nicht mit schädlichen Umwelteinwirkungen durch Geruchsimmissionen zu rechnen, wodurch auch das Gebot der Rücksichtnahme regelmäßig eingehalten werden dürfte. Wie auch bei den nicht-genehmigungsbedürftigen Anlagen ist jedoch zu berücksichtigen, dass die Abstandswerte der TA Luft sowie die Immissionswerte der GIRL keine rechtliche Verbindlichkeit haben und damit nur Anhaltspunkte für eine mögliche Beeinträchtigung darstellen. Insofern kommt auch hier die Einzelfallprüfung zum Tragen, wenn die besondere Situation dies erfordert. Im Rahmen dieser Einzelfallprüfung bilden auch hier die Anforderungen an gesunde Wohn- und Arbeitsverhältnisse nach § 34 Abs. 1 S. 2 BauGB die Grenze für eine Überschreitung der Abstandswerte der TA Luft bzw. der Immissionswerte der GIRL.

### 4.2.3 Im Außenbereich nach § 35 BauGB

Der Außenbereich ergibt sich aus der Negativabgrenzung zu den Flächen einer Gemeinde, in denen ein Bebauungsplan vorliegt oder sich die bauplanungsrechtliche Zulässigkeit von Vorhaben nach § 34 BauGB beurteilt[195]. Im Gegensatz zum Innenbereich, in dem grundsätzlich eine Bebaubarkeit angenommen wird, ist der Außenbereich zunächst von einer Bebauung freizuhalten. Eingeschränkt wird dieses grundsätzliche Bauverbot im Außenbereich durch die in § 35 Abs. 1 BauGB abschließend aufgezählten sogenannten "privilegierten Vorhaben". Hierbei handelt es sich um solche Vorhaben, die aufgrund ihrer Eigenschaften, ihrer Auswirkungen oder ihrer Zweckbestimmung regelmäßig nicht im Innenbereich realisiert werden können. Sonstige, nicht-privilegierte Vorhaben sind grundsätzlich nicht im Außenbereich zulässig[196]. Dies gilt insbesondere dann, wenn ein nicht-privilegiertes

193 Krautzberger, § 34, in: Battis/ders./Löhr, BauGB Kommentar, 11. Aufl., München 2009, Rn. 20.

194 Vgl. Nr. 2 GIRL.

195 Krautzberger, § 35, in: Battis/ders./Löhr, BauGB Kommentar, 11. Aufl., München 2009, Rn. 2.

196 Krautzberger, § 34, in: Battis/ders./Löhr, BauGB Kommentar, 11. Aufl., München 2009, Rn. 1.

Vorhaben auch im unbeplanten Innenbereich oder im Geltungsbereich eines Bebauungsplans realisiert werden könnte[197].

Bei den privilegierten Vorhaben nach § 35 Abs. 1 BauGB richtet sich die bauplanungsrechtliche Zulässigkeit danach, dass diesen keine öffentlichen Belange entgegenstehen und die Erschließung gesichert ist. Bei den nicht-privilegierten Vorhaben dürfen dahingegen keine öffentlichen Belange beeinträchtigt werden. Die Begriffe „entgegenstehen" und „beeinträchtigen" kennzeichnen die Wertung des Gesetzgebers bei der Zulassung von Vorhaben im Außenbereich die privilegierte Vorhaben den sonstigen Vorhaben entsprechend vorzuziehen[198]. Entgegenstehende öffentliche Belange können sich zum Beispiel aus den Darstellungen des Flächennutzungsplans ergeben. Im Hinblick auf emittierende Anlagen ist insbesondere relevant, wenn im Flächennutzungsplan aus Gründen des Immissionsschutzes Flächen nach § 5 Abs. 2 Nr. 6 BauGB dargestellt werden (vgl. unter 4.1.1 lit. b). Ebenso können öffentliche Belange entgegenstehen oder beeinträchtigt werden, wenn durch das Vorhaben schädliche Umwelteinwirkungen hervorgerufen werden[199]. Der Begriff der schädlichen Umwelteinwirkungen knüpft dabei inhaltlich an den der schädlichen Umwelteinwirkungen nach § 3 BImSchG an und beurteilt sich nach § 5 Abs. 1 Nr. 1 BImSchG[200]. Eine schädliche Umwelteinwirkung in Form von Luftverunreinigungen durch Gerüche liegt entsprechend dann vor, wenn diese erheblich ist[201]. Bei der Einschätzung der Erheblichkeit setzen wiederum die Regelwerke zur Vorsorge und zum Schutz vor Geruchsimmissionen an.

*a) Immissionsschutzrechtlich nicht-genehmigungspflichtige Anlage*

Bei den immissionsschutzrechtlich nicht-genehmigungspflichtigen Anlagen kann es sich zum einen um solche Vorhaben handeln, die zwar im Außenbereich nach § 35 Abs. 1 BauGB privilegiert sind, jedoch aufgrund ihrer Größe keiner immissionsschutzrechtlichen Genehmigung bedürfen. Zum anderen können dies auch sonstige Vorhaben nach § 35 Abs. 2 BauGB sein, die nicht privilegiert sind und außerdem keiner immissionsschutzrechtlichen Genehmigung bedürfen. Im ersten Fall richtet sich die bauplanungsrechtliche Zulässigkeit des Vorhabens alleine nach der Frage, ob öffentliche Belange dem Vorhaben entgegenstehen und die Erschließung gesichert ist. Im zweiten Fall dürfen öffentliche Belange nicht beeinträchtigt werden. Eine Beeinträchtigung öffentlicher Belange ergibt sich nach § 35 Abs. 3 Nr. 3 BauGB insbesondere, wenn das Vorhaben schädliche Umwelteinwirkungen hervorrufen kann oder ihnen ausgesetzt ist. Für die Beurteilung der schädlichen Umwelteinwirkungen kann bei Geruchsimmissionen sinngemäß die GIRL angewendet werden, die speziell für Tierhaltungsanlagen außerdem auf die

197 BVerwG, Beschl. v. 27.6.1983 – 4 B 206/82 – ZfBR 1983, 284 (284) = JURIS, Rn. 3.

198 Krautzberger, § 35, in: Battis/ders./Löhr, BauGB Kommentar, 11. Aufl., München 2009, Rn. 6.

199 § 35 Abs. 3 Nr. 3 BauGB.

200 Stüer, Der Bebauungsplan, 4. Aufl., München 2009, Rn. 1384.

201 Jarass, § 3, BImSchG Kommentar, 8 Aufl., München 2010, Rn. 46.

Anwendung der Abstandsregelungen der VDI-Richtlinien 3471 und 3472 verweist[202]. Ergibt sich im Rahmen der Anwendung der jeweiligen Regelwerke, dass die Abstandsflächen der VDI-Richtlinien 3471 und 3472 bzw. die Immissionswerte der GIRL eingehalten werden, kann grundsätzlich darauf geschlossen werden, dass keine schädlichen Umwelteinwirkungen vorliegen. In diesem Fall liegt bei einem sonstigen Vorhaben nach § 35 Abs. 2 BauGB keine Beeinträchtigung öffentlicher Belange nach § 35 Abs. 3 Nr. 3 BauGB vor. Da die Schwelle zu einer Beeinträchtigung grundsätzlich niedriger liegt als die beim entgegenstehen öffentlicher Belange ist davon auszugehen, dass in diesem Fall bei einem privilegierten Vorhaben auch keine öffentlichen Belange entgegenstehen.

Der Unterschied bei der bauplanungsrechtlichen Bewertung des Entgegenstehens und der Beeinträchtigung öffentlicher Belange dürfte erst bei der Einzelfallprüfung zum Tragen kommen, wenn zum Beispiel aufgrund der besonderen Lage eines Vorhabens eine Abweichung von Abstandswerten der VDI-Richtlinien 3471 und 3472 sowie den Immissionswerten der GIRL geprüft wird. In diesem Fall dürfte eine Abweichung bei einem privilegierten Vorhaben leichter bzw. in einem größerem Umfang möglich sein, da das entgegenstehen öffentlicher Belange im Hinblick auf die Wertung des Gesetzgebers eine höhere Schwelle haben dürfte als die Beeinträchtigung eines öffentlichen Belanges. Für eine Beeinträchtigung dürfte sich bei der Einzelfallprüfung eine niedrigere Schwelle ergeben, ab wann eine Abweichung nicht mehr gerechtfertigt ist. Dies kann jedoch letztlich nur im konkreten Einzelfall bestimmt werden.

*b) Immissionsschutzrechtlich genehmigungspflichtige Anlage*

Die bauplanungsrechtliche Prüfung eines Vorhabens wird über den § 6 Abs. 1 Nr. 2 BImSchG in das immissionsschutzrechtliche Genehmigungsverfahren integriert, indem geprüft wird, ob der Errichtung oder dem Betrieb einer Anlage andere öffentlich-rechtliche Vorschriften entgegenstehen. Des Weiteren ist im immissionsschutzrechtlichen Genehmigungsverfahren nach § 5 Abs. 1 Nr. 1 BImSchG zu prüfen, ob durch das Vorhaben schädliche Umwelteinwirkungen und sonstige Gefahren, erhebliche Nachteile und erhebliche Belästigungen hervorgerufen werden. Zur Ermittlung der schädlichen Umwelteinwirkungen durch Gerüche ist die GIRL entsprechend anzuwenden. Speziell für Anlagen der Tierhaltung kann die Ermittlung nach der GIRL bei Anwendung der Abstandsregelungen der TA Luft unterbleiben[203]. Können die Abstandsflächen der TA Luft bzw. die Immissionswerte der GIRL entsprechend eingehalten werden, kann grundsätzlich davon ausgegangen werden, dass keine erheblichen Umweltwirkungen durch Gerüche vorliegen, wobei auch hier immer die konkrete Situation vor Ort berücksichtigt werden muss. Kann eine erhebliche Beeinträchtigung nach § 5 Abs. 1 S. 1 Nr. 1 BImSchG ausgeschlossen werden, ist gleichzeitig auch eine Beeinträchtigung öffentlicher Belange durch schädliche Umwelteinwirkungen nach § 35 Abs. 1 S. 1

202 Vgl. Nr. 2 GIRL.
203 Vgl. Nr. 2 GIRL.

Nr. 3 BauGB ausgeschlossen[204]. Dies schließt – wie auch bei den nicht-genehmigungspflichtigen Anlagen – auch aus, dass öffentliche Belange bei einem privilegierten Vorhaben entgegenstehen.

Analog zu den nicht-genehmigungspflichtigen Vorhaben dürfte sich auch die Differenzierung zwischen dem Entgegenstehen öffentlicher Belange bei privilegierten Vorhaben und der Beeinträchtigung öffentlicher Belange bei sonstigen Vorhaben im Hinblick auf die Abweichung von den Abständen bzw. den Immissionswerten im Rahmen einer Einzelfallprüfung darstellen (vgl. unter 4.2.3 a).

## 5. Zusammenfassung

Die technischen Regelwerke und privaten Normen zur Behandlung von Gerüchen in der Bauleitplanung und der Zulassung von Vorhaben bilden ein komplexes aber in sich konsistentes System. Das wichtigste Regelwerk zur Erfassung und Beurteilung bildet hierbei die Geruchsimmissions-Richtlinie GIRL. Diese zeichnet sich durch drei Verfahren aus, mit denen

- eine vereinfachte Beurteilung unter Zuhilfenahme der Abstandsregelungen der TA Luft sowie der VDI-Richtlinien 3471 und 3472,
- ein Regelverfahren mit der Ermittlung der vorhandenen sowie der zu erwartenden Belastungen durch Gerüche sowie
- eine Beurteilung im Einzelfall unter Berücksichtigung verschiedener Besonderheiten insbesondere in Bezug auf die räumliche Situation oder die Art der Gerüche möglich ist.

Im Rahmen der Bauleitplanung ist die Ebene der Flächennutzungsplanung unter dem Aspekt der Vorsorge vor Geruchsimmissionen insbesondere geeignet eine verträgliche Nutzungszuordnung auf gesamtgemeindlicher Ebene vorzunehmen. Hierdurch können bereits frühzeitig Konflikte vermieden werden. Auf der Ebene des Bebauungsplans kommen die Verfahren sowohl zur Vorsorge, als auch zum Schutz vor Geruchsimmissionen zum Einsatz. Auf dieser Ebene kann auch eine konkrete Ermittlung der Geruchsimmissionen im Rahmen der Anwendung der GIRL zum Tragen kommen. Wichtig ist dabei, dass die oben genannten Verfahren und speziell die Immissionswerte der GIRL nur einen Orientierungsrahmen bilden, der Anhaltspunkte für die Erheblichkeit von Geruchsbeeinträchtigungen liefert[205]. In der Praxis besteht hier die Gefahr der schematischen Anwendung, bei der

204 Jarass, § 6, BImSchG Kommentar, 8. Aufl., München 2010, Rn. 35, mit Verweis auf: VGH München, Beschl. v. 17.9.2003 – 22 CS 03.1329 –, NVwZ 2004, 122 (123) = JURIS, Rn. 6.

205 BVerwG, Urt. v. 28.2.2002 – 4 CN 5/01 –, DVBl. 2002, 1121.

jedoch den Besonderheiten des konkreten Einzelfalls nicht genügend Rechnung getragen wird. Dies spiegelt sich auch in verschiedenen Gerichtsurteilen im Zusammenhang mit der Aufstellung von Bauleitplänen oder der Zulassung von Vorhaben und der Berücksichtigung von Geruchsimmissionen wider, in denen dies nicht ausreichend berücksichtigt wurde[206]. Speziell bei der Aufstellung von Bauleitplänen stellen Gerüche einen Abwägungsbelang dar, der im Hinblick auf die konkrete Situation ein geringeres oder höheres Gewicht besitzt. Hinzu kommt, dass die planende Gemeinde auch eigene städtebauliche Zielsetzungen umsetzen kann und entsprechende Vorgaben im Hinblick auf den Immissionsschutz zur Erreichung dieser Ziele machen kann. Wichtig ist dabei die entsprechende Begründung aufgrund einer besonderen räumlichen Situation oder durch eine Entwicklungskonzeption, die dann über das Instrumentarium der Bauleitplanung umgesetzt wird. Hierdurch kann die Gemeinde bei der Aufstellung von Bauleitplänen unter Zuhilfenahme der Regelwerke zur Behandlung von Gerüchen auch eigene Ziele umsetzen. Zu beachten ist jedoch, dass Sie keine inhaltliche „Überfrachtung" der Bauleitpläne vornimmt, oder Anforderungen stellt, die eine nachfolgende Zulassung im Genehmigungsverfahren unmöglich machen. Berücksichtigt die Gemeinde dies, steht mit den genannten Regelwerken ein wirkungsvolles Instrumentarium zur Berücksichtigung von Gerüchen im Rahmen der Bauleitplanung und bei der Zulassung von Bauvorhaben zur Verfügung.

206 BVerwG, Urt. v. 28.2.2002 – 4 CN 5/01 –, DVBl. 2002, 1121.

# VIII Zulassung von Tierhaltungsbetrieben im Außenbereich und ihre planungsrechtliche Steuerung durch die Gemeinden

*Wolfgang Schrodter*

## Einführung

Die weltweite Nachfrage nach preisgünstigen Lebensmitteln ist damit verbunden, dass aus wirtschaftlichen Gründen immer größere Tierhaltungsanlagen betrieben werden müssen. Die Häufung dieser Betriebe in einigen Regionen, besonders im westlichen Niedersachsen und im Münsterland, hat dazu geführt, dass hohe Belastungen insbesondere durch Gerüche entstehen. Investoren von großen Tierhaltungsanlagen weichen daher verstärkt in andere Regionen aus. Diese „Massentierhaltung" wird von der Bevölkerung eher kritisch beurteilt. Die Genehmigungsbehörden und die betroffenen Standortgemeinden müssen im Rahmen der Planungs- und Genehmigungsverfahren vielfältige und auch schwierige Rechtsvorschriften, speziell des Baurechts, des Immissionsschutzrechts und auch des Naturschutzrechts, anwenden. In dem folgenden Beitrag sollen einige Aspekte der damit verbundenen Fragen angesprochen werden mit dem Ziel, der Praxis einige Orientierungshilfen zu geben.

## A Tierhaltungsanlagen im Genehmigungsverfahren

### I. Bauplanungsrechtliche Zulässigkeit von Tierhaltungsanlagen im Außenbereich

#### 1) Die Privilegierung landwirtschaftlicher Tierhaltungsanlagen nach § 35 Abs. 1 Nr. 1 BauGB

Soll eine Tierhaltungsanlage im Außenbereich errichtet oder erweitert werden, bestimmt sich die planungsrechtliche Zulässigkeit im Genehmigungsverfahren nach § 35 BauGB. Dient die Anlage einem landwirtschaftlichen Betrieb i. S. des § 201 BauGB, kann die Anlage unter den weiteren Voraussetzungen des § 35 Abs. 1 Nr. 1 BauGB zulässig sein. Sie ist im Regelfall zu genehmigen, wenn eine *ausreichende Erschließung* gesichert ist und der Anlage keine öffentlichen Belange, insbesondere i. S. des § 35 Abs. 3 Satz 1 BauGB, entgegenstehen. Nach dem sog.

*„abstrakten Landwirtschaftsbegriff“* des § 201 BauGB, der auch im Rahmen des § 35 Abs. 1 Nr. 1 BauGB anzuwenden ist, müssen mindestens 50 % des für die Haltung der Tiere oder für die Aufzucht der Tiere benötigten Futters auf betrieblichen Flächen erzeugt werden können.[1] Diese Flächen müssen aber nicht im Eigentum des landwirtschaftlichen Investors stehen. Auch Pachtflächen können als betriebliche Flächen angerechnet werden, wenn sie dem Betrieb langfristig zur Verfügung stehen.[2] Diese Voraussetzung ist in jedem Fall erfüllt, wenn auf der Grundlage des landwirtschaftlichen Pachtrechtes[3] ein Pachtvertrag von 18 Jahren abgeschlossen wurde.[4] Ob eine Tierhaltungsanlage als landwirtschaftlicher Betrieb einzuordnen ist, hängt nicht von der Zahl der Tiere ab, die in der beantragten Anlage gehalten werden sollen. Nach der Zahl der Tiere bestimmt sich allerdings, ob die Tierhaltungsanlage im baurechtlichen oder im immissionsschutzrechtlichen Verfahren zu beurteilen ist und ob eine Umweltverträglichkeitsprüfung durchzuführen ist.[5] Auch industriell geführte Anlagen der Intensivtierhaltung können somit einem landwirtschaftlichen Betrieb nach § 35 Abs. 1 Nr. 1 BauGB dienen und damit nach dieser Bestimmung privilegiert sein.

Erfüllt eine Tierhaltungsanlage diese Merkmale eines landwirtschaftlichen Betriebes, ist sie im Außenbereich grundsätzlich zulässig, sofern sie dem landwirtschaftlichen Betrieb *„dient“*. Nach der Rechtsprechung des BVerwG ist diese Voraussetzung regelmäßig erfüllt, wenn ein *„vernünftiger Landwirt“* den Betrieb unter großmöglicher Schonung des Außenbereiches in vergleichbarer Ausstattung an dem ausgewählten Standort errichten würde.[6] Anders als bei der im Folgenden zu erörternden gewerblichen Tierhaltung ist es nicht notwendig, dass der investierende Landwirt die Anlage an einem anderen, aus dem Blickwinkel des Außenbereich günstigeren Standort, etwa in einem Gebiet nach § 34 BauGB oder in einem für Tierhaltungsanlagen überplanten Gebiet, errichten könnte. Dieses gilt selbst unter der Voraussetzung, dass der Landwirt Eigentümer der Flächen in diesem Gebiet ist.[7]

### 2) Die grundsätzliche Privilegierung gewerblicher Tierhaltungsanlagen nach § 35 Abs. 1 Nr. 4 BauGB

Erfüllt eine beantragte Tierhaltungsanlage nicht diese Kriterien eines landwirtschaftlichen Betriebes, kann sie nach der bisher noch herrschenden Meinung in

1 Zu diesen Anforderungen W. Schrödter u. a., BauGB 7. Aufl. 2006 § 201 Rn. 5.

2 VG Magdeburg 28.1.1997 LKV 1997, 380.

3 Gesetz v. 8.11.1985 BGBl. I, S. 2065.

4 VG Göttingen 28.6.2007 - 2 A 161/06 -, OVG Lüneburg 30.8.1988 - 1 A 164/86 -.

5 Unter A. II.

6 So schon BVerwG 3.11.1972 E 41, 138; ähnlich 16.5.1991 DÖV 1992, 73 und 19.6.1991, BauR 1991, 579.

7 So ausdrücklich BVerwG 16.5.1991 DÖV 1992, 73; kritisch aber Rieger in Schrödter u. a., BauGB (o. Fn. 1), § 35 Rn. 27 und wohl auch Dürr in Brügelmann u. a., BauGB, § 35 Rn. 35.

Schrifttum und Rechtsprechung nach § 35 Abs. 1 Nr. 4 BauGB als privilegierte Anlage zulässig sein. Diese Auffassung wird im Wesentlichen damit begründet, dass gewerbliche Tierhaltungsanlagen wegen ihrer *„nachteiligen Wirkung auf die Umgebung"* und ihrer *„besonderen Zweckbestimmung"* nur im Außenbereich ausgeführt werden sollen.[8] Demgegenüber plädiert *Söfker* dafür, die gewerblichen Tierhaltungsanlagen nur in überplanten Gebieten zuzulassen und ihnen damit nicht mehr die Privilegierung nach § 35 Abs. 1 Nr. 4 BauGB zu gewähren.[9] Zur Begründung führt *Söfker* u. a. aus, es sei kein Grund dafür ersichtlich, dass gewerbliche Tierhaltungsanlagen im Vergleich zu anderen Gewerbebetrieben dadurch bevorzugt werden, dass sie im Außenbereich errichtet werden können.

Die Rechtsprechung hat sich bisher der Auffassung von *Söfker* nicht angeschlossen.[10] Es ist aber nicht auszuschließen, dass im Rahmen der für Anfang 2012 geplanten Novellierung des BauGB[11] die im Grunde aus den 50er Jahren, nämlich der Zeit, in der die seit dem Inkrafttreten des BauGB im Jahr 1961 nicht geänderten § 35 Abs. 1 Nrn. 1 und 4 BauGB entwickelt wurden, die planungsrechtlichen Grundlagen für die Genehmigung von gewerblichen Tierhaltungsanlagen in dem von *Söfker* vorgeschlagenen Sinn geändert werden oder auf anderem Weg ein Planungsvorbehalt eingeführt wird.[12]

Die Privilegierung gewerblicher Tierhaltungsanlagen entfällt allerdings; dieses wird in der Praxis gelegentlich übersehen, wenn in einem überplanten Gebiet oder auch im Innenbereich Flächen zur Verfügung stehen, auf denen die beantragte gewerbliche Tierhaltungsanlage errichtet werden könnte. Unter dieser Voraussetzung entfällt nämlich die in § 35 Abs. 1 Nr. 4 BauGB genannte Voraussetzung der Privilegierung, dass die beantragte gewerbliche Tierhaltungsanlage *„nur im Außenbereich ausgeführt werden soll"*.[13]

Städte und Gemeinden, die als Standorte gewerblicher Tierhaltungsanlagen geeignet sind und eine *„Antragsflut"* für diese Anlagen befürchten, sollten daher zügig Baugebiete ausweisen, die, etwa als SO-Gebiete, als GI-Gebiete oder auch als MD-Gebiete, gewerbliche Tierhaltungsanlagen planungsrechtlich aufnehmen könnten.[14] Diese Planungen führen aber nicht dazu, dass auch landwirtschaftliche Tier-

---

8 Grundlegend immer noch BVerwG 27.6.1981 NVwZ 1984, 169 für einen Hähnchenmaststall mit immerhin 180.000 Plätzen.

9 NVwZ 2008, 1273 f.

10 Etwa OVG NW 2.6.2009 BauR 2009, 1565 und 14.1.2010 NWVBl. 2010, 277.

11 Die neuen baurechtlichen Vorschriften des BauGB wurden bereits am 30.6.2011 vom Bundestag verabschiedet.

12 Zu möglichen Änderungen des BauGB etwa Schmidt-Eichstaedt, ZfBR 2011, 323 ff.; Nies, AUR 2009, 73 f., 2010, 225 f. und 292 f. und Schrödter AUR 2011, 177, 189 f.

13 So ausdrücklich schon BVerwG 14.3.1975 E 48, 109; ähnlich BVerwG 7.5.1976 DVBl. 1977, 196.

14 Dazu ausführlich unten B. I. bis III.

haltungsanlagen ihre Privilegierung nach § 35 Abs. 1 Nr. 1 BauGB verlieren, da der Landwirt gerade nicht auf bestehende Baugebiete verwiesen werden darf.[15]

### 3) Übersicht über öffentliche Belange, die der Genehmigung einer Tierhaltungsanlage im Außenbereich entgegenstehen können

#### a) Allgemeines

Die nach § 35 Abs. 1 Nrn. 1 und 4 BauGB grundsätzlich privilegierten landwirtschaftlichen Tierhaltungsanlagen sind allerdings nur zulässig, wenn weitere Voraussetzungen erfüllt sind. Neben der „ausreichenden Erschließung"[16] dürfen insbesondere *„öffentliche Belange nicht entgegenstehen"*. Diese öffentlichen Belange sind in § 35 Abs. 3 Satz 1 Nrn. 1 bis 8 BauGB beispielhaft konkretisiert und durch sog. *„ungeschriebene öffentliche Belange"* ergänzt.[17] Wegen der Einzelheiten muss auf das Schrifttum und eine kaum noch überschaubare Rechtsprechung zum Begriff der öffentlichen Belange i. S. des § 35 Abs. 3 Satz 1 BauGB verwiesen werden. Besondere Bedeutung hat aus dem Blickwinkel der Städte und Gemeinden als Träger der Planungshoheit § 35 Abs. 3 Satz 1 Nr. 1 BauGB, nach dem die beantragte Anlage nicht den Darstellungen des Flächennutzungsplanes widersprechen darf. Die damit zusammenhängenden Probleme werden im Abschnitt B. erörtert, in dem die verschiedenen Instrumente einer planungsrechtlichen Steuerung von landwirtschaftlichen und gewerblichen Tierhaltungsanlagen vorgestellt werden.

Aus dem Katalog der öffentlichen Belange, die der Zulässigkeit von Tierhaltungsanlagen im Außenbereich entgegenstehen können, sind neben den Darstellungen des Flächennutzungsplanes insbesondere die Belange der Nr. 3 (schädliche Umwelteinwirkungen) von Bedeutung. Im Wege einer Übersicht ist hierzu Folgendes anzumerken:

#### b) Schädliche Umwelteinwirkungen, insbesondere durch Gerüche und Bioaerosole

Die Genehmigung einer Tierhaltungsanlage kann trotz der Privilegierung daran scheitern, dass die Gerüche unzumutbar sind und als schädliche Umwelteinwirkungen nach § 35 Abs. 3 Satz 1 Nr. 3 BauGB der Zulässigkeit entgegenstehen. Die damit zusammenhängenden Fragen, insbesondere die Bedeutung der TA Luft, der einschlägigen VDI-Richtlinien und der Geruchsimmissionsrichtlinie (GIRL) werden in den Beiträgen von Schmidt-Eichstaedt und Schwarz in diesem Sammelband erläutert.[18] Hinsichtlich einer möglichen Belastung durch Bioaerosole, also durch

15 Nachweise o. Fn. 7.

16 Zur ausreichenden Erschließung ausführlich OVG Magdeburg 29.1.2009 ZfBR 2010, 381 und Schrödter, AUR 2011, 177, 179.

17 Zu diesem Begriff Rieger in Schrödter u. a., BauGB (o. Fn. 1), § 35 Rn. 60.

18 Schwarz in diesem Band s. S.121 ff.

luftgebundene Schadstoffe, etwa Stäube, Mikroorganismen und Endotoxine, darf auf die neueste Rechtsprechung des OVG Münster und des Nds. OVG verwiesen werden. Danach liegen bisher keine wissenschaftlichen Erkenntnisse darüber vor, von welcher Wirkschwelle an diese allgemeine Gefährdung durch Bioaerosole in konkrete Gesundheitsgefahren umschlagen kann.[19] Die im Entwurf der VDI-Richtlinie 4250 vorgeschlagenen Mindestabstände haben nach dieser Rechtsprechung Vorsorgecharakter und begründen keine drittschützende Wirkung zugunsten der Nachbarn. Einige Landkreise in Niedersachsen verlangen inzwischen aufgrund der TA-Luft Keimschutzgutachten, wenn die Mindestabstände des Anhangs C dieses Entwurfes unterschritten würden.[20]

## 4) Erteilung des Einvernehmens nach § 36 BauGB

Die Erteilung einer bau- oder immissionsschutzrechtlichen Genehmigung für eine Tierhaltungsanlage ist nur zulässig, wenn die Gemeinde vorher das Einvernehmen nach § 36 BauGB erteilt hat. Nach der Rechtsprechung der meisten Oberverwaltungsgerichte kann das Einvernehmen grundsätzlich aus allen in § 35 BauGB genannten Gründen versagt werden.[21] Dieser Auffassung hat sich inzwischen ohne nähere Begründung auch das Bundesverwaltungsgericht angeschlossen.[22] Insbesondere eine nicht mehr ausreichende Erschließung, der Tierhaltungsanlage entgegenstehende Darstellung des Flächennutzungsplanes, schädliche Umwelteinwirkungen oder eine Verletzung von Belangen des Naturschutzes und der Landschaftspflege sind sonstige öffentliche Belange, die von einer Gemeinde damit erfolgreich als Begründung für die Versagung des Einvernehmens geltend gemacht werden können. Die neuere Rechtsprechung des BVerwG und einzelner Oberverwaltungsgerichte hat sogar eine Verletzung artenschutzrechtlicher Verbote oder der Anforderungen des Habitatschutzes als Grund anerkannt, das Einvernehmen zu einem Bauvorhaben im Außenbereich zu versagen.[23]

Dennoch sollten die Gemeinden der Versuchung widerstehen, in Genehmigungsverfahren für eine Tierhaltungsanlage im Außenbereich die Aufgabe einer örtlichen „*Ersatzgenehmigungsbehörde*“ zu übernehmen. Denn die rechtswidrige Versagung des Einvernehmens ist mit erheblichen Haftungsrisiken wegen einer möglichen Verzögerung des Genehmigungsverfahrens verbunden. Zwar ist nach der neuen Rechtsprechung des BGH zur Ersetzung des rechtswidrigen Einvernehmens die nach Landesrecht zuständige Behörde verpflichtet, im Rahmen einer Amts-

19 OVG NW 14.1.2010 NWVBl. 2010, 277; ähnlich Nds. OVG 14.2.2011 12 LA 8/09, juris und neuerdings Nds. OVG 12.1.2011 1 KN 28/10 (Forschungszentrum der Firma Boehringer für Tierarzneimittel).

20 Weitere Nachweise bei Schrödter, AUR 2011, 173, 181.

21 Nds. OVG 10.1.2008 ZfBR 2008, 366; OVG Weimar ZfBR 2009, 599; anderer Ansicht VGH Kassel 7.5.2009 ZfBR 2009, 750.

22 20.5.2010 ZfBR 2010, 675, 679.

23 BVerwG 1.7.2010 ZfBR 2010, 682 (Artenschutz) und OVG Berlin-Brandenburg 17.9.2008 11 S 9.07, juris.

pflicht gegenüber dem Bauherrn das Einvernehmen zu ersetzen.[24] Ob diese Amtspflicht die Gemeinde aber von jeder Haftung freistellt, ist bisher nicht abschließend geklärt. In jedem Fall kann ein rechtsmissbräuchlich eingelegtes Rechtsmittel gegen die Ersetzung des Einvernehmens die Haftung der Gemeinde „*aufleben*" lassen.[25] Angesichts der vielfältigen Voraussetzungen der Zulässigkeit von Tierhaltungsanlagen im Außenbereich sollte die Gemeinde in jedem Fall sorgfältig prüfen, ob die Anlage nach § 35 Abs. 1 Nr. 1 oder nach Nr. 4 zu beurteilen ist.

## II. Abgrenzung zwischen dem baurechtlichen und den immissionsschutzrechtlichen Genehmigungsverfahren; Umweltverträglichkeitsprüfung

### 1) Genehmigung von Tierhaltungsanlagen im immissionsschutzrechtlichen Verfahren

Die unter A. I. dargestellten bauplanungsrechtlichen Voraussetzungen sind auch zu beachten, wenn für die Errichtung oder Erweiterung einer Tierhaltungsanlage im Außenbereich ein Genehmigungsverfahren nach den §§ 6 ff. Bundesimmissionsschutzgesetz (BImSchG) durchzuführen ist. Das reguläre Verfahren nach § 10 BImSchG ist durchzuführen, wenn die Zahl der Tierplätze den in der Spalte 1 zur 4. BImSchV aufgeführten Schwellenwert überschreitet. Beispielhaft sind zu nennen Tierhaltungsanlagen mit mindestens 40.000 Mastgeflügelplätzen oder 350 Rinderplätzen. In diesem regulären Verfahren ist stets eine Öffentlichkeitsbeteiligung durchzuführen, deren Einzelheiten in § 10 BImSchG und den §§ 8 bis 19 der 9. BImSchV geregelt sind. Für Tierhaltungsanlagen, die die niedrigeren Schwellenwerte der Spalte 2 des Anhangs zur 4. BImSchV nicht erreichen, ist nach § 2 Abs. 1 Nr. 2 der 4. BImSchV das sog. vereinfachte Verfahren nach § 19 BImSchG durchzuführen. Beispielhaft ist zu nennen eine Tierhaltungsanlage mit 15.000 bis weniger als 20.000 Hennenplätzen. In diesem Verfahren findet nach § 19 Abs. 2 BImSchG keine zwingende Öffentlichkeitsbeteiligung statt; sie kann aber fakultativ nach § 19 Abs. 3 BImSchG auf Antrag des Investors durchgeführt werden.[26]

In beiden Verfahrenstypen des BImSchG sind die bauplanungsrechtlichen Genehmigungsvoraussetzungen uneingeschränkt zu beachten. Formal darf das Vorhaben nur genehmigt werden, wenn die Gemeinde das Einvernehmen erteilt hat, da das Einvernehmen, anders als die Baugenehmigung selbst, nicht im Rahmen der sog. Konzentrationswirkung des § 13 BImSchG ersetzt wird.[27] Erhebliche

---

24 16.9.2010 ZfBR 2011, 93 mit Anmerkung von Jeromin, BauR 2011, 456.

25 Ausführlich zu bestehenden Haftungsrisiken, die mit der rechtswidrigen Versagung des Einvernehmens zusammenhängen, Schrödter, AUR 2011, 173, 181 ff.

26 Zu den Voraussetzungen dieser „Option des förmlichen Verfahrens" Jarass, BImSchG, 8. Aufl. 2010, § 19 Rn. 9.

27 Jarass a. a. O., § 13 Rn. 8a.

Bedeutung hat der in der Genehmigungspraxis nicht immer beachtete § 10 Abs. 6a BImSchG, nach dem über den Genehmigungsantrag im regulären Verfahren innerhalb von sieben Monaten und im vereinfachten Verfahren innerhalb einer Frist von drei Monaten zu entscheiden ist. Den Genehmigungsbehörden ist zu empfehlen, die komplexen und haftungsrechtlich riskanten Voraussetzungen dieser Vorschrift sorgfältig zu beachten.[28] Für den Rechtsschutz Dritter ist im Übrigen von Bedeutung, das Widerspruch und Anfechtungsklage gegen die immissionsschutzrechtliche Genehmigung, anders als gegen die Baugenehmigung, aufschiebende Wirkung haben, da § 212 Abs. 1 BauGB nicht für dieses Verfahren gilt.[29]

## 2) Pflicht zur Durchführung einer Umweltverträglichkeitsprüfung

Ob für eine Tierhaltungsanlage eine Umweltverträglichkeitsprüfung (UVP) durchzuführen ist, ergibt sich allein aus dem UVPG; die immissionsschutzrechtliche Einordnung der Anlage ist hierfür – dieses ergibt sich aus § 1 Abs. 2 Satz 1 der 9. BImSchV – ohne Bedeutung.[30] Eine UVP ist stets durchzuführen, wenn die Zahl der beantragten Tierplätze, die in der Spalte 1 unter Nr. 7 der Anlage 1 zum UVPG aufgeführten Schwellenwerte erreicht oder überschreitet. Für Tierhaltungsanlagen, die in der Spalte 2 Nr. 7 der Anlage zur 4. BImSchV aufgeführt sind und die immissionsschutzrechtlich im vereinfachten Verfahren zu genehmigen sind, kann aufgrund einer allgemeinen Vorprüfung (A) oder einer standortbezogenen Vorprüfung (S) unter den Voraussetzungen der §§ 3c Satz 4 und 12 UVPG eine UVP-Pflicht entstehen.[31] In diesen Fällen ist nach § 2 Satz 1 Nr. 1c, aa) der 4. BImSchV stets das reguläre Verfahren nach dem BImSchG durchzuführen. Entsprechendes gilt für sog. kumulierende Vorhaben i. S. § 3 Abs. 2 UVPG und für Erweiterungen nach § 3b Abs. 3 UVPG.

Die UVP bzw. die Vorprüfung des Einzelfalls wird nach § 1 Abs. 2 der 9. BImSchV als *„unselbstständiger Teil"* des immissionsschutzrechtlichen Verfahrens durchgeführt.[32] Den Gemeinden ist zu empfehlen, im Rahmen ihrer Beteiligung nach § 36 BauGB sorgfältig zu prüfen, ob die Anlage baurechtlich oder immissionsschutzrechtlich zu genehmigen ist und ob, ggf. aufgrund einer Vorprüfung, eine UVP-Pflicht besteht. Zwar kann eine Gemeinde sich im Rahmen des Rechtsschutzes gegen die Genehmigung einer Tierhaltungsanlage nicht darauf berufen, es sei zu Unrecht *„nur"* ein baurechtliches Verfahren durchgeführt worden.[33] Wurde aber eine Vorprüfung oder eine UVP zu Unrecht überhaupt nicht oder fehlerhaft durchgeführt, kann dieser Umstand einem Rechtsmittel der

28 Dazu ausführlich Jarass, DVBl. 2009, 205.
29 Jarass, BImSchG, § 6 Rn. 76.
30 So ausdrücklich Jarass, BImSchG , § 10 Rn. 12 f.
31 Beispiel: Anlagen mit 30 bis weniger als 84.000 Mastgeflügelplätzen (S).
32 Jarass, BImSchG, § 10 Rn. 14.
33 Nds. OVG 10.3.2008 ZfBR 2008, 366.

Gemeinde unter Umständen nach § 4 Abs. 1 und Abs. 3 Umwelt-Rechtsbehelfsgesetz (URG) zum Erfolg verhelfen.[34]

## B. Die planungsrechtliche Steuerung von landwirtschaftlichen und gewerblichen Tierhaltungsanlagen

Die Ausführungen unter A. haben gezeigt, dass eine Gemeinde über die Versagung des Einvernehmens nach § 36 BauGB nur die Erteilung rechtswidriger Genehmigungen für Tierhaltungsanlagen verhindern kann. Angesichts der grundsätzlichen Privilegierung von Tierhaltungsanlagen stehen Städte und Gemeinden damit immer häufiger vor der Frage, wie sie, nicht zuletzt wegen der Kritik der Öffentlichkeit an der *„Massentierhaltung"*, mit den Instrumenten der Bauleitplanung die Ansiedlung von Tierhaltungsanlagen städtebaulich sinnvoll steuern können. In Betracht kommen der Flächennutzungsplan, der qualifizierte Bebauungsplan (§ 30 Abs. 1 BauGB) sowie der einfache Bebauungsplan (§ 30 Abs. 3 BauGB).[35]

### I. Der Flächennutzungsplan als Instrument zur Steuerung der Tierhaltung

#### 1) Allgemeines

Nach § 35 Abs. 3 Satz 1 Nr. 1 BauGB können die Darstellungen eines Flächennutzungsplanes der Genehmigung von Tierhaltungsanlagen nach § 35 Abs. 1 Nrn. 1 und 4 BauGB als öffentliche Belange entgegenstehen und damit in der Regel die Genehmigung ausschließen. Wesentliche Voraussetzung für diese Wirkung ist, dass der für die beantragte Tierhaltungsanlage ausgewählte Standort im Außenbereich bereits aufgrund einer umfassenden Abwägung für eine andere Nutzung, etwa als Wohnbaufläche, konkret *„verplant"* wurde.[36] Allein die lediglich *„beschreibende Darstellung"* großer Teile des unbebauten Außenbereichs als Fläche für die Landwirtschaft nach § 5 Abs. 2 Nr. 9a BauGB reicht somit in der Regel nicht aus, um als öffentlicher Belang der Genehmigung einer Tierhaltungsanlage entgegen zu stehen. Denn im Regelfall wird mit dieser Darstellung der tatsächliche Zustand beschrieben, nicht aber ein positives städtebauliches Planungsziel bestimmt. Etwas anderes gilt nur, wenn die Gemeinde die Fläche für die Landwirtschaft bewusst dargestellt hat, etwa wegen der hohen Bonität des Bodens, der

34 Dazu unten C. I.

35 Umfassende Darstellungen zur Steuerung von Tierhaltungsanlagen finden sich bei Söfker, NVwZ 2008, 1273 f.; Koch/Schumacher BADK-Information 4/2009, 148; Schrödter, AUR 2011, 178; Schmidt-Eichstaedt, ZfBR 2011, 323. Zur früheren Praxis in Niedersachsen, aber immer noch aktuell, Gierke, Nds. VBl. 2001, 201 f.

36 BVerwG 20.1.1984 E 68, 311; 22.5.1987 E 77, 300; VGH BW 7.2.2003 VBl. BW 2004, 144.

Bedeutung der Landwirtschaft für die Wirtschaftsstruktur der Gemeinde oder um auf der Fläche nur landwirtschaftliche Tierhaltungsanlagen zuzulassen.[37]

Wichtige Aussagen zur Steuerungsfunktion des Flächennutzungsplanes für Tierhaltungsanlagen enthält eine in der Praxis zu wenig beachtete Entscheidung des BVerwG vom 18.8.2005.[38] In einem erfolglos angegriffenen Flächennutzungsplan hatte die Fremdenverkehrsgemeinde Wangerland u. a. zum Schutz einer großen, touristisch bedeutsamen Fläche in Nordseenähe Grenzwerte für Geruchsbelästigungen und für die Schwebstaubkonzentration festgesetzt mit der Folge, dass diese Werte, je nach Plangebiet, in 50 m bis 200 m Entfernung vom jeweiligen Betrieb nicht überschritten werden dürfen. Diese Darstellung, die vom Nds. OVG für unwirksam erklärt worden war,[39] beruhte nach Auffassung des BVerwG u. a. auf dem Grundsatz der Umweltvorsorge und war wegen der besonderen Bedeutung des Fremdenverkehrs für die beklagte Gemeinde auch aus dem Blickwinkel des Abwägungsgebotes nicht zu beanstanden. Zulässig ist es nach Auffassung des BVerwG, bereits im Flächennutzungsplan neben den Grenzwerten auch Mindestabstände zu einer angrenzenden vorhandenen oder auch nur geplanten Wohnbebauung darzustellen.[40] Diese Rechtsprechung des BVerwG kann immer noch Leitbild für die Städte und Gemeinden sein, die mit Darstellungen des Flächennutzungsplanes die Tierhaltung im Außenbereich mit einem positiven Ziel steuern wollen. Das BVerwG hat aber in der Entscheidung zu Recht ausgeführt, dass die Darstellung eines so genannten *„Summenpegels"* im Flächennutzungsplan, ähnlich wie in einem Bebauungsplan, unzulässig ist.[41]

Ist im Flächennutzungsplan eine Wohnbaufläche dargestellt, ohne dass nach den skizzierten Kriterien ein Grenzwert und/ oder Mindestabstände für Tierhaltungsanlagen bestimmt wurden, soll diese Darstellung nach Auffassung des VGH BW dagegen nicht ausreichen, die Genehmigung von Tierhaltungsanlagen abzulehnen.[42]

Schon diese Übersicht zeigt, dass der *„klassische"* Flächennutzungsplan über § 35 Abs. 3 Satz 1 Nr. 1 BauGB durchaus eingesetzt werden kann, um die Ansiedlung von landwirtschaftlichen oder gewerblichen Tierhaltungsanlagen im Außenbereich sinnvoll zu steuern. Allerdings müssen die Darstellungen des Flächennutzungsplanes positiv begründet werden. Zu beachten ist weiter, dass der Entwurf eines Flächennutzungsplanes nur bei *„Planreife"*, also nach Abschluss des Verfahrens nach § 3 Abs. 2 BauGB, ein öffentlicher Belang sein kann, der der Genehmigung einer Tierhaltungsanlage nach § 35 Abs. 3 Satz 1 Nr. 1 BauGB im Einzelfall entgegenstehen kann.[43] Umgekehrt wird eine Tierhaltungsanlage nicht allein

37 Dazu unten B. I. 1).
38 BRS Nr. 69 Nr. 32.
39 18.6.2003 BauR 2004, 459.
40 Zustimmend auch Söfker, NVwZ 2008, 1273.
41 BRS Nr. 69 Nr. 32, 221 f.
42 7.2.2003 VBl. BW 2004, 144.
43 BVerwG 13.3.2003, NVwZ 2003, 1261.

dadurch planungsrechtlich zulässig, dass die Fläche bereits im Entwurf eines *„planreifen"* Flächennutzungsplanes als Fläche für Tierhaltungsanlagen dargestellt ist.[44]

## 2) Darstellung von Vorrangzonen mit Ausschlusswirkung für gewerbliche Tierhaltungsanlagen nach § 35 Abs. 3 Satz 3 BauGB

Die Gemeinde hat im Übrigen die Möglichkeit, im Flächennutzungsplan nach § 35 Abs. 3 Satz 3 BauGB Vorrangflächen für gewerbliche Tierhaltungsanlagen darzustellen, die zugleich diese Anlagen außerhalb der Vorrangflächen in der Regel ausschließen.[45] Diese Darstellungen haben aber keine Auswirkungen auf landwirtschaftliche Tierhaltungsanlagen, da diese im Katalog des § 35 Abs. 3 Satz 3 BauGB gerade nicht aufgeführt sind. Eine mit der Einleitung des Verfahrens zur Ausweisung dieser Vorrangzonen mit Ausschlusswirkung zulässige Zurückstellung von Bauanträgen für den Zeitraum eines Jahres nach § 15 Abs. 3 BauGB erfasst somit nur Anträge zur Errichtung gewerblicher Tierhaltungsanlagen. Für diese Zurückstellung gelten die für Windkraftanlagen entwickelten Grundsätze entsprechend.[46] Da die Zurückstellung nach § 15 Abs. 3 BauGB die Funktion einer Veränderungssperre auf der Ebene des Flächennutzungsplanes hat, hat das Nds. OVG in einer wichtigen Entscheidung vom 6.4.2009 gefordert, dass das Planungskonzept der Gemeinde bereits so bestimmt sein muss, dass erkennbar ist *„wo sich die überbaubaren Flächen konzentrieren sollen und wo daher die Zulassung eines Vorhaben geeignet sei, die Realisierung des Plankonzeptes zu torpedieren oder wesentlich zu gefährden"*.[47] In der Praxis wird nicht selten übersehen, dass eine Zurückstellung nach § 15 Abs. 3 BauGB – entsprechendes gilt für Zurückstellungen nach § 15 Abs. 1 BauGB – nach § 80 Abs. 2 Nr. 4 VwGO für sofort vollziehbar erklärt werden muss. Wird dieses von der Genehmigungsbehörde *„vergessen"*, haben Widerspruch bzw. Anfechtungsklage nach § 80 Abs. 1 VwGO aufschiebende Wirkung. Die Folge wäre, dass die Fristen zur abschließenden Bearbeitung des Bauantrages nach § 75 VwGO bzw. – im Verfahren nach dem BImSchG – nach § 10 Abs. 6a BImSchG einzuhalten sind. Diese rechtswidrige Verzögerung kann zu erheblichen Schadensersatzansprüchen wegen verspäteter Erteilung der Genehmigung führen.[48]

Da, von diesem Fall abgesehen, mit einer rechtswidrigen Zurückstellung von Bauanträgen nach § 15 Abs. 3 BauGB auch im Übrigen hohe Haftungsrisiken verbunden sind, sollte die Gemeinde in jedem Fall in *„Schubladenplänen"* Konzepte entwickeln, die die Forderung des Nds. OVG erfüllen. Diese können im Übrigen

44 Zur Planreife beim Flächennutzungsplan vgl. Rieger in Schrödter u. a. BauGB (o. Fn. 1), § 35 Rn. 68 f.

45 Ausführlich dazu Söfker, NVwZ 2008, 1273, 1278 f. und Schrödter, AUR 2011, 177, 186.

46 Ausführlich neuerdings Weidemann/Krappel, DÖV 2011, 19 f.

47 BRS 74 Nr. 116, BauR 2009, 1421.

48 BGH 26.7.2001, NVwZ-RR 2002, 123.

auch Grundlage dafür sein, durch Bebauungspläne gemeindeweit auch Standorte für die landwirtschaftliche Tierhaltung festzusetzen.[49]

## II. Steuerung der Tierhaltung durch einen qualifizierten Bebauungsplan nach § 30 Abs. 1 BauGB

### 1) Allgemeines

Die Gemeinde hat – selbstverständlich – auch die Möglichkeit, die Tierhaltung durch einen oder mehrere qualifizierte Bebauungspläne zu steuern und in diesen Plänen vielfältige Regelungen zum Schutz und zur Vorsorge gegen schädliche Umwelteinwirkungen, insbesondere durch Gerüche und Bioaerosole, zu treffen. Die Abstände zu den mit der Tierhaltung kollidierenden Nutzungen, insbesondere zur Wohnbebauung, müssen so bestimmt werden, dass durch den Betrieb der Tierhaltungsanlagen keine unzumutbaren Geruchsbelästigungen entstehen können. Dabei ist zu beachten, dass die TA-Luft, insbesondere aber auch die GIRL sowie die VDI-Richtlinien, in der Planung nur *„Arbeitshilfen"* sind, die auf keinen Fall verbindlich angewendet werden dürfen.[50] Wird allerdings auf der Grundlage des § 12 BauGB ein projektbezogener Bebauungsplan für Tierhaltungsanlagen aufgestellt, der auf eine bestimmte Tierzahl zugeschnitten ist, muss in diesem Bauleitplanverfahren bereits eine *„hypothetische Zulässigkeitsprüfung"* durchgeführt werden.[51] Handelt es sich um eine Tierhaltungsanlage, für die nach dem Erlassen der Länder die GIRL zwingend anzuwenden ist, ist somit neben der TA-Luft auch die GIRL anzuwenden. Auch die GIRL eröffnet aber Spielräume für eine Abwägung.[52] Dieser Bebauungsplan sollte die für Tierhaltungsanlagen ausgewählten Flächen als Dorfgebiet, Gewerbegebiet, Industriegebiet oder möglicherweise auch als Sondergebiet festsetzen. Zum Schutz gegen schädliche Umwelteinwirkungen, insbesondere durch Gerüche und durch Keimbelastungen, können vielfältige technische Vorkehrungen nach § 9 Abs. 1 Nr. 24 BauGB bestimmt werden. Aus den in Nr. 5.4.7.1 der TA-Luft genannten Maßnahmen sind zu nennen etwa Filter, Lüftungsanlagen, Biowäscher u. ä., die nach dem Stand der Technik möglich und im Rahmen der Abwägung dem Investor auch wirtschaftlich zuzumuten sind. Die Festsetzung eines Immissionswertes nach der GIRL i. S. eines Summenwertes ist dagegen keine technische Vorkehrung nach § 9 Abs. 1 Nr. 24 BauGB.[53] Zulässig

49 Dazu unten B.

50 Ausführlich Schwarz, in diesem Band s. S. 121 ff.

51 So zu Recht Schink, UPR 2011, 41, 46.

52 Schwarz a. a. O.; Schrödter AUR 2011, 177, 180 f.

53 So ausdrücklich BVerwG 18.8.2005 NVwZ 2006, 73, BRS 69 Nr. 32 für den Flächennutzungsplan.

dürfte es allerdings sein, Filteranlagen mit einem bestimmten Wirkungsgrad festzusetzen, soweit die Werte nicht die Qualität eines Spitzenwertes haben.[54]

### 2) Beschränkte Steuerungsfunktion eines qualifizierten Bebauungsplanes für Anlagen außerhalb des Plangebietes

Ein qualifizierter Bebauungsplan, in dem Baugebiete für Tierhaltungsanlagen festgesetzt werden, entfaltet aber eine „*Konzentrationswirkung*“ nur für gewerbliche Tierhaltungsanlagen. Denn diese Anlagen sind, wie oben ausgeführt wurde,[55] nach § 35 Abs 1 Nr. 4 BauGB nur privilegiert, wenn in der Gemeinde kein Grundstück planungsrechtlich für die beantragte gewerbliche Tierhaltungsanlage genutzt werden könnte. Der Antrag auf Errichtung einer gewerblichen Tierhaltungsanlage außerhalb des Plangebietes müsste also abgewiesen werden, wenn der B-Plan zumindest schon das Stadium der Planreife nach § 33 BauGB erreicht hat. Denn mit der Aufstellung eines Bebauungsplanes hat die Gemeinde in zulässiger Weise entschieden, dass gewerbliche Tierhaltungsanlagen nicht mehr im Außenbereich errichtet werden sollen. Demgegenüber hat der B-Plan keine Auswirkungen auf die Zulässigkeit landwirtschaftlicher Tierhaltungsanlagen, die außerhalb des Plangebietes errichtet werden sollen. Denn die Privilegierung dieser Betriebe nach § 35 Abs. 1 Nr. 1 BauGB verpflichtet zumindest nach herrschender Meinung den Landwirt nicht, seinen Betrieb in einem ihm von der Gemeinde im Wege der Bauleitplanung „*angebotenen*“ Baugebiet zu realisieren.[56]

## III. Steuerung der Tierhaltung durch einen einfachen Bebauungsplan nach § 30 Abs. 3 BauGB

### 1) Allgemeines

Städte und Gemeinden in dem von der Tierhaltung besonders betroffenen westlichen Niedersachsen haben in den letzten Jahren mit einer beachtlichen Kreativität den einfachen Bebauungsplan nach § 30 Abs. 3 BauGB als Instrument zur Steuerung der landwirtschaftlichen und gewerblichen Tierhaltung eingesetzt. Der in der Planungspraxis bisher eher selten angewendete einfache Bebauungsplan unterscheidet sich vom qualifizierten Bebauungsplan des § 30 Abs. 1 BauGB im Wesentlichen dadurch, dass er keine Festsetzungen über Art und Maß der baulichen Nutzung und die Erschließung enthält. Seine rechtliche Bedeutung für Genehmigungsverfahren, auch nach dem BImSchG, besteht darin, dass die

---

54 BVerwG 18.8.2005 a. a. O.

55 A. I. 2).

56 Oben A. I. 1).

überplanten Gebiete nach §§ 34 oder 35 BauGB zu beurteilen sind, soweit der einfache Bebauungsplan keine abweichenden Festsetzungen enthält.[57]

## 2) Die beiden Varianten eines einfachen Bebauungsplanes zur Steuerung von Tierhaltungsanlagen

### a) Variante 1: Der gemeindeweite einfache Bebauungsplan

Das wohl wirksamste Instrument, die Tierhaltungsanlagen planungsrechtlich zu steuern, besteht darin, für das gesamte Gemeindegebiet oder wesentliche Teile davon einen einfachen Bebauungsplan aufzustellen. In diesem Bebauungsplan werden Standorte für gewerbliche und landwirtschaftliche Tierhaltungsanlagen festgesetzt mit der Folge, dass die Anlagen zulässig sind, soweit die weiteren Vorgaben, etwa Mindestabstände zu angrenzenden geschützten Bereichen und zulässig festgesetzte Grenzwerte für Gerüche und Schwebstoffe, eingehalten werden. Dieser in der Planungspraxis allerdings nicht „*einfache*" Bebauungsplan erfordert aber dennoch einen erheblichen Planungsaufwand. Die Gemeinde muss insbesondere den Bestand und auch vorgetragene Entwicklungsvorstellungen der betroffenen landwirtschaftlichen und gewerblichen Tierhaltungsanlagen abwägen. Zugleich müssen die Abstände zu kollidierenden Nutzungen, insbesondere zur Wohnbebauung und zu touristisch und ökologisch wertvollen Gebieten, nach einheitlichen Kriterien ermittelt werden. Die Planung darf im Übrigen auf keinen Fall auch nur den Verdacht begründen, sie diene allein dazu, unerwünschte Tierhaltungsanlagen zu verhindern.

Als gelungenes Beispiel für dieses Planungsmodell ist der Bebauungsplan Nr. 360 der Stadt Meppen im Landkreis Emsland zu nennen. In diesem B-Plan hat die Stadt Meppen verschiedene Sondergebiete nach § 12 BauNVO für die gewerbliche und landwirtschaftliche Tierhaltung festgesetzt. Zugleich wurde die Errichtung von Tierhaltungsanlagen außerhalb dieser Standorte ausgeschlossen.[58] Außerhalb dieses Gebietes wird die Tierhaltung durch geeignete Festsetzungen ausgeschlossen.

Das Nds. OVG hält dieses Modell eines einfachen, große Teile eines Gemeindegebietes umfassenden, Bebauungsplanes grundsätzlich für zulässig. Es hat nämlich ein Normenkontrollverfahren gegen eine diese Planung sichernde Veränderungssperre der Gemeinde Garrel im Landkreis Cloppenburg u.a. mit der folgenden Begründung als unbegründet zurückgewiesen:[59]

---

57 Rieger in Schrödter u. a., BauGB (o. Fn. 1), § 30 Rn. 26 f. und § 35 Rn. 6; VGH BW 17.12.1995 VBl. BW 1995, 400.

58 Der Bebauungsplan kann im Internet eingesehen werden unter http://www.meppen.de/staticsit/staticsit.php?menuid=2085/topemenu=1638keepmenu=inactive.

59 OVG Lüneburg, Urt. v. 7.10.2005 – 1 KN 297/04 – BRS 69 Nr. 118, Leitsatz 1.

> *„Das großflächig angelegte Konzept einer Gemeinde, der fortschreitenden Zersiedlung ihres bisher noch von Bebauung freien Außenbereiches durch die anhaltende Massierung von Tierhaltungsanlagen begegnen zu wollen, kann es rechtfertigen, weite Teile des Gemeindegebietes mit Hilfe eines einfachen Bebauungsplanes zu überplanen."*

Städte und Gemeinden, die Anlagen der landwirtschaftlichen und gewerblichen Tierhaltung mit einem positiven Planungsziel steuern wollen, können daher diese Form des einfachen Bebauungsplanes gemeindeweit einsetzen. Der entscheidende Vorteil im Vergleich zu den unter III. 1) und 2) erwähnten Planungsmodellen besteht darin, dass der einfache Bebauungsplan Grundlage einer Veränderungssperre sein kann, die, entsprechend dem geplanten Geltungsbereich des einfachen Bebauungsplanes, das gesamte Gemeindegebiet oder zumindest die Teile umfasst, in denen Tierhaltungsanlagen errichtet werden könnten. Allerdings muss diese Veränderungssperre die Voraussetzungen erfüllen, die vom Nds. OVG zu Recht für die Zurückstellung von Baugesuchen nach § 15 Abs. 3 BauGB gefordert wurden.[60]

### b) Variante 2: Der einfache Bebauungsplan zur Steuerung von Tierhaltungsanlagen in Teilen des Gemeindegebietes

Städte und Gemeinden, die durch Tierhaltungsanlagen betroffen sein können, haben auch die Möglichkeit, durch einen für einen kleinen Teil des Gemeindegebietes aufgestellten einfachen Bebauungsplan Tierhaltungsanlagen sinnvoll zu steuern. Beispielhaft ist zu nennen der Bebauungsplan Nr. 4 (16/52) des Fleckens Bruchhausen-Vilsen in Niedersachsen.[61] In diesem Bebauungsplan hat der Flecken für einen schutzwürdigen Teil des Gemeindegebietes einen einfachen Bebauungsplan aufgestellt, der bestimmte Flächen positiv als Flächen für die Landwirtschaft dargestellt hat. Zugleich wurde aber mit einer ausführlichen städtebaulichen Begründung festgelegt, dass auf diesen Flächen bauliche Anlagen nur mit einer Grundfläche von 30 m² zulässig sind. Auf einer weiteren, für die Landwirtschaft festgesetzten Fläche wurde dagegen die Errichtung von Tierhaltungsanlagen zugelassen. Somit sind hier nur landwirtschaftliche Tierhaltungsanlagen zugelassen. Das Nds. OVG hat ein gegen diesen Bebauungsplan erhobenes Normenkontrollverfahren als unbegründet zurückgewiesen.[62] Diese Entscheidung ist rechtskräftig.

---

60 Oben B. II. 2).

61 http://www.Bruchhausen-Vilsen.de.

62 Nds. OVG 08.12.2009, AUR 2010, 182.

## C. Übersicht über den Rechtsschutz von Gemeinden und Umweltverbänden gegen Tierhaltungsanlagen

Wegen der vielfältigen Auswirkungen auf die Lebensqualität der betroffenen Menschen, den Freizeitwert und die Belange des Naturschutzes werden die Genehmigungen von Tierhaltungsanlagen immer häufiger von Gemeinden und Umweltverbänden angefochten. Die in diesem Zusammenhang entstehenden schwierigen und bisher nicht abschließend geklärten Rechtsfragen können in diesem Beitrag nur kurz angesprochen werden.[63] Im Einzelnen ist folgendes zu beachten:

### I. Rechtsschutz der Gemeinden

Neben betroffenen Nachbarn haben auch die Gemeinden die Möglichkeit, gegen die Genehmigung einer Tierhaltungsanlage Widerspruch und Anfechtungsklage zu erheben. In diesen Verfahren können sie geltend machen, dass die Voraussetzungen einer Genehmigung nach § 35 BauGB nicht erfüllt waren und die Genehmigung damit rechtswidrig war. Diese Klage ist in jedem Fall zulässig, wenn die Gemeinde das Einvernehmen versagt hat. Auch in einem Verfahren gegen die Ersetzung des Einvernehmens auf der Grundlage der neuen Rechtsprechung des BGH[64] sind die planungsrechtlichen Voraussetzungen des § 35 BauGB zu überprüfen. Hat die Gemeinde allerdings das Einvernehmen erteilt oder gilt das Einvernehmen nach § 36 Abs. 2 Satz 2 BauGB wegen des Ablaufs der Zweimonatsfrist als erteilt, kann sich die Frage stellen, ob die Gemeinde ein Rechtsschutzbedürfnis für eine Klage hat.

Beim Rechtsschutz der Gemeinde ist im Übrigen zu beachten, dass eine Gemeinde sich auch darauf berufen kann, dass eine notwendige Umweltprüfung oder eine Vorprüfung des Einzelfalls nicht durchgeführt wurde, denn auch die Gemeinde ist Beteiligte i. S. v. § 4 Abs. 3 URG und kann sich damit auf § 4 Abs. 1 Nrn. 1 und 2 URG berufen.[65]

### II. Rechtsschutz der Umweltverbände

Soweit die Genehmigung einer Tierhaltungsanlage eine UVP-pflichtige Entscheidung ist, können auch Umweltverbände gegen die Genehmigung im Wege von Widerspruch und Anfechtungsklage vorgehen. In diesem Verfahren können sie nach dem Wortlaut des URG sinngemäß nur geltend machen, dass drittschützende Umweltschutzvorschriften verletzt wurden. Zu diesen Vorschriften gehören alle

---

63 Ausführlich Schrödter AUR 2011, 173, 189.

64 Oben A. I. 4).

65 Dazu ausführlich VGH Kassel 24.9.2008, DVBl. 2009, 186 und 16.9.2009 NuR 2010, 428.

Regelungen des BImSchG, die aufgrund des Gesetzes erlassenen Verordnungen und Technischen Anleitungen, aber auch Arbeitshilfen wie die GIRL, da diese das Schutzprinzip des URG konkretisieren. Umstritten war bisher, ob diese Beschränkung des Rechtsschutzes von Umweltverbänden auf sog. drittschützende Umweltvorschriften mit dem Europarecht im Einklang steht.[66] Mit Urteil vom 12.5.2011[67] hat der EuGH entschieden, dass das URG mit dieser Beschränkung des Rechtsschutzes gegen europäisches Recht verstößt. Da diese Entscheidung unmittelbar gilt, können die Umweltverbände im Rahmen einer Anfechtungsklage gegen Tierhaltungsanlagen auch geltend machen, dass zwingende Vorschriften des europäischen Naturschutzrechtes verletzt wurden.

## Schlussbetrachtung

Angesichts der vielfältigen Probleme, die bei der Genehmigung und der planungsrechtlichen Steuerung von Tierhaltungsanlagen entstehen, müssen im Rahmen der für 2012 geplanten Reform des BauGB neue Regelungen im Städtebaurecht und im Immissionsschutzrecht zu Tierhaltungsanlagen diskutiert werden.[68] Nach dem vorbereitenden Gutachten zu der im Koalitionsvertrag vereinbarten BauGB-Novelle besteht kein Handlungsbedarf, die planungsrechtlichen Voraussetzungen für die Genehmigung von Tierhaltungsanlagen im Außenbereich zu verändern, da, so der Bericht, die Gemeinden schon jetzt vielfältige Möglichkeiten hätten, die Tierhaltung im Außenbereich planungsrechtlich zu steuern.[69] Es bleibt abzuwarten, ob der Gesetzgeber diese Empfehlung übernimmt oder ob er sich noch zu einer Entscheidung durchringen kann, das Planungsrecht an neuere Entwicklungen bei der Intensivtierhaltung anzupassen.

66 Dazu ausführlich Schrödter, LKV 2008, 391 und Berkemann, NordÖR 2009, 336 f.

67 Rechtssache C/115/09.

68 Dazu insbesondere Schmidt-Eichstaedt, ZfBR 2011, 323; Nies, AUR 2010, 225 und 292 und Schrödter, AUR 2011, 173, 190.

69 Dazu Berliner Gespräche zum Städtebaurecht, Band I, S. 66 ff. (www.difu.de).

# IX Die Bewältigung von Geruchsbelästigungen im unbeplanten Innenbereich

*Wilhelm Söfker*

Bei der Frage der Bewältigung von Geruchsbelästigungen im „unbeplanten Innenbereich", also in den im Zusammenhang bebauten Ortsteilen im Sinne des § 34 BauGB, sind zu unterscheiden die Möglichkeiten der Konfliktbewältigung durch die Zulässigkeitsregeln der §§ 30 ff. BauGB, also nach den bauplanungsrechtlichen Zulässigkeitsregeln des § 34 BauGB, und im Fall der Geruchsbelästigungen durch Vorhaben im Außenbereich, die den Innenbereich belasten, nach den Zulässigkeitsregeln des § 35 BauGB. Dabei ist jeweils zu unterscheiden die Geruchsproblematik, die dadurch entsteht, dass von einem zur Genehmigung anstehenden Vorhaben Geruchsemissionen ausgehen, und dadurch, dass ein zur Genehmigung anstehendes Vorhaben Geruchsimmissionen ausgesetzt werden würde.

Nach § 29 Abs. 2 BauGB bleiben von den §§ 34 und 35 BauGB unberührt andere öffentliche – rechtliche Vorschriften, in Bezug auf die hier behandelte Problematik vor allem die des Immissionsschutzrechts und dabei namentlicher der TA Luft und der Geruchsimmissions-Richtlinie (GIRL). Im Vordergrund der nachfolgenden Ausführungen steht die Wirkungsweise der Zulässigkeitsregeln vor allem des § 34 BauGB selbst, auch im Vergleich zu den Möglichkeiten der Bauleitplanung.

Die nachfolgenden Ausführungen befassen sich – auch wegen aktueller Fragestellungen in der Praxis – vor allem mit den Beispielen von Geruchsimmissionen, die von Tierhaltungen und von Biomasse-Anlagen ausgehen. Dabei soll unberücksichtigt bleiben, inwieweit solche Gerüche zusätzlich durch Geruch nicht wahrnehmbare Beeinträchtigungen auslösen, wie etwa Bioaerosole.

## 1. Zur Bedeutung der Zulässigkeitsregeln des § 34 BauGB für die Vermeidung von (unzumutbaren) Geruchsbelästigungen

Die einzelnen Zulässigkeitsregeln des § 34 BauGB,

- Einfügen in die Eigenart der näheren Umgebung (Abs. 1 S. 1),
- Wahrung gesunder Wohn- und Arbeitsverhältnisse (Abs. 1 S. 2),
- Anwendung des Baugebietsvorschriften der BauNVO (Abs. 2),

können sich hier auf die Frage der (Un-)Zulässigkeit von Vorhaben unterschiedlich auswirken. Dabei sind zu unterscheiden die Bedeutung der Regelungen über die zulässige Art der baulichen Nutzung nach den Regeln des Einfügungsgebots und denen der Baugebietsvorschriften einerseits und die Bedeutung der Regeln über das Gebot der Rücksichtnahme als Teil des Einfügungsgebots sowie des § 15 Abs. 1 Satz 2 BauNVO andererseits.

## 1.1 Die Art der baulichen Nutzung als mittelbar wirkende Schranke

Die Zulässigkeitsvoraussetzung, dass sich das Vorhaben nach seiner Art in die Eigenart der näheren Umgebung einfügt, verlangt, dass das Vorhaben dem sich aus der Umgebung ableitbaren Rahmen entsprechen muss. Diese Anforderung des Einfügungsgebots trägt – mittelbar – dazu bei, dass Gemengelage-Situationen mit Geruchskonflikten vermieden werden.

Für die Zulässigkeit der Art der baulichen Nutzung ist wesentlich, ob es sich um ein Vorhaben handelt, das Geruchsemissionen auslösen kann (z. B. ein Tierhaltungsbetrieb), oder um Vorhaben, das Geruchsimmissionen ausgesetzt ist (z. B. Wohnnutzung). Sind solche nach § 34 Abs. 1 BauGB zu beurteilenden Vorhaben in der näheren Umgebung nicht vorhanden, entstehen Konflikte mit Geruchsimmissionen nicht, weil sich die entsprechenden Vorhaben nicht einfügen und somit unzulässig sind. Denn das Vorhandensein solcher Nutzungen in der näheren Umgebung ist eine wesentliche Voraussetzung dafür, dass der „Rahmen" durch sie mitbestimmt wird, so dass sich weitere Vorhaben dieser Art nach in die Eigenart der näheren Umgebung grundsätzlich einfügen. Nach den Anforderungen des Einfügungsgebots ist es auch nicht ausgeschlossen, dass sich ein Vorhaben, das den vorhandenen Rahmen überschreitet, dennoch einfügt, weil es „keine bodenrechtlichen Spannungen begründet oder vorhandene erhöht" und deswegen zulässig sein kann[1]. Allerdings dürfte in der Praxis ein Vorhaben, von dem Geruchsemissionen ausgehen, regelmäßig solche bodenrechtlichen Spannungen auslösen oder erhöhen. Soll es dennoch zugelassen werden, bedarf es der Absicherung durch Aufstellung eines Bebauungsplans.

Für die Abgrenzung sind im Einzelnen die Nutzungsbegriffe von BauGB und BauNVO wesentlich. Bezüglich der hier zu behandelnden Nutzungsarten ist zunächst von den Nutzungsbegriffen Landwirtschaft (im Sinne des § 201 BauGB) und Gewerbebetriebe aller Art auszugehen. Es können aber auch Unterarten von Nutzungen in Betracht kommen. Zu berücksichtigen ist, dass das Emissionsverhalten allein – wie im Allgemeinen auch – grundsätzlich kein entscheidendes Kriterium für die Frage ist, ob es sich um eine Nutzungsart handelt, die in der Umgebung ein Vorbild hat, so dass sich das Vorhaben insoweit einfügen würde. Die vorhandene Immissionssituation kann aber im Rahmen des Gebots der Rücksichtnahme von Bedeutung sein. Das für die in Betracht kommenden Arten und Unterarten typische Emissionsverhalten kann lediglich als zusätzliches Merkmal hinzugezogen werden. Für den Bereich landwirtschaftlicher und gewerblicher

1 Vgl. Verfasser in Ernst/Zinkahn/Bielenberg/Krautzberger, BauGB, § 34 Rn. 30 ff. mit Nachweisen zur Rechtsprechung.

Tierhaltungsbetriebe kann auf die Begriffsbestimmungen des § 201 BauGB zur Landwirtschaft und der gewerblichen Tierhaltung im Sinne des § 35 Abs. 1 Nr. 4 BauGB Bezug genommen werden. Zu Anlagen der Biomasse-Anlagen können solche im Sinne des § 35 Abs. 1 Nr. 6 BauGB in Betracht kommen, allerdings unabhängig von den für den Privilegierungstatbestand der Nummer 6 zu verlangenden, dem Außenbereichsschutz entsprechenden Merkmalen. Sind solche Betriebe in den nach § 34 Abs. 1 BauGB zu beurteilenden Gebieten vorhanden, können sie die Eigenart der näheren Umgebung mitprägen. Allein das Vorhandensein von Gewerbetrieben („Gewerbebetriebe aller Art"; vgl. z. B. § 8 Abs. 2 Nr. 1 BauNVO) dürfte in der Regel nicht ausreichen, um anzunehmen, dass damit auch z. B. gewerbliche Tierhaltungsbetriebe und Biomasse-Anlagen den maßgeblichen Rahmen mitbestimmen.

Im Ergebnis können daher nur bauliche Nutzungen nach diesen Anforderungen des Einfügungsgebots zulässig sein, wenn sie ihrer Art nach in der näheren Umgebung vorhanden sind und diese (mit-)prägen. Dies gilt z. B. für Tierhaltungsbetriebe und Biomasse-Anlagen, ebenso auch für andere Arten oder Unterarten von Gewerbebetrieben mit Geruchsemissionen.

## 1.2 Das Gebot der Rücksichtnahme als wesentliche Grenze

Entspricht ein Vorhaben dem sich aus der Umgebung ableitbaren Rahmen, ist es gleichwohl unzulässig, wenn es nicht die gebotene Rücksicht auf die benachbarte Bebauung nimmt. Dies wirkt sich in zweierlei Weise („Gebot der **gegenseitigen** Rücksichtnahme") aus: Ein emittierender Betrieb muss auf eine schutzwürdige Nachbarbebauung Rücksicht nehmen, und ein schutzbedürftiges Vorhaben darf sich nicht unzumutbaren Immissionen aussetzen, die von einer benachbarten Bebauung ausgehen. Insofern besteht eine grundsätzlich gleiche Rechtslage wie in Fällen des § 15 Abs. 1 Satz 2 BauNVO[2].

Für die Frage unzumutbarer Geruchsimmissionen im Sinne des Gebots der gegenseitigen Rücksichtnahme sind insbesondere maßgeblich:

- die jeweiligen städtebaulich – konkreten Umstände;
- das Vorhandensein einer Gemengelage-Situation, in der das Vorhaben verwirklicht werden soll, und damit das Vorhandensein von Geruchs-Immissionen, also von entsprechenden Vorbelastungen;
- die Entstehung einer Gemengelage-Situation, wenn das betreffende Vorhaben errichtet werden würde, und damit das erstmalige Entstehen von Immissionsbelastungen.

---

2 Vgl. Verfasser in Ernst/Zinkahn/Bielenberg/Krautzberger , BauGB, § 34 Rn. 48 ff.

Für § 34 Abs. 1 BauGB ist grundsätzlich die **vorhandene** Situation Maßstab für die bauplanungsrechtliche Zulässigkeit, also die städtebauliche Nutzungsstruktur und die vorhandene Immissionssituation. Das, was sich in diesem Rahmen hält, ist – auch bezogen auf Geruchs-Immissionen – bauplanungsrechtlich grundsätzlich zulässig. Dementsprechend können das Immissionsschutzrecht und seine Regelwerke, also die TA Luft, die entsprechenden VDI-Richtlinien und die GIRL, für die bauplanungsrechtliche Beurteilung nur als Anhalt und Orientierung („Entscheidungshilfe" und „Erkenntnisquelle") dienen, nicht aber verbindlich sein. Auch hat das nach § 29 Abs. 2 BauGB unberührt bleibende Immissionsschutzrecht die vorhandene, für die Einordnungen von deren Richtwerten und Orientierungswerten maßgebliche Nutzungsstruktur zu beachten. Mit Rücksicht auf die in Fällen des § 34 Abs. 1 BauGB nicht homogene städtebauliche Nutzungsstruktur kann die Zuordnung der Richt- und Orientierungswerte zu den Kategorien Wohn- und Mischgebiet, Gewerbe- und Industriegebiet sowie Dorfgebiet (so in der GIRL) nur unter Berücksichtigung der jeweiligen spezifischen Nutzungsstruktur, der jeweiligen Eigenart der näheren Umgebung erfolgen. Darin einbezogen ist die Berücksichtigung gegebenenfalls vorhandener Vorbelastungen an Geruchs-Immissionen. Dies führt zur Berücksichtigung von sogen. Zwischen- oder Mittelwerten, gegebenenfalls aber auch darüber hinaus, d. h. von Werten mit weitergehenden Geruchsbelästigungen.

Der Maßgeblichkeit der vorhandenen Geruchsbelästigungen sind aber Grenzen gesetzt. Es müssen die **gesunden Wohn- und Arbeitsverhältnisse** gewahrt bleiben (vgl. § 34 Abs. 1 Satz 2 BauGB). Gesundheitsschädliche Geruchsbelastungen sind damit ausgeschlossen.

Ergibt sich aus den dargelegten Anforderungen, dass das Gebot der Rücksichtnahme verletzt ist, kann dies bei entsprechenden Betroffenheiten **Nachbarklagen** begründen.

Aus dem Vorstehenden und den Grundsätzen des Gebots der gegenseitigen Rücksichtnahme folgt, dass § 34 Abs. 1 BauGB eine **Verschlechterung der vorhandenen städtebaulichen Situation** auch in Bezug auf Immissionsbelastungen nicht zulässt. Daraus lassen sich z. B. Folgerungen in Bezug auf eine an einen **Tierhaltungsbetrieb heranrückende Wohnbebauung** ziehen:

Es entspricht der Rechtsprechung[3], dass sich ein in einem ländlichen Ort gelegener Tierhaltungsbetrieb (z. B. Schweinemastbetrieb) grundsätzlich gegen eine heranrückende Wohnbebauung wehren kann. Wiederum kann abweichend davon ein Wohnbauvorhaben zulässig sein, wenn die für Dorfgebiete geltenden Immissionswerte eingehalten werden, gegebenenfalls sogar im Fall höherer Geruchsbelastung, etwa wenn die Wohngebäude selbst zu Tierhaltungsbetrieben gehören. Für die Frage der Zulässigkeit einer Wohnbebauung ist zu berücksichtigen, dass sie sich unzumutbar hohen Geruchseinwirkungen nicht durch sogenannte architektonische

3 Vgl. z. B. OVG Lüneburg, Urt. v. 10.11.2009 – 1 LB 45/08 – m. w. N.

Selbsthilfe entziehen kann. Denn Gerüche hüllen die umgebende Bebauung von allen Seiten ein (anders die „gerichteten" Geräuschimmissionen, die Schutzvorkehrungen in Richtung auf die Emissionsquelle ermöglichen). Für die Sicherstellung eines verträglichen Nebeneinanders kommt daher nicht in Betracht, die Genehmigung mit Nebenbestimmungen, etwa zu einem „passiven Geruchsschutz", zu verbinden. Und auf notwendigen Immissionsschutz kann zivilrechtlich nicht wirksam verzichtet werden, zumindest soweit Gesundheitsgefährdungen zu besorgen sind. Auf der Seite des emittierenden Betriebs können gegebenenfalls Maßnahmen zur Geruchsminderung in Betracht kommen. Sie lassen sich jedoch im Genehmigungsverfahren für das Wohngebäude nicht erreichen. So hat das OVG Lüneburg[4] mit überzeugenden Argumenten dargelegt, dass von einem Schweinemastbetrieb, der sich gegen eine heranrückende Wohnbebauung wehrt, nicht verlangt werden kann, seine Betriebsgerüche durch den Einsatz von Biofiltern durchgreifend zu reduzieren, weil dies derzeit nicht dem Stand der Technik entspricht.

Eine Lösung solcher Probleme in Gemengelage-Situationen kann gegebenenfalls bauplanungsrechtlich durch **Aufstellung eines Bebauungsplans** erreicht werden. So kann in Betracht kommen, dass der Bebauungsplan eine Verlagerung des Tierhaltungsbetriebs vorsieht, indem für seinen bisherigen Standort eine andere Nutzung festgesetzt wird, z. B. eine Wohnnutzung. Bis zu seiner Verlagerung kann es geboten sein, festzusetzen, dass die heranrückende Wohnbebauung erst zulässig wird, wenn die Verlagerung des Betriebs erfolgt. Eine solche Festsetzung ist grundsätzlich nach § 9 Abs. 2 BauGB möglich. Soll der Standort des Betriebs erhalten bleiben, kann in Betracht kommen, dass für den Betrieb der Einbau von Biofiltern nach § 9 Abs. 1 Nr. 24 BauGB (als technische Vorkehrungen zum Schutz vor schädlichen Umwelteinwirkungen) festgesetzt wird und die heranrückende Wohnbebauung nur zulässig wird, wenn die Geruchsimmissionen entsprechend mindernden Biofilter eingebaut werden. Auch eine solche Festsetzung ist grundsätzlich nach § 9 Abs. 2 BauGB möglich. Durch solche Bebauungsplanungen können Konflikte durch Geruchsbelästigen einer Lösung zugeführt werden.

Eine solche Verfahrensweise wirft die Frage nach dem Ausgleich der Kosten auf. Abgesehen von hierbei möglichen städtebaulichen Vereinbarungen nach § 11 BauGB sind auch die planungsschadensrechtlichen Folgen zu berücksichtigen: Nach § 40 Abs. 1 Nr. 4 BauGB kann ein Entschädigungsanspruch begründet sein. Die Vorschriften über die Entschädigungspflicht (vgl. § 44 Abs. 1 und 2 BauGB) sowie die Festsetzung über die bedingte Zulässigkeit der heranrückenden Wohnbebauung erst bei Einbau der Biofilter (vgl. § 9 Abs. 2 BauGB) können Veranlassung sein, denjenigen durch vertragliche Vereinbarungen zur Übernahme von Bodenwertminderungen und Kosten der Maßnahmen zu verpflichten, zu dessen Vorteil die Festsetzungen getroffen werden. In dem hier behandelten Fall wäre dies

---

4 A. a. O., Fn. 3.

der Träger der heranrückenden Wohnbebauung. Ähnlich verhält es sich im Fall der Verlagerung des Betriebs.

Dieses Beispiel macht zugleich deutlich, dass die Zulässigkeitsregeln des § 34 Abs. 1 BauGB zwar eine Verschlechterung der Situation verhindern können, eine Veränderung und gegebenenfalls auch Verbesserung der Verhältnisse jedoch durch Aufstellung eines Bebauungsplans möglich sein kann.

## 1.3 Erweiterte Zulässigkeit nach § 34 Abs. 3a BauGB?

Nach § 34 Abs. 3a Satz 1 Nr. 1 BauGB können im Einzelfall für im Zusammenhang mit vorhandenen Betrieben stehende Vorhaben zugelassen werden, die sich nicht im Sinne des § 34 Abs. 1 Satz 1 BauGB einfügen. Dies kann in Bezug auf die Art der baulichen Nutzung vor allem in Betracht kommen, wenn sich der betreffende Betrieb als sogenannter Fremdkörper darstellt, weil er als einzelner Betrieb die Eigenart der näheren Umgebung nicht (mit-)prägt. Die Vorschrift ist für die hier zu interessierenden Zusammenhänge nicht anwendbar auf landwirtschaftliche Betriebe, wie z. B. landwirtschaftliche Tierhaltungsbetriebe, wohl aber auf gewerbliche Tierhaltungsbetriebe mit Geruchs-Emissionen. Insofern kann z. B. ein Vorhaben genehmigt werden, das nach den Regeln des § 34 Abs. 1 BauGB nicht zulässig wäre. Voraussetzung hierfür ist seine städtebauliche Vertretbarkeit. Städtebauliche Vertretbarkeit bedeutet eine Vereinbarkeit mit den Grundsätzen der §§ 1 und 1a BauGB, d. h. es bedarf ggf. der Lösung der Konflikte mit den Geruchsimmissionen. Dies ist im Rahmen des Genehmigungsverfahrens ggf. möglich durch Nebenbestimmungen zur Genehmigung. Insofern kann von Bedeutung sein, ob mit den sogen. Biofiltern Geruchs-Emissionen vermindert oder ausgeschlossen werden können.

Nach § 34 Abs. 3 a Satz 1 Nr. 1 BauGB können auch Vorhaben im Zusammenhang mit vorhandenen Wohngebäuden genehmigt werden, die sich nicht im Sinne des § 34 Abs. 1 Satz 1 BauGB einfügen. Denkbar ist die Fallgestaltung, dass die Erweiterung eines Wohngebäudes, das sich als Fremdkörper in einer vor allem durch Gewerbebetriebe geprägten Umgebung darstellt und lediglich (passiven) Bestandsschutz hat, im Sinne des Einfügungsgebots unzulässig ist. Die Unzulässigkeit kann sich auch daraus ergeben, dass die vorhandenen Nutzungen und das Vorhaben unzumutbaren Geruchsimmissionen ausgesetzt sind. Wegen der Eigenart von Geruchsimmissionen kommt eine sogenannte architektonische Selbsthilfe an dem Vorhaben nicht in Betracht. In dem Genehmigungsverfahren können notwendige Maßnahmen an den benachbarten baulichen Anlagen, von denen Geruchsemissionen ausgehen, nicht festgelegt werden. Insofern sind Genehmigungsmöglichkeiten nach § 34 Abs. 3a Satz 1 Nr. 1 zu Gunsten von Wohnzwecken dienenden Vorhaben im Einwirkungsbereich von Geruchsimmissionen regelmäßig Grenzen gesetzt.

## 1.4 Zur Anwendung der BauNVO (§ 34 Abs. 2 BauNVO)

In Fällen des § 34 Abs. 2 BauGB stellen sich die Zulässigkeitsregeln zur Lösung von Immissionskonflikten durch Geruchsimmissionen auf Grund der Anwendung der Baugebietsvorschriften der BauNVO in einzelnen Beziehungen anders dar als nach § 34 Abs. 1 BauGB.

Auszugehen ist davon, dass in den sogenannten homogenen Innenbereichen (die Eigenart der näheren Umgebung entspricht einem Baugebiet im Sinne der BauNVO) das Zulässigkeitsrecht der §§ 2 ff. BauNVO Anwendung findet. In diesen Fällen kommt es darauf an, ob und inwieweit nach den Baugebietsvorschriften der BauNVO in dem betreffenden faktischen Baugebiet Nutzungen mit Geruchsimmissionen zulässig sind. Entscheidend hierfür sind der Gebietscharakter der jeweils anzuwendenden Baugebietsvorschrift und der nach ihnen zulässige Störgrad. Insofern ist von Bedeutung, ob und inwieweit nach der Art der baulichen Nutzung in den Baugebieten solche Anlagen mit Geruchsemissionen vorgesehen sind. Dies trifft zu im Hinblick auf die Unterscheidungen zwischen nicht störenden, nicht wesentlich störenden und nicht erheblich belästigenden Gewerbebetrieben, sowie im Hinblick auf landwirtschaftliche Betriebe.

So kann z. B. in faktischen Gewerbegebieten (vgl. § 8 BauNVO) eine Biomasseanlage als allgemein zulässige Nutzung beurteilt werden, in einem faktischen Industriegebiet (vgl. § 9 BauNVO) z. B. auch ein gewerblicher Tierhaltungsbetrieb. Dies gilt unabhängig davon, ob in dem betreffenden faktischen Baugebiet ein solcher Betrieb vorhanden ist. Gleiches gilt auch für andere Gewerbetriebe, von denen Geruchsemissionen ausgehen.

Faktische Dorfgebiete (vgl. § 5 BauNVO) haben für landwirtschaftliche Tierhaltungsbetriebe besondere Bedeutung. In diesem Baugebiet haben land- und forstwirtschaftliche Betriebe schon nach der Zweckbestimmung des Dorfgebiets ihren Standort. Die Annahme eines faktischen Dorfgebiets ist nicht davon abhängig, dass land- und forstwirtschaftliche Betriebe dort quantitativ dominieren (vgl. § 5 Abs. 1 Satz 1 BauNVO). Dies begünstigt die Annahme von faktischen Dorfgebieten in Fällen des § 34 Abs. 2 BauGB. Weitere Folge ist, dass auf die Belange der land- und forstwirtschaftlichen Betriebe einschließlich ihrer Entwicklungsmöglichkeiten vorrangig Rücksicht zu nehmen ist (vgl. § 5 Abs. 1 Satz 2 BauNVO). Dies hat die Konsequenz, dass in solchen Gebieten Vorhaben für landwirtschaftliche Tierhaltungsbetriebe auch zulässig sind, wenn sie an Standorten innerhalb des faktischen Dorfgebiets bisher nicht vorhanden sind oder wenn ein vorhandener Betrieb erweitert werden soll. Wegen der Zulässigkeit von landwirtschaftlichen Tierhaltungsbetrieben sind somit auch Erweiterungen dieser Nutzungen und damit grundsätzlich auch die damit verbundene Zunahme von Geruchs-Immissionen möglich. Die Nachbarschaft muss in solchen Fällen grundsätzlich damit rechnen, dass Geruchsimmissionen zunehmen können.

Die Anwendung der Baugebietsvorschriften der BauNVO in Fällen des § 34 Abs. 2 BauGB kann insgesamt dazu führen, dass in den faktischen Baugebieten solche Nutzungen grundsätzlich als allgemein zulässig zu beurteilen sind, auch wenn sie in dieser Weise bisher nicht vorhanden sind. Dies schließt entsprechende Geruchsbelästigungen mit ein.

Für landwirtschaftliche und ggf. auch gewerbliche Tierhaltungsbetriebe kann sich die Frage stellen, ob es auch faktische Sondergebiete für die Tierhaltung geben kann. In der Rechtsprechung ist anerkannt, dass in einem Bebauungsplan ein Sondergebiet für landwirtschaftliche Betriebe einschließlich Tierzucht und Tierhaltung festgesetzt werden kann[5]. Ein solches faktisches Sondergebiet im Sinne des § 34 Abs. 2 BauGB anzunehmen, ist allerdings nach der neueren Rechtsprechung des BVerwG[6] zweifelhaft geworden.

Die Aufgabe der landwirtschaftlichen Betriebe kann dazu führen, dass ein ehemaliges (faktisches) Dorfgebiet nicht mehr gegeben ist, auch wenn, wie dargelegt, das Dorfgebiet im Sinne des § 5 BauNVO nicht ein quantitatives Übergewicht verlangt. Eine solche durch die tatsächliche Entwicklung eintretende Umstrukturierung des Gebietscharakters wirft die Frage auf, welche Konsequenzen dies für die Beurteilung von Vorhaben, von denen Geruchsemissionen ausgehen können, nach den Zulässigkeitsregeln des § 34 BauGB haben kann. Hierbei sind unterschiedliche Fallgestaltungen denkbar. So kann der Verlust des Charakters eines ehemals faktischen Dorfgebiets nicht zugleich bedeuten, dass damit ein faktisches reines oder allgemeines Wohngebiet entsteht, auf das § 34 Abs. 2 BauGB mit der Folge Anwendung findet, dass etwa nach § 4 BauNVO Tierhaltungen mit Geruchsemissionen dort unzulässig sind. Wegen unterschiedlicher Nachfolgenutzungen und einer nachfolgenden Prägung aufgegebener landwirtschaftlicher Betriebsgebäude kann für die Zulässigkeit nunmehr § 34 Abs. 1 BauGB maßgeblich sein. Auch wenn die Entwicklungen oftmals dazu führen können, dass ein dadurch entstehender „ländlicher Wohnort" heute einem allgemeinen Wohngebiet ähnelt, kann eine nachwirkende Prägung früherer Nutzungen zu berücksichtigen sein. In einem solchen Ort können in ehemaligen landwirtschaftlichen Ställen und Scheunen Tiere gehalten werden[7].

Auch wenn Nutzungen nach den anzuwendenden Baugebietsvorschriften der BauNVO vorgesehenen sind, können sich **Beschränkungen aus der Anwendung des § 15 Abs. 1 Satz 2 BauNVO** als Normierung des Gebots der gegenseitigen Rücksichtnahme ergeben. Nach dieser Vorschrift sind Anlagen im Einzelfall „auch unzulässig, wenn von ihnen Belästigungen oder Störungen ausgehen können, die nach der Eigenart des Baugebiets im Baugebiet selbst oder in dessen Umgebung unzumutbar sind, oder wenn sie solchen Belästigungen oder

5 Vgl. BVerwG, Urt. v. 28.2.2002 – 4 CN 5.01.

6 BVerwG, Urt. v. 16.09.2010 – 4 C 7.10 –, entschieden zum Fall eines faktischen Hafengebiets.

7 BVerwG, Beschl. v. 1.9.2010 – 4 B 31.10 -, entschieden für das Halten von zwei Pferden.

Störungen ausgesetzt sind." Insofern besteht eine Parallele zu den Merkmalen des Gebots der Rücksichtnahme im Sinne des Einfügungsgebots. Mit Rücksicht darauf können emittierende Nutzungen ebenso wie schutzbedürftige Nutzungen wegen benachbarter emittierender Anlagen unzulässig sein. Dies gilt auch für Fälle der Geruchsbelästigungen.

**Nachbarklagen** sind möglich im Hinblick auf die Wahrung des faktischen Gebietscharakters und die Einhaltung des § 15 Abs. 1 Satz 2 BauNVO.

## 2. Zur Berücksichtigung von Geruchsimmissionen bei Aufstellung von Innenbereichssatzungen nach § 34 Abs. 4 bis 6 BauGB

Die mit diesen Satzungen mögliche Einbeziehung von Teilen des Außenbereichs („bebaute Bereiche im Außenbereich", „einzelne Außenbereichsflächen") in den bebaubaren „im Zusammenhang bebauten Ortsteil" im Sinne des § 34 BauGB setzt die Vereinbarkeit mit einer geordneten städtebaulichen Entwicklung voraus, d. h. Vereinbarkeit mit den Grundsätzen der Bauleitplanung nach §§ 1 und 1a BauGB. Ähnlich wie bei der Bebauungsplanung sind daher die Auswirkungen auf Konflikte zu berücksichtigen, die durch Geruchsimmissionen entstehen.

Da diese Satzungen in der Praxis vor allem zugunsten von Wohnzwecken dienenden Vorhaben genutzt werden, sind in entsprechenden Fällen (in dem betreffenden Innenbereich sind Anlagen mit Geruchsemissionen vorhanden) die Grundsätze zur „heranrückenden Wohnbebauung" anzuwenden. Allerdings sind die für die Satzungen nach § 34 Abs. 4 BauGB begrenzten Regelungsbereiche in räumlicher und inhaltlicher Beziehung zu berücksichtigen. Im Fall der Einbeziehungssatzung (vgl. § 34 Abs. 1 Nr. 3 BauGB) erstreckt sich das Satzungsgebiet auf die in den Innenbereich einzubeziehenden Flächen und nicht auf den vorhandenen Ortsteil, in dem sich z. B. Tierhaltungsbetriebe mit Geruchsemissionen befinden können. Bei der sogen. Entwicklungssatzung (vgl. § 34 Abs. 4 Nr. 2 BauGB) können allerdings einzelne Festsetzungen nach § 9 Abs. 1 BauGB innerhalb des zu einem Ortsteil zu entwickelnden bebauten Bereichs getroffen werden. Insofern ist auch die oben dargestellte Vorgehensweise zum Fall der Bebauungsplanung mit heranrückender Wohnbebauung denkbar, also insbesondere die Festsetzung von Biofiltern nach § 9 Abs. 1 Nr. 24 BauGB.

## 3. Auswirkungen von Außenbereichs-Vorhaben auf den nicht beplanten Innenbereich

### 3.1 Grundsätze

Das von Außenbereichs-Vorhaben zu beachtende Gebot der Rücksichtnahme (vgl. § 35 Abs. 3 Satz 1 Nr. 3 BauGB) wirkt auch über die Grenzen des Außenbereichs hinweg, also auch gegenüber Eigentümern, deren Grundstücke sich im Geltungsbereich eines Bebauungsplans (vgl. § 30 BauGB) oder im nicht beplanten Innenbereich (vgl. § 34 BauGB) befinden.

Dies bedeutet, dass auch Außenbereichs-Vorhaben mit Geruchsemissionen auf die benachbarte Wohnbebauung in den Innenbereichen nach § 34 BauGB Rücksicht zu nehmen haben. Dazu gehören landwirtschaftliche und gewerbliche Tierhaltungsbetriebe und Biomasse-Anlagen im Außenbereich mit ihren Geruchsemissionen, auch wenn sie dort als privilegiert zulässige Vorhaben zu beurteilen sind. Dabei sind Besonderheiten zu berücksichtigen.

Es kann grundsätzlich davon ausgegangen werden, dass Vorhaben in den Gebieten nach § 34 BauGB ein höheres Gewicht zukommt als Vorhaben im Außenbereich.

Zu beachten ist aber auch die Nachbarschaft zum Außenbereich. In der Rechtsprechung wird angenommen, dass den Eigentümern in den Gebieten nach § 34 BauGB bei einer engen Nachbarschaft zum Außenbereich und den dort vorhandenen geruchsintensiven Nutzungen, die dort privilegiert zulässig sind, ein größeres Maß an Einwirkungen zuzumuten ist, als dies außerhalb einer solchen Nähe der Fall wäre[8]. Dies kann dazu führen, dass z. B. in einem Gebiet nach § 34 BauGB die Geruchsimmissionen wie in einem Dorfgebiet hinzunehmen sind[9].

### 3.2 Bedeutung von Geruchsimmissionen bei der Bauleitplanung für im Außenbereich privilegiert zulässige Vorhaben

Die von im Außenbereich privilegiert zulässigen Vorhaben ausgehenden Geruchsimmissionen können auch Gegenstand von Bauleitplanungen sein. So können zu Gunsten solcher Vorhaben auch Bebauungspläne aufgestellt werden, etwa Ausweisung von Sondergebieten für solche Vorhaben. Dabei finden die allgemeinen Grundsätze über die Bauleitplanung in Nachbarschaft schützenswerter Wohnorte Anwendung. Dabei kann im Sinne des § 50 BImSchG von Bedeutung sein die Vermeidung von Geruchsimmissionen durch geeignete räumliche Zuordnung der

---

8 Vgl. VGH München, Beschl. v. 27.11.2006 – 15 BV 06.422; Beschl. v. 25.10.2010 – 2 CS 10.2137.

9 VGH München, Beschl.v. 25.10-2010 – 2 CS 10.2137; OVG Koblenz, Urt. v. 7.10.2009 – 1 A 10872/07.

Standorte zu den Innenbereichen (z. B. Wohnorten) soweit wie möglich. Auch können spezielle Geruchsemissionen beschränkende Festsetzungen in Betracht kommen, so z. B. nach § 9 Abs. 1 Nr. 24 BauGB oder § 1 Abs. 4 BauNVO. Im Ergebnis können solchen Planungen im Sinne des vorsorgenden Immissionsschutzes auch weitergehende Abstände zu Grunde gelegt werden, als das Immissionsschutzrecht verlangt.

Nach § 35 Abs. 3 Satz 3 BauGB kann durch den Flächennutzungsplan eine Standortsteuerung von z. B. gewerblichen Tierhaltungsbetrieben und Biomasse-Anlagen erfolgen, die kraft Gesetzes oder Rechtsprechung im Außenbereich privilegiert zulässig sind. Danach können Standorte für entsprechende Vorhaben ausgewiesen werden mit der Folge, dass diese Ausweisungen den Vorhaben an anderer Stelle im Außenbereich in der Regel als öffentliche Belange entgegengehalten werden können. In dem dabei zu entwickelnden Plankonzept, das den Ausweisungen von Flächen für solche im Außenbereich privilegiert zulässigen Vorhaben zu Grunde zu legen ist, können auch die von solchen Vorhaben ausgehenden Emissionen von Bedeutung sein. Auch dabei ist es möglich, die Standortausweisungen im Sinne des § 35 Abs. 3 Satz 3 BauGB nicht nur nach den Anforderungen des Immissionsschutzrechts zu treffen, sondern darüber hinaus z. B. weitergehende Abstände vorzusehen, um die Innenbereiche im Sinne des § 34 BauGB vor allem mit ihrer Wohnnutzung vor Gerüchen zu schützen[10].

10 S. Verfasser in Ernst/Zinkahn/Bielenberg/Krautzberger, BauGB, § 35 Rn. 124, 124b.

# X Dorfgebiete nach § 5 BauNVO und landwirtschaftliche Betriebe: Wer muss was aushalten?

*Gerd Schmidt-Eichstaedt*[1]

Die Vorschriften der Baunutzungsverordnung (BauNVO) über das Dorfgebiet - also der § 5 BauNVO - sind mit jeder Novellierung der BauNVO aktualisiert worden. Denn die Dorfgebiete haben in den letzten 50 Jahren einen tiefgreifenden Wandlungsprozess durchlaufen müssen. Dorfgebiete von heute haben einen anderen Charakter als noch die Dorfgebiete von 1990. Vom ursprünglichen Dorfgebiet der BauNVO 1962 sind sie noch weiter entfernt.

## 1. Das Dorfgebiet in der BauNVO 1962

Als die BauNVO 1962 in Kraft trat, stand die Automobilisierung der deutschen Gesellschaft noch ganz am Anfang. Wer es sich leisten konnte, fuhr Motorrad (einst so berühmte Fabrikate wie z.B. Adler, DKW, Horex, Maico, NSU, Tornax, Triumph, Zündapp und natürlich auch BMW mit dem Kickstarter antretend, denn elektrische Anlasser gab es damals am Motorrad nicht) oder Kleinwagen wie Lloyd oder Glas, Kabinenroller von Messerschmidt oder Heinkel. Ganzjährig Motorradfahren hieß: Nasswerden und Frieren. Man pendelte also - wenn irgend möglich - nicht vom Dorf zur Arbeit in die Stadt und zurück, sondern wer im Dorf wohnte, arbeitete auch dort, entweder in der Landwirtschaft oder in örtlichen Handwerks- oder Gewerbebetrieben. Folgerichtig definierte die BauNVO 1962 das Dorfgebiet wie folgt:

***§ 5 BauNVO 1962 Dorfgebiete***

*(1) Dorfgebiete dienen vorwiegend der Unterbringung der Wirtschaftsstellen land- und forstwirtschaftlicher Betriebe und dem Wohnen.*

*(2) Zulässig sind*

*1. Wirtschaftsstellen land- und forstwirtschaftlicher Betriebe,*
*2. Kleinsiedlungen und landwirtschaftliche Nebenerwerbsstellen,*
*3. Wohngebäude,*
*4. Betriebe zur Verarbeitung und Sammlung land- und forstwirtschaftlicher Erzeugnisse,*

1 Der Autor war von 1979 bis 2006 Leiter des Fachgebiets Bau- und Planungsrecht im Institut für Stadt- und Regionalplanung der TU Berlin. Seit 1996 ist er Geschäftsführender Gesellschafter des Planungsbüros PLAN UND RECHT GmbH, Berlin. Kontakt: schmidt-eichstaedt@planundrecht.de.

*5. Einzelhandelsbetriebe, Schank- und Speisewirtschaften sowie Betriebe des Beherbergungsgewerbes,*
*6. Handwerksbetriebe, die der Versorgung der Bewohner des Gebietes dienen,*
*7. sonstige nicht störende Gewerbebetriebe,*
*8. Anlagen für örtliche Verwaltungen sowie für kirchliche, kulturelle, soziale, gesundheitliche und sportliche Zwecke,*
*9. Gartenbaubetriebe,*
*10. Tankstellen.*

## 2. Ergänzung des § 5 durch die BauNVO-Novelle 1968

Durch die BauNVO-Novelle 1968 wurde der § 5 um einen Absatz 3 folgenden Wortlauts ergänzt:

*(3) Die Dorfgebiete einer Gemeinde oder Teile eines Dorfgebietes können im Bebauungsplan nach der Art der zulässigen Nutzung gegliedert werden.*

Hier zeichnet sich zum ersten Mal der Konflikt zwischen dem Wunsch nach ungestörtem Wohnen und den Emissionen landwirtschaftlicher Betriebe und ländlicher Handwerks- und Gewerbebetriebe ab. Es beginnt die Nutzung des Dorfes als Wohnstandort im Grünen mit billigen Baulandpreisen, aber möglichst ohne Gerüche, Hahnengeschrei und Sägespäne. Die Automobilisierung erlaubt das tägliche Pendeln, die BauNVO beschäftigt sich in § 11 erstmals mit großflächigen Einzelhandelsbetrieben, die dem Bäcker und Milchkaufladen im Dorf die Existenz erschweren. Das Gesetz ermächtigt die Bauleitplanung, Dorfgebiete in Gebiete für eher ruhiges Wohnen einerseits und Gebiete für Bauernhöfe und Kartoffelhändler andererseits zu gliedern, und zwar auch mehrere Dorfgebiete untereinander. Nach der Novelle 1968 konnte es also ein ganzes MD geben, in dem nur das Wohnen zulässig war - wenn es daneben auch andere Baugebiete im Dorf gab, in denen die landwirtschaftlichen Betriebe untergebracht waren. Nicht ganz eindeutig verhielt sich das Gesetz zu der Frage, ob in demselben Plan, in dem sich jenes als MD festgesetzte Gebiet des ländlichen Wohnens befindet, auch ein weiteres „echtes" MD festgesetzt werden muss, oder ob es genügt, dass ein solches echtes Dorfgebiet mit landwirtschaftlichen Betrieben im Dorf faktisch bereits vorhanden ist.

## 3. Die BauNVO-Novelle 1978

Die BauNVO 1977 macht dann schon im Einleitungstext zu § 5 deutlich, dass man im Dorf auch ganz unabhängig von jeder Beziehung zur Land- und Forstwirtschaft wohnen kann. § 5 Abs. 1 BauNVO 1977 lautet:

*(1) Dorfgebiete dienen vorwiegend der Unterbringung der Wirtschaftsstellen land- und forstwirtschaftlicher Betriebe und dem* **dazugehörigen** *Wohnen;* **sie dienen auch dem sonstigen Wohnen.**

Der 1968 neu eingeführte § 5 Abs. 3 wurde wieder gestrichen, weil dazu nun eine verallgemeinernde Regelung in § 1 BauNVO aufgenommen wurde. Sie lautet bis heute:

*(4) Für die in den §§ 4 bis 9 und 11 bezeichneten Baugebiete können im Bebauungsplan für das jeweilige Baugebiet Festsetzungen getroffen werden, die das Baugebiet*

*1. nach der Art der zulässigen Nutzung,*
*2. nach der Art der Betriebe und Anlagen und deren besonderen Bedürfnissen und Eigenschaften*

*gliedern. Die Festsetzungen nach Satz 1 können auch für mehrere Gewerbegebiete einer Gemeinde im Verhältnis zueinander getroffen werden; dies gilt auch für Industriegebiete. Absatz 5 bleibt unberührt.*

*(5) Im Bebauungsplan kann festgesetzt werden, dass bestimmte Arten von Nutzungen, die nach den §§ 2, 4 bis 9 und 13 allgemein zulässig sind, nicht zulässig sind oder nur ausnahmsweise zugelassen werden können, sofern die allgemeine Zweckbestimmung des Baugebiets gewahrt bleibt.*

Mit der Einführung des § 1 Abs. 4 Satz 2 BauNVO wurde die Möglichkeit, Dorfgebiete in ihrem Verhältnis zueinander zu gliedern, aufgegeben, denn dies ist seit 1977 nur für Gewerbe- und Industriegebiete untereinander zulässig. Es blieb und bleibt die Möglichkeit, Dorfgebiete in sich zu gliedern (nach § 1 Abs. 4 Nr. 1 BauNVO) und bestimmte, regelmäßig im Dorf zulässige Nutzungen ganz auszuschließen (z. B. Tankstellen) oder nur noch ausnahmsweise zuzulassen (z. B. Gartenbaubetriebe), wobei die allgemeine Zweckbestimmung des Dorfgebiets gewahrt bleiben muss.

## 4. Die BauNVO 1990

Mit der Novelle 1990 wurde die erste größere Umformulierung des allgemeinen Charakters der Dorfgebiete in § 5 Abs. 1 vorgenommen. Die land- und forstwirtschaftlichen Betriebe, das Wohnen und die „nicht wesentlich" störenden Betriebe wurden nun im Satz 1 gleichberechtigt nebeneinander gestellt. Dies war eine Reaktion auf die Tatsache, dass die Wohnnutzung im Dorf immer stärker wurde, während die landwirtschaftlichen Betriebe immer weniger wurden. Zugleich wurde klargestellt, dass man auf dem Dorf nicht mit absoluter Wohnruhe rechnen darf: Nicht wesentlich störende Betriebe müssen ausgehalten werden, und auf die Belange der land- und forstwirtschaftlichen Betriebe einschließlich ihrer Entwicklungsmöglichkeiten muss vorrangig Rücksicht genommen werden. Die land- und forstwirtschaftlichen Betriebe genießen damit seither gleichsam den Status einer geschützten Minderheit. Im Volltext lautet der § 5 BauNVO 1990 mit der Ergänzung um die ausnahmsweise Zulässigkeit von kleineren (nicht kerngebietstypischen) Vergnügungsstätten in Absatz 3:

***§ 5 BauNVO Dorfgebiete***

*(1) Dorfgebiete dienen der Unterbringung der Wirtschaftsstellen land- und forstwirtschaftlicher Betriebe, dem Wohnen und der Unterbringung von nicht wesentlich störenden Gewerbebetrieben sowie der Versorgung der Bewohner des Gebietes dienenden Handwerksbetrieben.* ***Auf die Belange der land- und forstwirtschaftlichen Betriebe einschließlich ihrer Entwicklungsmöglichkeiten ist vorrangig Rücksicht zu nehmen.***

*(2) Zulässig sind*

*1. Wirtschaftsstellen land- und forstwirtschaftlicher Betriebe und die dazugehörigen Wohnungen und Wohngebäude,*
*2. Kleinsiedlungen einschließlich Wohngebäude mit entsprechenden Nutzgärten und landwirtschaftliche Nebenerwerbsstellen,*
*3. sonstige Wohngebäude,*
*4. Betriebe zur Be- und Verarbeitung und Sammlung land- und forstwirtschaftlicher Erzeugnisse,*
*5. Einzelhandelsbetriebe, Schank- und Speisewirtschaften sowie Betriebe des Beherbergungsgewerbes,*
*6. sonstige Gewerbebetriebe,*
*7. Anlagen für örtliche Verwaltungen sowie für kirchliche, kulturelle, soziale, gesundheitliche und sportliche Zwecke,*
*8. Gartenbaubetriebe,*
*9. Tankstellen.*

*(3) Ausnahmsweise können Vergnügungsstätten im Sinne des § 4a Abs. 3 Nr. 2 zugelassen werden.*

Der Entwicklungsprozess seit 1962 liegt damit klar auf der Hand: Das Dorf verliert mehr und mehr seinen Charakter als Stützpunkt der Land- und Forstwirtschaft und wird stattdessen zum Wohnort im Grünen. In den neuen Ländern ist bis 1990 der gleiche Prozess aus anderen Ursachen als im Westen abgelaufen. Durch die Zwangskollektivierung entstanden die sog. Landwirtschaftlichen Produktionsgenossenschaften als Großbetriebe und die „LPG Tierzucht"-Betriebe, zumindest letztere wegen ihrer Emissionen fast immer außerhalb der traditionellen dörflichen Ansiedlungen inmitten des Außenbereichs. Die Gehöfte der Einzelbauern verloren damit ihre Funktion als Wirtschaftsstellen und dienten nur noch zum Wohnen. Der Prozess der Rückübertragung des Eigentums und der Wiedereinrichtung bäuerlicher Betriebe hat diese Entwicklung nicht rückgängig machen können. Im gemeinsamen Markt sind zu kleine Betriebe nicht wettbewerbsfähig. Der Konzentrationsprozess setzt sich fort. In Zahlen anhand einer Pressemeldung ausgedrückt, liest sich das wie folgt.

## 5. Trend zu größeren Betrieben in der Landwirtschaft setzt sich fort[2]

WIESBADEN – Nach vorläufigen Ergebnissen des Statistischen Bundesamtes (Destatis) gab es 2007 in Deutschland 370.800 landwirtschaftliche Betriebe, die eine landwirtschaftlich genutzte Fläche von rund 16,9 Millionen Hektar bewirtschafteten. Der Pachtflächenanteil an den bewirtschafteten Flächen betrug 61,7 %, das sind 10,4 Millionen Hektar. Gegenüber der letzten Agrarstrukturerhebung im Jahr 2005 mit rund 17,0 Millionen Hektar ist die Größe der gesamten landwirtschaftlich genutzten Fläche nahezu unverändert geblieben, während die Zahl der landwirtschaftlichen Betriebe um 4,9 % zurückging. Dadurch ist ein Anstieg der durchschnittlichen Betriebsgröße um zwei Hektar auf 45,7 Hektar zu verzeichnen. Diese Ergebnisse zeigen, dass sich der Strukturwandel im Bereich der Landwirtschaft hin zu immer größeren Betrieben weiter fortsetzt.

Die landwirtschaftlichen Betriebe wurden 2007 zu 93,5 % als Einzelunternehmen, das heißt als Familienbetriebe, und zu 6,5 % als Personengesellschaften beziehungsweise juristische Personen bewirtschaftet. Gegenüber 2005 ist die Anzahl der Familienbetriebe um 5,4 % auf 346.700 Betriebe gesunken. Die durchschnittliche Flächenausstattung dieser Betriebe nahm allerdings gegenüber 2005 von 32,0 Hektar um 4,2 % auf 33,4 Hektar zu.

Kaum verändert gegenüber 2005 hat sich der Anteil der Haupterwerbsbetriebe an den Familienbetrieben: 2007 waren 44,6 % aller Familienbetriebe Haupterwerbsbetriebe (154.600 Betriebe), dieser Anteil lag 2005 bei 44,9 %. Dementsprechend blieb auch der Anteil der Nebenerwerbsbetriebe mit 55,4 % (192.100 Betriebe) nahezu konstant. Die durchschnittliche Flächenausstattung je Betrieb ist bei den Haupt- und Nebenerwerbsbetrieben angestiegen, bei den Haupterwerbsbetrieben von 54,6 Hektar auf 57,3 Hektar landwirtschaftlich genutzter Fläche, bei den Nebenerwerbsbetrieben von 13,7 Hektar auf 14,2 Hektar landwirtschaftlich genutzter Fläche.

Im Mai 2007 befanden sich unter den viehhaltenden Betrieben 170.600 Betriebe mit Rindern, 79.900 Betriebe mit Schweinen, 75.200 Betriebe mit Hühnern sowie 28.000 Betriebe mit Schafen. Gegenüber den Ergebnissen der Agrarstrukturerhebung 2005 ist die Anzahl der Betriebe mit Tierhaltung für alle genannten Tierarten zurückgegangen. Der stärkste Rückgang ist bei den Schweine haltenden Betrieben mit 10 % zu verzeichnen, gefolgt von den Betrieben mit Schafhaltung (-7,5 %), den Rinder haltenden Betrieben (-7,0 %) und den Betrieben mit Hühnerhaltung (-6,6 %).

In Deutschland wurden im Jahr 2007 rund 14.700 Betriebe ökologisch bewirtschaftet, das sind 4,0 % aller landwirtschaftlichen Betriebe. Die Größe der von den

2 Pressemitteilung des Statistischen Bundesamts Nr. 029 v. 22.01.2008.

„Öko-Betrieben" bewirtschafteten landwirtschaftlich genutzten Fläche lag bei 859.100 Hektar und damit bei einem Anteil von 5,1 % an der gesamten landwirtschaftlich genutzten Fläche. Im Vergleich dazu bewirtschafteten 14.000 „Ökobetriebe" im Jahr 2005 eine Fläche von 798.000 Hektar. Dies waren 3,6 % aller landwirtschaftlichen Betriebe beziehungsweise 4,7 % der gesamten landwirtschaftlich genutzten Fläche.

## 6. Die Rechtsprechung zum Dorfgebiet: Wer muss was aushalten?

Die Rechtsprechung zum Dorfgebiet musste sich schon frühzeitig mit dem im Dorf nahezu unvermeidlichen Nebeneinander von Wohnen und emittierenden Betrieben auseinandersetzen. Die Gerichte bestätigten einerseits den Vorrang der Landwirtschaft mit ihren Gerüchen und Geräuschen vor der Wohnruhe, untersagten es aber andererseits der Planungspraxis, den mit der Gebietsart „M" – also Mischgebiet - verbundenen Bonus höherer Belastbarkeit durch Gerüche und Geräusche im Wege des sog. Etikettenschwindels für allein dem Wohnen dienende Gebiete im ländlichen Raum heranzuziehen[3]. Das ruhige Wohnen im entdorften Dorf wird von der Rechtsprechung geschützt – bis hin zum Verdikt der Unwirksamkeit eines Bebauungsplans, der das Gebiet ursprünglich als Dorf festgesetzt hatte[4]. Wer jedoch im echten und rechten Dorf wohnt, muss einiges aushalten[5]. Eine gewisse Divergenz besteht nur zu der Frage, ob die sog. GIRL - die Geruchs-Immissions-Richtlinie - ein taugliches Mittel zur Beurteilung der zumutbaren

3 BayVGH, 12.01.2007 - 1 N 06/2319 -, BauR 2007, 1684-1687: Eine Bebauungsplanfestsetzung ist nicht erforderlich, wenn die Regelung nicht dem entspricht, was wirklich gewollt ist, sondern nur vorgeschoben ist, um das eigentliche (unzulässige) Planungsziel zu verdecken („Etikettenschwindel"). Die Festsetzung eines Dorfgebiets widerspricht in diesem Sinn § 1 Abs. 3 BauGB, wenn die diesen Gebietstyp kennzeichnende Mischung von Landwirtschaft, Wohnen und Gewerbe bzw. Handwerk (§ 5 Abs. 1 BauNVO) nicht beabsichtigt ist, sondern die Ausweisung nur erfolgt, um die Schutzwürdigkeit der in Wirklichkeit allein geplanten Wohnbebauung zu verringern (BayVGH v. 10.7.1995 BayVBl 1996, 48 = NVwZ-RR 1996, 430; v. 5.3.2001 BayVBl 2002, 465), oder wenn von vorneherein feststeht, dass die durch § 5 Abs. 1 Satz 1 BauNVO vorgegebene Mischung der Nutzungsarten nicht erreicht werden kann („anfängliche Funktionslosigkeit"; vgl. HessVGH v. 15.2.2005 ZfBR 2005, 386 [VGH Hessen 15.02.2005 - 3 N 1095/03] = BRS 69 Nr. 36).

4 BVerwG, Beschl. v. 29.05.2001 - 4 B 33/01 -: Die Festsetzung eines Dorfgebiets in einem Bebauungsplan wird wegen Funktionslosigkeit unwirksam, wenn in dem maßgeblichen Bereich nur noch Wohnhäuser und keine Wirtschaftsstellen land- oder forstwirtschaftlicher Betriebe (mehr) vorhanden sind und auch mit ihrer Errichtung auf unabsehbare Zeit erkennbar nicht mehr gerechnet werden kann, weil es keine Fläche mehr gibt, auf der sich eine solche Wirtschaftsstelle sinnvoll realisieren ließe.

5 Bay VGH, 01.07.2005 – 25 B 99.86: Der nach der VDI-RL 3471 festgelegte Mindestabstand kann in einem Dorfgebiet bis auf die Hälfte verringert werden, weil im Dorfgebiet ein höheres Maß an Geruchsimmissionen zuzumuten ist. Diese Wertung der RL korrespondiert mit der Vorrang- und Rücksichtnahmeklausel des § 5 Abs. 1 S. 2 BauNVO 1990 und ist deshalb rechtlich unbedenklich.

Gerüche darstellt. Die norddeutschen Gerichte entscheiden dazu anders als die im Freistaat Bayern.

Das OVG Münster befand:

- Für die Bewertung der von landwirtschaftlichen Betrieben ausgehenden Geruchsbelastungen gibt ein auf der **Grundlage der GIRL** erstelltes Gutachten eine Orientierungshilfe.
- In einem (faktischen) Dorfgebiet, das durch praktizierende landwirtschaftliche Betriebe mit Tierhaltung geprägt ist, können auch Gerüche zumutbar sein, **die 15 % der Jahresgeruchsstunden überschreiten**.

Ebenso VGH Ba-Wü, Urt. vom 04.03.2009 - 3 S 1467/07.

Der Bayerische VGH[6] sah dies anders. Er urteilte, dass die Geruchsstundenprognose auf der Grundlage der GIRL-RL des Landes NRW **keine geeignete Entscheidungsgrundlage** bilde, denn:

- Die GIRL setze die Geruchsstunde bereits dann an, wenn während nur 1 Minute eine der Geruchsquelle zuzuordnende Geruchswahrnehmung eintritt.
- Zudem bewerte die GIRL bereits den geringsten Grad der spezifischen Geruchswahrnehmung.
- Das führe zu einer **unrealistischen Beurteilung.**

Dazu ist nach Aussage von Fachleuten folgendes zu bemerken[7]:

Das Geruchsstundenkriterium aus der Geruchsimmissions-Richtlinie (GIRL) besagt, dass ein Messzeitraum von 10 Minuten dann als Geruchsstunde zu bewerten ist, wenn in mind. 10 % des Messzeitraums Gerüche auftreten. Ein Geruch kann dabei nur dann gewertet werden, wenn er eindeutig einer Anlage zugeordnet werden kann.

Das in dieser Weise definierte „Geruchsstundenkriterium" trägt dem Effekt Rechnung, dass auch kurzzeitige Geruchsereignisse ein mindestens gleich lästiges Potential aufweisen können wie länger andauernde Geruchsereignisse. Am Beispiel ausgedrückt: Wenn man einen Raum betritt, in dem man einen Geruch wahrnehmen kann, so kann es nach längerer Aufenthaltsdauer dazu kommen, dass dieser

---

6 BayVGH, Urt. vom 27.11.2006 -15 BV 06.422.

7 Die folgenden Ausführungen beruhen auf Ausführungen von Uwe Strotkötter, Staatliches Gewerbeaufsichtsamt Hildesheim, Goslarsche Straße 3, 31134 Hildesheim – Abt. 4 - Zentrale Unterstützungsstelle Luftreinhaltung, Lärm und Gefahrstoffe (ZUS LLG) - Tel: 05121/163-155.

Geruch nicht mehr wahrgenommen wird. Diesen Effekt nennt man die Adaption von Gerüchen; die Nase gewöhnt sich mehr oder weniger an den Geruch. Wenn man nun im Vergleich dazu einer Geruchssituation ausgesetzt ist, wie sie in der Umgebung von geruchsemittierenden Anlagen häufiger auftritt, dass nämlich der Geruch immer wieder in kurzen Intervallen auftritt, so kann der Effekt der Adaption eines Geruchs nicht auftreten. In diesem Fall bekommt die Nase abwechselnd geruchsbeladene und nicht geruchsbeladene Luft. Der Geruchssinn wird also wiederkehrend stimuliert und die belästigende Wirkung dieses Geruchs tritt im Vergleich häufiger auf, als wenn man langzeitig einem Geruch ausgesetzt ist und eine Adaption einsetzt.[8] Das Geruchsstundenkriterium versucht also, neben der Belästigungswirkung von lang anhaltenden Gerüchen, auch die belästigende Wirkung von kurzzeitigen, wiederkehrenden Geruchsereignissen bei der Beurteilung von Geruchsimmissionen zu berücksichtigen.

Das BVerwG hat die GIRL als Erkenntnisquelle anerkannt. Sie darf „im Einzelfall im Rahmen der tatrichterlichen Bewertung als Orientierungshilfe herangezogen werden und zwar unabhängig davon, ob sie im jeweiligen Bundesland umgesetzt“[9] ist. Die Länder haben die GIRL z. T. durch Verwaltungsvorschriften für anwendbar erklärt (s. z. B. Rderl. NRW 5.11.2009, MBl. S. 529).

Das OVG NRW hat unter Verwertung der Rspr. des BVerwG die nachstehenden Ausführungen zur Anwendung der GIRL gemacht[10]: „Die GIRL kann bei der tatrichterlichen Bewertung der Erheblichkeit von Geruchsbelastungen als Orientierungs- bzw. Entscheidungshilfe herangezogen werden. Sie enthält technische Normen, die auf den Erkenntnissen und Erfahrungen von Sachverständigen beruhen und insofern die Bedeutung von allgemeinen Erfahrungssätzen und antizipierten generellen Sachverständigengutachten haben“ (...). „Eine Begutachtung nach Regelwerken ohne rechtliche Verbindlichkeit wie der GIRL ist jedoch nur ein Kriterium zur Bewertung von Geruchsimmissionen. Namentlich darf sich die Beurteilung von Geruchsimmissionen nicht in jedem Fall allein an den in der GIRL festgelegten Immissionswerten für die Geruchshäufigkeit orientieren. Darüber hinaus hat zur Frage der Zumutbarkeit jeweils eine umfassende Würdigung aller Umstände des Einzelfalls zu erfolgen“.

---

8 Das Geruchsstundenkriterium ist u. a. aus den Untersuchungen des Medizinischen Instituts für Umwelthygiene der Heinrich Heine Universität in Düsseldorf abgeleitet worden. Sowohl in dem Untersuchungsvorhaben zur „Auswirkung von Intensität und hedonischer Geruchsqualität auf die „Ausprägung der Geruchsbelästigung“ (2003) als auch im Untersuchungsvorhaben „Geruchsbeurteilung in der Landwirtschaft“ (2006) hat sich die Eignung des Geruchsstundenkriteriums zur Abbildung des Belästigungsgrades von Anwohnern bestätigt. Die Abschlussberichte zu diesen Untersuchungsvorhaben sind über die Internetseite des LANUV NRW verfügbar.

9 BVerwG, Entsch. v. 28.7.2010 - 4 B 29.10 - BauR 2010, 2083 = juris Rn. 3; auch bereits BVerwG 7.5.2007 - 4 B 5.07 - BauR 2007, 1454 – [LS] = BRS 71 Nr. 168).

10 OVG Münster, Entscheidung vom 29.10.2010 - 2 A 1475 - www.justiz.nrw.de, Rn. 14 ff.

Die Kritik des BayVGH (die er in der Entscheidung vom 17.9.2007 - 15 BV 07.142 - wiederholt hat und die der BayVGH - 1 ZB 05.1494 u. a. - (Juris Rn. 24) am 21.1.2008 übernommen hat), wurde angesichts der verbesserte Fassung der GILRL von 2008 relativiert, aber nicht vollständig zurückgenommen. Im Urteil des BayVGH vom 25.10.2010 heißt es nunmehr vielsagend[11]: „Die GIRL ist eine Erkenntnisquelle unter vielen".

Die anderen Obergerichte der Verwaltungsgerichtsbarkeit zeigen sich aufgeschlossener, erkannten die GIRL aber ebenfalls nur im Sinne eines Hilfsmittels neben anderen an:

Nach VGH BaWü, sind die GIRL „ein anerkanntes Hilfsmittel zur Bewertung von Gerüchen am Maßstab der §§ 22, 3 Abs. 1 BImSchG" [12]. Das NdsOVG urteilte am 22.12.2008[13]:

> *„Der Umstand, dass die Antragsgegnerin keine Beurteilung nach der GIRL vorgenommen hat, ist für sich genommen ebenfalls nicht zu beanstanden. Für nicht nach dem Bundes-Immissionsschutzgesetz genehmigungsbedürftige Anlagen ist die GIRL nur sinngemäß heranzuziehen; sie hat gegenüber der Beurteilung nach der VDI-Richtlinie 3471 keinen Vorrang (vgl. ausführlich OVG Lüneburg, Urt. v. 12.11.2008 - 12 LB 17/07 -, Entscheidungsdatenbank und juris; zuvor schon OVG Lüneburg, Urt. v. 17.10.2002 - 1 KN 2406/01 -, RdL 2003, 5 = AgrarR 2004, 15; Beschl. v. 27.6.2007 - 12 LA 14/07 -, RdL 2007, 242; vgl. auch VGH Kassel, Urt. v. 12.11.2007 - 4 N 3204/05 -, AUR 2008, 231). Hier lagen keine Umstände vor, die eine Beurteilung nach der VDI-Richtlinie 3471 als defizitär erscheinen ließen".*

## 7. Was ist ein Dorfgebiet?

Nicht einheitlich verlief die Entwicklung der Rechtsprechung zu der Frage, ob in einem durch Bebauungsplan festgesetzten Dorfgebiet stets auch landwirtschaftliche Betriebe untergebracht sein müssen, oder ob es genügt, wenn das Dorf seine klassische Prägung durch dem Baugebiet benachbarte Wirtschaftsstellen landwirtschaftlicher Betriebe erhält. Die Instanzgerichte waren hier zunächst großzügig und trafen folgende Entscheidungen:

- **BayVGH,** Urteil vom 12.01.2007[14]: Ein neu ausgewiesenes Dorfgebiet kann die erforderliche landwirtschaftliche Prägung auch durch Betriebe erfahren, die ihren Standort in einem unmittelbar angren-

11 BayVGH, - 2 CS 10.2137 - , BauR 2011, 256.
12 VGH Ba-Wü, Entsch. v. 07.05.2008 - 3 S 2602/06 - (juris).
13 NdsOVG Entsch. v. 22.12.2008, - 1 MN 194/08 - BRS 73 Nr. 17 (S. 99 f.).
14 BayVGH, Urt. v. 12.01.2007 - 1 N 06.2319 - BauR 2007, 760 (nur LS).

zenden, **durch einen anderen Bebauungsplan festgesetztes** Dorfgebiet haben.

- **OVG Münster**, Urt. 16.09.2002 [15]: Ein faktisches Dorfgebiet kann dergestalt überplant werden, dass nur für einen Teilbereich Nutzungsbeschränkungen festgesetzt werden, sofern der überplante Teil mit dem **faktisch vorhandenen Dorfgebiet** eine Einheit darstellt und in dieser Einheit die allgemeine Zweckbestimmung eines Dorfgebietes gewahrt ist.

Das **Bundesverwaltungsgericht** machte dem ein Ende, indem es urteilte[16]:

- Dorfgebiete i. S. des § 5 BauNVO setzen voraus, dass **im Plangebiet selbst** Wirtschaftsstellen land- und forstwirtschaftlicher Betriebe untergebracht werden können.
- Aus der dörflichen Umgebung eines Plangebiets lässt sich diese allgemeine Zweckbestimmung eines Dorfgebiets nicht ableiten.
- Die nicht überplante Umgebung eines Baugebiets ist nach der BauNVO für die Bestimmung des Gebietscharakters unbeachtlich.

Damit wendete sich der 4. Senat ausdrücklich gegen eine weitere, ältere Entscheidung des BayVGH. Das BVerwG führte aus: „Der Vorwurf, es sei eine überflüssige Förmelei (so VGH München, Urt. vom 16. Juli 1991 - 20 N 91.557 - BRS 52 Nr. 10), von den Gemeinden zu verlangen, diejenigen Gebiete, die einem Dorfgebiet seine allgemeine Zweckbestimmung geben sollen, mit zu überplanen und den Gesamtbereich dann gegebenenfalls nach der Art der Nutzung zu gliedern, ist deshalb nicht gerechtfertigt. Eine die Normgeltung reduzierende Auslegung des § 1 Abs. 3 Satz 1 i. V. m. § 5 BauNVO kommt nicht in Betracht."

Diese Entscheidung war auf der Grundlage der geltenden BauNVO 1990 unausweichlich. Sie stellt die künftige Bauleitplanung für Dörfer jedoch vor das Problem, dass Dorfgebiete nur noch dort anerkannt werden können, wo in demselben Gebiet noch land- oder forstwirtschaftliche Betriebe vorhanden oder zu erwarten sind. Wenn der oben geschilderte Trend des Verschwindens landwirtschaftlicher Betriebe weiter geht, werden auch demnach die Dorfgebiete verschwinden. Das OVG Berlin-Brandenburg fordert sogar schon, dass die landwirtschaftliche Nutzung eingeschränkt wird, wenn unmittelbar daneben ein Wohngebiet festgesetzt wird[17]. Zur Begründung führte das Gericht aus: *„Ein allgemeines Wohngebiet, in dem*

---

15 OVG Münster, Urt. v. 16.09.2002 - 7 a D 4/01.NE - BauR 2003, 346.

16 BVerwG, 23.04.2009 - 4 CN 5.07 -.

17 OVG Berlin-Brandenburg, Urt. v. 14.02.2006 - 2 A 16.05 - BauR 2006, 1424: Ein Bebauungsplan, der eine Fläche für die Landwirtschaft und ein allgemeines Wohngebiet unmittelbar nebeneinander festsetzt, ohne die landwirtschaftliche Nutzung auf eine wohnverträgliche Art der landwirtschaftlichen Nutzung (§ 201 BauGB) zu beschränken, verstößt gegen den Trennungsgrundsatz und ist unwirksam.

*Immissionen landwirtschaftlicher Betriebe wie in einem Dorfgebiet zulässig sind, stellt keinen zulässigen Gebietstyp nach der Baunutzungsverordnung dar (vgl. Bay VGH, Urt. vom 11.07.1994, BRS 56 Nr. 19; OVG Nds. Urteil vom 4.1.1983, BRS 40 Nr. 34). Darauf, ob die Bewohner des Gebiets eventuelle landwirtschaftliche Geruchsimmissionen hinzunehmen bereit wären, kommt es nicht an, denn der Typenzwang für bauplanerische Festsetzungen gestattet kein Abweichen von den Vorgaben der Baunutzungsverordnung. Was der Nachbarschaft an Beeinträchtigungen zugemutet werden kann, ist allein anhand eines typisierenden und generalisierenden Maßstabes zu bestimmen (vgl. BVerwG Beschl. vom 5.10.2005, BauR 2006, 480).“*

## 8. Wie soll es weitergehen?

Es bedarf keiner prophetischen Gaben um vorauszusagen, dass der Prozess der Verringerung der landwirtschaftlichen Betriebe weiter gehen wird. Es wird – ganz abgesehen vom zu erwartenden Aussterben von ganzen Dörfern wegen des Rückgangs der Bevölkerungszahl in Deutschland[18] - immer mehr Dörfer geben, in denen keine landwirtschaftlichen Betriebe vorzufinden sind und wo auch keinerlei Aussicht darauf besteht, dass sich neue Betriebe dort ansiedeln. Diese Dörfer werden aber nach wie vor wie Dörfer aussehen: Die Häuser gruppieren sich um eine Dorfkirche mit Dorfanger und entlang einer (nicht selten viel befahrenen) Straße, in nicht allzu weiter Entfernung befinden sich landwirtschaftliche Großbetriebe, Tiermastanlagen mit Tausenden und Abertausenden von Hühnern, Hunderten von Schweinen und Rindern, Biomasseanlagen werden mit Durchfahrt durch das Dorf beliefert und betrieben. Die Felder ringsum werden mit Gülle gedüngt, es stinkt, während der Erntezeit rattern die Mähdrescher, ganzjährig rauschen die Windräder. Kurzum: Es riecht und ist nicht so still, wie mancher Pensionär es sich wünscht.

Wenn es keine landwirtschaftlichen Betriebe mehr gibt, kann das Dorf aber nach der BauNVO 1990 nur als Wohngebiet überplant werden – also als WA oder sogar WR, denn auch die Hoffnung auf Betriebsansiedlungen, die die Festsetzung eines MI anstelle eines MD erlauben würde, besteht nicht. Die Qualifikation des ehemaligen Dorfs als Wohngebiet ruft Abwehrklagen der Einfamilienhausbesitzer gegen sich nähernde Betriebe hervor[19]. Der nächstgelegene Landwirt setzt sich wiederum mit berechtigter Furcht gegen die immer näher rückende Wohnbebauung zur

18 Nach dem aktuellen Bericht des Berlin-Instituts für Bevölkerung und Entwicklung über die demographische Lage der Nation wird die Einwohnerzahl Deutschlands bis zum Jahr 2050 um 12 Millionen Menschen sinken (FAZ v. 17.03.2011 (Nr. 64), S. 36).

19 OVG Niedersachsen, Entsch. v. 13.01.2010 - 1 ME 237/09-, DVBl 2010, 323: Eine 60 m lange **Lagerhalle für landwirtschaftliche Produkte** westlich eines Wohngrundstücks ist im Dorfgebiet hinzunehmen.

Wehr[20]. Das ist keine gute Entwicklung, auch wenn die Rechtsprechung allzu empfindlichen Wohnnutzern beherzt entgegengetreten ist[21].

Gibt es einen Ausweg? Ja, der Gesetzgeber sollte eingreifen. Die nächste Novellierung der BauNVO steht bevor, das sollte genutzt werden, um die rechtliche Einordnung von Dorfgebieten wie schon in allen vorhergehenden Überarbeitungen der BauNVO den aktuellen Entwicklungen anzupassen. Die Vorschriften zum Dorfgebiet sollten so ergänzt werden, dass anerkannt wird, dass auch die Lage und die Gestalt eines Baugebiets im ländlichen Raum es rechtfertigen können, das Gebiet als Dorfgebiet auszuweisen (und als faktisches Dorfgebiet einzustufen), und zwar auch dann, wenn Wirtschaftsstellen land- oder forstwirtschaftlicher Betriebe dort unwiederbringlich verschwunden sind und nicht wiederkehren werden. Durch Ergänzung des § 5 BauNVO oder durch Einfügung einer neuen Vorschrift in der BauNVO zu einem „Wohngebiet mit Dorfcharakter“ sollte folgendes Prinzip zur Geltung gebracht werden:

- Siedlungsgebiete im ländlichen Raum, die als ehemalige Dörfer überwiegend oder ganz dem Wohnen dienen, sind weiterhin als Dorfgebiete zu behandeln,
- wenn sie in baulich erkennbarer Weise vormals entweder selbst der Unterbringung der Wirtschaftsstellen von land- und forstwirtschaftlichen Betrieben gedient haben oder
- in baulicher Nachbarschaft mit jedenfalls vormals dergestalt genutzten Flächen stehen.

Damit würde anerkannt, dass ein Dorf auch dann ein Dorf bleibt, wenn es nur noch so aussieht wie ein Dorf, in seiner Funktion aber ganz oder überwiegend dem

---

20 OVG Niedersachsen, Urt. v. 10.11.2009 - 1 LB 45/08 -, BauR 2010, 195: Dem Inhaber eines Schweinemastbetriebs, der sich gegen heranrückende Wohnbebauung wehrt, kann nicht entgegengehalten werden, seine Betriebsgerüche ließen sich durch den Einsatz von „Biofiltern“ durchgreifend reduzieren, wenn diese in der Fachwelt noch nicht als „Stand der Technik“ i. S. des § 22 Abs. 1 BImSchG angesehen werden.

21 Vgl. Bayerischer VGH, Urt. v. 26.2.1993 - 2 B 90.921 -, BauR 1993, 442: Der Neubau eines größeren Schweinestalls muss nicht regelmäßig zu unzumutbaren Belastungen oder Störungen eines in 77 m Entfernung bestehenden Wohnhauses führen. (Nicht amtl. Leitsatz.); VGH Baden-Württemberg, Urt. v. 30.1.1995 - 5 S 908/94 - , BauR 1995, 819: Die Vorschrift des § 5 Abs. 1 Satz 2 BauNVO i. d. F. v. 23.1.1990 räumt der Landwirtschaft im Dorfgebiet Vorrang ein, vermindert mithin gegenüber einem für das betreffende Dorfgebiet typischen landwirtschaftlichen Betrieb die Schutzwürdigkeit der Wohnnutzung. Diese Wertung des Verordnungsgebers hat zur Folge, dass ein für ein bestimmtes Dorfgebiet typischer Landwirtschaftsbetrieb mit traditioneller Tierhaltung (hier u. a. 24 Schweine) gegenüber umgebender Wohnbebauung nur unter ganz außergewöhnlichen Umständen das Rücksichtnahmegebot verletzt; OVG Nds., Beschl. v. 14.3.2007 - 1 ME 222/06 -: Grundstücke, die im Dorfgebiet liegen, sind in verstärktem Umfang verpflichtet, Gerüche hinzunehmen, die mit dem Betrieb von **Biogasanlagen**, insbesondere mit der Siloplatte verbunden sind (wie VGH Ba.-Wü., Beschl. v. 3.5.2006 - 3 S 771/06 -, BauR 2006, 1870).

Wohnen dient. Das Wohnen im ländlichen Raum muss sich - jedenfalls in bestimmten räumlichen Lagen - anderen Belastungen stellen als reine und allgemeine Wohngebiete in der Stadt. Zudem sollte dort auch im Rahmen der Hobby-Tierhaltung und einer eher aus Liebhaberei denn zur Gewinnerzielung betriebenen Landwirtschaft mehr möglich sein als in der Stadt. Wenn die genannte Bestimmung im Gesetz stehen würde, wären Gemeinden nicht daran gehindert, ehemalige klassische Dörfer zu Wohngebieten zu entwickeln – sie müssten es aber nicht tun. Sie könnten sie auch nach wie vor als Dorfgebiete qualifizieren und damit offen halten für dem ländlichen Raum angepasste Entwicklungen. Ganz in diesem Sinne urteilte jüngst das VG Saarlouis[22] „Ist in einem früheren Dorfgebiet die maßgebende Umgebung zumindest optisch noch von Gebäuden der **ehemaligen landwirtschaftlichen Betriebe** geprägt, ist ein Betrieb mit landwirtschaftlicher Nutzung trotz der Wohnnutzung kein Fremdkörper".

22 VG Saarlouis, Urt. v. 27.08.2008 - 5 K 1183/07.

# XI Einsatzfelder städtebaulicher Verträge für die planerische Konfliktbewältigung

*Michael Krautzberger*

„Gerüche, Feinstaub und Gefahrstoffe" – was kann das Städtebaurecht zur Umsetzung planerischer Ziele und Entscheidungen beitragen und zu deren Flankierung? Dazu sollen im Folgenden den Möglichkeiten städtebaulicher Verträge einerseits und der städtebaulichen Sanierung und des Stadtumbaus andererseits nachgegangen werden.

## I. Städtebauliche Verträge

### 1. Rechtliche Voraussetzungen

Durch Verträge werden städtebauliche Anliegen vorbereitet oder umgesetzt. Verträge schaffen keine eigenständigen Normen, die gesetzliche Regelungen verdrängen. Aber sie sind geeignet, fehlende oder unzureichende Regelungen der städtebaulichen Ordnung im vertraglichen Wege zu ergänzen und auszugleichen. Sie erlauben auch, die Inanspruchnahme von Rechten z. B. durch einen Bebauungsplan durch vorweg getroffene Vereinbarungen zu modifizieren, mit Auflagen und Bedingungen zu versehen. Die in § 11 Abs. 1 Satz 2 Nr. 2 BauGB genannten Fälle enthalten dafür ein gutes Anschauungsmaterial[1]. Das Baugesetzbuch ist – jedenfalls seit den Novellen 1993[2] und 1998[3] - von der Vorstellung geprägt, dass „kooperative" Instrumente zum regulären Bestand des Instrumentariums gehören § 11 Abs. 1 Satz 1 BauGB bestimmt: „Die Gemeinde kann städtebauliche Verträge schließen". Was § 11 BauGB ansonsten regelt, sind Beispiele, die der Gesetzgeber benennt; so vor allem § 11 Abs. 1 Satz 2. Das gilt auch für die Folgelastenregelung in § 11 Abs. 1 Satz 2 Nr. 3 BauGB, die eine gefestigte Rechtsprechung ins Gesetz übernimmt[4]. Das BVerwG legt inzwischen Wert darauf, das Wechselverhältnis von Rechtsprechung und § 11 BauGB umzudrehen: Durch die gesetzliche Regelung sei eine eigenständige, von der bisherigen Rechtsprechung sozusagen unabhängig zu sehende Norm entstanden[5]. Inwieweit diese Aussage praktische Konsequenz hat, bleibt abzuwarten.

---

1 Vgl. hierzu z. B. Krautzberger, in: Ernst/Zinkahn/Bielenberg/Krautzberger, BauGB, Loseblattsammlung München, § 11 Rn. 128 ff.

2 Investitionserleichterungs- und Wohnbaulandgesetz v. 22.4.1993 (BGBl. I S. 466).

3 Bau- und Raumordnungsgesetz 1998 v. 18.8.1997 (BGBl. I S. 2081).

4 Vgl. bereits BVerwG Urt. v. 6.7.1973 - IV.C 22.72.

5 BVerwG, Urt. v. 29.1.2009 - 4 C 15.07 -, BVerwGE 133, 85.

## 2. Rechtliche Grenzen

Das Gesetz hat allerdings einige „rote Ampeln" aufgestellt, ansonsten Maßgaben, die sich aus allgemeinen Rechtsgrundsätzen „ohnehin" ergeben:

- An erster Stelle zu nennen ist § 1 Abs. 3 Satz 2 BauGB: „Auf die Aufstellung von Bauleitplänen und städtebaulichen Satzungen besteht kein Anspruch; ein Anspruch kann auch nicht durch Vertrag begründet werden." Die umfangreiche Rechtsprechung hierzu[6] ist in dieser Frage völlig eindeutig, ja rigoros. § 1 Abs. 3 Satz 2 BauGB verbietet es der Gemeinde sich weder gegenüber einem privaten Dritten, noch gegenüber anderen Gebietskörperschaften, zur Aufstellung oder Nichtaufstellung eines Bebauungsplans zu verpflichten[7].
- Dabei hat die Rechtsprechung herausgearbeitet, dass die Vorbereitung zahlreicher Vorhaben durch Private nicht ohne ein gewisses Maß an Verbindlichkeit und an Absprachen möglich ist. Eine solche „vorgezogene Entscheidung" – so schon sehr früh das BVerwG[8] - muss sachlich gerechtfertigt sein, es muss die gemeindliche Zuständigkeitsordnung gewahrt sein und es muss die Vorwegbindung inhaltlich dem Abwägungsgebot entsprechen.
- Nach § 11 Abs. 2 Satz 1 BauGB müssen die vereinbarten Leistungen „den gesamten Umständen nach angemessen sein." Dieses sog. Gebot der Angemessenheit wird aus dem Rechtstaatsprinzip abgeleitet; in § 56 Abs. 1 Satz 2 Halbsatz 2 VwVfG ist es – für öffentlich-rechtliche Verträge – verankert.
- Nach § 11 Abs. 2 Satz 2 BauGB ist die Vereinbarung einer vom Vertragspartner zu erbringenden Leistung unzulässig, „wenn er auch ohne sie einen Anspruch auf die Gegenleistung hätte." Auch dieses sog. „Koppelungsverbot" wird aus dem Rechtstaatsprinzip abgeleitet; in §§ 56 Abs. 2 VwVfG ist es – für öffentlich-rechtliche Verträge – (einfach gesetzlich) geregelt.
- Das „Kausalitätsprinzip" des § 11 Abs. 1 Satz 2 Nr. 3 BauGB bedeutet: Verträge über „die Übernahme von Kosten", setzen voraus, dass sie der Gemeinde für städtebauliche Maßnahmen entstehen und dass sie die Voraussetzung oder Folge des geplanten Vorhabens sind. Auch hier findet sich in § 56 Abs. 1 Satz 1 und 2 VwVfG eine Entsprechung hierzu.

---

6 Vgl. die bei Krautzberger a. a. O. Fn. 4 nachgewiesene Rspr. in § 11 Rn. 133 ff.

7 BVerwG, Beschl. v. 28.12.2005 - 4 BN 40/05 -, NVwZ 2006, 458; vgl. dazu weiter unten III. 2 b.

8 BVerwGE 45, 309/316.

## II. Beispiele für städtebauliche Verträge

### 1. Städtebauliche Maßnahmen und Planungen: § 11 Abs. 1 Satz 2 Nr. 1 BauGB

§ 11 Abs. 1 Satz 2 Nr. 1 betrifft städtebauliche Verträge über Gegenstände, die nach dem BauGB grundsätzlich von der Gemeinde wahrzunehmen sind. Hierzu zählt allgemein die Vorbereitung oder Durchführung städtebaulicher Maßnahmen. Das Gesetz führt namentlich auch die Ausarbeitung der städtebaulichen Planungen auf.

### 2. Förderung und Sicherung der planerischen Ziele: § 11 Abs. 1 Satz 2 Nr. 2 BauGB

§ 11 Abs. 1 Satz 2 Nr. 2 betrifft demgegenüber Handlungsverpflichtungen, die ein Dritter im Zusammenhang mit der gemeindlichen Bauleitplanung gegenüber der Gemeinde eingeht. Das Gesetz hebt auch hier einzelne, dem Gesetzgeber besonders wichtig erscheinende Fallgruppen beispielhaft hervor.

### 3. Übernahme der Folgekosten: § 11 Abs. 1 Satz 2 Nr. 3 BauGB

§ 11 Abs. 1 Satz 2 Nr. 3 hat die sog. Folgekostenverträge i. e. S. sowie sonstige Kostenregelungen zum Gegenstand, soweit die Kosten ursächlich mit der städtebaulichen Maßnahme verbunden sind; vgl. hierzu schon oben I. 2.

### 4. Umweltbezogene Infrastruktur: § 11 Abs. 1 Satz 2 Nr. 4 BauGB

§ 11 Abs. 1 Satz 2 Nr. 4 benennt als Gegenstand eines städtebaulichen Vertrags städtebauliche Verträge, im Zusammenhang mit der Nutzung von Netzen und Anlagen der Kraft-Wärme-Kopplung sowie von Solaranlagen für die Wärme-, Kälte- und Elektrizitätsversorgung. Man kann daraus – allgemeiner - sehen, dass die Erstellung von „Infrastruktur“ Gegenstand städtebaulicher Verträge sein kann.

### 5. Vorhabenbezogener Bebauungsplan; § 12 BauGB

Der vorhabenbezogene Bebauungsplan sollte dabei nicht unerwähnt bleiben. Zwar kann man das, was er besonderes bietet, überwiegend auch mit einem „normalen“ städtebaulichen Vertrag erreichen – etwa die Baupflicht oder die (entschädigungslose) Rückabwicklung bei Nichterfüllung. Eine Besonderheit kann man aber nur mit Hilfe von § 12 BauGB erreichen, nämlich, dass die Beteiligten (Vorhabenträger und Gemeinde) im Vorhabenplan unter Wahrung der städtebaulichen Ordnungsprinzipien Regelungen (Festsetzungen) vorsehen, die von § 9 BauGB und BauNVO abweichen; § 12 Abs. 3 Satz 2 BauGB. Dass in der Praxis von dieser Möglichkeit – soweit ersichtlich – kaum oder kein Gebrauch gemacht wird, darf freilich nicht unerwähnt bleiben.

## III. Anwendungsbereiche im Einzelnen

### 1. Städtebauliche Planung und städtebauliche Verträge

#### a) Ausarbeitung städtebaulicher Pläne

Die Ausarbeitung von Bauleitplänen und anderen städtebaulichen Satzungen und Planungen ist ein „klassischer" Anwendungsfall städtebaulicher Verträge (§ 11 Abs. 1 Satz 2 Nr. 1, 2. Halbsatz, 4. Fall). Die Beauftragung privater Planungs- und Ingenieurbüros mit der Erarbeitung erforderlicher Planungen und Gutachten beruht auf einer langen Praxis. Gegenstand solcher Verträge können sein die Erarbeitung des vollständigen Entwurfs eines Bauleitplans einschließlich seiner Begründung, oder einzelner Vorbereitungen oder Beiträge wie das Erarbeiten von Plankonzeptionen, die Vorbereitung und Durchführung der notwendigen vorbereitenden Fachplanungen und Altlastenuntersuchungen, notwendige Datenerhebungen und deren Bewertung, Marktanalysen, Eingriffs- und Ausgleichsgutachten im Sinne der naturschutzrechtlichen Eingriffsregelung, Verkehrsgutachten, die Planung von Ver- und Entsorgungsleitungen bis hin zur Übernahme der technischen Vorbereitung, Unterstützung der Durchführung und Protokollierung von Öffentlichkeitsbeteiligungen. Der Umweltbericht ist nach § 2a Satz 2 Nr. 2 BauGB Teil der Begründung des Bauleitplans und damit von der Aufgabe „Ausarbeitung von Planungen" an sich schon mit umfasst; vgl. unten c).

Es handelt sich i. d. R. um Werkverträge **privatrechtlicher Natur**. Um **öffentlich-rechtliche Verträge** kann es sich handeln, soweit die städtebaulichen Planungen von Eigentümern bzw. Investoren zur Vorbereitung einer gemeindlichen Bauleitplanung oder einer städtebaulichen Maßnahme übernommen werden.

So kann der städtebauliche Vertrag ggf. herangezogen werden, um Anforderungen aus einem **Luftreinhalteplan** oder **Aktionsplan** i. S. des § 47 BImSchG umzusetzen und abzusichern.

### b) Mediation

**§ 4b BauGB** enthält eine weitere, spezielle Vorschrift über die Zusammenarbeit von Privaten und Gemeinde. Die Vorschrift stellt klar, dass die Gemeinde (u. a.) die Vorbereitungen und Durchführungen von Verfahrensschritten der Öffentlichkeitsbeteiligung und der Beteiligung der Behörden und sonstigen Träger öffentlicher Belange einem Dritten übertragen kann. Das Gleiche ist für die Vorbereitung des Umweltberichts (vgl. § 2a BauGB) bestimmt. Die Vorschrift ist mit dem Ziel eingeführt worden, den in anderen Rechtsordnungen und Rechtsbereichen praktizierten Verfahren der **Mediation** auch für das Städtebaurecht nutzbar zu machen[9]. Nach den Erfahrungen bei „Stuttgart 21" ergeben sich hier aktuelle Bezüge.

Das **BVerwG**[10] entnimmt § 4b BauGB, dass die Gemeinden nicht das gesamte Verfahren „privatisieren" dürfen. So können zwar die Erstellung der Planentwürfe sowie die technische Vorbereitung von Verfahrensschritten nach den §§ 3 und 4 BauGB auf den Vertragspartner übertragen werden, nicht aber die förmlichen Beschlüsse (Aufstellungsbeschluss, Auslegungsbeschluss und Beschluss des Bebauungsplans) und die Verkündung des Bebauungsplans. Das BVerwG folgert hieraus, dass in einem städtebaulichen Vertrag nach § 11 Abs. 1 Satz 2 Nr. 3 BauGB vereinbart werden darf, dass der Vertragspartner auch die **verwaltungsinternen Kosten** (Personal- und Sachkosten) zu tragen hat, die der städtebaulichen Planung einer Gemeinde zurechenbar sind. Ausgenommen hiervon sind demgemäß Kosten für Aufgaben, die die Gemeinde nicht durch Dritte erledigen lassen dürfte, sondern durch eigenes Personal wahrnehmen muss.

Für die Aufgaben der „Mediation" ist § 4b somit eine Spezialvorschrift, die es der Gemeinde, aber auch initiativ durch die Öffentlichkeit vorgeschlagen, ermöglicht, schwierige Fragen der Vermittlung und Umsetzung von **Immissionsschutz-Aufgaben** zu begleiten.

### c) Ausarbeitung des Umweltberichts; Monitoring:

§ 11 Abs. 1 Satz 2 Nr. 1, 2. Halbsatz, 5. Fall nennt als weitere gesetzlich ausdrücklich als zulässig aufgeführte Aufgabe städtebaulicher Verträge die **Ausarbeitung des Umweltberichts.** Umweltberichte sind nach § 2a Satz 2 Nr. 2 für die Flächennutzungs- und Bebauungspläne zu erstellen, also für die erstmalige Planung ebenso wie z. B. für ihre Änderung; § 1 Abs. 8 BauGB.

Das Monitoring – **Überwachung nach § 4c** – ist eine mit der Umweltprüfung als Teil der gemeindlichen Planungsaufgabe zusammenhängende Verpflichtung. Soweit dies aus Sicht der Gemeinde im Einzelfall zweckmäßig ist, kann sich die

9 Vgl. nur Battis, in Battis/Krautzberger/Löhr, § 4b Rn. 2.
10 Urt. v. 25.11.2005 – 4 C 15.04 –, BVerwGE 124, 385.

Gemeinde hierbei durch Beauftragung Dritter gemäß der Generalklausel des § 11 Abs. 1 Satz 2 Nr. 1 entlasten.

In den Fällen des vorhabenbezogenen Bebauungsplan nach § 12 BauGB hat der Investor jedoch eine bereits unmittelbar aus dem Gesetz abgeleitete Rechtsposition, von der Gemeinde die Weitergabe der für den Umweltbericht erforderlichen Angaben der Gemeinde und der Behörden zu erhalten; vgl. § 12 Abs. 2 Satz 2.

## 2. Bauleitplanung und Verträge

a) Die in § 11 Abs. 1 Satz 2 Nr. 2 enthaltenen Regelungen über Planungsverträge berühren sensible Bereiche des städtebaulichen Planungsrechts, namentlich der Problematik einer evtl. „Verkürzung" der gemeindlichen Abwägung durch vertragliche Bindungen oder die Fragen einer vertraglichen Verpflichtung zur Aufstellung von Bauleitplänen. Das Gesetz sieht von einer detaillierten Regelung dieser Zusammenhänge ab.

Was die inhaltliche Reichweite städtebaulicher Verträge im Zusammenhang mit Bauleitplanverfahren betrifft, ergibt sich eine grundsätzliche Beschränkung durch das Gebot der gerechten Abwägung. Dem Gebot der gerechten Abwägung widerspricht es, wenn der abschließende Abwägungsvorgang durch vorherige Bindungen der Gemeinde sachwidrig verkürzt wird. Die sachliche Notwendigkeit kann sich z. B. bei komplexen, die Umwelt berührenden Planungen ergeben. Das BVerwG hat bereits im sog. „Flachglasurteil"[11] Auslegungsgrundsätze zur Bindung der Abwägung durch Vorentscheidungen entwickelt. Vereinbarungen, die den Abwägungsvorgang im Sinne einer Bindung betreffen, sind allerdings nicht von vornherein unzulässig. Das BVerwG stellt fest, dass der Abwägungsvorgang nicht „auf sozusagen planerisch freiem Feld" stattfinde. Insbesondere führe die schrittweise Verwirklichung der Bauleitplanung zu bestimmten Festlegungen: „Dem Planverfahren vorgeschaltete Besprechungen, Abstimmungen, Zusagen, Verträge u. a. m. können geradezu unerlässlich sein, um überhaupt sachgerecht planen und eine angemessene effektive Realisierung dieser Planung gewährleisten zu können." Vorrang habe jedoch der Grundsatz einer von Bindungen freien Abwägungsentscheidung. Eine sachliche Verkürzung des Abwägungsvorgangs, z. B. durch Verträge, bedarf danach einer besonderen Rechtfertigung. Das BVerwG hebt folgende Grundsätze hervor:

- Die Vorwegnahme der Entscheidung müsse sachlich gerechtfertigt sein.
- Bei der Vorwegnahme müsse die planungsrechtliche Zuständigkeitsordnung gewahrt bleiben, insbesondere die Mitwirkung des Gemeinderats.

---

11 BVerwG, Urt. v. 5.7.1974 - 4 C 50.72 -, BVerwGE 45, 309.

- Vorweggezogene Entscheidungen müssen im Übrigen inhaltlich den Anforderungen genügen, die an sie zu richten wären, wenn sie als Bestandteil des abschließenden Abwägungsvorgangs getroffen würden.

- Städtebauliche Verträge können die Wahrung von in der Bauleitplanung beachtlichen Belangen sicherstellen. Sie sind in dieser Beziehung geeignet, gebotene **Konfliktlösungen** in die vertragliche Verpflichtung **zu verlagern**[12].

b) Ein **Anspruch auf Aufstellung eines Bauleitplans** kann durch einen Vertrag nicht begründet werden[13]. Auch wenn die Aufstellung eines Bebauungsplans i. S. des § 1 Abs. 3 Satz 1 BauGB erforderlich ist, kann ein Anspruch auf Bauleitplanung nicht begründet werden. Es besteht weder ein Anspruch auf Fortführung eines eingeleiteten Planungsverfahrens noch ein Anspruch auf den Fortbestand eines Bauleitplans[14]. Eine rechtsverbindliche Verpflichtung der Gemeinde mit der Wirkung, dass Dritte einen Anspruch darauf erhalten, dass die Gemeinde einen Bauleitplan aufstellt, ändert, ergänzt oder aufhebt, ist unzulässig. Verpflichtungserklärungen einer Gemeinde, Bebauungspläne aufzustellen, sind nichtig.

Auch die Verpflichtung der Gemeinde zur **„Nichtplanung"**, also die Verpflichtung, eine Bauleitplanung zu unterlassen („Nichtplanungs-Abrede") ist ungültig.

c) Bei den städtebaulichen Verträgen nach § 11 Abs. 1 Satz 2 Nr. 2 über die Förderung der Ziele einer Bauleitplanung kann an Vereinbarungen „über" den gesetzlichen (Mindest-) **Standard etwa der TA Lärm** gedacht werden. Hier ergeben sich rechtliche Eckpfeiler etwa aus dem o. g. Prinzip der „Angemessenheit"[15].

d) Eine neuere Entscheidung des BVerwG[16] hat interessante Denk- und Lösungsansätze zum Verhältnis von **städtebaulicher Innenentwicklung und Lärmschutz** aufgezeigt. Lassen sich daraus allgemeine Folgerungen für den Immissionsschutz in „Gemeindelagen" gewinnen?

Der Entscheidung lag als (Dortmunder) Fall zugrunde, dass ein Bebauungsplan ein neues Wohngebiet (WA) ausweist, das durch vorhandene Verkehrswege Lärmbelastungen ausgesetzt wird, die an den Gebietsrändern deutlich über den Orien-tierungswerten der DIN 18005 liegen. Es sei – so ein Leitsatz der Ent-

---

12 Vgl. hierzu im Einzelnen Söfker, in: Ernst/Zinkahn/Bielenberg/Krautzberger, BauGB, Loseblattsammlung, München, § 1 Rn. 220.

13 Vgl. bereits oben I. 2.

14 Vgl. hierzu im Krautzberger, in: Battis/Krautzberger/Löhr, § 1 Rn. 31.

15 § 11 Abs. 2 S. 1 BauGB.

16 Urt. v. 22.3.2007 - 4 CN 2/06 -, BVerwGE 128, 238.

scheidung – „nicht von vornherein abwägungsfehlerhaft", auf aktiven Schallschutz durch Lärmschutzwälle oder -wände zu verzichten. Denn – je nach den Umständen des Einzelfalls, z. B. in dicht besiedelten Räumen -, könne es abwägungsfehlerfrei sein, eine Minderung der Immissionen durch eine Kombination von passivem Schallschutz, Stellung und Gestaltung von Gebäuden sowie Anordnung der Wohn- und Schlafräume zu erreichen.

Das BVerwG weist zwar darauf hin, dass eine Gemeinde, die ein bislang weitgehend unbebautes Gebiet neu mit einer Wohnbebauung überplanen will, die Lärmbelastung durch vorhandene Verkehrswege als gewichtigen Belang in ihre Abwägung[17] einzustellen habe. Bei der Neuplanung von Wohngebieten hat sie auch die Abwägungsdirektive des § 50 BImSchG zu berücksichtigen, wonach bei raumbedeutsamen Planungen die für eine bestimmte Nutzung vorgesehenen Flächen einander so zuzuordnen sind, dass schädliche Umwelteinwirkungen soweit wie möglich vermieden werden. Die Durchsetzung dieses Trennungsgrundsatzes stoße aber – so das BVerwG weiter – allerdings „auf Grenzen, vor denen auch der Gesetzgeber nicht die Augen verschließt. So soll nach § 1a Abs. 2 Satz 1 BauGB mit Grund und Boden sparsam umgegangen werden, wobei in diesem Zusammenhang unter anderem die Nachverdichtung sowie andere Maßnahmen zur Innenentwicklung besonders hervorgehoben werden."

In dicht besiedelten Gebieten werde es häufig nicht möglich sein, allein durch die Wahrung von Abständen zu vorhandenen Straßen schädliche Umwelteinwirkungen auf Wohngebiete zu vermeiden. Gerade in diesen Gebieten „kann jedoch ein berechtigtes Interesse bestehen, neue Baugebiete auszuweisen, um eine Abwanderung der Bevölkerung in ländliche Gebiete zu verhindern."

Das BVerwG weist auch auf weitere „gewichtige städtebauliche Interessen" hin, die darin bestehen, einen vorhandenen Ortsteil zu erweitern und damit dessen Infrastruktur (ÖPNV, soziale Einrichtungen etc.) mit zu nutzen. Auch auf das Gebot, die Anforderungen kostensparenden Bauens zu berücksichtigen[18], sowie das legitime Interesse einer Gemeinde, die Grundstücke zu verwerten, die sie in einem im Flächennutzungsplan für Wohnnutzung vorgesehenen Bereich erworben hat, um sie Bauinteressenten zu Eigentum zu überlassen[19], können zu berücksichtigen sein.

Die Frage bleibt, ob man aus dieser „Lärmschutz-Rspr." auch für das Immissionsschutzrecht insgesamt „**lernen**" kann. Wenn in derartigen Fällen das Einhalten größerer Abstände ausscheidet, sei – so das BVerwG weiter – durch geeignete bauliche und technische Vorkehrungen[20] dafür zu sorgen, dass keine ungesunden Wohnverhältnisse entstehen. Insbesondere könne in die Abwägung

17 § 1 Abs. 7 BauGB.
18 Vgl. § 1 Abs. 6 Nr. 2 BauGB.
19 Vgl. hierzu auch § 4 des Wohnraumförderungsgesetzes.
20 Hierzu auch § 9 Abs. 1 Nr. 24 BauGB.

eingestellt werden, dass durch eine geschlossene Riegelbebauung die rückwärtigen Flächen derselben Grundstücke und gegebenenfalls weitere Grundstücke wirksam abgeschirmt werden.

Dann aber schlägt das BVerwG die Brücke zu **städtebaulichen Vereinbarungen:** Das BVerwG hebt darauf ab, dass die gleichzeitige Errichtung aller in diese Konzeption einbezogenen Gebäude durch die Beauftragung eines Bauträgers als sichergestellt angesehen werden kann. Lärmschutzlösungen durch städtebauliche Verträge können also die Bebauungsplanung entlasten.

## 3. Baurecht auf Zeit

a) Nach **§ 11 Abs. 1 Satz 2 Nr. 2 BauGB** kann die Gemeinde – flankierend zu den Möglichkeiten nach § 9 Abs. 2 BauGB - städtebauliche Verträge abschließen, mit denen die mit der Bauleitplanung verfolgten Ziele auch hinsichtlich einer Befristung oder einer Bedingung der baulichen Nutzung unterstützt werden können: das sog. „Baurecht auf Zeit". Auch dieser Weg mag dazu helfen, bestimmte Konfliktsituation im Verhältnis von Immissionsschutz und Planungsrecht aufzulösen, etwa durch aufschiebend bedingte Regelungen, die sicherstellen, dass eine bestimmte bauliche Nutzung erst eröffnet wird, wenn zuvor eine Lärmschutz-Vorkehrung getroffen wurde. An folgende Fallkonstellationen kann man z. B. an die schrittweise Verwirklichung der „geschützten" Nutzung denken:

b) **Beispiele**: Sind bei der Umsetzung eines Bebauungsplans im Hinblick auf einen störenden emittierenden Gewerbebetrieb Nutzungskonflikte zu erwarten, muss der Konflikt im Plan gelöst werden[21]. Er darf sich nicht auf die bloße Absichtserklärung des Betriebsinhabers stützen, den Betrieb zu modernisieren oder die Betriebsabläufe zu ändern oder mittelfristig den Standort zu verlagern. Die Auflösung dieser Konfliktsituation könnte auch hier durch einen städtebaulichen Vertrag erfolgen.

   Wie die schrittweise Verwirklichung einer Bebauung durch städtebauliche Verträge abgesichert werden könnte, zeigt auch die Situation in folgender Entscheidung zur Geruchsbelästigung[22]: Soll eine Wohnbebauung durch eine vorgelagerte gewerbliche „Riegelbebauung" gegen Abgasimmissionen von Verkehrswegen abgeschirmt werden, ist planerisch sicherzustellen, dass die gewerbliche Bebauung nicht später als die Wohnbebauung errichtet wird; genauer: Dass die Wohnnutzung nicht vorher aufgenommen wird. Diese planerische Sicherung kann durch eine Festsetzung nach § 9 Abs. 2 BauGB, aber auch bzw. ergänzend durch einen städtebaulichen Vertrag erreicht werden.

---

21 Vgl. die Konstellation in OVG Münster Beschl. v. 30.6.2003 – 10a B 1028/02.NE.

22 OVG Münster, Urt. v. 19.2.2001 – 10 a D 65/98.NE.

c) Wie die vertragliche Sicherung bis hin zur Rückabwicklung bei Verfehlung des Sicherungszwecks geschehen kann, dafür enthält das BauGB selbst ein „Muster“ in **§ 35 Abs. 5 Satz 2 BauGB**, also in der „Baurecht auf Zeit“ – Regelung für den Außenbereich: Für Vorhaben, nach § 35 Absatz 1 Nr. 2 bis 6 BauGB ist als weitere Zulässigkeitsvoraussetzung eine Verpflichtungserklärung abzugeben, das Vorhaben nach dauerhafter Aufgabe der zulässigen Nutzung zurückzubauen und Bodenversiegelungen zu beseitigen. Als Sicherheitsleistung kommt vor allem eine bankbesicherte selbstschuldnerische Bürgschaft in Betracht.

## IV. Städtebauliche Sanierung

Wenn eine städtebauliche Situation durch Immissionen geprägt ist, kann dies in städtebaulicher Hinsicht zu **„städtebaulichen Missständen“** im Sinne des § 136 BauGB führen und die Einleitung und Durchführung einer städtebaulichen Sanierungsmaßnahme rechtfertigen; §§ 142 ff. BauGB. Das Gesetz nennt zwei unterschiedliche Grundtypen von Missstandssituationen: Substanz- oder Zustandsmängel und Funktionsmängel.

### 1. Substanz- oder Zustandsmängel

§ 136 Abs. 2 Abs. 2 Nr. 1 BauGB umschreibt die Substanz- oder Zustandsmängel im Sinne städtebaulicher Missstände. Das Gesetz stellt dabei auf die Wohn- und Arbeitsverhältnisse oder die Sicherheit der in dem Gebiet wohnenden und arbeitenden Menschen ab und zwar an Hand folgender (beispielhafter) Kriterien:

- die Belichtung, Besonnung und Belüftung der Wohnungen und Arbeitsstätten,
- die bauliche Beschaffenheit von Gebäuden, Wohnungen und Arbeitsstätten,
- die Zugänglichkeit der Grundstücke,
- die Auswirkungen einer vorhandenen Mischung von Wohn- und Arbeitsstätten,
- die Nutzung von bebauten und unbebauten Flächen nach Art, Maß und Zustand,
- die Einwirkungen, die von Grundstücken, Betrieben, Einrichtungen oder Verkehrsanlagen ausgehen, insbesondere durch Lärm, Verunreinigungen und Erschütterungen,
- die vorhandene Erschließung.

Die städtebaulichen Missstände müssen ihre Ursache in der vorhandenen Bebauung oder in der sonstigen Beschaffenheit des Gebiets haben. Die „Anforderungen an gesunde Wohn- und Arbeitsverhältnisse“ haben u. a. unmittelbar für schädliche Immissionen Relevanz.

Die allgemeinen Anforderungen **an gesunde Wohn- und Arbeitsverhältnisse** ergeben sich aus den allgemein anerkannten Grundsätzen, soweit sie die für das gesunde Wohnen und Arbeiten maßgebenden baulichen Verhältnisse betreffen. Insbesondere gehören hierzu die Anforderungen, die den Schutz der Menschen gegen körperliche und psychische Beeinträchtigungen bezwecken, wenn diese Beeinträchtigungen in der baulichen Umwelt im weitesten Sinne ihre Ursache haben.

Der **Begriff des „Gesunden“** beschränkt sich nicht auf das Medizinische bzw. Hygienische, sondern schließt alle Gesichtspunkte in sich ein, die unter Berücksichtigung der heute allgemein anerkannten Anforderungen ein Mindestmaß an allgemeinen Wohnbedürfnissen gewährleisten sollen. Hierzu gehören auch Anforderungen, die in diesem Rahmen an die Erschließung und die Versorgung eines Gebiets zu stellen sind.

Der Begriff der **allgemeinen Anforderungen** an gesunde Wohn- und Arbeitsverhältnisse bedarf für die verschiedenen Anwendungsbereiche der Konkretisierung. Er ist nach objektiven Merkmalen, die weitgehend auf rechtlich gesicherter Grundlage beruhen, bestimmbar. Es geht darum, Umstände, Verhältnisse und Entwicklungen, die für das gesunde Wohnen und Arbeiten relevant sind und sich aus dem Zustand von Grundstücken, Gebäuden, Wohnungen und Baugebieten ergeben können, zu ermitteln, sie auf „kritische Marken“ (wann ist den allgemeinen Anforderungen nicht entsprochen?) zu überprüfen und hieran die rechtliche Beurteilung anzuschließen, ob feststellbare „kritische Marken“ auf gesicherter Grundlage beruhen und wie sich diese Ergebnisse auswirken.

Der Begriff der gesunden Wohn- und Arbeitsverhältnisse ist so weit zu fassen, dass alle Merkmale, die das gesunde Wohnen und Arbeiten nicht nur unerheblich beeinträchtigen können, rechtsgrundsätzlich in die Beurteilung des Baugebiets, der Grundstücke, der Gebäude und Wohnungen einzubeziehen sind.

## 2. Funktionsmängel

§ 136 Abs. 2 Abs. 2 Nr. 2 BauGB definiert die Funktionsmängel so, dass danach städtebauliche Missstände im Hinblick auf die Funktionsfähigkeit des Gebiets vorliegen in Bezug auf

- den fließenden und ruhenden Verkehr,
- die wirtschaftliche Situation und Entwicklungsfähigkeit des Gebiets unter

- Berücksichtigung seiner Versorgungsfunktion im Verflechtungsbereich,
- die infrastrukturelle Erschließung des Gebiets, seine Ausstattung mit Grünflächen, Spiel- und Sportplätzen und mit Anlagen des Gemeinbedarfs, insbesondere unter Berücksichtigung der sozialen und kulturellen Aufgaben dieses Gebiets im Verflechtungsbereich.

Sanierungen zur Behebung von Funktionsmängeln können im Wesentlichen nur mit der künftigen Struktur und Funktion des Gebiets im gemeindlichen Gefüge unter Berücksichtigung des Verflechtungsbereichs begründet werden. Für den Tatbestand der Funktionsschwächensanierung ist es also kennzeichnend, dass der städtebauliche Missstand mit der **zukünftigen Struktur und Funktion des Sanierungsgebiets** im gemeindlichen Bereich begründet wird[23]. Die Neuordnung eines Gebiets aus Gründen der **Umweltsanierung** kann für die Anwendung des Sanierungsrechts Anlass geben.

Zur zukünftigen Funktion gehört sowohl das, was nach dem Sanierungskonzept erhalten als auch das, was durch einen Funktionswandel erreicht werden soll. Zur **künftigen Funktion** gehört damit sowohl das, was nach dem Sanierungskonzept erhalten, als auch das, was durch Fälle wie die Umnutzung von Flächen aus Gründen einer städtebaulichen Umstrukturierung (z. B. Aufbereitung brachliegender Gewerbeflächen) einschließlich einer Umweltsanierung.

Das städtebauliche Sanierungsrecht nach § 136 kann daher auch für die städtebauliche Neuordnung stillgelegter Gewerbebetriebe, von ehemaligen Kohlenzechen, aber auch sonstigen Brachen nutzbar gemacht werden, etwa auch ehemals militärisch genutzte Flächen, ehemalige Bahn- oder Postflächen. Die Funktionsmängel können sich aus der vorhandenen Funktion des Gebiets, die beibehalten werden soll, oder aus einer veränderten oder vollständig neuen Funktion des Gebiets ergeben. Maßgebend sind in beiden Beziehungen die städtebaulichen Planungen, vor allem die Ziele und Zwecke der Sanierung und das Sanierungskonzept. Nach § 136 Abs. 2 Satz 2 Nr. 2 muss, gemessen an der vorhandenen Funktion, die beibehalten werden soll, oder an der veränderten oder neuen Funktion eine erhebliche Beeinträchtigung des Gebiets in Bezug auf die ihm zukommenden Aufgaben vorliegen. Unwesentliche oder geringfügige Beeinträchtigungen rechtfertigen nicht die Funktionsmängelsanierung.

### 3. Bedeutung

Das BauGB misst den städtebaulichen Sanierungsmaßnahmen einen unmittelbaren Wert für das Allgemeinwohl zu. Nach § 136 Abs. 4 Satz 1 dienen städtebauliche

---

23 Vgl. dazu grundsätzlich BVerwG, Urt. v. 6.7.1984 – 4 C 14.81 –, NVwZ 1985, 184.

Sanierungsmaßnahmen dem Wohl der Allgemeinheit. Sie sollen dazu beitragen, dass

- die bauliche Struktur in allen Teilen des Bundesgebiets nach den sozialen, hygienischen, wirtschaftlichen und kulturellen Erfordernissen entwickelt wird,
- die Verbesserung der Wirtschafts- und Agrarstruktur unterstützt wird,
- die Siedlungsstruktur den Erfordernissen des Umweltschutzes, den Anforderungen an gesunde Lebens- und Arbeitsbedingungen der Bevölkerung und der Bevölkerungsentwicklung entspricht oder
- die vorhandenen Ortsteile erhalten, erneuert und fortentwickelt werden, die Gestaltung des Orts- und Landschaftsbilds verbessert und den Erfordernissen des Denkmalschutzes Rechnung getragen wird.

Die Behebung von Mängeln in der baulichen Substanz eines Gebietes, in seinem baulichen oder infrastrukturellen Zustand oder hinsichtlich seiner funktionellen Mängel, die ihre Ursachen in den Immissionen haben, können insoweit die Durchführung städtebaulicher Maßnahmen rechtfertigen.

## V. Stadtumbau

Auch im Rahmen von Maßnahmen des Stadtumbaus nach den §§ 171a ff. BauGB können die städtebaulichen Probleme von Immissionen Gegenstand städtebaulicher Maßnahmen sein.

Das Gesetz hat in **§ 171a BauGB** einen allgemeinen Tatbestand geschaffen, der dem städtebaulichen Sanierungsrecht nachgebildet ist, aber in seiner Anwendung – weil vom Missstand und spezifischen Folgen weitgehend abgekoppelt – noch breiter sein kann.

Stadtumbaumaßnahmen sind danach Maßnahmen, durch die in von erheblichen städtebaulichen Funktionsverlusten betroffenen Gebieten Anpassungen zur Herstellung nachhaltiger städtebaulicher Strukturen vorgenommen werden. Sie dienen dem Wohl der Allgemeinheit und sollen insbesondere dazu beitragen, dass

- die Siedlungsstruktur den Erfordernissen der Entwicklung von Bevölkerung und Wirtschaft angepasst wird,
- die Wohn- und Arbeitsverhältnisse sowie die Umwelt verbessert werden,

- innerstädtische Bereiche gestärkt werden,
- nicht mehr bedarfsgerechte bauliche Anlagen einer neuen Nutzung zugeführt werden,
- einer anderen Nutzung nicht zuführbare bauliche Anlagen zurückgebaut werden,
- freigelegte Flächen einer nachhaltigen städtebaulichen Entwicklung oder einer hiermit verträglichen Zwischennutzung zugeführt werden,
- innerstädtische Altbaubestände erhalten werden.

Stadtumbaumaßnahmen sind stärker noch als die städtebauliche Sanierung von konsensualen Vorgehensweisen geprägt. § 171c BauGB hat deshalb ausdrücklich städtebauliche Verträge als Gestaltungsinstrument benannt: Die Gemeinde – so das Gesetz – soll zur Umsetzung ihres städtebaulichen Entwicklungskonzeptes u. a. die Möglichkeit nutzen, Stadtumbaumaßnahmen auf der Grundlage von städtebaulichen Verträgen im Sinne des § 11 insbesondere mit den beteiligten Eigentümern durchzuführen.

# XII Rechtsprechung des Bundesverwaltungsgerichts zu Gerüchen, Feinstaub und Gefahrstoffen – Konfliktbewältigung und Rücksichtnahmegebot

*Helmut Petz*

## I. Vorbemerkungen

Nutzungskonflikte durch Gerüche und Staub gehören zum Alltagsgeschäft der Baugenehmigungsbehörden. Ihre Bewältigung ist eine Hauptaufgabe der Bauleitplanung. Das gilt nicht nur im ländlichen Raum. Gerade auch im städtisch geprägten Wohnumfeld spielen Luftverunreinigungen, etwa durch Feinstaub[1] oder gewerbliche Geruchsemissionen, eine immer größere Rolle. Erweitert wird dieses Problemfeld durch eine unionsrechtlich angestoßene Sensibilisierung im Umgang mit sog. Störfallbetrieben im Sinne der sog. Seveso-II-Richtlinie.[2]

Eine Recherche nach einschlägigen Entscheidungen des Bundesverwaltungsgerichts zum Thema „Gerüche, Feinstaub und Gefahrstoffe in der Bauleitplanung und bei der Vorhabenzulassung" bringt indes ein erstaunlich dürftiges Ergebnis: Anders als im Bereich des Lärmschutzes, zu dem es eine ganze Fülle höchstrichterlicher Entscheidungen gibt,[3] findet man zum Thema „Luftverunreinigungen im Baurecht" aus den letzten fünf Jahren gerade einmal vier Entscheidungen des für Baurecht zuständigen 4. Senats des Bundesverwaltungsgerichts.[4] Diese vier Entscheidungen sind zudem allesamt Beschlüsse, mit denen Beschwerden gegen die Nichtzulassung der Revision abgelehnt wurden. Hält man sich vor Augen, dass die Zulassung der Revision im Nichtzulassungsbeschwerdeverfahren gemäß § 132

---

1 Zur Feinstaubproblematik allgemein EuGH, Urt. v. 25.7.2008 – Rs. C-237/07 – Slg. 2008 S. I-06221 <Anspruch auf Aktionsplan> auf Vorlage des BVerwG, Beschl. v. 29.3.2007 – 7 C 9.06 – BVerwGE 128, 278; außerdem BVerwG, Urt. v. 27.9.2007 – 7 C 36.07 – BVerwGE 129, 296 <Anspruch auf planunabhängige Maßnahmen zur Minderung von Feinstaub>.

2 Richtlinie 96/82/EG v. 9.12.1996, Abl. L 10 v. 14.1.1997, S. 13.

3 Im Überblick Petz, Lärmschutz in der Bauleitplanung, KommP spezial 1/2010, 22 ff.

4 Zwei Beschlüsse befassen sich mit dem Thema „Geruchsbelästigungen und Bauleitplanung" (Beschl. v. 30.1.2006 – BVerwG 4 BN 55.05 – Buchholz 406.11 § 9 BauGB Nr. 103 = BauR 2007, 856 <Festsetzung baulicher und technischer Maßnahmen nach § 9 Abs. 1 Nr. 24 BauGB>; Beschl. v. 22.6.2006 – BVerwG 4 BN 17.06 – BRS 70 Rn. 15 <Verstoß gegen den Trennungsgrundsatz>); zwei Beschlüsse haben das Thema „Geruchsbelästigungen bei der Vorhabenzulassung" zum Gegenstand (Beschl. v. 7.5.2007 – BVerwG 4 B 5.07 – BRS 71, Nr. 168 <Anwendung VDI-RL 3471 und GIRL im Baugenehmigungsverfahren>; Beschl. v. 28.7.2010 – BVerwG 4 B 29.10 – juris <Anwendung GIRL im Baugenehmigungsverfahren>).

Abs. 2 Nr. 1 VwGO insbesondere wegen grundsätzlicher Bedeutung der Rechtssache begehrt werden kann, heißt das im Klartext, dass es in den betreffenden Verfahren nichts Rechtsgrundsätzliches zu (er)klären gab. Verdoppelt man den Recherche-Zeitraum auf die letzten zehn Jahre, fällt das Ergebnis nicht wesentlich anders aus.[5]

Auf der Suche nach einer Erklärung für dieses Phänomen hilft ein Blick auf die Eigenart der für Luftverunreinigungen einschlägigen technischen Regelwerke. Anders als im Bereich des Lärmschutzes hat der Gesetz- oder Verordnungsgeber nur sehr punktuell selbst Antwort auf die Frage gegeben, welches Ausmaß an Luftverunreinigungen zumutbar ist. Der selbst nicht sachkundige Rechtsanwender ist deshalb auf die „geronnenen" Erkenntnisse und Erfahrungen von Sachverständigen angewiesen, wie sie etwa in verschiedenen VDI-Richtlinien,[6] der Richtlinie zur Feststellung und Beurteilung von Geruchsimmissionen (Geruchsimmissions-Richtlinie – GIRL)[7] oder den Erhebungen der Bayerischen Landesanstalt für Landtechnik der Universität München-Weihenstephan (sog. „Gelbe Hefte")[8] niedergelegt worden sind. Da das Bundesverwaltungsgericht als Revisionsgericht nur für die richtige Auslegung und Anwendung von Normen des revisiblen Rechts, mithin von Bundesrechtsnormen zuständig ist (§ 137 Abs. 1 und 2 VwGO), entziehen sich diese nicht-rechtsförmigen technischen Regelwerke seiner Rechtsprechungskompetenz. Das hat der Senat in seinem Beschluss vom 7.5.2007 (a. a. O.) deutlich zum Ausdruck gebracht:

> *These 1:* *„Private immissionsschutzrechtliche Richtlinien (z. B. VDI 3471, GIRL) stellen keine Rechtsquellen dar; sie enthalten technische Normen, die auf den Erkenntnissen und Erfahrungen von Sachverständigen beruhen und haben insoweit die Bedeutung von allgemeinen Erfahrungssätzen und antizipierten Sachverständigengutachten"; deren Auslegung ist keine Rechtsanwendung, sondern Tatsachenfeststellung, und daher nicht revisibel.*

Zum Thema beizutragen hat der 4. Senat des Bundesverwaltungsgerichts gleichwohl etwas: Luftverunreinigungen und Gefahrstoffe führen in der Regel zu Nutzungskonflikten. Wie Nutzungskonflikte in der Bauleitplanung und bei der bau-

---

5 Von den seit dem Jahre 2000 zum Thema „Luftverunreinigungen und Baurecht" ergangenen Entscheidungen des 4. Senats des BVerwG ist insbesondere das Urt. v. 28.1.2002 – 4 CN 5.01 – Buchholz 406.12 § 11 BauNVO Nr. 25 <Festsetzung der Art der Nutzung unter Rückgriff auf VDI-RL 3471> von Bedeutung.

6 VDI-Richtlinie 3471 <Emissionsminderung Tierhaltung – Schweine> und VDI-Richtlinie 3473 <Emissionsminderung Tierhaltung – Geflügel>; die VDI-Richtlinien 3473 <Emissionsminderung Tierhaltung – Rinder>, 3474 <Emissionsminderung Tierhaltung – Geruchsstoffe> und 3894 <Emissionen und Immissionen aus Tierhaltungsanlagen> liegen bisher nur im Entwurf vor.

7 Herausgegeben vom Länderausschuss Immissionsschutz, aktuell i. d. F. v. 29.2.2008 mit einer Ergänzung v. 10.9.2008.

8 „Gelbes Heft 52" „Geruchsemissionen aus Rinderställen" vom März 1994 und „Gelbes Heft 62" „Geruchsfahnenbegehungen an Rinderställen" vom Juni 1999.

rechtlichen Vorhabenzulassung zu bewältigen sind, ist zentrales Thema des Städtebaurechts und damit auch des für Städtebaurecht zuständigen 4. Senats.

Im Folgenden gilt es, das in der Senatsrechtsprechung entwickelte Raster der Konfliktbewältigung in der Bauleitplanung und bei der Vorhabenzulassung nachzuzeichnen, innerhalb dessen Nutzungskonflikte durch Gerüche, Feinstaub und Gefahrstoffe jeweils rechtlich zu bewältigen sind,[9] und den Akteuren damit den Griff in die richtige „Schublade" zu ermöglichen.

## II. Konfliktbewältigung in der Bauleitplanung

Aufgabe der Bauleitplanung ist es, die bauliche und sonstige Nutzung der Grundstücke in der Gemeinde nach Maßgabe des Baugesetzbuchs vorzubereiten und zu leiten (§ 1 Abs. 1 BauGB). Dabei treffen vielfältige und oft gegenläufige Ansprüche an die Bodennutzung aufeinander. Es entstehen Nutzungskonflikte, die es zu bewältigen und zu einem schonenden Ausgleich zu bringen gilt. Konfliktbewältigung ist deshalb zuvörderst eine Aufgabe der gemeindlichen Bauleitplanung.

> *These 2: Aufgabe der Bauleitplanung ist es, die bauliche und sonstige Nutzung der Grundstücke in der Gemeinde vorzubereiten und zu leiten, § 1 Abs. 1 BauGB; dabei treffen vielfältige und oft gegenläufige Ansprüche an die Bodennutzung aufeinander; die hieraus hervorgehenden Nutzungskonflikte sind zu bewältigen und zu einem schonenden Ausgleich zu bringen.*

Bewältigungsbedürftig sind neben Lärmkonflikten insbesondere auch Immissionskonflikte aufgrund von Luftverunreinigungen und Gefahrstoffen. Das bestätigen auch die sog. Planungsleitlinien des § 1 Abs. 6 BauGB, wonach bei der Aufstellung der Bauleitpläne die allgemeinen Anforderungen an gesunde Wohn- und Arbeitsverhältnisse (Nr. 1) und die Belange des Umweltschutzes (Nr. 7) zu berücksichtigen sind, insbesondere die Auswirkungen auf Luft, Klima und das Wirkgefüge zwischen ihnen (Buchst. a), umweltbezogene Auswirkungen auf den Menschen und seine Gesundheit, auf die Bevölkerung insgesamt (Buchst. c), auf Kulturgüter und sonstige Sachgüter (Buchst. d), die Vermeidung von Emissionen (Buchst. e), die Darstellungen von Plänen des Immissionsschutzrechts (Buchst. g) sowie die Erhaltung der bestmöglichen Luftqualität in Gebieten, in denen die durch Rechtsverordnung zur Erfüllung von bindenden Beschlüssen der EG festgelegten Immissionsgrenzwerte (gelten und) nicht überschritten werden (Buchst. h).

---

9 Die folgenden Ausführungen beziehen sich in erster Linie auf Luftverunreinigungen, die in § 3 Abs. 4 BImSchG als „Veränderungen der natürlichen Zusammensetzung der Luft, insbesondere durch Rauch, Ruß, Staub, Gase, Aerosole, Dämpfe oder Geruchsstoffe" legal definiert sind; Störfallbetriebe im Sinne der Seveso-II-RL werden nur erwähnt, soweit hierzu nach der Rechtsprechung des BVerwG Anlass besteht.

## 1. Maßstäbe für die planerische Konfliktbewältigung

### a) System der immissionsschutzrechtlichen Planungsvorgaben

Rechtliche Maßstäbe für die planerische Bewältigung von Immissionskonflikten finden sich auf unterschiedlichen Ebenen der Normenhierarchie. Sie definieren rechtliche Schutzziele, sind aber durchgängig auf fachliche Konkretisierung angelegt. Unterschiede ergeben sich nicht nur hinsichtlich der zur Konkretisierung heranzuziehenden technischen Regelwerke. Unterschiedlich ist auch die Art und Weise, in der die fachlich konkretisierten rechtlichen Maßstäbe auf die planerische Konfliktbewältigung in der Bauleitplanung einwirken.

#### *aa) Gesetzliche Maßstäbe und ihre fachliche Konkretisierung*

In der Normenhierarchie ganz oben steht das Grundgesetz mit seinen grundrechtlichen Gewährleistungen. Bei Immissionskonflikten sind in erster Linie das Recht auf Leben und körperliche Unversehrtheit (Art. 2 Abs. 2 Satz 1 GG) sowie die Eigentumsgarantie (Art. 14 GG) angesprochen. In der Rechtsprechung des Bundesverwaltungsgerichts ist geklärt, dass Träger der grundrechtsgebundenen Staatsgewalt (Art. 1 Abs. 3 GG) Immissionen, die im Ergebnis einen verfassungsrechtlich nicht zurechtfertigenden Eingriff in Leben, Gesundheit oder Eigentum auslösen, nicht zulassen dürfen. Das hat nicht nur die planende Gemeinde, sondern auch der Gesetzgeber bei der Formulierung der immissionsschutzrechtlichen Schutzziele und -niveaus zu beachten.[10] Probleme bereitet häufig die fachliche Konkretisierung der sich aus grundrechtlichen Gewährleistungen ergebenden Grenzziehungen. Die Rechtsprechung behilft sich insoweit bisweilen mit einfachrechtlichen Schutzanforderungen und deren fachlicher Konkretisierung, durch deren Einhaltung in aller Regel auch der verfassungsrechtlich gebotene Schutz vor Gesundheitsgefährdungen gewährleistet ist.[11]

Unterhalb der Ebene des Verfassungsrechts enthält das Bundesimmissionsschutzgesetz rechtliche Maßstäbe dafür, welche Schutzziele bei bestimmten Immissionskonflikten jeweils anzustreben und welches Schutzniveau einzuhalten ist. Das Bundesimmissionsschutzgesetz regelt in erster Linie den anlagenbezogenen Immissionsschutz (§§ 4 ff. BImSchG). Hier stehen die Betreiberpflichten für (immissionsschutzrechtlich) genehmigungsbedürftige (§ 5 BImSchG) und nicht genehmigungsbedürftige Anlagen (§ 22 BImSchG) im Vordergrund. Auch kommt den Regelungen zum verkehrsbezogenen (§§ 38 ff., insbesondere §§ 41 ff. BImSchG) und gebietsbezogenen Immissionsschutz (§ 47 und § 47a ff. BImSchG) eine große Bedeutung zu. Einen allgemeinen, gewissermaßen vor die Klammer gezogenen Handlungsrahmen geben die „Gemeinsamen Vorschriften“ wie insbesondere das in § 50 BImSchG normierte Trennungsgebot vor.

---

10 BVerwG, Urt. v. 21.3.1996 – 4 C 9.95 – BVerwGE 101, 1 <9 f.>.

11 Vgl. z. B. BVerwG, Beschl. v. 30.11.2006 – BVerwG 4 BN 14.06 – <zum Lärmschutz>.

Die vom Bundesimmissionsschutzgesetz verwendeten unbestimmten Rechtsbegriffe bedürfen ihrerseits der fachlich-technischen Konkretisierung, um im Verwaltungsvollzug handhabbar zu sein. Welches konkrete Schutzniveau im jeweils zu beurteilenden Immissionskonflikt maßgeblich ist, hat der Verordnungsgeber aufgrund gesetzlicher Ermächtigung[12] in Durchführungsverordnungen zum Bundesimmissionsschutzgesetz zum Teil selbst geregelt. Darüber hinaus hat die Bundesregierung Allgemeine Verwaltungsvorschriften (TA Lärm, TA Luft) erlassen, die zwar keine Außenrechtsnormen sind, die aber nach ständiger Rechtsprechung des Bundesverwaltungsgerichts[13] grundsätzlich verbindliche Regelungen, Festlegungen und Vorgaben für die zuständigen Verwaltungsbehörden enthalten und die zugleich die unbestimmten Rechtsbegriffe des Bundesimmissionsschutzgesetzes durch generelle, dem gleichmäßigen und berechenbaren Gesetzesvollzug dienende Standards konkretisieren, denen auch eine im gerichtlichen Verfahren zu beachtende Bindungswirkung zukommt. Den rechtsverbindlichen Konkretisierungen steht eine Fülle fachlich-technischer Regelwerke gegenüber, die teils in öffentlicher[14], teils in privater Trägerschaft[15] herausgegeben werden, denen aber weder Rechtsnormqualität noch eine normkonkretisierende Wirkung zukommt und die deshalb die Verwaltungsbehörden und die Gerichte nicht binden. Sie fassen lediglich fachliche Erkenntnisse und Erfahrungen zusammen, repräsentieren mithin den „geronnenen" Fachsachverstand der jeweiligen Institution, der bei der Auslegung und Anwendung der unbestimmten Rechtsbegriffe des Bundesimmissionsschutzgesetzes hilfreich sein und deshalb zu deren fachlicher Konkretisierung ebenfalls herangezogen werden kann.[16]

*bb) Wirkweise dieser Maßstäbe in der Bauleitplanung*

Bei der Aufstellung von Bebauungsplänen unterliegen die Gemeinden grundsätzlich der unmittelbaren Grundrechtsbindung (Art. 1 Abs. 3 GG). Soweit Immissionskonflikte in Frage stehen, ist allerdings zu berücksichtigen, dass diese nicht durch die gemeindliche Planung entstehen, sondern erst durch die Verwirklichung der durch die Planung ermöglichten Vorhaben. Deshalb ist zu differenzieren: Sofern das Vorhaben, das die Immissionen hervorruft, seinerseits der unmittelbaren Grundrechtsbindung des Art. 1 Abs. 3 GG unterliegt, weil es von der

---

12 § 7 BImSchG für immissionsschutzrechtlich genehmigungsbedürftige und § 23 BImSchG für immissionsschutzrechtlich nicht genehmigungsbedürftige Anlagen; § 48a für einzuhaltende Immissionsgrenzwerte im Rahmen von Luftreinhalteplänen.

13 BVerwG, Beschl. v. 10.1.1995 – BVerwG 7 B 112.94 – Buchholz 406.25 § 48 BImSchG Nr. 4 <zu TA Luft>; Urt. v. 29.8.2007 – 4 C 2.07 – BVerwGE 129, 209 <zu TA Lärm>.

14 Z. B. GIRL <Fn. 8>, herausgegeben vom Länderausschuss Immissionsschutz, oder „Gelbe Hefte" <Fn. 9>, herausgegeben von der Bayerischen Landesanstalt für Landtechnik der Universität München-Weihenstephan.

15 Z. B. VDI-Richtlinien <Fn. 7>, herausgegeben vom Verein Deutscher Ingenieure, oder DIN-Normen, herausgegeben vom Deutschen Institut für Normung.

16 Vgl. z. B. BVerwG, Urt. v. 22.3.2007 – 4 CN 2.06 – BVerwGE 128, 238 <DIN 18005 zum Lärmschutz>.

Gemeinde (oder einem anderen Hoheitsträger) in Wahrnehmung öffentlicher Aufgaben betrieben werden soll (öffentliche Bedarfsplanung), ist unbestritten, dass Grundrechte mit der Folge eines entsprechenden Abwehranspruchs verletzt sind, wenn die Immissionen die betreffenden Grundrechte in verfassungsrechtlich nicht gerechtfertigter Weise beeinträchtigen.[17] Das schlägt auch auf die Planung des Vorhabens durch. Eine öffentliche Bedarfsplanung, die im Falle ihrer Verwirklichung zu grundrechtswidrigen Ergebnissen führt, ist der Gemeinde unmittelbar kraft Verfassungsrechts „abwägungsfest" untersagt.

Demgegenüber wirkt der grundrechtlich gewährleistete Schutz im Fall einer bloßen Angebotsplanung zur Verwirklichung durch Private lediglich in Gestalt grundrechtlicher Schutzpflichten auf die Bauleitplanung ein. Bei der Erfüllung dieser Schutzpflicht hat die Gemeinde einen weiten Einschätzungs-, Wertungs- und Gestaltungsspielraum, der auch Raum lässt, etwa konkurrierende öffentliche und private Interessen zu berücksichtigen. Der mit einer solchen Schutzpflicht verbundene grundrechtliche Anspruch ist mit Blick auf diesen Gestaltungsspielraum nur darauf gerichtet, dass die planende Gemeinde Vorkehrungen zum Schutze des Grundrechts trifft, die nicht gänzlich ungeeignet oder völlig unzulänglich sind;[18] in gewichtigen Bereichen muss der Schutz allerdings „angemessen und wirksam" sein.[19]

„Abwägungsfestes" Gesetzesrecht im Sinne unmittelbar rechtsverbindlicher Planungsvorgaben findet sich auch auf der Ebene unterhalb der Verfassung. So sind etwa die beim Bau oder der wesentlichen Änderung öffentlicher Straßen einzuhaltenden Lärmschutzanforderungen in den §§ 41 ff. BImSchG rechtsverbindlich vorgegeben und in der 16. BImSchV im Sinne von Immissionsgrenzwerten baugebietsspezifisch konkretisiert, die zum Schutz der Nachbarschaft vor schädlichen Umwelteinwirkungen grundsätzlich[20] nicht überschritten werden dürfen. Diese Vorgaben setzen auch der Planung eine strikte, im Wege der Abwägung nicht überwindbare Rechtsgrenze.[21]

Auch soweit konkrete und unmittelbar rechtsverbindliche Vorgaben zum Schutzniveau fehlen, hat die Gemeinde den Grundsatz der Erforderlichkeit der Planung (§ 1 Abs. 3 Satz 1 BauGB) und das Abwägungsgebot (§ 1 Abs. 7, § 2 Abs. 3 BauGB) zu beachten. In diesen Planungsgrundsätzen wird das „Gebot der Konfliktbewältigung"[22] verortet, das der Gemeinde aufgibt, die durch die Planung

17 BVerwG, Urt. v. 29.4.1988 – 7 C 33.87 – BVerwGE 79, 254 <257>.

18 BVerfG, Urt. v. 29.10.1987 – 2 BvR 624, 1080, 2029/83 - BVerfGE 77, 170 <215> zur Bindung des Gesetzgebers.

19 BVerfG, Urt. v. 28.5.1993 – 2 BvF 2/90 und 4, 5/92 - BVerfGE 88, 203 <254>.

20 Soweit hiervon nicht gemäß § 41 Abs. 2 BImSchG ausnahmsweise unter Verhältnismäßigkeitsgesichtspunkten abgesehen werden darf.

21 BVerwG, Beschl. v. 24.5.2007 – 4 BN 16.07 und 4 VR 1.07 – ZfBR 2007, 580 = BRS 71 Nr. 35 m. w. N.

22 Zum „pädagogischen" Mehrwert dieses Begriffs vgl. etwa Dirnberger, in: Jäde/Dirnberger/Weiß, BauGB und BauNVO, 6. Aufl. 2010, Rn. 31 zu § 1 BauGB, m. w. N.

hervorgerufenen oder sichtbar gewordenen Nutzungskonflikte planerisch zu bewältigen.

Gemäß § 1 Abs. 3 Satz 1 BauGB haben die Gemeinden die Bauleitpläne aufzustellen, sobald und soweit es für die städtebauliche Entwicklung und Ordnung erforderlich ist. Die Erforderlichkeit der Planung ist unter anderem dann in Zweifel zu ziehen, wenn die Planung aus rechtlichen oder tatsächlichen Gründen keine Aussicht auf Verwirklichung bietet.[23] Entsprechende Vollzugshindernisse liegen vor, wenn das geplante Vorhaben wegen Nichterfüllung immissionsschutzrechtlicher Betreiberpflichten (§§ 5, 22 BImSchG) nicht genehmigungsfähig ist. Insofern können die fachlichen Konkretisierungen der Betreiberpflichten durch die TA Luft über den Erforderlichkeitsgrundsatz (§ 1 Abs. 3 Satz 1 BauGB) mittelbar auch für die Bauleitplanung als Planungsvorgabe Bedeutung erlangen. Voraussetzung ist allerdings, dass sich bereits auf der Planungsebene konkret abzeichnet, welche Vorhaben auf der Grundlage des Bebauungsplans errichtet werden sollen.[24] Hieran fehlt es regelmäßig im Falle einer unspezifischen Angebotsplanung, bei der sich das Emissionsverhalten der zu ermöglichenden Vorhaben im Zeitpunkt des Satzungsbeschlusses noch nicht absehen lässt. Anders können sich die Dinge im Fall einer vorhabenbezogenen Standortplanung darstellen, etwa durch einen vorhabenbezogenen Bebauungsplan, wenn das Emissionsverhalten des betreffenden Vorhabens bereits auf der Planungsebene erkennbar ist.

Im Übrigen hat der Plangeber alle abwägungsrelevanten öffentlichen und privaten Belange zu ermitteln und zu bewerten (§ 2 Abs. 3 BauGB) und gegeneinander und untereinander gerecht abzuwägen (§ 1 Abs. 7 BauGB). In diesem Rahmen sind auch drohende Immissionskonflikte, die die Bagatellgrenze überschreiten, abwägend zu erfassen und erforderlichenfalls planerisch zu bewältigen. Einschlägige technische Regelwerke können hierbei als Orientierungshilfe herangezogen werden, soweit sie sich für den betreffenden Fall sachlich selbst Geltung beimessen.[25] Andernfalls hat es mit einer schlichten Einzelfallbeurteilung sein Bewenden, in deren Rahmen die planende Gemeinde die Zumutbarkeitsschwellen unter Berücksichtigung aller relevanten Umstände und gegebenenfalls einschlägiger normativer Wertungen wie etwa der Verfassung oder der Baunutzungsverordnung abwägungsfehlerfrei zu bestimmen hat.[26]

---

23 BVerwG, U. v. 28.1.1999 – 4 CN 5.98 – BVerwGE 108, 248 <249> m. w. N.

24 BVerwG, U. v. 12.8.1999 – 4 CN 4.98 – BVerwGE 109, 246 <zur Planung von Sportanlagen>.

25 Vgl. z. B. BVerwG, Beschl. v. 13.12.2007 – 4 BN 41.07 – NVwZ 2008, 426 = BRS 71 Nr. 6 <zur Heranziehung der TA Lärm als Orientierungshilfe>.

26 BVerwG, Beschl. v. 17.7.2003 – 4 B 55.03 – a. a. O.

### b) Planungsvorgaben für Luftverunreinigungen

In diesem System bewegen sich auch die Planungsvorgaben für die Bewältigung von Nutzungskonflikten, die durch Luftverunreinigungen hervorgerufen werden. Eine Durchsicht der hierfür in Betracht kommenden gesetzlichen Maßstäbe zeigt, dass „abwägungsfeste“ Planungsvorgaben jenseits des Verfassungsrechts fehlen und deshalb die gebotene planerische Konfliktbewältigung im Wesentlichen nach den Maßstäben des Abwägungsgebots, gegebenenfalls unter Heranziehung einschlägiger technischer Regelwerke als Orientierungshilfe zu bewerkstelligen ist, soweit nicht ausnahmsweise die für die Anlagengenehmigung einschlägigen Vorgaben der TA Luft über den Erforderlichkeitsgrundsatz auch für die Planung mittelbar beachtlich sind.

#### *aa) Grundrechtliche Planungsvorgaben*

Gemäß Art. 2 Abs. 2 Satz 1 GG hat jeder das Recht auf Leben und körperliche Unversehrtheit. Im Falle von Luftverunreinigungen werden regelmäßig Belästigungen im Sinne des § 3 BImSchG im Vordergrund stehen und Gefahren für die körperliche Unversehrtheit oder gar für das Leben eher die Ausnahme sein. Weder ist hinreichend gewiss, bei welcher Schwelle die Grenze zur Gefährdung der menschlichen Gesundheit überschritten wird, noch ist der Gesundheitsbegriff selbst unumstritten.[27] Ausgeschlossen sind entsprechende Gefahren indes nicht. Zu denken ist etwa an die Nachbarschaft gewerblicher Betriebe, die Lösungsmittel oder technische Gase emittieren. Aber auch landwirtschaftliche Gerüche oder die Schwefeldioxid- oder Feinstaubbelastung der Luft können bei entsprechend intensiver Exposition gesundheitsschädlich sein. Der grundrechtlich gebotene Gesundheitsschutz kann deshalb einer Planung auch im Rahmen grundrechtlicher Schutzpflichten durchaus Grenzen setzen, zumal dann, wenn die örtliche Situation schon bisher erheblich vorbelastet ist.[28]

Vom dogmatischen Ansatz her etwas anders setzt die Eigentumsgarantie des Art. 14 GG an. Mit der Aufstellung von Bebauungsplänen nehmen die Gemeinden auf gesetzlicher Grundlage die in Art. 14 Abs. 1 Satz 2 GG dem Gesetzgeber zugewiesene Aufgabe wahr, Inhalt und Schranken des Grundeigentums zu bestimmen. Bei der planerischen Ausgestaltung der mit Grund und Boden verbundenen Nutzungsbefugnisse muss der Plangeber die schutzwürdigen Interessen des Eigentümers und die Belange des Gemeinwohls in einen gerechten Ausgleich und ein ausgewogenes Verhältnis bringen. Er ist dabei insbesondere an den verfassungsrechtlichen Grundsatz der Verhältnismäßigkeit und den allgemeinen Gleichheitssatz gebunden. Die Grenze planerischer Ausgestaltungsbefugnis ist jedenfalls dann überschritten, wenn einem von Immissionen betroffenen Grundeigentümer jede privatnützige Verwendung seines Grundstücks unmöglich gemacht

27 BVerwG, Urt. v. 21.3.1996 – 4 C 9.95 – a. a. O. S. 11 m. w. N.
28 BVerwG, Urt. v. 21.3.1996 – 4 C 9.95 – a. a. O. S. 11.

wird. Auch jenseits dieser absoluten Planungsgrenze, die wohl nur in seltenen Ausnahmefällen relevant werden wird, geht die höchstrichterliche Rechtsprechung trotz der Relativität des Verhältnismäßigkeitsmaßstabs davon aus, dass die Eigentumsgarantie ab einer bestimmten Beeinträchtigungsintensität – ähnlich dem Gesundheitsschutz – zur Aufgabe der Planung zwingt, sofern nicht den Eigentümerinteressen in anderer Weise angemessen Rechnung getragen wird.[29] Ob die Planung eine in Wahrnehmung öffentlicher Aufgaben betriebene Einrichtung oder aber private Vorhaben zum Gegenstand hat, ist im Rahmen der Eigentumsgarantie zumindest insoweit von Bedeutung, als ein ausschließlich privates Interesse an der Verwirklichung eines Vorhabens im Rahmen der Abwägung regelmäßig mit geringerem Gewicht zu Buche schlagen wird.[30]

> *These 3: Eine äußerste Planungsgrenze ergibt sich aus Verfassungsrecht, insbesondere aus dem grundrechtlich gebotenen Gesundheitsschutz (Art. 2 Abs. 2 Satz 1 GG) und der Eigentumsgarantie (Art. 14 Abs. 1 GG); diese binden die Gemeinde bei öffentlichen Bedarfsplanungen unmittelbar (Art. 1 Abs. 3 GG); im Übrigen, d. h. im Fall einer bloßen Angebotsplanung zur Verwirklichung durch Private, wirken sie in Gestalt grundrechtlicher Schutzpflichten auf die Bauleitplanung ein.*

*bb) „Abwägungsfestes" Gesetzesrecht*

Jenseits dieser grundrechtlichen Planungsgrenzen hat der Bundesgesetzgeber im Bereich des Lärmschutzes verbindlich geregelt, dass beim Bau oder der wesentlichen Änderung öffentlicher Straßen sicherzustellen ist, dass keine schädlichen Umwelteinwirkungen durch Verkehrsgeräusche hervorgerufen werden können, die nach dem Stand der Technik vermeidbar sind (§ 41 Abs. 1 BImSchG). Dieses verbindlich vorgegebene Schutzziel ist durch die baugebietsspezifischen Immissionsgrenzwerte der 16. BImSchV fachlich konkretisiert. § 41 BImSchG i. V. m. der 16. BImSchV setzt der Planung insoweit eine strikte, im Wege der Abwägung nicht überwindbare Rechtsgrenze.[31]

Vergleichbare „abwägungsfeste" Planungsvorgaben existieren im Bereich der Luftverunreinigungen – soweit ersichtlich – nicht. Insbesondere hat die Rechtsprechung bisher nicht angenommen, dass der Regelung des § 47 BImSchG (Luftreinhalteplanung) in ihrer fachlichen Konkretisierung durch die 39. BImSchV eine ähnliche Wirkung zukommen könnte.[32] Auch im Bereich der Gefahrstoffe spricht wenig dafür, dass das in Art. 12 Abs. 1 UAbs. 2 Seveso-II-RL normierte

---

29 BVerwG, Urt. v. 21.3.1996 – 4 C 9.95 – a. a. O. S. 10 f; zu den Rechtmäßigkeitsanforderungen an Inhalts- und Schrankenbestimmungen im Überblick BVerwG, Urt. v. 27.8.2009 – 4 CN 5.08 – BVerwGE 134, 355 <Rn. 13> m. w. N.

30 Vgl. BVerwG, Urt. v. 26.4.2007 – 4 C 12.05 – BVerwGE 128, 358 <Rn. 42, 55>.

31 BVerwG, Beschl. v. 24.5.2007 – BVerwG 4 BN 16.07 und 4 VR 1.07 – BRS 71 Nr. 35 m. w .N.

32 Vgl. z. B. BVerwG, Beschl. v. 3.4.2007 – 9 PKH 2.06 u. a. – zur Vorgängervorschrift 22. BImSchV.

Abstandsgebot als absolutes Verschlechterungsverbot auszulegen wäre.[33] Die entsprechenden Schwellenwerte sind aber jedenfalls in der Abwägung zu berücksichtigen.

> *These 4:* *Unterhalb dieser verfassungsrechtlichen Planungsschranke ist sonstiges „abwägungsfestes" Gesetzesrecht in der Planung unmittelbar beachtlich. Dass eine Luftreinhalteplanung im Sinne des § 47 BImSchG in dieser Weise wirken könnte, hat die Rechtsprechung bisher – soweit ersichtlich – nicht angenommen.*

*cc) Trennungsgrundsatz, § 50 BImSchG*

§ 50 BImSchG bestimmt, dass bei raumbedeutsamen Planungen und Maßnahmen, die für eine bestimmte Nutzung vorgesehenen Flächen einander so zuzuordnen sind, dass schädliche Umwelteinwirkungen und von schweren Unfällen im Sinne der Seveso-II-RL hervorgerufene Auswirkungen auf Wohngebiete und sonstige schutzbedürftige Gebiete so weit wie möglich vermieden werden. Diese – landläufig als Trennungsgebot oder -grundsatz bezeichnete – Regelung ist Ausdruck des immissionsschutzrechtlichen Vorsorgeprinzips und findet auch im Falle drohender Nutzungskonflikte durch Luftverunreinigungen Anwendung. Sie wendet sich an die Planungsebene, enthält aber keine verbindlichen Planungsvorgaben, sondern ist lediglich als Abwägungsdirektive beachtlich.[34] Einen generellen Vorrang des Immissionsschutzes vor anderen abwägungsrelevanten Belangen begründet § 50 BImSchG nicht. In Konflikt- und Konkurrenzlagen mit anderen Belangen kann sich die planende Gemeinde deshalb auch für Planungsvarianten entscheiden, die kein „Optimum" im Sinne des Grundgedankens der räumlichen Trennung konfligierender Nutzungen gewährleisten.[35]

> *These 5:* *Der in § 50 BImSchG normierte Trennungsgrundsatz ist ein wesentliches Element geordneter städtebaulicher Entwicklung und damit auch städtebaulicher Planung; er beansprucht Geltung nicht nur im Verhältnis von Wohngebieten zu Gewerbe- und Industriegebieten, sondern auch bei einem Nebeneinander von Wohngebieten und landwirtschaftlichen Nutzflächen; er ist allerdings nur als Abwägungsdirektive beachtlich.*

---

33 Vgl. hierzu BVerwG, Vorlagebeschl. v. 3.12.2009 gemäß § 267 Abs. 2 AEUV – 4 C 5.09 – Buchholz 406.11 § 34 BauGB Nr. 209 = BRS 74 Nr. 32 = DVBl 2010, 380, sowie jüngst die Schlussanträge der Generalanwältin Sharpston v. 14.4.2011 – Rs. C-53/10 –.

34 BVerwG, U. v. 22.3.2007 a. a .O. Rn. 14 m. w. N.

35 Näher Schink, Immissionsschutz in der Bauleitplanung, UPR 2011, 41 <43>, und Petz, Lärmschutz in der Bauleitplanung, KommP spezial 2010, 22 <23>, jeweils m. w. N. Der Begriff des „Optimierungsgebots" (z. B. noch verwendet in BVerwG, U. v. 22.3.1985 – 4 C 73.82 – BVerwGE 71, 163) wird in der jüngeren Rechtsprechung des 4. Senats des BVerwG deshalb bewusst vermieden.

*dd) TA Luft*

Der „Technischen Anleitung zur Reinhaltung der Luft – TA Luft“[36] kommt nach ständiger Rechtsprechung des Bundesverwaltungsgerichts – wie dargestellt – zwar eine im gerichtlichen Verfahren zu beachtende Bindungswirkung zu; sie ist deshalb auch Bestandteil des revisiblen Rechts (§ 137 Abs. 1 VwGO). Andererseits ist zu bedenken, dass die TA Luft im Rahmen ihres Anwendungsbereichs[37] nur die anlagenbezogenen immissionsschutzrechtlichen Betreiberpflichten konkretisiert. Adressat dieser Pflichten ist der Betreiber einer (immissionsschutzrechtlich) genehmigungsbedürftigen (§ 5 BImSchG) oder nicht genehmigungsbedürftigen Anlage (§ 22 BImSchG). Die Einhaltung dieser Betreiberpflichten entscheidet über die Genehmigungsfähigkeit der Anlage im immissionsschutzrechtlichen (§§ 10 ff., 19. BImSchG) oder baurechtlichen Genehmigungsverfahren. Die Betreiberpflichten sind ferner materiellrechtliche Grundlage, wenn über nachträgliche Anordnungen zu entscheiden ist (§§ 17, 24 f. BImSchG). Unmittelbare Relevanz als Planungsvorgabe für die planende Gemeinde haben sie indes nicht. Sie sind allerdings im Rahmen des bauplanungsrechtlichen Gebots der Konfliktbewältigung beachtlich.

> *These 6:* *Die auf Luftverunreinigungen anwendbare technische Verwaltungsvorschrift TA Luft wird von der Rechtsprechung des BVerwG als sog. „normkonkretisierende Verwaltungsvorschrift“ interpretiert; sie konkretisiert das Maß der gesetzlich gebotenen Vorsorge gegen schädliche Umwelteinwirkungen und ist mit dieser Funktion auch im gerichtlichen Verfahren beachtlich; sie enthält aber nur Vorgaben für die Anlagenzulassung; infolgedessen ist auch sie nur im Rahmen des bauplanungsrechtlichen Gebots der Konfliktbewältigung beachtlich.*

*ee) Gebot der Konfliktbewältigung*

Der bisherige Befund erscheint auf den ersten Blick ernüchternd. Abgesehen von Grundrechten, die nur eine äußerste Planungsschranke markieren, scheint der Bundesgesetzgeber die von Luftverunreinigungen Betroffenen, was die Planungsebene betrifft, weitestgehend im Stich gelassen zu haben. Der Eindruck trügt: Der Bundesgesetzgeber konnte sich darauf verlassen, dass eine angemessene planerische Konfliktbewältigung, was Luftverunreinigungen betrifft, auch ohne rechtsverbindliche immissionsschutzrechtliche Planungsvorgaben allein auf der Grundlage allgemeiner Planungsgrundsätze, allen voran des Erforderlichkeitsgrundsatzes (§ 1 Abs. 3 Satz 1 BauGB) und des Abwägungsgebots (§ 1 Abs. 7, § 2 Abs. 3 BauGB), sichergestellt ist.

---

36 V. 24.7.2002 GMBl S. 511, von der Bundesregierung erlassen aufgrund § 48 BImSchG.

37 Die TA Luft dient zwar dem Schutz vor schädlichen Umwelteinwirkungen durch Luftverunreinigungen und der Vorsorge gegen schädliche Umwelteinwirkungen durch Luftverunreinigungen, um ein hohes Schutzniveau für die Umwelt insgesamt zu erreichen (Ziff. 1 Abs. 1); speziell der Schutz vor schädlichen Umwelteinwirkungen durch Geruchsemissionen wird in der TA Luft aber nicht geregelt (Ziff. 1 Abs. 3).

Weil eine Gemeinde gemäß § 1 Abs. 3 Satz 1 BauGB – wie dargestellt – keinen Bebauungsplan aufstellen darf, der rechtlich nicht vollzugsfähig ist, sind die fachlichen Konkretisierungen der Betreiberpflichten durch die TA Luft im Fall einer betriebs- oder anlagenbezogenen Standortplanung mittelbar auch als Planungsvorgabe beachtlich, soweit sie sich für das betreffende Vorhaben selbst Geltung beimessen.[38] Die Gemeinde ist deshalb im Rahmen der Bauleitplanung gehalten, das immissions- oder baurechtliche Genehmigungsverfahren gedanklich zu antizipieren und den Betrieb oder die Anlage, deren Bau sie bauplanungsrechtlich ermöglichen will, an den einschlägigen Anforderungen der TA Luft zu messen.

Im Übrigen hat der Planungsgeber drohende Nutzungskonflikte aufgrund von Luftverunreinigungen, die die Bagatellgrenze überschreiten, abwägend zu erfassen und erforderlichenfalls planerisch zu bewältigen. Hierbei ist der Trennungsgrundsatz als Abwägungsdirektive beachtlich. Bei der Bestimmung des anzustrebenden Schutzniveaus hat die planende Gemeinde die für Luftverunreinigungen maßgeblichen Schutzziele der Verfassung sowie des Bundesimmissionsschutzgesetzes einschließlich der zu ihrer fachlichen Konkretisierung ergangenen Durchführungsverordnungen[39] und normkonkretisierenden Verwaltungsvorschriften[40] abwägend zu berücksichtigen. Soweit rechtsförmliche Konkretisierungen nicht zur Verfügung stehen oder in dem betreffenden Bereich sich selbst keine Geltung beimessen[41], kann auf eine Fülle technischer Regelwerke ohne Rechtsnormqualität[42] als sachverständige Orientierung zurückgegriffen werden, soweit sie im Rahmen der Abwägung sachlich einschlägig oder fachlich brauchbar sind. Sie unterliegen als Tatsachenfeststellung der gerichtlichen Kontrolle, sind aber nicht revisibel.[43] Wenn die planende Gemeinde auch hieraus keine Maßstäbe ziehen kann, bleibt es ihr im Rahmen der Abwägung überlassen, die prognostizierten Luftverunreinigungen und ihre Eigenart (Dauer, Häufigkeit etc.) auch vor dem Hintergrund etwaiger Vorbelastungen unter Berücksichtigung normativer Wertungen zu bewerten und Zumutbarkeitsschwellen abwägungsfehlerfrei zu bestimmen. Sie unterliegt dabei der vollen gerichtlichen Überprüfung.

> *<u>These 7:</u> Das Gebot der Konfliktbewältigung, das auch für private technische Regelwerke den rechtlichen Anknüpfungspunkt bildet, ist im bauleitplanerischen Erforderlichkeitsgrundsatz (§ 1 Abs. 3 Satz 1 BauGB) sowie im Abwägungsgebot (§ 1 Abs. 7, § 2 Abs. 3 BauGB) verankert; weil ein Bebauungsplan, der aus Rechtsgründen nicht vollzugsfähig ist, nicht erforderlich im Sinne des § 1 Abs. 3*

38 Vgl. z. B. BVerwG, Urt. v. 12.8.1999 – 4 CN 4.98 – BVerwGE 109, 246 = DVBl 2000, 187.

39 Etwa die 12. BImSchV oder die 39. BImSchV.

40 TA Luft; s. o. Fn. 37.

41 Siehe noch einmal Ziff. 1 Abs. 3 TA Luft, die den Schutz vor schädlichen Umwelteinwirkungen durch Gerüche ausdrücklich von ihrem Geltungsanspruch ausnimmt.

42 Z. B. VDI-RL 3471; und 3472; GIRL; „Gelbe Hefte“ Weihenstephan; s. o. Fn. 7-9.

43 BVerwG, Beschl. v. 7.5.2007 a. a. O.

*Satz 1 BauGB ist, stellen die für die Vorhabengenehmigung maßgeblichen technischen Verwaltungsvorschriften im Falle einer vorhabenbezogenen Standortplanung auch für die Bauleitplanung eine mittelbare Planungsschranke dar; im Übrigen können technische Regelwerke, soweit sie von ihrem Anwendungsbereich her einschlägig sind, im Rahmen der Abwägung als Orientierungshilfe herangezogen werden; sind technische Regelwerke nicht verfügbar, ist eine abwägende Einzelfallbeurteilung unter Berücksichtigung normativer Wertungen geboten.*

## 2. Instrumente der Konfliktbewältigung in der Bauleitplanung

Der Trennungsgrundsatz des § 50 BImSchG ist nicht nur rechtlicher Maßstab, sondern auch Instrument der Konfliktbewältigung. Soweit eine angemessene räumliche Trennung konfligierender Nutzungen möglich ist, lassen sich Nutzungskonflikte durch Luftverunreinigungen von vornherein vermeiden.

Der Gedanke der räumlichen Trennung konfligierender Nutzungen liegt auch der Baugebietstypik der Baunutzungsverordnung zugrunde. Zur Festsetzung der Art der baulichen Nutzung (§ 9 Abs. 1 Nr. 1 BauGB) können gemäß § 9a BauGB, § 1 Abs. 3 Satz 1 BauNVO die in § 1 Abs. 2 BauNVO genannten Baugebiete festgesetzt werden. Durch die Zuordnung von Nutzungen zu den näher bezeichneten Baugebietstypen will die Baunutzungsverordnung die vielfältigen und oft gegenläufigen Ansprüche an die Bodennutzung zu einem schonenden Ausgleich im Sinne überlegter Städtebaupolitik bringen.[44] Die Baunutzungsverordnung vermeidet damit typisierende Konflikte zwischen immissionsschutzrechtlich konfligierenden Nutzungen. Technische Regelwerke, die zur Konkretisierung des einzuhaltenden Schutzniveaus herangezogen werden können, knüpfen – mit geringfügigen Abweichungen und Unterschieden – durchgängig an diese Gebietstypik der Baunutzungsverordnung an. Mit der Festsetzung eines Baugebiets bestimmt die Gemeinde damit im Grundsatz auch das einzuhaltende Schutzniveau. Nachsteuern kann die Gemeinde im Rahmen der Festsetzungsmöglichkeiten zur Feinsteuerung der Art der baulichen Nutzung, § 1 Abs. 4 bis 10 BauNVO. Besonders große Gestaltungsspielräume eröffnet die Festsetzung eines Sonstigen Sondergebiets im Sinne des § 11 BauNVO, das es ermöglicht, die Art der baulichen Nutzung auch durch Bezugnahme auf technische Regelwerke festzusetzen.[45] Zu denken ist schließlich an Festsetzungen zum Schutz vor schädlichen Umwelteinwirkungen (§ 9 Abs. 1 Nr. 23 und 24 BauGB), die – in systematischer Durchbrechung des ansonsten ausschließlich flächenbezogenen Festsetzungssystems des § 9 Abs. 1 bis 3 BauGB – auch objektbezogene Festsetzungen ermöglicht.[46]

---

44 Urt. v. 18.11.2010 – BVerwG 4 C 10.09 – DVBl. 2011, 358 = ZfBR 2011, 269 = BauR 2011, 623.

45 BVerwG, Urt. v. 28.2.2002 – a. a. O. <s. o. Fn. 5>.

46 BVerwG, Beschl. v. 30.1.2006 – 4 BN 55.05.

*<u>These 8:</u> Die Bewältigung von Nutzungskonflikten hat in erster Linie durch räumliche Trennung konfligierender Nutzungen zu erfolgen; dem trägt auch die Gebietstypik der BauNVO Rechnung, die durch die Zuordnung von Nutzungen zu den näher bezeichneten Baugebietstypen die vielfältigen und oft gegenläufigen Ansprüche an die Bodennutzung zu einem schonenden Ausgleich im Sinne überlegter Städtebaupolitik bringen will; in diesem Rahmen stehen der planenden Gemeinde auch die Instrumente der Feinsteuerung gemäß § 1 Abs. 4 bis 10 BauNVO zur Verfügung; Immissionskonflikte können auch durch die Festsetzung Sonstiger Sondergebiete oder durch die Festsetzung baulicher oder technischer Maßnahmen zum Schutz vor schädlichen Umwelteinwirkungen (§ 9 Abs. 1 Nr. 23 und 24 BauGB) vermieden werden.*

## III. Konfliktbewältigung bei der Vorhabenzulassung

Die Entscheidung über die bauplanungsrechtliche Zulässigkeit von Vorhaben ist – auch, soweit immissionsschutzrechtliche Anforderungen in Frage stehen – im Gegensatz zu den im Rahmen der Bauleitplanung zu treffenden Entscheidungen grundsätzlich rechtsgebunden.[47] Die bauplanungs- und immissionsschutzrechtlichen Maßstäbe für die Zulässigkeit von Vorhaben sind damit zugleich Leitmaß der Konfliktbewältigung bei der Vorhabenzulassung. Nutzungen, die nach diesen Maßstäben zulässig sind, sind einschließlich ihrer Emissionen von der Nachbarschaft hinzunehmen, unzulässige Nutzungen sind abzulehnen.

*<u>These 9:</u> Die Entscheidung über die bauplanungsrechtliche Zulässigkeit von Vorhaben ist – im Gegensatz zu den planerischen Entscheidungen der Bauleitplanung – grundsätzlich rechtsgebunden.*

### 1. Maßstäbe für die Konfliktbewältigung bei der Vorhabenzulassung

Die Ablehnung eines nach den gesetzlichen Zulässigkeitsmaßstäben unzulässigen immissionsträchtigen Vorhabens ist naturgemäß eine ganz andere Art der „Konfliktbewältigung“ als der abwägende, auf eine verhältnismäßige Zuordnung von Interessen und Belangen im Sinne „praktischer Konkordanz“[48] ausgerichteter Vorgang der Konfliktbewältigung in der Bauleitplanung. Gleichwohl erscheint der Begriff der Konfliktbewältigung auch in diesem Zusammenhang nicht verfehlt. Das gilt zum einen deshalb, weil auch der Vorhabenzulassung eine abwägende „politische“ Entscheidung zugrunde liegt, wie Immissionskonflikte zu bewältigen sind;

47 Behördliches Ermessen ist nur im Fall von Ausnahmen (§ 31 Abs. 1 BauGB) und Befreiungen (§ 31 Abs. 2 BauGB) sowie teilweise bei der Zulassung von Vorhaben während der Planaufstellung (§ 33 BauGB) eröffnet.

48 Zum Begriff Hesse, Grundzüge des Verfassungsrechts, 20. Aufl. 1995, Rn. 317 ff.

nur ist diese Entscheidung im Grundsatz bereits auf der Ebene derjenigen Rechtsnormen getroffen worden, anhand derer über die Zulässigkeit von Vorhaben zu entscheiden ist. Die Bewältigung sich abzeichnender Nutzungskonflikte erfolgt deshalb auf der Ebene der Vorhabenzulassung im Grundsatz[49] durch schlichten Gesetzesvollzug, wobei sich freilich auch im Rahmen der bauplanungsrechtlichen Zulässigkeitsmaßstäbe die Frage nach den einschlägigen gesetzlichen Schutzzielen und ihrer fachlichen Konkretisierung stellt. Zum anderen eröffnen die Zulässigkeitsmaßstäbe – in Grenzen – durchaus auch die Möglichkeit einer auf verhältnismäßigen Ausgleich der beteiligten Nutzungsinteressen ausgerichteten, der Herstellung praktischer Konkordanz dienenden Bewältigung von Nutzungskonflikten.

### a) Bauplanungsrechtliche Zulässigkeitsmaßstäbe

Die bauplanungsrechtlichen Zulässigkeitsmaßstäbe (§§ 29 ff. BauGB) gestalten sich je nach betroffenem bauplanungsrechtlichen Bereich unterschiedlich:

Im Geltungsbereich eines qualifizierten Bebauungsplans ist ein Vorhaben zulässig, wenn es den Festsetzungen dieses Bebauungsplans nicht widerspricht (§ 30 Abs. 1 BauGB). Konfliktbewältigung hat hier – wie gezeigt – in erster Linie auf der Ebene der Bauleitplanung durch Festsetzung der zulässigen Art der baulichen Nutzung stattgefunden. Nutzungen, die nach den typisierten Nutzungskatalogen in den jeweiligen Absätzen 2 und 3 der Baugebietsvorschriften zulässig sind oder ausnahmsweise zugelassen werden können, können im Einzelfall gemäß § 15 Abs. 1 Satz 2 BauNVO gleichwohl unzulässig sein, wenn von ihnen Belästigungen oder Störungen ausgehen können, die nach der Eigenart des Baugebiets im Baugebiet selbst oder in dessen Umgebung unzumutbar sind, oder wenn sie solchen Belästigungen oder Störungen ausgesetzt sind.

Im unbeplanten Innenbereich ist zu unterscheiden: Sofern die Eigenart der näheren Umgebung einem der Baugebiete der Baunutzungsverordnung entspricht (sog. faktische Baugebiete), ist ein Vorhaben nach der Art der baulichen Nutzung zulässig, wenn es nach der Baunutzungsverordnung allgemein zulässig wäre oder nach den § 31 Abs. 1 oder 2 BauGB ausnahmsweise zugelassen werden könnte. Die Konfliktbewältigung gestaltet sich hier im Prinzip wie im Planbereich durch die in § 34 Abs. 2 BauGB gesetzlich angeordnete maßstäbliche Heranziehung der Nutzungskataloge der jeweiligen Baugebietsvorschrift der Baunutzungsverordnung; die Feinabstimmung im Einzelfall erfolgt über § 34 Abs. 2 BauGB auch hier nach den Maßstäben des § 15 Abs. 1 Satz 2 BauNVO. Ist die nähere Umgebung kein faktisches Baugebiet, ist das Vorhaben gemäß § 34 Abs. 1 Satz 1 BauGB zulässig,

49 Spielräume für die Konfliktbewältigung auf der Ebene des Baurechtsvollzugs ergeben sich insbesondere dort, wo den Gemeinden und Bauaufsichtsbehörden Ermessen eingeräumt wird, etwa bei der Zulassung von Ausnahmen gemäß § 31 Abs. 1 BauGB, über die die Gemeinden im Einzelfall eine planerische Feinsteuerung auch zur Vermeidung oder Entschärfung von Immissionskonflikten vornehmen können.

wenn es sich in die Eigenart der näheren Umgebung einfügt. Das ist der Fall, wenn es sich innerhalb des Rahmens des in der näheren Umgebung Vorhandenen hält,[50] weil es in der näheren Umgebung Vorbilder hat.[51] Auch wenn ein Vorhaben diesen Plan ersetzenden Maßstab erfüllt, fügt es sich im Einzelfall gleichwohl nicht ein, wenn es gegen das Gebot der Rücksichtnahme verstößt.[52]

Dem Außenbereich sind von vornherein nur bestimmte, „privilegierte" Nutzungen (§ 35 Abs. 1 BauGB) planartig zugewiesen; nicht privilegierte „sonstige Vorhaben", zumal störanfällige Wohnnutzungen, die nicht im Zusammenhang mit einem privilegierten (landwirtschaftlichen) Betrieb stehen, sind nur ausnahmsweise zulässig, wenn keinerlei öffentliche Belange beeinträchtigt werden. Jenseits dieser kategorischen Zulässigkeitsentscheidung werden Nutzungskonflikte im Außenbereich durch eine standortbezogene Feinabstimmung im Einzelfall anhand der in § 35 Abs. 3 BauGB beispielhaft genannten öffentlichen Belange, namentlich der in § 35 Abs. 3 Satz 1 Nr. 3 BauGB genannten „schädlichen Umweltauswirkungen" oder sonstiger ungeschriebener öffentlicher Belange, die einem privilegierten Vorhaben (§ 35 Abs. 1 BauGB) nicht entgegenstehen dürfen, vermieden.[53]

### b) Rücksichtnahmegebot als Instrument der Feinsteuerung

Je nachdem, welcher bauplanungsrechtliche Bereich betroffen ist, greifen also unterschiedliche bauplanungsrechtliche Zulässigkeitsmaßstäbe. Ihnen gemein ist indes eine zweistufige Prüfung: Einstieg ist stets eine Zulässigkeitsprüfung nach kategorischen Maßstäben, mit denen Nutzungskonflikte in typisierender Weise vermieden werden sollen. Nachgeschaltet ist sodann jeweils ein Korrektiv zur Feinsteuerung im Einzelfall; die nach bauplanungsrechtlichen Bereichen und Baugebietstypen zusammengefassten Zulässigkeitsmaßstäbe sind je nach Lage des Einzelfalls durch situationsbezogene Zumutbarkeitskriterien zu ergänzen.

Die Wortwahl des Normgebers bei der Formulierung der einschlägigen Maßstäbe, anhand derer diese Feinabstimmung vorzunehmen ist, ist unterschiedlich („unzumutbare Störungen oder Belästigungen" bei § 15 Abs. 1 Satz 2 BauNVO; „einfügen" bei § 34 Abs. 1 BauGB; „schädliche Umweltauswirkungen" bei § 35 Abs. 3 Satz 1 Nr. 3 BauGB). All diesen Formulierungen liegt indes der einheitliche Gedanke der nachbarschaftlichen Rücksichtnahme zugrunde, den das BVerwG in ständiger Rechtsprechung als Gebot der Rücksichtnahme [54] näher ausgeformt hat. Das Rücksichtnahmegebot ist das „Strickmuster" für die Konfliktbewältigung im

---

50 BVerwG, Urt. v. 26.5.1978 – 4 C 9.77 – BVerwGE 55, 369 <385>; stRspr.

51 Zur Frage, ob Vorbilder stets erforderlich sind, BVerwG, Urt. v. 3.4.1987 – 4 C 41.84 – BRS 47 Nr. 63.

52 BVerwG, Urt. v. 26.5.1978 a. a. O.

53 Vgl. bereits BVerwG, Urt. v. 6.12.1067 – 4 C 94.66 – BVerwGE 28, 268 <274 f.>.

54 Grundlegend Urt. v. 25.2.1977 – BVerwG 4 C 22.75 – BVerwGE 52, 122; vgl. auch Urt. v. 26.5.1978 – BVerwG 4 C 9.77 – BVerwGE 55, 369 und v. 23.9.1999 – BVerwG 4 C 6.98 – BVerwGE 109, 314.

Einzelfall, das in den genannten Vorschriften des Baugesetzbuchs und der Baunutzungsverordnung jeweils seine normative Anknüpfung gefunden hat.

*These 10: Die rechtlichen Zulässigkeitsmaßstäbe gestalten sich je nach dem betroffenen bauplanungsrechtlichen Bereich unterschiedlich; die Feinabstimmung erfolgt indes in allen Bereichen einheitlich nach den Maßstäben des bauplanungsrechtlichen Rücksichtnahmegebots, das in § 15 Abs. 1 Satz 2 BauNVO („unzumutbare Belästigungen oder Störungen") eine normative Ausprägung gefunden hat, das aber auch im unbeplanten Innenbereich (§ 34 Abs. 2 BauGB i. V. m. § 15 Abs. 1 Satz 2 BauNVO bzw. § 34 Abs. 1 BauGB <"Einfügensgebot">) sowie im Außenbereich (§ 35 Abs. 3 Satz 1 Nr. 3 BauGB <"schädliche Umwelteinwirkungen">) Anwendung findet.*

## 2. Konfliktbewältigung auf der Grundlage des Rücksichtnahmegebots

Beim Thema „Konfliktbewältigung" verdient das Rücksichtnahmegebot in doppelter Hinsicht Aufmerksamkeit: Zum einen stellt sich die Frage nach dem bei der Vorhabenzulassung einzuhaltenden Schutzniveau und dessen fachlicher Konkretisierung gerade bei der Anwendung derjenigen Vorschriften, die von der Rechtsprechung als normative Anknüpfung des Rücksichtnahmegebots identifiziert worden sind. Zum anderen ist es das Rücksichtnahmegebot in seiner Ausgestaltung als Gebot gegenseitiger Rücksichtnahme, das auch eine auf verhältnismäßigen Ausgleich der beteiligten Nutzungsinteressen ausgerichtete, abwägende Konfliktbewältigung ermöglicht.

### a) Rechtliche Zumutbarkeitsmaßstäbe und ihre fachliche Konkretisierung

Ziel des Rücksichtnahmegebots ist es, einander abträgliche Nutzungen in rücksichtsvoller Weise zuzuordnen sowie Spannungen und Störungen zu vermeiden. Welche Anforderungen das Gebot der Rücksichtnahme begründet, hängt von den jeweiligen Umständen des Einzelfalls ab. Für die sachgerechte Beurteilung des Einzelfalls kommt es wesentlich auf eine Abwägung zwischen dem an, was einerseits dem Rücksichtnahmebegünstigten und andererseits dem Rücksichtnahmepflichtigen nach Lage der Dinge zuzumuten ist. Bei der Bestimmung der Zumutbarkeitsmaßstäbe bietet sich auch hier eine Anlehnung an die Begriffsbestimmungen des Bundesimmissionsschutzgesetzes[55] an.[56] Es gibt kein baurechtliches Rücksichtnahmegebot, das dem Verursacher von Umwelteinwirkungen mehr

---

55 Zentral ist insoweit der in § 3 Abs. 1 BImSchG legal definierte Begriff der „schädlichen Umwelteinwirkungen", der in den folgenden Absätzen des § 3 BImSchG hinsichtlich der Unterbegriffe „Immissionen", „Emissionen" und „Luftverunreinigungen" weiter entfaltet und handhabbar gemacht wird.

56 BVerwG, Urt. v. 26.5.1978 a. a. O., S. 126.

an Rücksichtnahme zugunsten von Nachbarn gebietet, als es das Bundesimmissionsschutzgesetz vorsieht.[57]

> *These 11. Bei der Bestimmung der Zumutbarkeitsschwelle ist wiederum auf die Begriffsbestimmungen des BImSchG zurückzugreifen; ein baurechtliches Rücksichtnahmegebot, das dem Verursacher von Umwelteinwirkungen mehr an Rücksichtnahme zugunsten von Nachbarn gebietet, als es das BImSchG vorsieht, gibt es nicht.*

Soweit der Anwendungsbereich rechtsförmlicher technischer Regelwerke wie insbesondere der Durchführungsverordnungen zum Bundesimmissionsschutzgesetz oder der TA Luft als normkonkretisierende Verwaltungsvorschrift eröffnet ist, konkretisieren diese die immissionsschutzrechtlichen Betreiberpflichten bei der immissionsschutzrechtlichen Anlagenzulassung unmittelbar und in rechtsverbindlicher Weise. Für die fachliche Konkretisierung bauplanungsrechtlicher Zulassungsmaßstäbe[58] messen sich die rechtlich-fachlichen Maßstäbe des Immissionsschutzrechts zwar selbst keine Geltung bei; dass sie gleichwohl als rechtsverbindliche Konkretisierungen zugrunde zu legen sind, ergibt sich jedoch aus dem Baurecht, das auf die immissionsschutzrechtlichen Begriffsbildungen abstellt;[59] sie sind deshalb auch bei der baurechtlichen Zulassungsentscheidung zugrunde zu legen und unterliegen der vollen gerichtlichen – auch revisionsgerichtlichen – Kontrolle.

Alle übrigen technischen Regelwerke, die weder Rechtsquellen noch normkonkretisierende Verwaltungsvorschriften sind, sondern lediglich auf den Erfahrungen und Erkenntnissen von Sachverständigen beruhen und deshalb nicht unmittelbar rechtsverbindlich sind, können bei der Bestimmung des bei der Vorhabenzulassung jeweils einzuhaltenden Schutzniveaus zumindest als allgemeine Erfahrungssätze oder antizipierte Sachverständigengutachten herangezogen werden, soweit sie sachlich einschlägig oder zumindest aussagekräftig sind.[60] Sie unterliegen als Tatsachenfeststellung der gerichtlichen Kontrolle, sind aber nicht revisibel.[61]

Das jeweils einzuhaltende Schutzniveau ist baugebietsabhängig, weil die – rechtsförmlichen wie nicht rechtsförmlichen – technischen Regelwerke (mit kleineren Unterschieden) jeweils an die Baugebietstypen der Baunutzungsverordnung anknüpfen. Wenn Gebiete mit unterschiedlicher Qualität und Schutzwürdigkeit zusammentreffen, kann dies je nach den Umständen des Einzelfalls zu einer gesteigerten Pflicht des von Immissionen betroffenen zur Rücksichtnahme führen, die in einer – nicht arithmetisch zu errechnenden – Mittelwertsbildung zwischen

---

57 BVerwG, Beschl. v. 3.5.1996 – 4 B 50.96 – Buchholz 406.12 § 15 BauNVO Nr. 28 = NVwZ 1996, 1001.

58 Z. B. § 35 Abs. 3 Satz 1 Nr. 3 BauGB: „schädliche Umwelteinwirkungen“ oder § 15 Abs. 1 S. 2 BauNVO: „unzumutbare Belästigungen oder Störungen“.

59 BVerwG, Urt. v. 29.8.2007 – 4 C 2.07 – BVerwGE 129, 209 <Rn. 14>.

60 BVerwG, Beschl. v. 7.5.2007 a. a. O.

61 BVerwG, Beschl. v. 7.5.2007 a. a. O.

den für die verschiedenen Baugebiete maßgeblichen Schutzniveaus zum Ausdruck kommen kann.[62]

Ein Vorhaben ist trotz Überschreitung der maßgeblichen Zumutbarkeitsschwelle aber dann nicht rücksichtslos, wenn es aufgrund bestehender Vorbelastungen den Status quo objektiv nicht verschlechtert.[63]

> <u>*These 12:*</u> *Das von dem jeweiligen Vorhaben einzuhaltende Schutzniveau wird durch untergesetzliche Normen (evt. 39. BImSchV) und normkonkretisierende Verwaltungsvorschriften (TA Luft) in ihrem jeweiligen Anwendungsbereich konkretisiert; im Übrigen können auch hier private technische Regelwerke (z. B. VDI-Richtlinie 3471; „Gelbe Hefte"; „GIRL") als Orientierungshilfe herangezogen werden; das einzuhaltende Schutzniveau ist baugebietsabhängig, weil die einschlägigen technischen Regelwerke ebenfalls baugebietsabhängig sind; ob beim Zusammentreffen unterschiedlicher Baugebietstypen auch eine Mittelwertsbildung in Betracht kommt, ist eine Frage des Einzelfalls.*

### b) Konfliktbewältigung durch Gegenseitigkeit der Rücksichtnahmepflicht

Das in den bauplanungsrechtlichen Zulässigkeitsvorschriften verankerte Rücksichtnahmegebot trägt der Bindung des Gesetzgebers an den Verhältnismäßigkeitsgrundsatz und den allgemeinen Gleichheitssatz in besonderer Weise dadurch Rechnung, dass es – wie auch im Wortlaut des § 15 Abs. 1 Satz 2 Alt. 2 BauNVO zum Ausdruck kommt – als Gebot gegenseitiger Rücksichtnahme ausgestaltet ist.[64] Es enthält nicht nur Beschränkungen desjenigen, der Immissionen verursacht, sondern auch Duldungspflichten desjenigen, der sich solchen Immissionen aussetzt. Indem es sowohl dem Emittenten als auch dem Immissionsbetroffenen gewisse Obliegenheiten zuordnet, ermöglicht es in gewissen Grenzen auch eine flexiblere Handhabung der immissionsschutzrechtlichen Zumutbarkeitsmaßstäbe. So kann etwa ein Bauherr, der mit einem schutzbedürftigen Vorhaben an einen emittierenden Betrieb heranrücken möchte, durch zumutbare Maßnahmen der „architektonischen Selbsthilfe",[65] etwa durch eine entsprechende Ausrichtung oder einen günstig gestalteten äußeren Zuschnitt des Gebäudes, durch eine immissionsabgewandte Anordnung der Wohn- und Aufenthaltsräume und der notwendigen Fenster sowie gegebenenfalls auch durch eine immissionsmindernde Gestaltung des Außenwohnbereichs beispielsweise auf die Geruchsemissionen eines benachbarten Rinderstalls Rücksicht nehmen und dadurch die Konsequenz der Unzulässigkeit seines Vorhabens vermeiden; das gilt grundsätzlich auch für

---

62 Etwa BayVGH, Urt. v. 27.11.2006 – 15 BV 06.422 – BauR 2008, 75 = BRS 71 Nr. 59; nachfolgend BVerwG, Beschl. v. 7.5.2007 a. a. O.

63 BVerwG, Beschl. v. 3.12.2009 - 4 C 5.09 - <zur Frage der Rücksichtslosigkeit einer heranrückenden schutzwürdigen Bebauung an einen sog. Störfallbetrieb im Sinne der Seveso-II-RL>.

64 BVerwG, Urt. v. 12.12.1975 – 4 C 71.73 – BVerwGE 50, 49 <54 f.>.

65 Zum Begriff BVerwG, Urt. v. 22.3.2007 – 4 CN 2.06 – BVerwGE 128, 238.

Geruchsimmissionen.[66] Umgekehrt darf ein geruchsemittierender Betrieb sich nicht auf den Standpunkt stellen, dass eine heranrückende schutzwürdige Bebauung wegen unzumutbarer Geruchsbeeinträchtigungen bauplanungsrechtlich unzulässig ist, wenn er selbst in baulicher oder technischer Hinsicht, insbesondere hinsichtlich der nach dem „Stand der Technik" (§ 22 Abs. 1 Satz 1 Nr. 1 BImSchG) möglichen Maßnahmen zur Emissionsminderung, nicht in optimaler Verfassung ist.[67] Beide Seiten eines immissionsschutzrechtlichen Nutzungskonflikts können bzw. müssen im Rahmen des Gebots gegenseitiger Rücksichtnahme also dazu beitragen, die jeweiligen Nutzungsinteressen zu einem schonenden Ausgleich zu bringen und die eigentumsrechtlich nur schwer „verdauliche" Konsequenz, dass sich nur eine Seite mit ihren Nutzungsinteressen um den Preis der Unzulässigkeit der Nutzungsabsichten der anderen Seite voll durchsetzt, nach Möglichkeit zu vermeiden.

> *These 13: Das Rücksichtnahmegebot ist, wie in § 15 Abs. 1 Satz 2 Alt. 2 BauNVO zum Ausdruck kommt, als Gebot gegenseitiger Rücksichtnahme ausgestaltet; es kann nach Lage der Dinge auch eine Obliegenheit des Bauherrn enthalten, durch ihm mögliche und zumutbare Maßnahmen auf die Geruchsemissionen eines benachbarten Emittenten Rücksicht zu nehmen („architektonische Selbsthilfe"); umgekehrt kann der Betreiber einer emissionsträchtigen Anlage, der die ihm obliegenden Pflicht zur Emissionsminderung nicht erfüllt, gegenüber einer heranrückenden schutzwürdigen Bebauung nicht abwehrberechtigt sein.*

---

66 So z. B. BayVGH, Urt. v. 1.7.2005 – 25 B 00.366 – NVwZ-RR 2005, 605 = BayVBl 2006, 279. Freilich ist zu berücksichtigen, dass Gerüche nicht so gut durch architektonisch-technische Vorkehrungen abgewehrt werden können wie etwa Lärm.

67 BayVGH, Urt. v. 1.7.2005 a. a. O.

## Berliner Schriften zur Stadt- und Regionalplanung

Herausgegeben von Prof. Dr. Stephan Mitschang

Band 1 Stephan Mitschang (Hrsg.): Umweltprüfverfahren in der Stadt- und Regionalplanung. 2006.

Band 2 Stephan Mitschang (Hrsg.): Stadt- und Regionalplanung vor neuen Herausforderungen. 2007.

Band 3 Stephan Mitschang (Hrsg.): Flächennutzungsplanung – Aufgabenwandel und Perspektiven. 2007.

Band 4 Stephan Mitschang (Hrsg.): BauGB-Novelle 2007. Neue Anforderungen an städtebauliche Planungen und die Zulassung von Vorhaben. 2008.

Band 5 Stephan Mitschang (ed. / Hrsg.): Soil Protection Law in the EU. Bodenschutzrecht in der EU. 2008.

Band 6 Stephan Mitschang (Hrsg.): Innenentwicklung – Fach- und Rechtsfragen. 2008.

Band 7 Stephan Mitschang (Hrsg.): Klimaschutz und Energieeinsparung in der Stadt- und Regionalplanung. 2009.

Band 8 Stephan Mitschang (Hrsg.): Fach- und Rechtsprobleme der Baunutzungsverordnung. 2009.

Band 9 Stephan Mitschang (Hrsg.): Aktuelle Fach- und Rechtsfragen des Lärmschutzes. Bauleitplanung, Fachplanung und Zulassung von Bauvorhaben. 2010.

Band 10 Stephan Mitschang / Gerd Schmidt-Eichstaedt (Hrsg.): Die Umweltprüfung in der Regionalplanung. 2010.

Band 11 Ulrich Battis/Jens Kersten / Stephan Mitschang: Rechtsfragen der ökologischen Stadterneuerung. 2010.

Band 12 Stephan Mitschang (ed. / Hrsg ): Energy Efficiency and Renewable Energies in Town Planning Law. Energieeffizienz und Erneuerbare Energien im Städtebaurecht. 2010.

Band 13 Stephan Mitschang (Hrsg.): Planen und Bauen im Außenbereich. 2010.

Band 14 Stephan Mitschang (Hrsg.): Aktuelle Fragestellungen des Städtebau- und Umweltrechts – Ansatzpunkte für eine BauGB- und BauNVO-Novelle. 2011.

Band 15 Tim Schwarz: Die Umweltprüfung in gestuften Planungsverfahren. Möglichkeiten und Grenzen der Koordination und Abschichtung im Rahmen der Umweltprüfung in der Raumordnung und der Bauleitplanung. 2011.

Band 16 Stephan Mitschang (ed. / Hrsg.): Urban Planning Law under EU-Influence. Städtebaurecht unter EU-Einfluss. 2011.

Band 17 Stephan Mitschang (Hrsg.): Bauen und Naturschutz. Aktuelle Fach- und Rechtsfragen nach dem Inkrafttreten des BNatSchG 2010. 2011.

Band 18 Stephan Mitschang (Hrsg.): Gerüche, Feinstaub und Gefahrstoffe in der Bauleitplanung und bei der Zulassung von Bauvorhaben. 2011.

www.peterlang.de

Stephan Mitschang (Hrsg.)

# Planen und Bauen im Außenbereich

Frankfurt am Main, Berlin, Bern, Bruxelles, New York, Oxford, Wien, 2010.
VIII, 159 S., 1 Tab.
Berliner Schriften zur Stadt- und Regionalplanung.
Herausgegeben von Stephan Mitschang. Bd. 13
ISBN 978-3-631-60957-6 · br. € 38,80*

Die vielfältigen Nutzungsansprüche an den Außenbereich, von den Erneuerbaren Energien über Anlagen zur Tierhaltung, Standorten für Kraftwerke oder die Anforderungen des europäischen und nationalen Habitat und Artenschutzes, haben in den letzten Jahren den Druck auf die bauliche und sonstige Nutzung des planungsrechtlichen Außenbereichs erhöht. Dem skizzierten Spannungsfeld widmete sich die wissenschaftliche Fachtagung „Planen und Bauen im Außenbereich", die am 14. und 15. September 2009 an der Technischen Universität in Berlin durchgeführt wurde. In diesem Tagungsband sind die ausgearbeiteten Vorträge der einzelnen Referate enthalten. Sie machen deutlich, dass die Diskussion um die bauliche Nutzung des planungsrechtlichen Außenbereichs noch lange nicht abgeschlossen ist.

*Aus dem Inhalt:* § 35 BauGB – Entwicklung, Stand und Perspektiven · Biogasanlagen nach § 35 Abs. 1 Nr. 6 BauGB · Ziele der Raumordnung und privilegierte Außenbereichsvorhaben · Standortgebundene Betriebe im Außenbereich · Zulassung von Fotovoltaikfreiflächenanlagen · Umnutzung von begünstigten Vorhaben nach § 35 Abs. 4 BauGB · Tierhaltungsbetriebe und ihre Zulassung im Außenbereich · Planerische Steuerung von Tierhaltungsbetrieben · Repowering von Windenergieanlagen · Artenschutz im Außenbereich · Baurecht auf Zeit

Kolibri 360 GmbH
Ferdinand-Jühlke-Straße 7
99095 Erfurt, Deutschland
produktsicherheit@kolibri360.de